de Gruyter Lehrbuch
Konecny/Lehmann · Photogrammetrie

Gottfried Konecny · Gerhard Lehmann

Photogrammetrie

4., völlig neu bearbeitete Auflage

Walter de Gruyter · Berlin New York 1984

Dr. Ing., Dr. h. c. *Gottfried Konecny*
Professor an der Universität Hannover
Institut für Photogrammetrie und Ingenieurvermessungen

Dr. Ing. habil. *Gerhard Lehmann*
Professor em. an der Universität Hannover

Mit 196 Abbildungen und 4 Anaglyphenbildseiten

CIP-Kurztitelaufnahme der Deutschen Bibliothek

Konecny, Gottfried:
Photogrammetrie / Gottfried Konecny. Gerhard Lehmann. – 4., völlig neu bearb. Aufl. – Berlin ; New York : de Gruyter, 1984.
(De-Gruyter-Lehrbuch)
Bis 3. Aufl. u. d. T.: Lehmann, Gerhard: Photogrammetrie
ISBN 3-11-007358-7
NE: Lehmann, Gerhard [Begr.]

 – Satz und Druck: Georg Appl, Wemding. – Bindearbeiten: Mikolai, Berlin. – Printed in Germany

Vorbemerkung

Die dritte Auflage des Göschenbandes „Photogrammetrie“ von Prof. Dr. Gerhard Lehmann ist im Jahre 1969 erschienen. Sie stellt den in den sechziger Jahren praktisch erreichten Leistungsstand der Photogrammetrie in knapper, didaktischer Form dar. Dabei genügte es damals, die mathematischen Zusammenhänge in geometrisch vereinfachter Form zu beschreiben. In den verflossenen 14 Jahren wurde die Entwicklung der Photogrammetrie vor allem durch die digitale Rechentechnik beeinflußt. Dies hat einerseits zur Verwendung strengerer mathematischer Verfahren in der Photogrammetrie geführt. Andererseits ist die Vielzahl analoger Auswerteverfahren und Auswertegeräte in den Hintergrund getreten gegenüber neuen Entwicklungen unter Einsatz digitaler Komponenten. Deshalb weicht die Darstellung des Stoffes in der vierten Auflage in mehrfacher Hinsicht von den vorherigen Auflagen ab: Die Beschreibung strengerer mathematischer Zusammenhänge ist hier ohne die Verwendung der Matrizenalgebra nicht möglich. Dies zählt heute ohnehin zum Rüstzeug des Vermessungsingenieurs. Die Behandlung der analytischen Photogrammetrie erfolgte ferner nicht, wie in der dritten Auflage, in einem besonderen Kapitel. Analytische Verfahren sind, wo nötig, auf die entsprechenden Kapitel des Bandes verteilt worden. Die Darstellung veralteter analoger Verfahren und Geräte der Photogrammetrie schließlich wurde entweder weggelassen oder stark gekürzt.
Demgegenüber wurde neueren Verfahren und Instrumenten ein breiterer Raum gewidmet. Allerdings ist hier die Beschreibung neuartiger Sensoren und ihrer Abbildungsqualität sowie der Verarbeitung und Interpretation ihrer Bilddaten auf ein Minimum begrenzt worden, da dieser Stoff dem geplanten Buch „Fernerkundung“ vorbehalten bleiben soll.
Dem Verlag ist zu danken, daß er sich entschlossen hat, den trotz knapper Darbietung des umfassenden Stoffes erheblich angewachsenen Text nicht mehr als Göschenband, sondern als Lehrbuch im größeren Format zu publizieren und damit Handhabung und didaktische Wirkung zu verbessern.
Dank schulde ich meinen Mitarbeitern Dr. K. Jacobsen, Dr. E. Kruck und Dr. W. Schuhr für wertvolle Anregungen bei der Durchsicht des Manuskripts, Herrn H. Seeberg für das Anfertigen der Zeichnungen, Frau

K. Kolouch für die photographischen Arbeiten und Frau G. Böttcher für das Schreiben des Manuskriptes. Dank schulde ich auch meiner Frau Lieselotte für ihre Ermunterung und Unterstützung.

Hannover, im Frühjahr 1984 Gottfried Konecny

Inhalt

1. Einleitung: Fernerkundung und Photogrammetrie

1.1 Fernerkundung

Die Photogrammetrie ist ein Verfahren zur Vermessung von Objekten nach Lage und Form. Dabei werden die Messungen nicht direkt am Objekt, sondern indirekt auf Bildern des Objektes vorgenommen. Die Photogrammetrie ist deshalb ein Verfahren der Fernerkundung.

Als Fernerkundung bezeichnet man die Ermittlung von Informationen über entfernte Objekte, ohne mit ihnen in direkten Kontakt zu kommen. Als Informationsträger dienen Kräftefelder. Insbesondere ist das elektromagnetische Feld zur richtungsmäßigen Trennung der Objektinformationen geeignet. Die von einer Vielzahl von Objektpunkten aus unterschiedlichen Richtungen beim Sensor eintreffenden Strahlungsinformationen können deshalb getrennt voneinander flächenhaft in einem Bild dargestellt werden.

Die Komponenten eines Fernerkundungsverfahrens sind in Abb. 1.1 zusammengestellt.

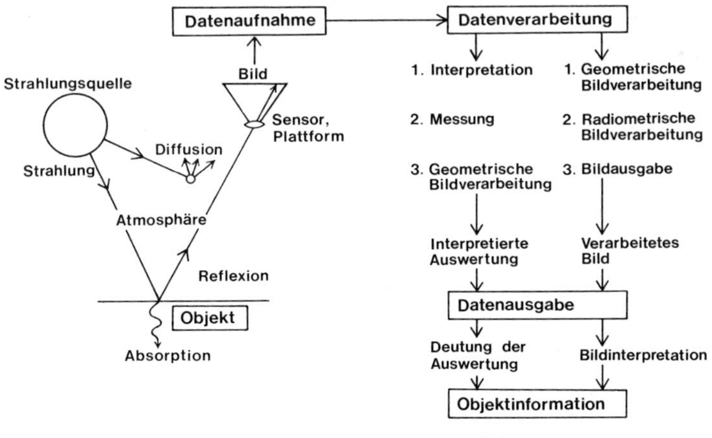

Abb. 1.1: Komponenten eines Fernerkundungsverfahrens

Die elektromagnetische Strahlung wird von einer Strahlungsquelle ausgestrahlt. Als natürliche Strahlungsquelle dient die Sonne. Das Sonnenlicht wird durch Diffusion in der Atmosphäre geschwächt. Ein wesentlicher Teil bestrahlt jedoch das Objekt. Die eintreffende Strahlung wird entweder absorbiert oder reflektiert. Die reflektierte, wiederum durch Diffusion geschwächte Strahlung trifft auf einen von einer Plattform getragenen Sensor, der die richtungsmäßig getrennten Strahlungswerte erfaßt und später ein Bild der aufgenommenen Strahlungswerte liefert. Ein Bild kommt nur dadurch zustande, daß verschiedene Objekte unterschiedliche Reflexionseigenschaften haben. Die am häufigsten angewandte Fernerkundungsplattform ist das Flugzeug; der am häufigsten angewandte Fernerkundungssensor ist die Luftbildkamera.

Das aufgenommene Luftbild wird einer Verarbeitung unterzogen. Dabei sind zwei Wege möglich. Der Bildinhalt kann erstens visuell interpretiert, ausgemessen und geometrisch verarbeitet werden. Das Ergebnis ist eine graphische Auswertung, welche die Objektinformationen darstellt. Ein zweiter Weg führt über die geometrische und radiometrische Bildverarbeitung zu einer Bildausgabe, welche zuletzt visuell interpretiert wird, um zu Objektinformationen zu gelangen.

1.2 Bildmessung

Die Photogrammetrie oder Bildmessung, welche sich um die geometrische Erfassung weniger ausgewählter Objekte bemüht, bevorzugt den ersten Weg der Datenverarbeitung. Die wichtigste Anwendung der Photogrammetrie liegt heute in der Vermessung der Erdoberfläche und ihrer Darstellung in Plänen und in topographischen Karten. Die Photogrammetrie stellt also ein geodätisches Meßverfahren dar.

Das photographische Bild ist eine *Zentralperspektive* des abgebildeten Objekts. Es liefert nur je einen geometrischen Ort für die Lage der abgebildeten Objektpunkte entlang eines Bildstrahls zwischen Bildpunkt, Aufnahmezentrum und Objektpunkt. Daher erlaubt ein Bild die Rekonstruktion der Objektpunkte nur dann, wenn die Geländeform bekannt ist (z. B. eine Ebene).

Die *Einbildmessung* kann deshalb nur zur Herstellung von Lage- oder Bildplänen ebenen Geländes dienen.

Die räumliche Ausmessung von photographischen Bildern in Lage und Höhe ist nur möglich, wenn das Objekt von zwei verschiedenen Aufnahmeorten aus photographiert wird.

Jeder Objektpunkt kann dann durch den Schnitt zweier Bildstrahlen bestimmt werden. Die *Doppelbildmessung* benutzt deshalb ein Bildpaar aus zwei sich überdeckenden Bildern.

Je nach der Art der Aufnahmeorte unterscheidet man zwischen der *Luftbildmessung* und der *Erdbildmessung* (terrestrische Photogrammetrie). Die terrestrische Photogrammetrie entwickelte sich historisch in der Topographie und in der Architektur als mit Ausnahme des Ballons noch keine frei fliegende Plattform verfügbar war. Die Verwendung des Flugzeugs als Aufnahmeplattform ermöglichte die systematische Erfassung der Erdoberfläche. Nach den Prinzipien der Luftbildmessung können heute auch Satellitenbilder aufgenommen und ausgewertet werden.

Die terrestrische Photogrammetrie besitzt gegenüber der Luftphotogrammetrie einige Nachteile: Die Aufnahmestandorte sind wegen der Sichtverhältnisse auf der Erdoberfläche geländeabhängig. Für die entsprechenden Strahlen zwischen zwei Aufnahmeorten und den jeweiligen Objektpunkten im Gelände ergeben sich sehr unterschiedliche Schnittwinkel; die Genauigkeit des Auswerteverfahrens nimmt mit zunehmender Objektentfernung sehr stark ab.

Deshalb wird die terrestrische Photogrammetrie heute ausschließlich für Sonderanwendungen (bei der Ingenieurvermessung, bei der Denkmalspflege, im Hochgebirge) eingesetzt.

Photogrammetrische Verfahren haben als indirekte Meßverfahren gegenüber direkten Messungen am Objekt entscheidende Vorteile, welche sie auch auf anderen Gebieten der Technik und Wissenschaft unentbehrlich machen:

Photographische Bilder geben das ganze Aufnahmeobjekt mit allen Einzelheiten – nicht nur spezielle Punkte oder Strecken – mit voller Beweiskraft für den Zustand im Belichtungsmoment wieder. Die Aufnahmen erfordern nur einen geringen Aufwand. Die Photogrammetrie kommt daher für Tatbestandsaufnahmen (Verkehrsunfälle, Erfassung von Geländezuständen, Erfassung des Wasserstandes, Bauzustand) in Frage.

Das Aufnahmeobjekt braucht nicht berührt zu werden, da unmittelbare Messungen an ihm nicht erforderlich sind; das Objekt kann sogar unzugänglich sein. Somit eignet sich die Photogrammetrie zur Wolkenvermessung, zur Vermessung von Tierkörpern für Zuchtzwecke oder mit Hilfe von Röntgenaufnahmen zu Messungen innerhalb des menschlichen Körpers.

Durch entsprechend häufige Wiederholung photographischer Aufnahmen ist es möglich, schnell oder langsam ablaufende Bewegungsvorgänge meßtechnisch zu verfolgen. Die Photogrammetrie kann deshalb für die Vermessung von Flugbahnen, zur Erfassung von Wasserwellen in der Natur oder im wasserbautechnischen Laboratorium, für die Bestimmung von Gletschergeschwindigkeiten oder für die Deformationsmessung an Bauwerken eingesetzt werden.

Schließlich kann man mit der Photogrammetrie auch extrem kleine Objekte ausmessen. So können mit dem Elektronenmikroskop gewonnene Aufnahmen räumlich ausgewertet werden.

1.3 Bildinterpretation

Der überwiegende Teil der aufgenommenen Luftbilder wird nicht quantitativ in einer photogrammetrischen Auswertung benutzt. Er dient lediglich zur qualitativen Interpretation über das Vorkommen oder den Zustand abgebildeter Objekte. Die Luftbildinterpretation liefert für Fragestellungen der Geographie, der Archäologie, der Landwirtschaft, des Forstwesens, der Hydrologie, der Gewässerkunde und der militärischen Erkundung wesentliche Daten. Sie repräsentiert den zweiten Weg der Datenverarbeitung eines Fernerkundungssystems (siehe Abb. 1.1). Ist keine Messung erforderlich, kann auf die photogrammetrisch durchgeführte geometrische Bildverarbeitung völlig verzichtet werden.

Dagegen benötigt die photogrammetrische Auswertung (im ersten Weg der Abb. 1.1) wenigstens ein Minimum der Bildinterpretation, da die auszumessenden Objekte erkannt und im Meßgerät eingestellt werden müssen.

Literatur zu 1.3.

Schneider, S., 1974; Zsillinsky, U. G., 1964

2. Aufnahme von Bilddaten

2.1 Elektromagnetische Strahlung

Grundlage der Erzeugung von Bilddaten ist die elektromagnetische Strahlung. Sie entsteht durch atomare und molekulare Vorgänge innerhalb eines Objektes und wird nach Max Planck in Energiequanten $Q_p\,[J = W\cdot s]$ abgegeben:

$$Q_p = h\cdot \nu,$$

wobei $h = 6{,}6252\cdot 10^{-34}\,[J\cdot s]$ die Plancksche Konstante und ν die Frequenz $[Hz]$ bedeuten.

Die Abstrahlung erfolgt in einer harmonischen Wellenbewegung nach

$$\lambda = \frac{c}{\nu\cdot n},$$

wobei λ die Wellenlänge $[m]$, c die Lichtgeschwindigkeit $[m\cdot s^{-1}]$ und n den Ausbreitungskoeffizienten elektromagnetischer Wellen im entsprechenden Medium bezeichnen. Die Abstrahlung erfolgt in allen Wellenlängenbereichen $d\lambda$ (oder $d\nu$) des elektromagnetischen Spektrums nach dem Planckschen Verteilungsgesetz:

$$L_\lambda(T)\cdot d\lambda = \frac{2h\cdot c^2}{\lambda^5}\cdot \frac{1}{e^{h\cdot c/\lambda\cdot k\cdot T} - 1}\, d\lambda.$$

Darin bedeuten:

$L_\lambda(T)$ die Strahldichte $[Wm^{-2}sr^{-1}]$,
$k = 1{,}38047\cdot 10^{-23}\,[W\cdot s\cdot K^{-1}]$ die Boltzmannsche Konstante,
T die Absoluttemperatur $[K]$.

Das Strahlungsmaximum ergibt sich aus $\frac{dL_\lambda(T)}{dT}$ nach dem Wienschen Verschiebungsgesetz als Funktion der Absoluttemperatur eines Körpers:

$$\lambda_{max} = \frac{0{,}002898}{T} \quad \frac{[m \cdot K]}{[K]}.$$

Bei einer Sonnenoberflächentemperatur von etwa 6000° K liegt demnach das Energiemaximum des Sonnenlichtes bei $\lambda = 480$ mm im grünen sichtbaren Licht (siehe Tab. 2/1 und 2/2).

Tab. 2/1: Radiometrische Größen

Radiometrische Größe			Zusammenhang	Dimension	
Strahler	Strahlungsmenge	Q	–	Joule	$J = W \cdot s$
	Strahlungsfluß	Φ	$\Phi = \frac{Q}{t}$	Watt	$W = J \cdot s^{-1}$
	Spezifische Ausstrahlung	M	$M = \frac{Q}{t \cdot A_1}$	–	$W \cdot m^{-2}$
	Strahlstärke	I	$I = \frac{Q}{t \cdot \omega_1}$	–	$W \cdot sr^{-1}$
	Strahldichte	L	$L = \frac{Q}{t \cdot A_1 \cdot \omega_1}$	–	$W \cdot sr^{-1} \cdot m^{-2}$
Bestrahlungsobjekt	Bestrahlstärke	E	$E = \frac{Q}{t \cdot A_2}$	–	$W \cdot m^{-2}$
	Bestrahlung	H	$H = E \cdot t$	–	$J \cdot m^{-2}$

Die spektralen Größen pro $d\lambda$ lauten: Q_λ, Φ_λ, M_λ, I_λ, L_λ, E_λ, H_λ; ihre Dimension ist mit $[m^{-1}]$ zu multiplizieren

t = Zeit

A_1 = strahlende Fläche

A_2 = bestrahlte Fläche

$\omega_1 = \frac{A_2 \cdot \cos \varepsilon_2}{r^2}$ = Raumwinkel der Abstrahlung

$\omega_2 = \frac{A_1 \cdot \cos \varepsilon_1}{r^2}$ = Raumwinkel des Strahlungsempfangs

r = Abstand zwischen Strahler und bestrahlter Fläche

$\varepsilon_1, \varepsilon_2$ = Winkel zwischen Strahlungsrichtung und Flächennormale

Tab. 2/2: Das elektromagnetische Spektrum

Art der Strahlung	Wellenlänge $nm = 10^{-9}$ m	Frequenz $GHz = 10^9$ Hz $MHz = 10^6$ Hz $KHz = 10^3$ Hz		Verwendung	Detektor
Kosmische Strahlung	10^{-13}–10^{-16} m	$4{,}7 \cdot 10^{21}$ Hz –$3 \cdot 10^{24}$ Hz	Weltraum	–	Ionisationsdetektor
γ-Strahlen	10^{-4} nm–0,4 nm	$8 \cdot 10^{17}$ –$4{,}7 \cdot 10^{21}$ Hz	begrenzt durch Atmosphäre	Radioaktivität	Ionisationsdetektor
Röntgenstrahlen	0,4 nm–10 nm	$3 \cdot 10^{16}$ –$8 \cdot 10^{17}$ Hz	nur Nahbereich, Weltraum	Nahbereich	Phosphor
Ultraviolett	10–380 nm	$7{,}9 \cdot 10^{14}$ –$3 \cdot 10^{16}$ Hz	schwach durch Atmosphäre	–	Phosphor
sichtbares Licht	380–780 nm	$3{,}8 \cdot 10^{14}$ –$7{,}9 \cdot 10^{14}$ Hz	gut durch Atmosphäre	passive Fernerkundung, Sicht	Photographie Photodiode
Infrarot: nah	780 nm–1 μm	$3{,}0 \cdot 10^{14}$ –$3{,}8 \cdot 10^{14}$ Hz	gut durch Atmosphäre	passive Fernerkundung	Photographie Photodiode
Infrarot: mittel	1 μm–8 μm	$3{,}7 \cdot 10^{13}$ –$3{,}0 \cdot 10^{14}$ Hz	in Fenstern durch Atmosphäre	passive Fernerkundung	Quantumdetektor
Infrarot: thermal	8 μm–1 mm	$3 \cdot 10^{11}$ –$3{,}7 \cdot 10^{13}$ Hz	in Fenstern durch Atmosphäre Tag u. Nacht	passive Fernerkundung	Quantumdetektor
Mikrowellen	1 mm–1 m	300 MHz –300 GHz	Tag u. Nacht durch Wolken hindurch	aktive Fernerkundung	Antenne
Radiowellen: UKW	1– 10 m	30–300 MHz	Sichtweite	Fernsehen, Rundfunk	Antenne
Radiowellen: KW	10–100 m	3–30 MHz	weltweit	Rundfunk	Antenne
Radiowellen: MW	182 m–1 km	300–1 650 KHz	regional	Rundfunk	Antenne
Radiowellen: LW	1– 10 km	30–300 KHz	weltweit	Rundfunk	Antenne
Tonfrequenz	15–6 000 km	50 Hz–20 KHz	Kabel	Tonübertragung	Kabel
Wechselstrom	6 000 km 18 000 km	50 Hz 16⅓ Hz	Kabel, Oberleitung	Energieversorgung, elektr. Bahn	Kabel

Beim Hindurchtreten der Strahlung durch die Atmosphäre und bei ihrem Auftreffen am Objekt entstehen Strahlungsverluste durch Absorption und Reflexion. Bei der Absorption innerhalb eines Mediums wird die auftreffende Energie eines höheren Frequenzbereichs in Energie eines niedrigeren Frequenzbereichs umgewandelt. Licht wird z. B. in Wärmestrahlung transformiert. Ein Teil des Lichts wird reflektiert. Absorption und Reflexion sind gekennzeichnet durch den Absorptionsgrad $\alpha_\lambda = \frac{\Phi_{\lambda A}}{\Phi_{\lambda 0}}$ und den Reflexionsgrad $\rho_\lambda = \frac{\Phi_{\lambda R}}{\Phi_{\lambda 0}}$.

Die Transmission ist gegeben durch den Transmissionsgrad $\tau_\lambda = \frac{\Phi_{\lambda T}}{\Phi_{\lambda 0}}$, wobei:

$\Phi_{\lambda 0}$ den eintreffenden Strahlungsfluß,
$\Phi_{\lambda A}$ den absorbierten Strahlungsfluß,
$\Phi_{\lambda R}$ den reflektierten Strahlungsfluß und
$\Phi_{\lambda T}$ den transmittierten Strahlungsfluß

bedeuten.

$$\alpha_\lambda + \rho_\lambda + \tau_\lambda = 1.$$

Der Reflexionsgrad eines Objekts ist eine für die Fernerkundung wesentliche Größe. Er variiert für die einzelnen Spektralbereiche und liegt im sichtbaren grünen Licht etwa bei:

Nadelwald	1%
Wasser	3%
Wiese	7%
Straße	8%
Laubwald	18%
Sand	25%
Kalk	60%
Neuschnee	78%.

Der Reflexionsgrad eines Objektes ändert sich aber zusätzlich noch mit einer radiometrischen Funktion $f(\varepsilon_1, \varepsilon_2, \varepsilon_3)$ in Abhängigkeit folgender Raumwinkel:

ε_1 = Winkel zwischen Einstrahlungsrichtung und Flächennormaler,
ε_2 = Winkel zwischen Sensorrichtung und Flächennormaler,
ε_3 = Winkel zwischen Einstrahlungsrichtung und Sensorrichtung,

$$\rho_\lambda(\varepsilon_1, \varepsilon_2, \varepsilon_3) = \rho_\lambda \cdot f(\varepsilon_1, \varepsilon_2, \varepsilon_3).$$

Die beim Fernerkundungssensor eintreffende Strahlungsdichte eines Objektes setzt sich demnach zusammen aus:

(1) Der Bestrahlstärke E_{ε_1} des Objektes durch die Sonne mit einer Sonnenhöhe von $(90° - \varepsilon_1)$, einer Bestrahlstärke E_λ außerhalb der Atmosphäre und einem atmosphärischen Transmissionskoeffizienten $\tau_{\lambda\varepsilon_1}$ entlang des einfallenden Strahls:

$$E_{\varepsilon_1} = \cos\, \varepsilon_1 \int_{\lambda_1}^{\lambda_2} E_\lambda \cdot \tau_{\lambda\varepsilon_1} \cdot d\lambda.$$

(2) Der Strahldichte L_{ε_2}, unter Annahme einer Lambertschen Abstrahlung am Objekt $F(\varepsilon_1, \varepsilon_2, \varepsilon_3) = 1 = \text{const.}$ von $\frac{1}{\pi}$, mit einem atmosphärischen Transmissionskoeffizienten $\lambda\varepsilon_2$ entlang des Strahls zum Sensor:

$$L_{\varepsilon_2} = \frac{\cos\, \varepsilon_1}{\pi} \int_{\lambda_1}^{\lambda_2} E_\lambda \cdot \tau_{\lambda\varepsilon_1} \cdot \tau_{\lambda\varepsilon_2} \cdot \rho_\lambda \cdot d\lambda.$$

(3) Zur Strahldichte L_{ε_2}, welche vom Objekt herrührt, tritt noch die Strahldichte $L_{\delta\varepsilon_1}$ des diffusen Lichtes der Atmosphäre in Abhängigkeit des Reflexionsgrades der Atmosphäre $\rho_{\varepsilon_{1\lambda}}$ hinzu:

$$L = L_{\varepsilon_2} + L_{\delta\varepsilon_1} = \frac{1}{\pi} \int_{\lambda_1}^{\lambda_2} E_\lambda \cdot (\tau_{\lambda\varepsilon_l} \cdot \tau_{\lambda\varepsilon_2} \cdot \rho_\lambda \cdot \cos\, \varepsilon_1 + \rho_{\varepsilon_{l\lambda}}) d\lambda.$$

Die Bestrahlstärke E_λ kann aus den bekannten Sonnenparametern ermittelt werden. Die Transmissionskoeffizienten können durch Radiometermessung der Sonneneinstrahlung (gerichtetes Radiometer) und der globalen Einstrahlung aus dem Halbraum (Radiometer mit vorgesetzter Ulbrichtscher Kugel) ermittelt werden. ε_1 ist bekannt, $\rho_{\varepsilon_{l\lambda}}$ ist abschätzbar. Deshalb ergibt das gemessene L eine direkte Bestimmungsmöglichkeit für ρ_λ. Dieses absolute radiometrische Verfahren ist in der Praxis allerdings vielen Ungenauigkeiten in Annahmen und Messung unterworfen.

Die Berücksichtigung benachbarter, richtungsmäßig trennbarer Bestrahlstärken L_1 und L_2 für die Objekte 1 und 2 erlaubt jedoch die Anwendung als relatives radiometrisches Verfahren, denn

$$\frac{L_1}{L_2} = \frac{\rho_{\lambda_1}}{\rho_{\lambda_2}},$$

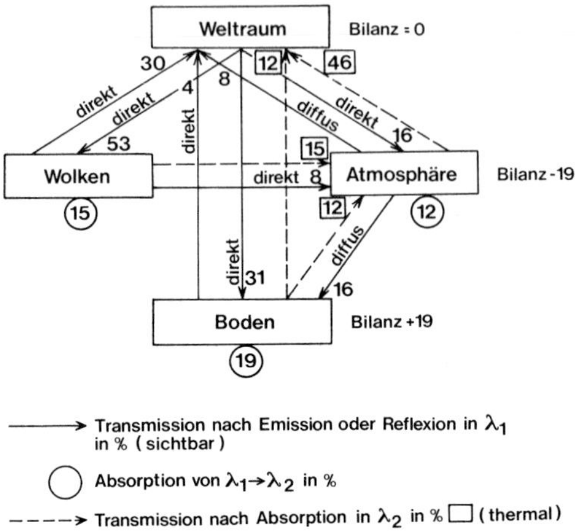

Abb. 2.1: Die atmosphärische Strahlungsbilanz

weil E_λ, $\tau_{\lambda\varepsilon_1}$, $\tau_{\lambda\varepsilon_2}$, cos ε_1 und $\rho_{\varepsilon_1}\lambda$ für beide Objekte nahezu gleich sind und nur unterschiedliche Reflexionsgrade ρ_{λ_1} und ρ_{λ_2} aufweisen.
Die Reflexions- und Absorptionsgrade der atmosphärischen Strahlungsbilanz sind in Abb. 2.1 dargestellt.

Literatur zu 2.1.

Albertz, J., Kreiling, W., 1980; American Society of Photogrammetry, 1983; Colwell, R. N. u. a., 1963

2.2 Sensortechnik

2.2.1 Optische Abbildung

Ein Sensor hat die Aufgabe, die abgestrahlte Energie eines Objektes in einem bestimmten Wellenlängenbereich zu erfassen und richtungsmäßig zu trennen. Im Bereich des sichtbaren Lichtes und in seinem Nachbarschaftsbereich hat die optische Abbildung die Funktion der richtungsmäßigen Trennung.

Sie erlaubt die Wiedergabe der Strahlungswerte eines räumlichen Objektes in einer Ebene. Der idealen (mathematischen) Abbildung entspricht eine Zentralperspektive, wie sie durch eine *Lochkammer* realisiert werden kann

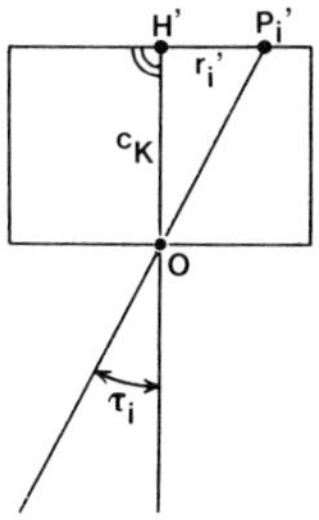

Abb. 2.2: Lochkammer

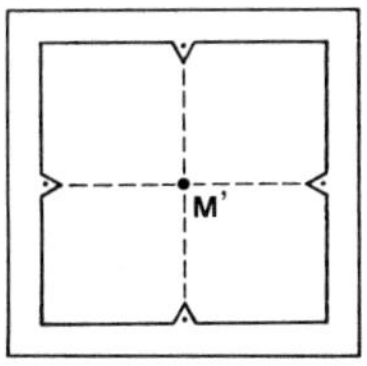

Abb. 2.3: Anlegerahmen mit Rahmenmarken

(Abb. 2.2). Sie enthält ein unendlich kleines, kreisförmiges Loch als Projektionszentrum 0. Der Anlegerahmen bestimmt die Bildebene. Die Senkrechte zur Bildebene durch das Projektionszentrum 0 definiert die optische Achse. Sie bestimmt in der Bildebene den Bildhauptpunkt H'. Der Abstand $\overline{H'0}$ der optischen Achse wird als Kammerkonstante c_K bezeichnet. Für die Entfernung r_i' eines Bildpunktes P_i' vom Bildhauptpunkt H' gilt als Bildfunktion:

$$r_i' = c_K \cdot tg\ \tau_i$$

Der Bildhauptpunkt ist bei einer (kalibrierten) für Meßzwecke geeigneten *„Meßkammer“* am Anlegerahmen durch 4 Rahmenmarken gekennzeichnet, deren Verbindungsgeraden sich senkrecht im Rahmenmittelpunkt M' schneiden (Abb. 2.3).

M' soll möglichst mit H' zusammenfallen. Durch die stabile Festlegung von $M' \approx H'$ und von c_K wird die Lochkammer zur Meßkammer und das Bild zum Meßbild.

Die unendlich kleine Öffnung einer Lochkammer begrenzt die eintreffende Energie in so starkem Maße, daß ihre Erfassung in der Bildebene nicht mehr sinnvoll ist. Günstigere Bestrahlungsbedingungen bieten Linsen oder aus mehreren Linsen zusammengefügte *Objektive*. Allerdings erfolgt dann die Abbildung unter bestimmten Bedingungen. Sie ist auch mit Abbildungsfehlern verbunden.

Die Abbildung eines Objektpunktes P_i nach P_i' in der Bildebene geschieht mittels eines Strahlenkegels, welcher durch den Durchmesser seiner Öffnungsblende begrenzt ist (siehe Abb. 2.4).

Im Gegensatz zur Lochkammer ist die Abbildung durch ein Objektiv deshalb an Scharfabbildungsregeln geknüpft, welche für eine vorliegende, in

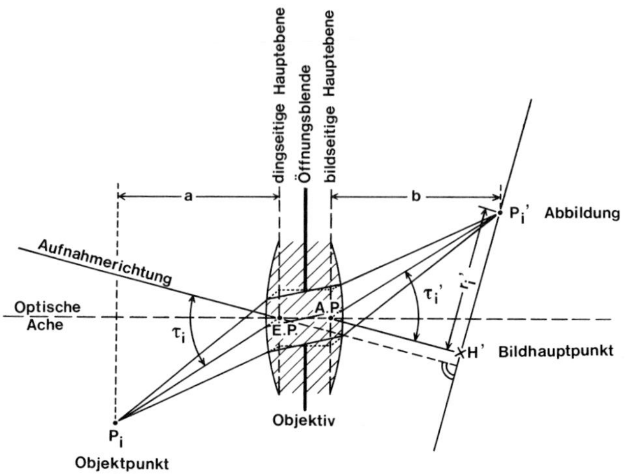

Abb. 2.4: Abbildung durch ein Objektiv

Abb. 2.4 definierte Gegenstandsweite a eine bestimmte Bildweite b erfordern. Bei einer einfachen Linse wird die *Scharfabbildung* durch folgende Bedingung (Linsengleichung) erreicht:

$$\frac{1}{a}+\frac{1}{b}=\frac{1}{f}.$$

f bezeichnet die Brennweite der Linse. Ein unendlich weit entfernter Gegenstand ($a=\infty$) muß deshalb in der Entfernung $b=f$ abgebildet werden. Photogrammetrische Objektive, welche zum Ziel haben unendlich weite Objekte aufzunehmen, werden deshalb gewöhnlich mit einer Kammerkonstante $c_K=f$ benutzt. Eine einfache Linse ist jedoch nicht in der Lage, die Scharfabbildung in der gesamten Bildebene zu gewähren, und zwar insbesondere dann, wenn es sich um größere Bildwinkel τ_i handelt. Es entstehen folgende *Scharfabbildungsfehler* (siehe Abb. 2.5).

a) die chromatische Aberration (Farbabweichung), welche für Strahlung unterschiedlicher Wellenlänge unterschiedliche Bildweiten erfordert;
b) die sphärische Aberration (Kugelabweichung), welche für durch das Objektiv hindurchgehende Zentralstrahlen und Randstrahlen unterschiedliche Bildweiten verlangt;
c) der Astigmatismus, welcher für durch das Objektiv hindurchgehende vertikale und horizontale Randstrahlen unterschiedliche Bildweiten benötigt;

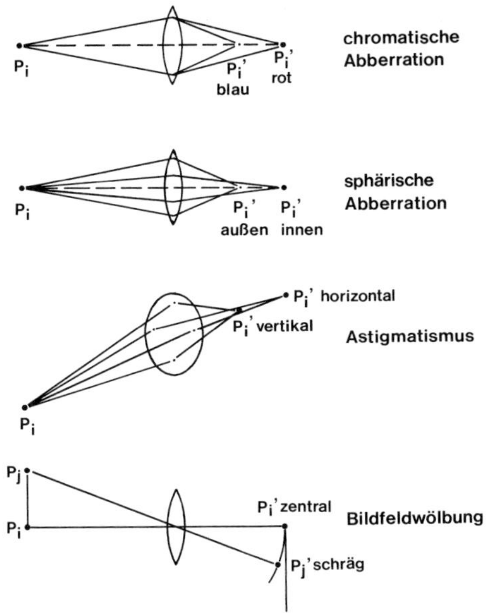

Abb. 2.5: Scharfabbildungsfehler

d) die Bildfeldwölbung, welche unterschiedliche Bildweiten in Abhängigkeit vom Bildwinkel erfordert;
e) das Koma, welches durch eine sphärische Aberration für schräg einfallende Strahlen verursacht wird.

Durch Kombination mehrerer konvexer und konkaver Linsenelemente aus Glas mit unterschiedlichen Brechungsindizes entsteht ein Objektiv, welches die Scharfabbildungsfehler in der Bildebene genähert beseitigt. Die Verluste bei der Richtungstrennung der Strahlungssignale sollen in Abschnitt 2.3 zusammenfassend behandelt werden.

Die *geometrischen Verhältnisse* der Abbildung durch Linsen und Objektive gehen aus Abb. 2.4 hervor: Strahlen, welche durch den Mittelpunkt der Öffnungsblende eines Objektivs hindurchgehen, heißen Hauptstrahlen. Auf ihnen liegen die einander zugehörigen Objekt- und Bildpunkte. Die Richtungen aller dingseitigen Hauptstrahlen vereinigen sich in der dingseitigen Hauptebene des Objektivs im Punkt E. P. (Mitte der Eintrittspupille oder Mitte der senkrechten Projektion der Öffnungsblende in die dingseitige Hauptebene). Die Richtungen aller bildseitigen Hauptstrahlen führen in der bildseitigen Hauptebene zu Punkt A. P. (Mitte der Austrittspupille oder Mitte der senkrechten Projektion der Öffnungsblende in die bildseitige Hauptebene). Die Verbindungsgerade durch E. P. und A. P. ist die optische Achse.

Die Aufnahmerichtung ist derjenige Hauptstrahl, dessen dingseitiger, in den Bildraum verlängerter Teil senkrecht zur Bildebene steht. Der Bildhauptpunkt H' ist der Durchstoßpunkt des Hauptstrahls der Aufnahmerichtung durch die Bildebene. Für die Radialabstände r_i' eines Bildpunktes P_i' von H' gilt dann die Bildfunktion:

$$r_i' = c_K \cdot f(\tau) = c_K \cdot tg\tau_i + \Delta r_i'.$$

$\Delta r_i'$ wird als radiale Verzeichnung bezeichnet. Der Bildhauptpunkt wird, wie bei der Lochkammer, als Rahmenmarkenschnittpunkt M' gekennzeichnet.

Infolge von Fertigungsfehlern der Schliffkurven der Linsen und wegen der Verkittung der Linsenelemente zu Objektiven treten unsymmetrische und tangentiale Verzeichnungskomponenten auf, welche in der Fabrik durch eine Kalibrierung der Meßkammer minimiert werden. Dabei werden die Bildebene in ihrer Lage zur optischen Achse und die Bildweite verändert. Dies geschieht unter Beachtung der Scharfabbildungstoleranzen.

Die *radiometrischen Aspekte* der Abbildung durch eine Kamera sind durch folgende Gleichung gegeben:

$$H = E\left(\frac{d}{c}\right)^2 \frac{\pi}{4} \cdot \tau_0 \cdot t$$

Darin bedeuten:

H die Bestrahlung in der Bildebene
E die Bestrahlung am Sensor
d der Blendendurchmesser
c die Bildweite
τ_0 der Transmissionsgrad des Objektivs in der Richtung des Objekts
t die Belichtungszeit.

Statt der in Tab. 2/1 angegebenen radiometrischen Größen werden in der Kameratechnik vorzugsweise photometrische Größen verwendet, und zwar

an der Lichtquelle:
die Lichtmenge Q in $[lm \cdot s]$
der Lichtstrom Φ in $[lm]$
die spezifische Lichtausstrahlung M in $[lm \cdot m^{-2}]$

die Lichtstärke I in $[cd]=[lm\cdot sr^{-1}]$
die Leuchtdichte L in $[cd\cdot m^{-2}]=[lm\cdot m^{-1}\cdot sr^{-1}]$,

und am bestrahlten Objekt:
die Beleuchtungsstärke E in $[lx]=[lm\cdot m^{-2}]$
die Belichtung H in $[lx\cdot s]=[lm\cdot m^{-2}\cdot s]$.

Dabei ist 1 $[cd]$ die Lichtstärke eines schwarzen Strahlers von $1/600\,000\,m^2$ bei 2042° K.

Der Lichtabfall in der Bildebene verringert sich mit zunehmendem Bildwinkel τ mit der Funktion $\cos^4\tau$.

Aus mehreren Elementen zusammengesetzte besondere Objektive ermöglichen es, diesen Lichtabfall auf die Funktion $\cos^{2,5}\tau$ herabzudrücken.

Literatur zu 2.1.
Slevogt, H., 1974

2.2.2 Photographie

Die optische Abbildung in die Bildebene kann durch die photographische Schicht festgehalten werden. Sie besteht aus Silberhalogeniden, die in eine Gelatineschicht eingebettet sind (Emulsion). Die Silberhalogenide haben die Eigenschaft, sich proportional zur Belichtung in metallisches Silber und in die vorhandenen Halogene (z. B. Brom) aufzuspalten. Die Belichtung leitet diese Aufspaltung latent ein. Die Entwicklung (z. B. mit Methylhydrochinon) im Labor setzt diesen Prozeß in einem ersten Schritt fort. In einem

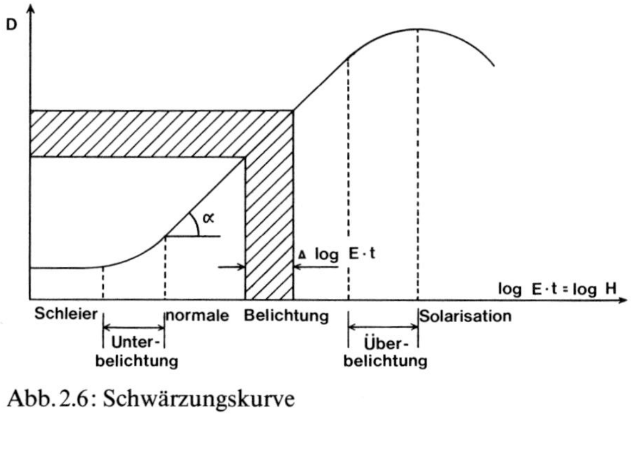

Abb. 2.6: Schwärzungskurve

zweiten Schritt, der Fixierung (z. B. mit Natriumthiosulfat) werden die unbelichteten Silberhalogenide aus der Schicht herausgelöst. In einem dritten Schritt, der Wässerung, werden die Chemikalien aus der Schicht herausgewaschen. Zurück bleibt das schwarze metallische Silber, welches proportional zur Belichtung unterschiedliche Schwärzungswerte aufweist. Die Emulsion wird in einem vierten Schritt getrocknet. Das Ergebnis des photographischen Prozesses ist durch die Schwärzungskurve charakterisiert (siehe Abb. 2.6).

Die Transparenz τ der photographischen Schicht ist nach der Entwicklung:

$$\tau = \frac{\Phi}{\Phi_0}$$

mit Φ_0 = Lichtstrom (oder Strahlungsfluß) vor Eintritt in die Emulsion
Φ = Lichtstrom nach Verlassen der Emulsion.

Die Opazität O ist definiert als:

$$O = \frac{1}{\tau}.$$

Die Dichte ist gleich dem dekadischen Logarithmus der Opazität:

$$D = \log \frac{1}{\tau}.$$

Die Emulsion vermag im linearen Bereich der Schwärzungskurve ein vorkommendes Belichtungsintervall $\Delta \log H$ (Originaldichteumfang) in ein Dichteintervall ΔD (Negativdichteumfang) umzuwandeln.

Charakteristisch für die Empfindlichkeit des Prozesses ist die Gradation γ:

$$\gamma = tg\alpha = \frac{\Delta D}{\Delta \log H}.$$

Die Entwicklung wird weich genannt, wenn $\gamma < 1$ ist; sie ist normal bei $\gamma = 1$ und hart bei $\gamma > 1$. Eine harte Entwicklung ist bei geringen Kontrasten erforderlich. Die Gradation ist von folgenden Faktoren abhängig:

(a) der Art des photographischen Materials
(b) der Art des Entwicklers
(c) der Temperatur des Entwicklers
(d) der Dauer der Entwicklung.

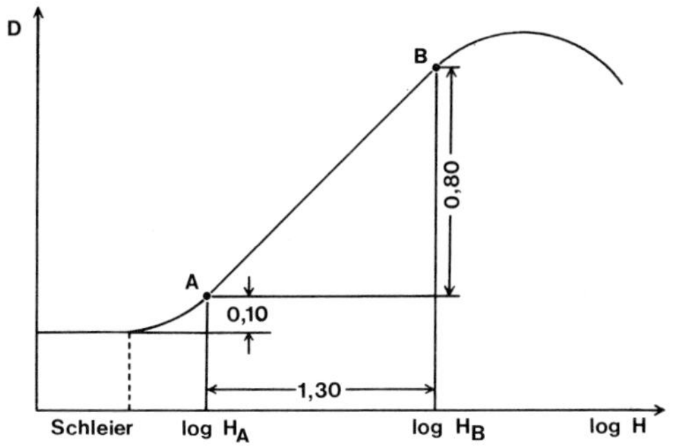

Abb. 2.7: Festlegung der photographischen Empfindlichkeit

Bei einer festgelegten Entwicklung kann somit die Empfindlichkeit des photographischen Materials gesteuert werden (siehe Abb. 2.7).
Die Entwicklung wird so festgelegt, daß einer Belichtungsdifferenz von $\Delta \log H_{AB} = 1{,}30$ ein Dichteunterschied von $\Delta D_{AB} = 0{,}8$ entsprechen soll.

Die Empfindlichkeit der Emulsion ist dann für den Punkt A bestimmbar, der eine Dichte von 0,1 über dem Schleier (Entwicklung ohne Belichtung) besitzt; diesem Punkt entspricht eine Belichtung von H_A in [lx·s]. Die Empfindlichkeitsmaße sind entweder in DIN oder in ASA ausdrückbar:

DIN-Zahl $= 10 \cdot \log 1/H_A$
ASA-Zahl $= 0{,}8/H_A$.

Ein weiteres Empfindlichkeitsmaß für Luftbildfilme ist die Aerial Film Speed (AFS), welche bei festgelegter Entwicklung als Belichtung H in [lx·s] ermittelt wird, welche einer Dichte von 0,3 über dem Schleier entspricht.

Die Effective Aerial Film Speed (EAFS) wird nach den Regeln der AFS empirisch ermittelt, wenn die Entwicklungsbedingungen nicht eingehalten werden können.

Silberhalogenide haben ihr spektrales Empfindlichkeitsmaximum im Bereich des blauen Lichtes. Eine Erweiterung der spektralen Empfindlichkeit einer Emulsion bis in den langwelligen Bereich des roten Lichtes ist durch Beimengung von optischen Farbstoffen (Sensibilisierung) möglich. So können verschiedenartige Schwarz-Weiß-Emulsionen auf Glas oder Film (Polyester) hergestellt werden, welche nach ihrer Entwicklung als Negative verwendbar sind (siehe Abb. 2.8). Eine Kontaktbelichtung des Negativs liefert

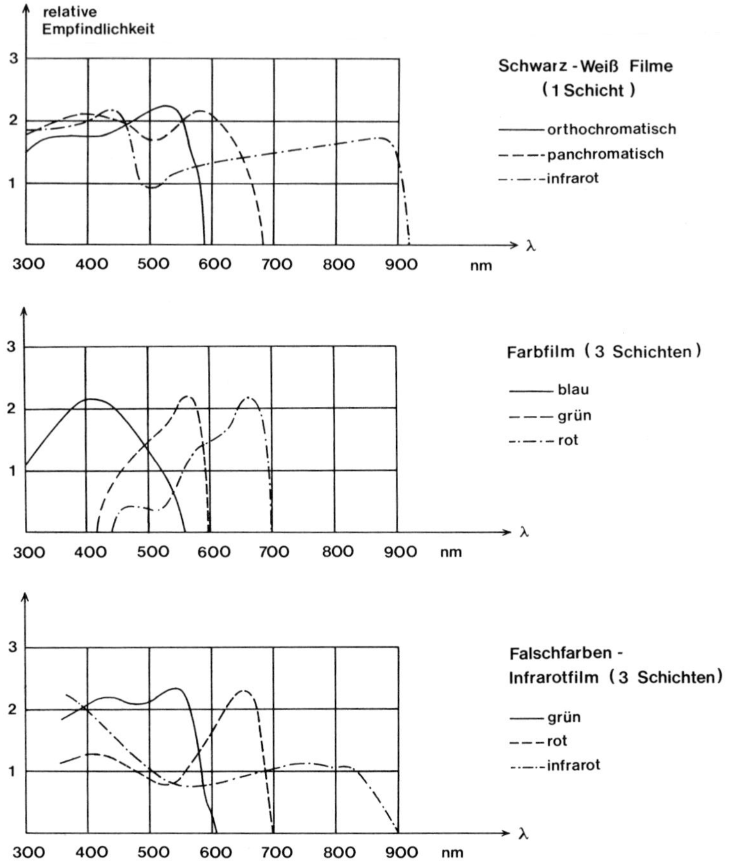

Abb. 2.8: Relative spektrale Empfindlichkeit verschiedener Emulsionen

nach anschließender Entwicklung eine Kontaktkopie auf Photopapier oder ein Kontaktdiapositiv auf Glas oder Film.

Farbfilme oder Falschfarbenfilme bestehen aus drei Filmschichten, welche jeweils für unterschiedliche Wellenlängenbereiche sensibilisiert worden sind. Bei der Entwicklung eines Farbdiapositivfilms wird die blauempfindliche Silberschicht nicht schwarz, sondern durch Farbzusätze gelb eingefärbt. Die grünempfindliche Filmschicht wird magenta eingefärbt und die rotempfindliche Schicht cyan. Durch Kombination der drei subtraktiven Grundfarben gelb = (weiß − blau), magenta = (weiß − grün) und cyan = (weiß − rot) entstehen auch die Mischfarben.

Die Farbbildner sind entweder bereits in der Emulsion enthalten (Agfacolor, Ektachrome, Kodacolor), oder sie werden bei der Entwicklung hinzugefügt (Kodachrome). Der Farbnegativfilm ergibt nach seiner Entwicklung und Einfärbung ein Komplementärfarbenbild. Eine Kontaktkopie auf Farbnegativmaterial, welches einem zweiten entsprechenden Entwicklungsprozeß unterzogen wird, ergibt danach ein Farbbild in den Originalfarben. Beim Umkehrfilm entsteht das Positiv (Diapositiv) bereits direkt im ersten Entwicklungsprozeß.

Das einzufärbende Positiv entsteht durch Nachbelichtung in weißem Licht, nachdem die Negativentwicklung als Schwarzweißprozeß eingeleitet worden ist. Das Negativsilber wird anschließend entfernt, so daß das Farbpositiv übrigbleibt.

Die Entwicklung des Falschfarbeninfrarotfilms entspricht der des Farbumkehrfilms. Aber die grünempfindliche Schicht wird blau, die rotempfindliche Schicht grün und die infrarotempfindliche Schicht rot eingefärbt. Auf den so erhaltenen Diapositiven erscheint z. B. die gesunde Vegetation wegen der hohen Infrarotreflexion der Blätter in roter Farbe.

Unerwünschte Spektralbereiche können bei der Photographie durch vor das Objektiv vorgesetzte planparallele Filter eliminiert oder abgeschwächt werden. So erlaubt ein Gelbfilter für Schwarz-Weiß-Aufnahmen und ein Orangefilter für Infrarot- und Falschfarbeninfrarotaufnahmen das Blaulicht zu eliminieren, in welchem das reflektierte Signal besonders stark durch die diffuse Streustrahlung der Atmosphäre nach Rayleigh gestört wird:

$$I = I_0 \cdot \exp(-k \cdot \lambda^{-4} \cdot r),$$

wobei I_0 die anfängliche und
I die durch Diffusion gestörte Strahlstärke bedeutet.
k ist der Extinktionskoeffizient und r die Strecke.

Filterungen auf schmale Wellenlängenbereiche sind durch mehrschichtige Interferenzfilter möglich, wie sie in der Multispektralphotographie zur Objektidentifizierung mit verbesserter spektraler Auflösung Anwendung finden können. Die Multispektralphotographie erfordert mehrere gleich orientierte Kameras oder Objektive, die mit unterschiedlichen Emulsionen oder Filtern ausgerüstet sind.

2.2.3 Die Reihenmeßkammer

Die photogrammetrische Meßkammer erfüllt weitgehend die geodätisch-photogrammetrischen Anforderungen an die Auflösung, an die geometrische und radiometrische Treue und an die besonderen Bedingungen, welche zur geordneten Erfassung des Geländes vom Flugzeug aus notwendig sind.

Seit 1950 sind u.a. von den Firmen Carl Zeiss (Oberkochen), Wild (Heerbrugg, Schweiz), Jenoptik (Jena, DDR) *Hochleistungsobjektive* für Luftauf-

Tab. 2/3: Gebräuchlichste Hochleistungsobjektive in Meßkammern

Hersteller	Name der Kamera	Name des Objektivs	Typ	Bildwinkel $2\tau_{max}$	Brennweite [mm]	Öffnungs-Verhältnis	maximale Verzerrung [μm]
Zeiss	RMK 60/25	Telikon	SW	33^g	610	1:6,3	50
Zeiss	RMK 30/23	Topar	NW	63^g	305	1:5,6	4
Zeiss	RMK 15/23	Topar	NW	69^g	210	1:4	4
Zeiss	RMK 11,5/18 RMK 15/23	Pleogon	WW	104^g	115; 153	1:5,6	5 2
Zeiss	RMK 8,5/23	S-Pleogon	ÜWW	139^g	85	1:4	7
Wild	RC 10	Aviotar II	NW	63^g	300	1:4	4
Wild	RC 8	Aviotar	NW	67^g	170; 210	1:4	5
Wild	RC 10	Aviogon	WW	100^g	100; 115; 153	1:5,6	4
Wild	RC 10	Superaviogon	ÜWW	133^g	88	1:5,6	10
Jenoptik	MRB 30/2323*	Lamegon PI 305	NW	63^g	300	1:5,6	4
Jenoptik	MRB 21/1818	Pinatar	NW	69^g	210	1:4	5
Jenoptik	MRB 15/2323*	Lamegon PI 152	WW	105^g	152	1:4,5	8
Jenoptik	MRB 9/2323*	Superlamegon	ÜWW	134^g	90	1:5,6	8

SW = Schmalwinkel
NW = Normalwinkel
WW = Weitwinkel
ÜWW = Überweitwinkel

*) Statt der MRB ist auch die Luftbildmeßkammer LMK mit Bildwanderungskompensation in der Filmebene benutzbar. Auch Zeiss hat 1984 eine Kassette mit Bildbewegungskompensation für Zeiss-Kammern entwickelt.

nahmen entwickelt worden. Sie sind in Tab. 2/3 zusammengestellt und in Abb. 2.9 exemplarisch abgebildet.

Der maximale Bildwinkel legt zusammen mit der Brennweite das Bildformat fest. Das Standardbildformat älterer Kammern war 18 × 18 cm. Heute ist es allgemein 23 × 23 cm. Das Öffnungsverhältnis *d/c* bestimmt die photographische Belichtung. Es muß bei Luftaufnahmen möglichst groß sein, weil für hohe Fluggeschwindigkeiten zur Vermeidung von Bewegungsunschärfen nur kurze Belichtungszeiten von $^1/_{250}$, $^1/_{500}$ oder $^1/_{1\,000}$ sek. möglich sind, damit noch eine ausreichende Belichtung der vorhandenen Luftbildfilme mit Empfindlichkeiten von 21 DIN (Schwarz-Weißfilm) oder 18 DIN (Farbfilm) gegeben ist.

Die Belichtung erfolgt in der Regel durch einen Zentralverschluß im Objektiv, welcher alle Bildteile gleichzeitig mit hohem Wirkungsgrad belichtet. Außer Federverschlüssen, welche die Verschlußlamellen stark beschleuni-

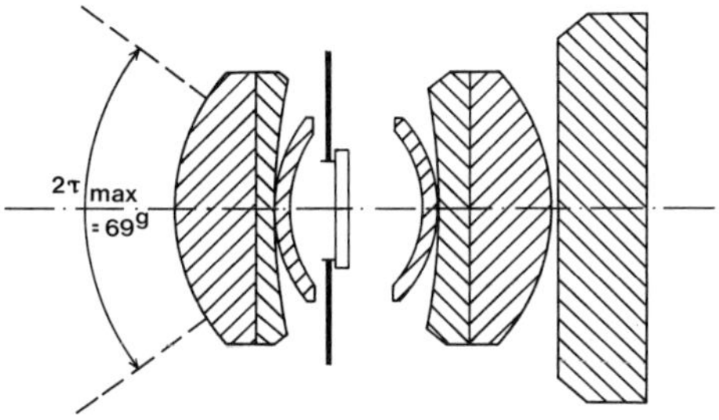

Normalwinkelobjektiv
Zeiss-Topar 1:4

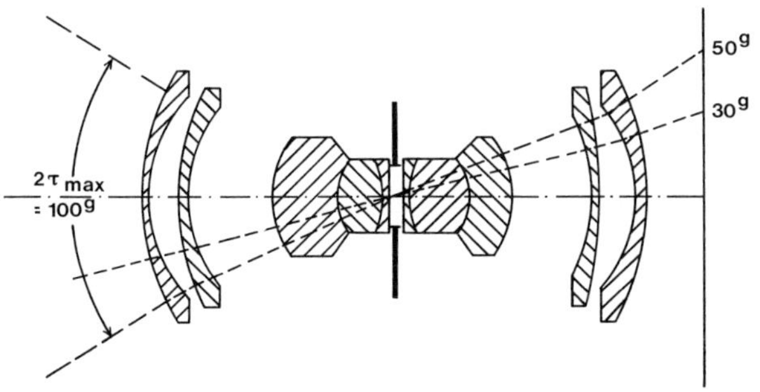

Weitwinkelobjektiv
Wild-Aviogon 1 : 5,6

Abb. 2.9: Beispiele für Hochleistungsobjektive

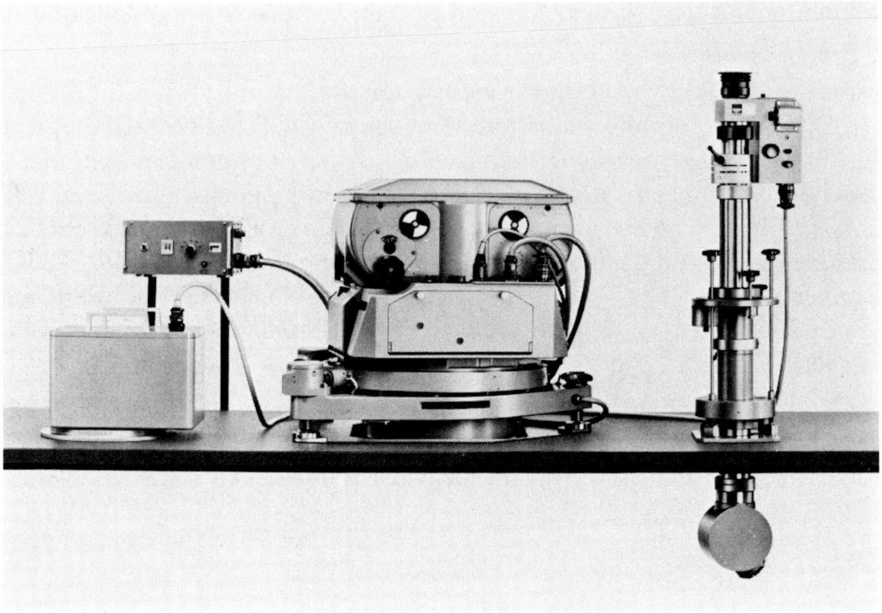

Abb. 2.10: Reihenmeßkammer RMK 15/23 von Zeiss

gen und abbremsen, werden rotierende Drehscheibenverschlüsse verwendet. Diese bestehen aus kreisförmigen Scheiben, in welchen ein Schlitz für die Belichtung ausgespart ist. Die Scheiben rotieren mit unterschiedlichen Geschwindigkeiten und steuern so die Belichtung nach der eingestellten Bildfolge und Belichtungszeit.

Der Kammerstutzen verbindet das Objektiv starr mit dem Bildrahmen, der die Bildebene festlegt und den Bildhauptpunkt durch die Rahmenmarken kennzeichnet. In den Bildrahmen werden auch Nebenabbildungen für Uhrzeit, Bildnummer, Libelle, Höhenmesser u. a. eingeblendet.

Zur Vermeidung von Vibrationen wird der Kammerstutzen in einer Kameraufhängung montiert, die mit dem Flugzeug durch eine mechanische Dämpfungseinrichtung verbunden ist. Der Kammerstutzen ist in der Aufhängung so montiert, daß er um eine vertikale Achse gedreht werden kann um die Bilder während des Bildflugs parallel zur Flugrichtung auszurichten.

Die Filmkassette, welche einen 24 cm breiten und bis zu 120 m langen Rollfilm enthält, hat im Belichtungszyklus folgende Aufgaben zu erfüllen:

Abb. 2.11: Reihenmeßkammer RC 10 von Wild mit Zubehör

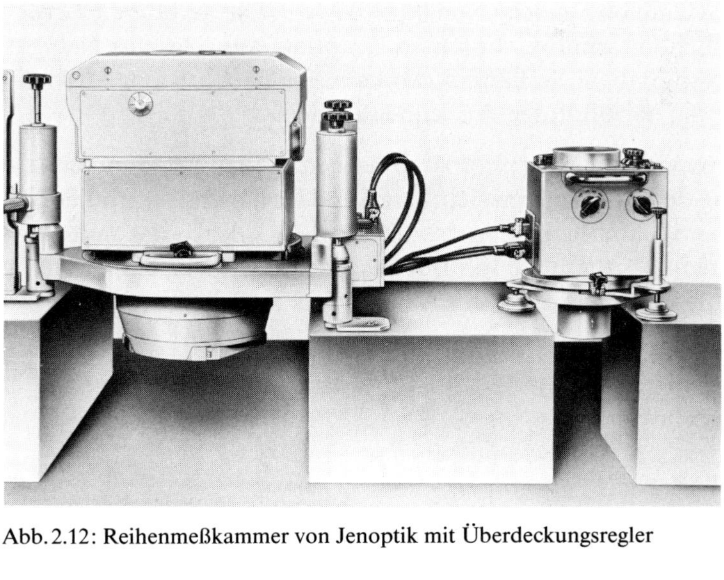

Abb. 2.12: Reihenmeßkammer von Jenoptik mit Überdeckungsregler

(a) Weitertransport des Films um 25 cm,
(b) Anpressen des Films mit Hilfe einer Andruckplatte an den Bildrahmen,
(c) die Andruckplatte ist perforiert und saugt durch ein Vakuum den Film während des Andrückens an damit er während der Belichtung flach in der Bildebene liegt,
(d) Abheben der Andruckplatte vor dem Weitertransport des Films.

Die systematische Aufnahme des Geländes ist nur möglich, wenn sich die fortlaufenden Aufnahmen in einem gewählten Überdeckungsverhältnis überdecken. Die Überdeckung bestimmt die Bildfolgezeit. Sie ist von der Fluggeschwindigkeit und der jeweiligen Flughöhe über Grund abhängig und durch einen Überdeckungsregler steuerbar, welcher die Bildfolge aus dem gewünschten Weg und der gemessenen Geschwindigkeit berechnet:

$$t = \frac{s}{v} = \frac{h}{v} \cdot \frac{a'_{ü}}{c_{ü}} \left(1 - \frac{p}{100}\right) \quad \text{(siehe Kap. 2.5.1).}$$

Der Überdeckungsregler besteht aus einer parallel zur Reihenmeßkammer ausgerichteten Mattscheibenkamera (Bildweite $c_{ü}$, Bildformat $a'_{ü}$). Das projizierte Geländebild bewegt sich während des Fluges auf der Mattscheibe fort und kann mit einer in gleicher Richtung mechanisch steuerbaren Sprossenkette verfolgt werden. Der Operateur stellt die gewünschte Überdeckung an der Übersetzungsregelung für die Steuerung der Geschwindigkeit der Sprossenkette ein und steuert ihre Geschwindigkeit von Hand, damit sie sich mit dem Geländebild gleich schnell fortbewegt. Die gewählte Überdeckung löst die Belichtung zum gewünschten Zeitpunkt aus. Das aus Navigationssystemen bestimmbare Verhältnis v/h kann bei neuen Kammertypen direkt zur Steuerung der Bildfolge verwendet werden.

Die Verwendung einer photographischen Reihenmeßkammer ist auf die Erfassung der Strahlung im sichtbaren und im nahen Infrarotbereich begrenzt. Soll der Spektralbereich in das ultraviolette oder in das mittlere und insbesondere in das thermale Infrarot ausgedehnt werden, dann kommt zur Registrierung der Energie nur ein Abtaster in Frage.

Literatur zu 2.2.3.
Meier, H. K., 1964a, b, 1972

2.2.4 Abtaster

Beim Abtaster ist das energiesensitive Element ein Quantumdetektor, welcher beim Auftreffen elektromagnetischer Energie freie Ladungen erzeugt. Einige Detektortypen sind in Tab. 2/4 charakterisiert.

Sie erlauben es, die empfangene Strahlungsenergie proportional zu der innerhalb der Integrationszeit empfangenen Bestrahlung zu registrieren.

Besitzt der Abtaster nur einen einzigen Detektor, dann kann zu einem Zeitpunkt nur ein einzelnes Bildelement aufgenommen werden. Ein Bild läßt sich dann durch eine optisch-mechanische Abtastung über einen endlichen Zeitraum hinweg zusammensetzen.

Abb. 2.12 zeigt eine solche Vorrichtung: Durch die Drehung des Spiegels wird ein Geländestreifen abgetastet. Da der Abtaster auf einer Plattform fortbewegt wird, tastet die jeweils nachfolgende Spiegeldrehung den jeweils benachbarten Geländestreifen ab.

Der Detektorstrom wird verstärkt; sein Betrag wird digital kodiert und auf einem Magnetband hoher Packungsdichte registriert.

Ein Multispektralabtaster hat die Möglichkeit, die vom Spiegel empfangene Strahlung spektral zu zerlegen und die einzelnen Spektralkanäle getrennt zu registrieren. Das Prinzip ist in Abb. 2.14 dargestellt.

Ein Prisma erlaubt die Zuleitung unterschiedlicher Spektralbereiche zu einzelnen Detektoren von blau bis zum nahen Infrarot. Ein dichroitischer Strahlenteiler ermöglicht die Erfassung der Thermalstrahlung an einem stickstoffgekühlten Thermaldetektor. Die einzelnen Detektorsignale werden wie vor in digitaler Form registriert.

Bezeichnet h die Flughöhe über Grund, ω den Öffnungswinkel der Abtastoptik, Ω den Gesamtöffnungswinkel des Abtasters, ν die Abtastfrequenz, v

Tab. 2/4: Einige Detektortypen

Name	Spektrale Empfindlichkeit	Zeitkonstante	Betriebstemperatur	Arbeitsweise
Silicon	0,3– 1,2 μm	10^{-9} s	normal	photovoltaisch
In As	1,0– 3,0 μm	1 μs	normal	photovoltaisch
In Sb	2,0– 5,0 μm	1 μs	77° K	photovoltaisch
Hg Cd-Tellurid	1,0– 5,0 μm	500 ns	77° K	photokonduktiv
	3,0– 8,0 μm	500 ns	77° K	
	8,0–14,0 μm	500 ns	77° K	
Ge:Hg	2,0–14,0 μm	1 ns	5° K	photokonduktiv

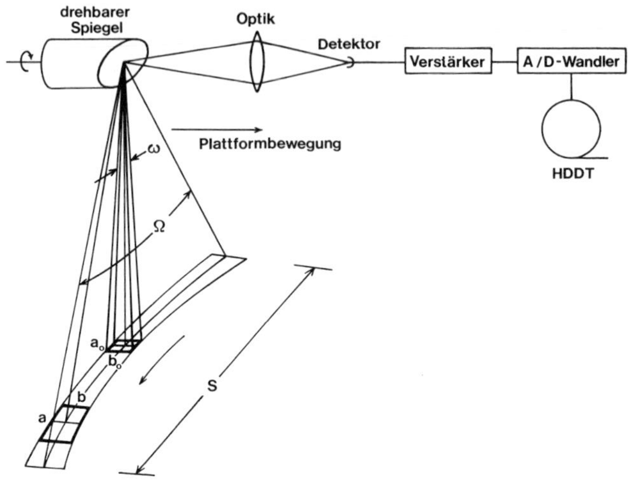

Abb. 2.13: Wirkungsweise eines optisch-mechanischen Abtasters

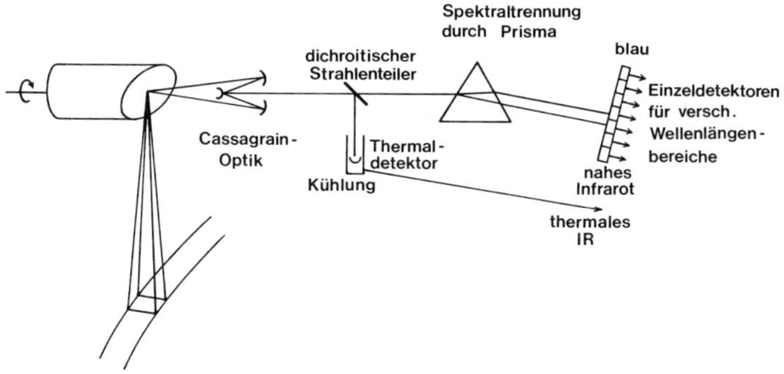

Abb. 2.14: Wirkungsweise eines Multispektralabtasters

die Fluggeschwindigkeit, α den Bildwinkel und s die Breite des aufgenommenen Geländestreifens, so wird

$$a = \frac{\omega \cdot h}{\cos^2 \alpha},$$

$$b = \frac{\omega \cdot h}{\cos \alpha},$$

$$\nu = \frac{v}{\omega \cdot h},$$

$$s = 2\,h \cdot tg\,\frac{\Omega}{2}.$$

Ein opto-elektronischer Abtaster besitzt eine Photodiodenzeile, auf die das Gelände optisch abgebildet werden kann (siehe Abb. 2.15).

Bezeichnet c die Brennweite der Optik, s' die Länge der Detektorzeile, a' die Größe des Detektorelements und Δt die Integrationszeit des einzelnen Detektorelements, dann gilt:

$$a = \frac{h}{c}\, a',$$

$$b = v \cdot \Delta t,$$

$$s = \frac{h}{c} \cdot s' = 2\, h \cdot tg\, \frac{\Omega}{2}.$$

Tab. 2/5 charakterisiert einige typische Abtasterdaten.

Die zum Teil unregelmäßigen Plattformbewegungen und Plattformorientierungen wirken sich in viel unkontrollierbarerer Weise auf das Abtasterbild als auf ein Luftbild aus. Deshalb werden Abtasterbilder fast ausschließlich für die Zwecke der multispektralen und thermalen Fernerkundung und nicht für photogrammetrische Meßaufgaben benutzt.

Tab. 2/5: Daten typischer Abtaster

Abtaster	ω [mrad]	Ω [°]	Anzahl der Kanäle	Anzahl der Thermalbereiche	Plattform	Typ
Bendix M^2S	2,5	100	11	1	Flugzeug	optisch-mechanisch
Daedalus DS 1200	2,5	77	2	1	Flugzeug	optisch-mechanisch
Landsat-MSS	0,087	11,6	4	0	Satellit	optisch-mechanisch
MBB – EOS	0,5	20,0	1	0	Flugzeug experimentell	opto-elektronisch
SPOT A	0,012 0,024	4,2 4,2	1 3	0 0	Satellit geplant	opto-elektronisch

Literatur zu 2.2.4.

Hofmann, O., 1975, 1982, 1983; Hofmann, O., Seige, P., 1979

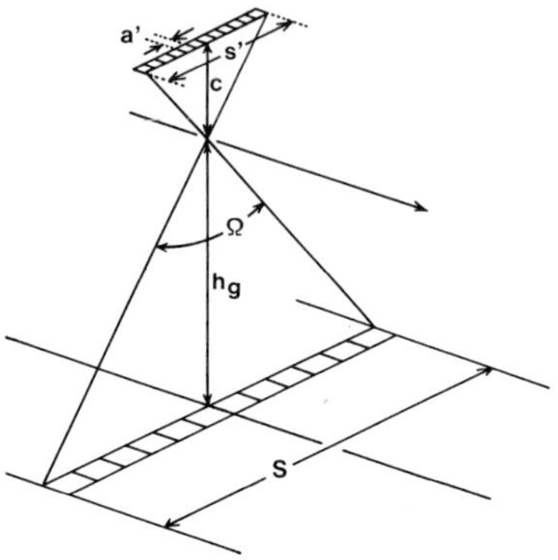

Abb. 2.15: Opto-elektronischer Zeilenabtaster

2.2.5 Radarabbildung

Ein weiterer Fernerkundungssensor ist das abbildende Radar, ein Sensor des Mikrowellenbereichs. Die natürlich vorkommende Mikrowellenstrahlung von Sonne und Erde ist jedoch für eine hochauflösende Abbildung zu gering. Deswegen erzeugt das Radarsystem die Energie selbst, strahlt sie aus und empfängt sie wieder.

Im Gegensatz zu den passiven Sensoren Kamera und Abtaster ist das Radar also ein aktiver Sensor. Die gebräuchlichsten Wellenlängenbereiche sind nach Tab. 2/6:

Tab. 2/6: Häufigste Radarfrequenzen

Band	λ [m]	ν [MHz]	Bemerkung
X	0,024–0,038	8000–12500	Wolkendurchdringung
C	0,038–0,075	4000– 8000	Wolkendurchdringung
L	0,15 –0,30	1000– 2000	–

Die Arbeitsweise eines abbildenden Radarsystems geht aus Abb. 2.16 hervor:

Ein Sender erzeugt einen Radarimpuls der Dauer Δt im Wellenlängenbereich λ. Dieser Impuls wird einer Antenne zur Aussendung in einer Sendekeule quer zur Fortbewegungsrichtung übertragen. Die Sendekeule ist in Fortbewegungsrichtung möglichst eng gebündelt, überstreicht jedoch quer

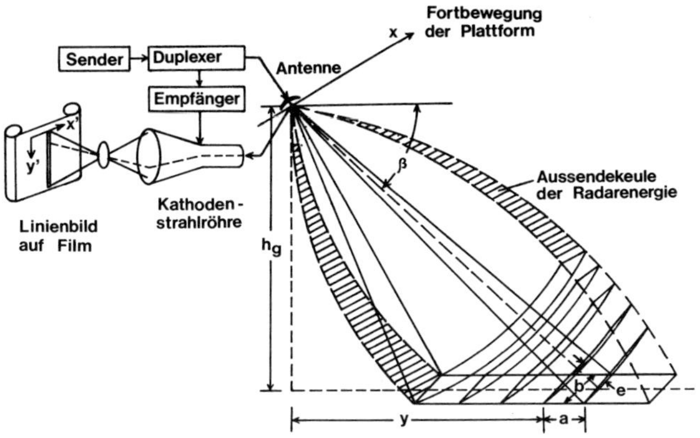

Abb. 2.16: Arbeitsweise eines abbildenden Radarsystems

dazu einen Geländestreifen. Der Impuls breitet sich mit der Fortpflanzungsgeschwindigkeit elektromagnetischer Wellen v aus. Der Impuls wird vom Gelände zur Antenne zurückreflektiert. Der dort empfangene Strahlungsfluß in [W] ist nach der Radargleichung:

$$\varphi = \frac{\varphi_0 \cdot G^2 \cdot \lambda^2 \cdot \rho_0 \cdot A_1}{(4\pi)^3 \cdot r^4} \cdot 10^{-0{,}2 \cdot \alpha \cdot r},$$

mit:

φ_0 = ausgesendeter Strahlungsfluß [W]

G = Antennengewinn entlang der Ausstrahlrichtung bestimmt durch die Art der Sendekeule

ρ_0 = Reflexionskoeffizient des Geländes

A_1 = reflektierende Oberfläche [m^2]

r = Entfernung zwischen Objekt und Antenne

α = Koeffizient des atmosphärischen Energieverlustes, welcher von λ abhängig ist.

Der Radarimpuls erreicht zu unterschiedlichen Zeiten verschieden weit entfernte Geländepunkte. Die verstrichene Zeit bis zum Eintreffen der Reflexion T ist:

$$T = \frac{2r}{v}.$$

Der Auflösung des Radars in Ausstrahlrichtung entspricht der während der Dauer des Impulses zurückgelegte schräge Weg

$$e = \frac{v \cdot \Delta t}{2}$$

oder in seiner Projektion ins Gelände:

$$a = \frac{v \cdot \Delta t}{2 \cos \beta},$$

wobei β den jeweiligen Depressionswinkel angibt.

Die zeitlich nacheinander eintreffenden unterschiedlichen Reflexionen können zwischen T_1 und T_2, während der Duplexer die Antenne auf Empfang umschaltet, registriert werden. Soll eine direkte Aufzeichnung auf Film erfolgen, dann werden die Signale einem proportional zur Zeit abgelenkten Kathodenstrahl aufmoduliert und auf dem Phosphor der Röhre sichtbar gemacht. Das so entstehende Linienbild kann auf Film aufgenommen werden.

Bei Fortbewegung der Plattform wiederholt sich der gesamte Vorgang von der Aussendung eines Impulses bis zur photographischen Aufnahme des Linienbildes bei Fortbewegung des Films.

Die Impulsfolge wird durch die Bündelung der Sendekeule bestimmt. Die azimutale Auflösung θ eines Radarsystems ist der Antennenlänge L umgekehrt proportional:

$$\theta^\circ = 60 \cdot \frac{\lambda}{L},$$

$$b = r \cdot \theta = \frac{h}{\sin \beta} \cdot \theta.$$

Da nur begrenzt lange Antennen verwendet werden können, ist man bei hochauflösenden Radarsystemen zum Prinzip des kohärenten Radars übergegangen, bei welchem die in einer breiteren Sendekeule ausgesandten Radarimpulse als interferierende Signale von verschiedenen Geländepunkten eintreffen. Das Frequenzbild muß dann nach seiner Aufzeichnung erst mit kohärent-optischen Verfahren oder mit digitalen Faltungsalgorithmen im Bildraum rekonstruiert werden.

Radarbilder entstehen wie Abtastbilder nicht gleichzeitig für alle Bildpunkte. Deshalb stören die unregelmäßigen Plattformveränderungen während der Aufnahmezeit die Bildgeometrie. Folglich werden Radarbilder nur für einfache geometrische Messungen verwendet.

Die Aufzeichnung der Bilder kann in Schrägstreckendarstellung erfolgen:

$$y'_s = m_y \cdot \frac{v \cdot T}{2} = m_y \cdot r,$$

wobei m_y einen Maßstabsfaktor bedeutet,

oder aber sie wird, bezogen auf h, auf eine Grundstrecke reduziert:

$$y'_G = m_y \cdot \sqrt{r^2 - h^2}.$$

In Richtung der Plattformbewegung gilt

$$x' = m_x \cdot x = \frac{v'}{v} \cdot x.$$

Der Maßstabsfaktor m_x hängt von der Filmgeschwindigkeit v' und der Sensorgeschwindigkeit v über Grund ab.

Höhendifferenzen verursachen im Radarbild Verzerrungen in y' nach Abb. 2.17.

$$\Delta r = r - \sqrt{y^2 + (h - \Delta h)^2},$$

$$\Delta y = y - \sqrt{y^2 - 2\Delta h \cdot h + \Delta h^2}.$$

Literatur zu 2.2.

American Society of Photogrammetry, 1968; Hofmann, O., 1982; Kautzleben, H., Kroitsch, V., Wirth, H., 1977; Konecny, G., 1972; Meier, H. K., 1962, 1980; Schmidefoky, K., Ackermann, F., 1976

2.3 Aufnahmequalität

Sensoren geben die richtungsmäßig trennbare Strahlungsenergie nur unvollkommen wieder. Voraussetzung für eine Abbildung ist ein Objektkontrast, der durch den Sensor als Abbildungskontrast erkannt wird.

Der Kontrast K zweier benachbarter Objekte mit unterschiedlichem Transmissionsgrad τ_{max} und τ_{min} am Objekt ist definiert als

$$K = \frac{\tau_{max}}{\tau_{min}}.$$

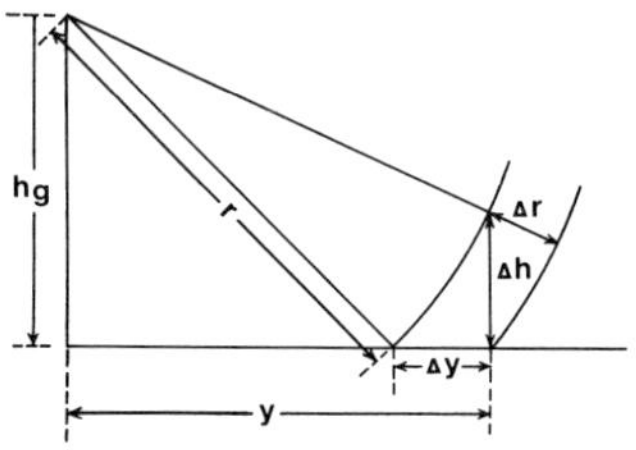

Abb. 2.17: Höhenverzerrungen im Radarbild

Statt des Transmissionsgrades τ kann z. B. auch der Reflexionsgrad ρ oder die Strahlstärke I verwendet werden.

Andere vergleichbare Maße sind die Schwärzungsdifferenz D

$$D = \log\left(\frac{\tau_{max}}{\tau_{min}}\right)$$

und die Modulation M:

$$M = \frac{\tau_{max} - \tau_{min}}{\tau_{max} + \tau_{min}} = \frac{K-1}{K+1} = \frac{10^D - 1}{10^D + 1}.$$

Für Transmissionsgrade τ'_{max} und τ'_{min} im Bild erhält man den Bildkontrast

$$K' = \frac{\tau'_{max}}{\tau'_{min}}$$

oder die Bildmodulation $M' = \dfrac{\tau'_{max} - \tau'_{min}}{\tau'_{max} + \tau'_{min}}$.

Die Kontrastübertragung ist durch das Verhältnis $C' = \dfrac{K'}{K}$ und die Modulationsübertragung durch das Verhältnis

$$C = \frac{M'}{M}$$

gegeben.

Kontrast und Modulation werden gewöhnlich als Funktionen der Ortsfrequenz stufenförmiger Intensitätsfolgen als Kontrastübertragungsfunktion oder als Modulationsübertragungsfunktion dargestellt (siehe Abb. 2.18):

$$C' = f'(\nu),$$
$$C = f(\nu).$$

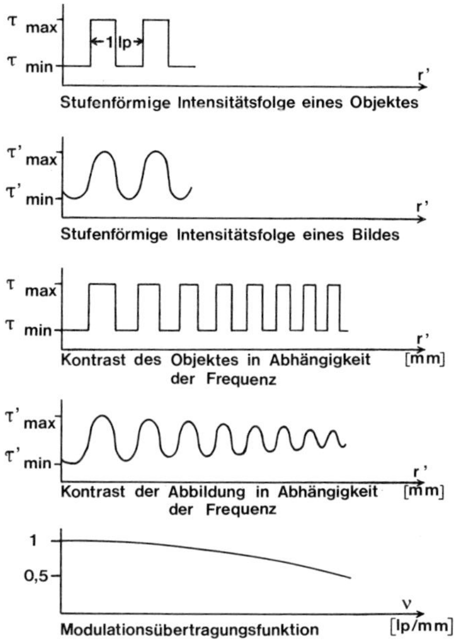

Abb. 2.18: Modulationsübertragungsfunktion

Tab. 2/7 vergleicht Werte des Kontrastes, der Schwärzungsdifferenz und der Modulation.

Tab. 2/7: Kontrast, Schwärzungsdifferenz und Modulation

Kontrast	1000:1	100:1	10:1	5:1	2:1	1,6:1
Schwärzungsdifferenz	3,0	2,0	1,0	0,7	0,3	0,2
Modulation	0,999	0,98	0,82	0,66	0,33	0,23

Die Modulationsübertragungsfunktion eignet sich zur Beurteilung der Qualität der einzelnen Komponenten eines Sensorsystems. Sie steht auch mit dem empirisch aus abgebildeten Testtafeln ermittelbaren Auflösungsvermögen in Verbindung.

Bei der photographischen Luftaufnahme setzt sich die Modulationsübertragungsfunktion des gesamten Systems zusammen aus:

$$C_{\text{gesamt}} = C_{\text{Optik}} \cdot C_{\text{Bildwanderung}} \cdot C_{\text{Film}} \cdot C_{\text{Übertragungsmedium Luft}}$$

Das aufgenommene Bild kann mit dem bloßen Auge oder mit Hilfe einer optischen Vergrößerung betrachtet werden. Das menschliche Erkennungsvermögen bestimmter Frequenzen legt eine Grenzfunktion fest, welche nach Abb. 2.19 das Auflösungsvermögen bestimmt.

Die Modulationsübertragungsfunktion *C*, welche auf den Wert 1 normiert ist, verläuft in etwa identisch mit der Modulationsfunktion *M* des Bildes bei hohem Kontrast ($K = 1\,000:1$).

Um das Auflösungsvermögen bei niedrigem Objektkontrast ($K = 1{,}6:1$) zu ermitteln, muß die Funktion *M* mit dem Wert der entsprechenden Modulation ($M_N = 0{,}23$) reduziert werden.

Die in Abb. 2.20 resultierende Kurve *N* schneidet die Grenzfunktion des Auges beim Wert des Niedrigkontrastauflösungsvermögens.

Die Auflösung eines optischen Systems ist durch die Beugung begrenzt auf *A* in [*lp*/mm]

$$A = \frac{1\,000 \cdot d}{2{,}4 \cdot \lambda \cdot f}$$

wobei f = Brennweite,
d = Blendendurchmesser und
λ = Wellenlänge in [μm].

Bei Blendenzahlen von 5,6 liegt somit die erreichbare optische Auflösung bei 120 *lp*/mm. Die tatsächliche optische Auflösung liegt bei Reihenmeßkammern weit unter diesem Wert.

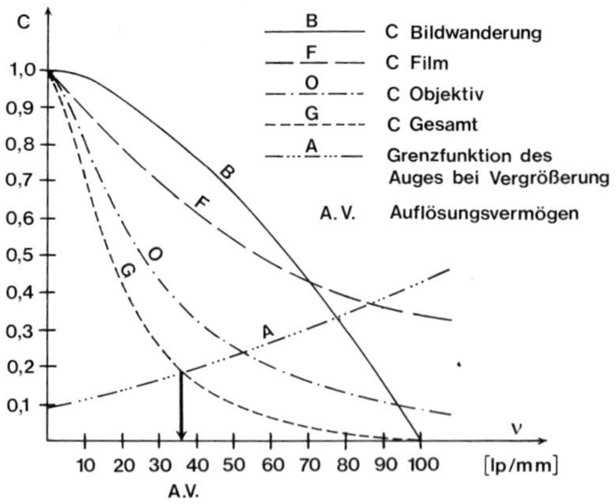

Abb. 2.19: Modulationsübertragungsfunktion und Auflösungsvermögen

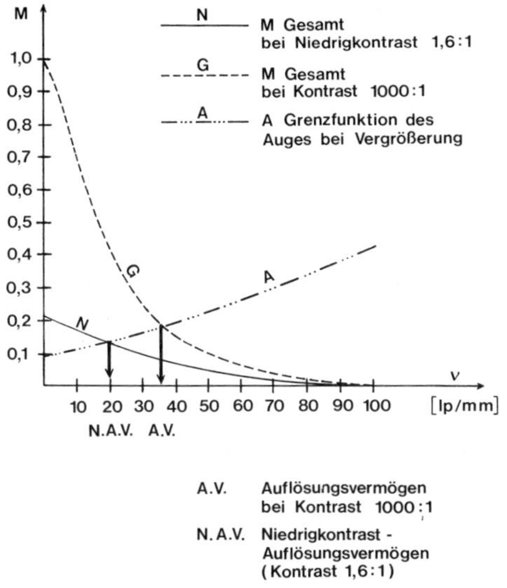

Abb. 2.20: Auflösungsvermögen bei Niedrigkontrast

Die Auflösung photographischer Filme ist von ihrer Empfindlichkeit abhängig. Hochempfindliche Filme haben grobes Korn und liefern eine geringe Auflösung. Niedrigempfindliche Filme haben dagegen feines Korn mit hoher Auflösung.

Tab. 2/8 gibt eine Zusammenstellung der Auflösung gebräuchlicher Luftbildfilme.

Tab. 2/8: Auflösung von Luftbildfilmen

Hersteller	Name	Empfindlichkeit DIN	Auflösung bei Kontrast 1:1000	Auflösung bei Kontrast 1,6:1
Agfa Gevaert	Aviphot Pan 30	20	133	65
Agfa Gevaert	Aviphot Pan 33	24	95	48
Agfa Gevaert	Aviophot Pan 200	20–25	100	50
Agfa Gevaert	Aviphot CNS (Farbnegativ)	20	85	42
Agfa Gevaert	Aviphot (Diapositiv)	18	90	45
Kodak	Plus X 2402	22	100	50
Kodak	Double X 2403	24	100	50
Kodak	High Definition 3414	7	630	250
Kodak	Infrared Aerographic 2424	26	80	40

Die Bildwanderung b' in [μm] ist von der Plattformgeschwindigkeit über Grund v_g in [km/h], der Bildweite c in [mm], der Flughöhe über Grund h in [km] und der Belichtungszeit t in [s] abhängig:

$$b' = \frac{c}{h} \cdot \frac{t}{3600} \cdot v_g.$$

Unter der Annahme, daß die Modulation einen sinusförmigen Verlauf annimmt und beim Wert $b = \frac{1000}{b'}$ in [lp/mm] den Wert 0 erreicht, wird die Modulationsübertragungsfunktion der Bildbewegung C_B:

$$C_B = \cos\left(\frac{v}{2b}\right).$$

Handelt es sich anstelle einer Plattformbewegung um Winkelbewegungen der Kamera, so kann statt v_g auch die Winkelbewegung v_ω in [°/s] eingesetzt werden:

$$v_g = 62{,}8 \cdot h_g \cdot v_\omega.$$

Das Auflösungsvermögen von Luftbildern gegenwärtiger Reihenmeßkammern liegt unter Zusammenwirken von Optik, Film und Bildwanderung unter günstigen Bedingungen bei etwa 40 lp/mm in der Bildmitte und bei etwa 30 lp/mm am Bildrand. Das gewichtete Mittel, die sog. „area weighted average resolution" (AWAR), stellt ein Gütemaß für Kamerasysteme dar.

Die Beurteilung des Auflösungsvermögens muß bei den für Luftbilder vorkommenden niedrigen Kontrasten erfolgen.

Während der maximale Kontrast zwischen den Objekten Sand und Wald

$$D = \frac{\rho_{\text{Sand}}}{\rho_{\text{Wald}}} = \frac{30}{1} = 30$$

beträgt, schwächt das diffuse, keine Information enthaltende Luftlicht mit $\rho = 3\%$ diesen maximalen Kontrast auf K' ab:

$$K' = \frac{30+3}{1+3} = \frac{33}{4} = 8.$$

Zur Beurteilung normaler Bildkontraste wird deshalb der Wert 1,6:1 verwendet.

Abtaster registrieren die Bildinformationen als digitale Werte, welche eine sinusförmig variierende Helligkeitsverteilung durch eine sinc-Funktionsfilterung bis zur Nyquistfrequenz (der größten in der Natur vorkommenden Frequenz) rekonstruieren lassen, wenn das Signal mindestens mit dieser Frequenz erfaßt wird. Ohne diese Maßnahme ist die digitale Auflösung von der Größe der erfaßten Bildelemente (Pixel) abhängig.

Genähert entsprechen $2 \times \sqrt{2}$ Bildelemente P in [m] dem photographischen Auflösungsvermögen A in [lp/mm] bezogen auf die Natur *A. V.*

$$A.V. \text{ in [m]} = 2\sqrt{2}\ P = A \cdot \frac{h_g}{c}.$$

Ein weiteres Gütekriterium der Sensoren, insbesondere photogrammetrischer Kameras, ist die *Verzeichnung*. Sie stellt den Unterschied zwischen der Geometrie einer strengen Zentralprojektion und der Geometrie der Kamera dar. Die durch die Kammerkalibrierung bestimmte radialsymmetrische Verzeichnung wird für jede Kamera in einer Verzeichnungskurve erfaßt, die im Kalibrierungszertifikat mit bestimmten Verzeichnungswerten $\Delta r'$ in [μm] in Abhängigkeit vom Radialabstand r' in [mm] angegeben ist (siehe Abb. 2.21).

Die gemessenen Verzeichnungswerte erlauben es, die Verzeichnung nach einem gewählten funktionalen Modell zu interpolieren, z. B.:

$$\Delta r_i' = a\, r_i' \,(r_i'^2 - r_0'^2) + b_i' \,(r_i'^4 - r_0'^4).$$

Eine weitere geometrische Verzerrung des Bildes erfolgt durch die Filmdeformation zwischen Aufnahme und Auswertung, welche durch die Prozesse der Entwicklung, der Trocknung und der Alterung des Filmmaterials in Original und Kopie verursacht wird. Ein regelmäßiger Filmschrumpf kann durch Korrektur der Bildweite c bei der Auswertung berücksichtigt werden. Die Korrektur wird aus den bekannten Sollabständen der Rahmenmarken der Kammer s_i und aus ihren gemessenen Istabständen im Bild s_i' bestimmt:

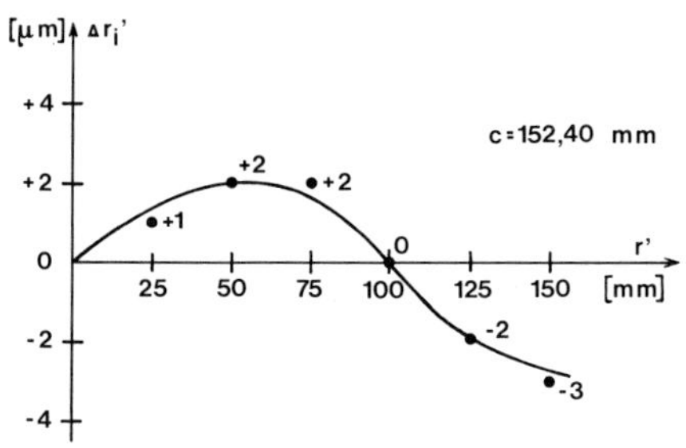

Abb. 2.21: Beispiel einer Verzeichnungskurve

$$s_i - s_i' = \Delta s,$$

$$\Delta c = \frac{c_K}{s_i} \cdot \Delta s.$$

Bei Vorhandensein von Affinitäten kann die Korrektur in die Komponenten x' und y' aufgespalten werden:

$$s_{i_{x'}} - s'_{ix'} = \Delta s_{x'},$$

$$s_{i_{y'}} - s'_{iy'} = \Delta s_{y'},$$

$$\Delta c_{x'} = \frac{c_K}{s_{i_{x'}}} \Delta s_{x'},$$

$$\Delta c_{y'} = \frac{c_K}{s_{i_{y'}}} \Delta s_{y'}.$$

Unregelmäßige Abbildungsfehler können ferner durch Nichtanliegen der Andruckplatte an den Bildrahmen und durch Mängel in der Ansaugvorrichtung entstehen. Diese Fehler können nur in einer Kalibrierung entdeckt werden, oder wenn die Filmebene ein einprojiziertes, aus feinen Kreuzen bestehendes Reseau enthält. Dann kann den Meßfehlern ein funktionales Modell zugeordnet werden, welches zur Interpolation dieser Abbildungsfehler benutzt werden kann. Wegen des Mehraufwandes beim Bau von Reseaukammern und bei der Auswertung ihrer Bilder welche bei den heute verwendeten Polyesterfilmen keine nachweisbare Genauigkeitssteigerung gebracht hat, wurde das Prinzip nicht in die Praxis überführt.

Literatur zu 2.3.
Schmidefoky, K., 1960; Ahrend, M., 1957; Brock, G.C., 1960; Schmidt-Falkenberg, H., 1965; Schmidefsky, K., 1960, 1966; Welch, R., Halliday, S., 1975

2.4 Die Geometrie der Aufnahme

2.4.1 Projektive Beziehungen

Ein Meßbild entsteht durch eine Perspektivprojektion. Für die geometrische Auswertung von Meßbildern gibt es zwei unterschiedliche Modelle. Das speziellere Modell ist das der Perspektive mit bekannter innerer Orientierung, welches anwendbar wird, wenn der Bildhauptpunkt und die Kammerkonstante als bekannt vorausgesetzt werden dürfen. Diese Werte bestimmen die sogenannte Innere Orientierung einer Kamera.

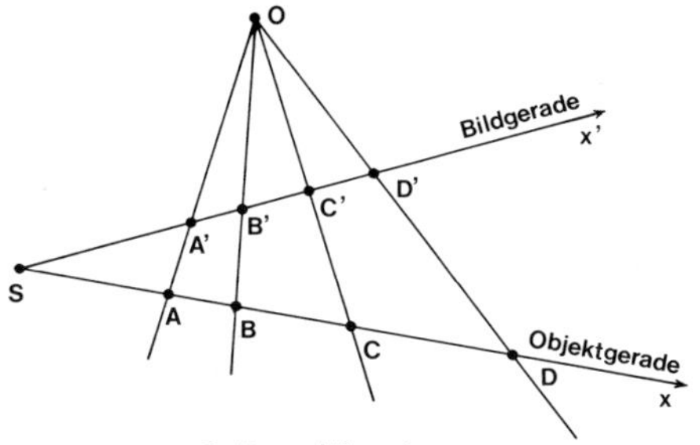

Abb. 2.22: Doppelverhältnisse

Allgemeiner ist jedoch das projektive Modell, welches lediglich die Lage des Bildes in einer Bildebene voraussetzt.

Abb. 2.22 beschreibt ein perspektives Strahlenbündel, welches von zwei beliebigen Geraden, der Objektgeraden und der Bildgeraden, geschnitten wird.

Zwischen den durch das Strahlenbündel abgeteilten Objekt- und Bildgeradenstücken bestehen folgende Doppelverhältnisse:

$$\frac{\overline{AC}}{\overline{BC}}:\frac{\overline{AD}}{\overline{BD}}=\frac{\overline{A'C'}}{\overline{B'C'}}:\frac{\overline{A'D'}}{\overline{B'D'}}.$$

Wählt man auf der Objektgeraden die Koordinaten x und auf der Bildgeraden die Koordinaten x' so kann das Doppelverhältnis in Koordinaten ausgedrückt werden:

$$\frac{x_C-x_A}{x_C-x_B}:\frac{x_D-x_A}{x_D-x_B}=\frac{x'_C-x'_A}{x'_C-x'_B}:\frac{x'_D-x'_A}{x'_D-x'_B}.$$

Sind auf jeder Geraden die zugehörigen Punkte A, B, C und A', B', C' bekannt, so bestimmt das Doppelverhältnis für jeden beliebigen Bildpunkt D' den zugehörigen Objektpunkt D und umgekehrt. Faßt man die bekannten Werte zu bekannten Koeffizienten a_1, d_1 und a_4 zusammen und schreibt man x_i statt x_D und x'_i statt x'_D, dann gilt:

$$x_i=\frac{a_1x'_i+d_1}{a_4x'_i+1}.$$

Die Gleichung sagt aus, daß zur Bestimmung eines Doppelverhältnisses 3 Punkte in x und x' bekannt sein müssen um die 3 Koeffizienten zu berechnen. Die Lösung ist möglich, wenn die 3 Punkte nicht zusammenfallen, also die Bedingung erfüllt ist:

$$\begin{vmatrix} a_1 & d_1 \\ a_4 & 1 \end{vmatrix} \neq 0.$$

Das Modell beschreibt die Projektivität zweier Geraden in einer Perspektive.

Projektivität existiert auch zwischen zwei Ebenen. Werden dieselben Überlegungen auf zwei und mehrere zueinander senkrechtstehende perspektive Strahlenbüschel in x und y, sowie in x' und y' auf Punkte angewandt, welche in einer Objektebene und einer Bildebene liegen, dann ergeben die in ähnlicher Weise durchgeführten Zusammenfassungen die Projektivität zwischen zwei Ebenen:

$$x_i = \frac{a_1 x_i' + b_1 y_i' + d_1}{a_4 x_i' + b_4 y_i' + 1},$$

$$y_i = \frac{a_2 x_i' + b_2 y_i' + d_2}{a_4 x_i' + b_4 y_i' + 1},$$

$$\text{mit} \quad \begin{vmatrix} a_1 & b_1 & d_1 \\ a_2 & b_2 & d_2 \\ a_4 & b_4 & 1 \end{vmatrix} \neq 0.$$

Somit sind zur Herstellung der Projektivität 4 bekannte Punkte in je zwei Ebenen erforderlich.

Schließlich können die Doppelverhältnisse noch auf drei und mehr senkrecht zueinander im Raum stehende perspektive Strahlenbündel angewandt werden, welche die Achsen x, y, z und x', y', z' bestimmen. Nach den üblichen Umformungen gilt für die Projektivität zwischen zwei Räumen:

$$x_i = \frac{a_1 x_i' + b_1 y_i' + c_1 z_i' + d_1}{a_4 x_i' + b_4 y_i' + c_4 z_i' + 1},$$

$$y_i = \frac{a_2 x_i' + b_2 y_i' + c_2 z_i' + d_2}{a_4 x_i' + b_4 y_i' + c_4 z_i' + 1},$$

$$z_i = \frac{a_3 x_i' + b_3 y_i' + c_3 z_i' + d_3}{a_4 x_i' + b_4 y_i' + c_4 z_i' + 1},$$

$$\text{mit} \quad \begin{vmatrix} a_1 & b_1 & c_1 & d_1 \\ a_2 & b_2 & c_2 & d_2 \\ a_3 & b_3 & c_3 & d_3 \\ a_4 & b_4 & c_4 & 1 \end{vmatrix} \neq 0.$$

Zur Herstellung der Projektivität zweier Räume werden 5 gemeinsame Punkte benötigt.

Die Anwendung dieser Beziehungen in der Photogrammetrie ist zwar möglich, aber wegen der vielen zu bestimmenden Parameter umständlich. Ist die innere Orientierung der Aufnahme bekannt, wird daher das perspektive Modell vorgezogen.

2.4.2 Perspektive Beziehungen

Im Gegensatz zum freien Ursprung des Koordinatensystems bei den projektiven Beziehungen wird der Ursprung des Bildkoordinatensystems in das Projektionszentrum gelegt und die z'-Achse durchquert die Bildebene im Bildhauptpunkt, welcher die Koordinate $-c$ auf der z'-Achse besitzt (siehe Abb. 2.23).

Werden die Bildkoordinaten in einem anderen Koordinatensystem gemessen, so müssen sie vor der Anwendung perspektiver Beziehungen transformiert werden.

Die allgemeinen perspektiven Beziehungen der Aufnahme werden in Kapitel 4 abgehandelt. Hier seien die Beziehungen für die streng senkrechte Nadiraufnahme vorweggenommen (siehe Abb. 2.24). Im Einzelbild werden die Bildkoordinaten eines Punktes P_i' gemessen. Sie bestimmen die Koordinaten des Geländepunktes P_i gezählt vom Geländenadir N:

$$x_i = \frac{h}{c} \cdot x_i',$$

$$y_i = \frac{h}{c} \cdot y_i'.$$

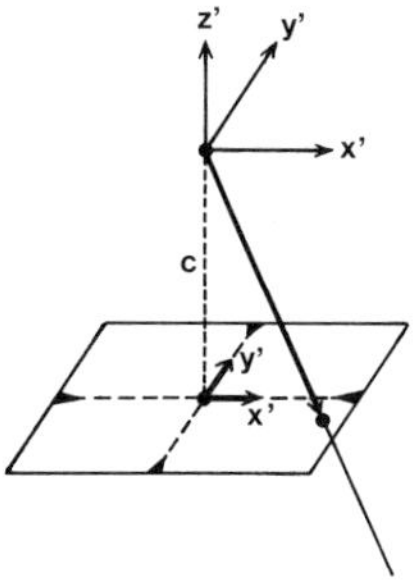

Abb. 2.23: Innere Orientierung

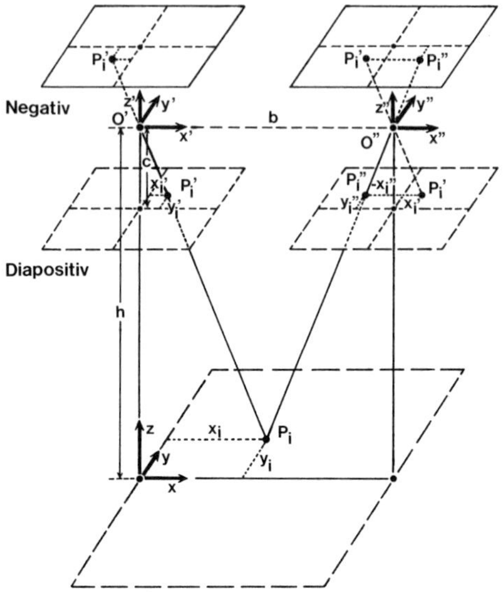

Abb. 2.24: Geometrie zweier Nadiraufnahmen

h ist die Flughöhe über dem Gelände und c die Kammerkonstante.

Das Verhältnis $\frac{h}{c}$ bestimmt die Bildmaßstabszahl m_b einer Nadiraufnahme. $1/m_b$ ist der Bildmaßstab M_b:

$$M_b = \frac{c}{h} = \frac{1}{m_b}.$$

Abb. 2.25 zeigt, daß dieser Bildmaßstab nur für Senkrechtaufnahmen gültig ist. Ursachen rufen im Luftbild Verzerrungen gegenüber dem Modell hervor, und sie verändern damit die Maßstabsverhältnisse:

(1) Die Höhendifferenz Δz_i eines von N um $r_i = \sqrt{x_i^2 + y_i^2}$ entfernten Punktes verursacht eine radiale Höhenverzerrung im Bild von

$$\Delta r_i' = \frac{r_i'}{h} \cdot \Delta z_i.$$

Aus ähnlichen Dreiecken ergibt sich:

$$x_i = \frac{h - \Delta z_i}{c} (x_i' + \Delta x_i'),$$

$$y_i = \frac{h - \Delta z_i}{c} (y_i' + \Delta y_i').$$

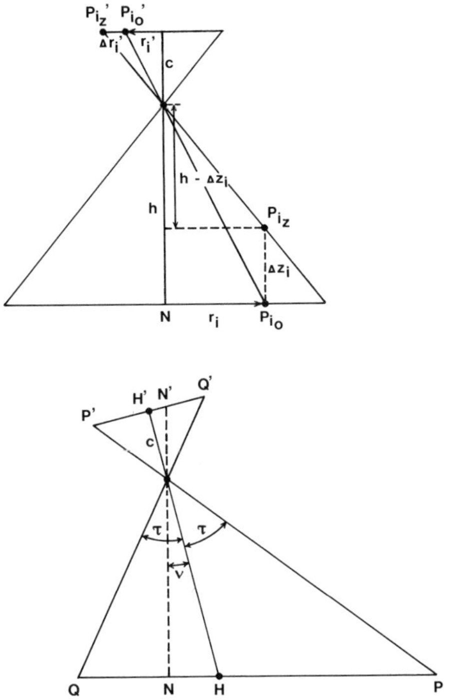

Abb. 2.25: Verzerrungen eines Luftbildes

Der Bildmaßstab beträgt nunmehr $\frac{c}{h - \Delta z_i}$; er ist also für alle Punkte gleicher Höhe konstant.

(2) Die Neigung der Kamera um den Winkel ν verändert den Bildmaßstab für einzelne Bildstrahlen unterschiedlich:

in Punkt N': $\frac{c}{h \cos \nu}$,

in Punkt H': $\frac{c \cdot \cos \nu}{h}$,

in Punkt P': $\frac{c \cdot \cos(\tau + \nu)}{h \cdot \cos \tau}$,

in Punkt Q': $\frac{c \cdot \cos(\tau - \nu)}{h \cdot \cos \tau}$.

Allgemein gilt für Punkte einer Ebene, welche durch den Bildwinkel α in Neigungsrichtung bestimmt sind:

$$M_b = \frac{c}{h} \cdot \frac{\cos(\alpha + \nu)}{\cos \alpha}.$$

Nicht senkrechte Aufnahmen haben deshalb, wie Aufnahmen unebenen Geländes, keinen einheitlichen Maßstab.

Die perspektiven Beziehungen erlauben es, das dreidimensionale Gelände in zwei Dimensionen in die Bildebene zu projizieren. Die Umkehrung der Aufgabe ist jedoch in einem Einzelbild nicht möglich, es sei denn, das Gelände ist eben oder seine Form ist höhenmäßig bekannt. Zur allgemeinen Bestimmung der dritten Koordinate h (in z-Richtung) im dreidimensionalen Raum ist ein zweites Bild erforderlich, welches den Punkt P_i von einem unterschiedlichen Standort aus in P_i' mit den Bildkoordinaten x_i'' und y_i'' abbildet. Bildet man eine Parallele von $\overline{0'P_i'}$ durch $0''$, dann entsteht Punkt P_i' auch im zweiten Bild.

Somit ergeben die ähnlichen Dreiecke $0'0''P_i$ und $P_i'P_i''0''$ die Relation:

$$h = \frac{c \cdot b}{x_i' - x_i''} = \frac{c \cdot b}{px_i'}.$$

Die Koordinatendifferenz $x_i' - x_i''$ wird als x-Parallaxe px_i' bezeichnet. b ist die Aufnahmebasis.

Zur groben Abschätzung der Bestimmungsgenauigkeit können die Beziehungen differenziert werden:

$$dx_i = \frac{h}{c}\, dx_i',$$

$$dy_i = \frac{h}{c}\, dy_i',$$

$$dz_i = dh_i = -\frac{c \cdot b}{(px_i')^2}\, dpx_i' = -\frac{h^2}{c \cdot b}\, dpx_i' = -\left(\frac{h}{c}\right) \cdot \left(\frac{h}{b}\right) \cdot dpx_i'.$$

Hieraus geht hervor, daß die Bestimmungsgenauigkeit durch photogrammetrische Messung in der Lage genähert eine Funktion der Maßstabszahl und in der Höhe genähert eine Funktion der Maßstabszahl mal dem Höhen-Basisverhältnis ist.

Für die Standardabweichungen der Bildkoordinaten σ_x', σ_y', σ_{px}, welche die Fehler der Messung und die Abbildungsfehler enthalten, ergeben sich die Standardabweichungen der Geländekoordinaten σ_{xi}, σ_{yi}, σ_{zi} genähert zu:

$$\sigma_{x_i} = \pm \frac{h}{c}\, \sigma_{x_i'},$$

$$\sigma_{y_i} = \pm \frac{h}{c}\, \sigma_{y_i'},$$

$$\sigma_{z_i} = \pm \frac{h}{c} \cdot \frac{h_g}{b} \cdot \sigma_{px_i}.$$

Literatur zu 2.4.

Hallert, B., 1960; Rinner, K. in Jordan/Eggert/Kneissl, 1972.

2.5 Der Bildflug

2.5.1 Bildflugplanung

Mit Hilfe der Näherungsbeziehungen zwischen Bild- und Geländekoordinaten für Senkrechtaufnahmen kann ein systematischer Bildflug eines aus mehreren Bildstreifen bestehenden Blockes geplant werden. Dabei überdekken sich die Bilder von Streifen zu Streifen, damit bei gegebenen Navigationstoleranzen keine Lücken entstehen, und damit für die Verknüpfung der Streifen zu einem Block gemeinsam abgebildete Punkte ausgesucht und gemessen werden können.

Eine Querüberdeckung q von 20% erfüllt diese Aufgabe. Innerhalb eines Bildstreifens ist eine höhere Überdeckung erforderlich, damit das Gelände durch je zwei Bilder in drei Dimensionen erfaßt werden kann. Damit dies ohne Lücken mit der nötigen Sicherheit geschieht, wird eine Längsüberdeckung p von mindestens 60% gewählt.

Die für die Bildflugplanung notwendigen Parameter gehen aus Abb. 2.26 hervor:

Die aufgenommene Geländebreite d unter Berücksichtigung des Bildformats d':

$$d = \frac{h}{c} \cdot d' = m_B \cdot d',$$

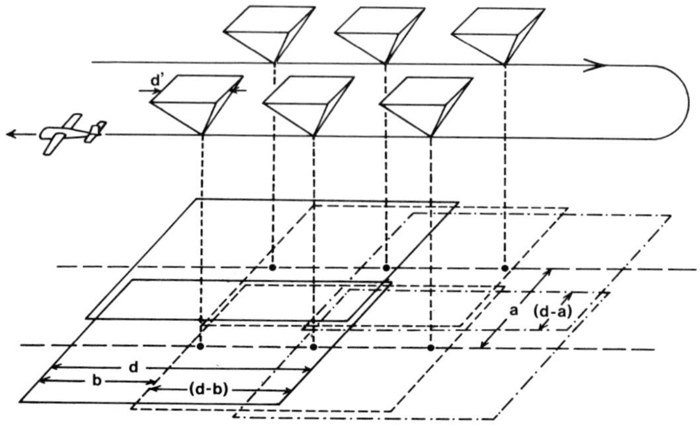

Abb. 2.26: Bildflug

die aufgenommene Geländefläche des Einzelbildes F_g:

$$F_g = d^2 = m_b^2 d'^2,$$

die Basis b bei gewählter Längsüberdeckung p:

$$b = d \cdot \left(1 - \frac{p}{100}\right),$$

der Streifenabstand a bei gewählter Querüberdeckung q:

$$a = d \left(1 - \frac{q}{100}\right),$$

die Fläche des gesamten Stereomodells zwischen zwei sich überdeckenden Aufnahmen F_M:

$$F_M = d \cdot (d - b),$$

die Nettofläche eines Stereomodells im Block F_N:

$$F_N = a \cdot b = d^2 \cdot \left(1 - \frac{p}{100}\right) \cdot \left(1 - \frac{q}{100}\right).$$

Für eine aufzunehmende Gesamtfläche F_G ergibt sich genähert die Anzahl der erforderlichen Bilder n aus:

$$n = \frac{F_G}{F_N}.$$

Abb. 2.27: Bildflug

Die erforderliche Filmlänge L ist: $L = n \cdot 0{,}25$ [m].

Die Bildfolgezeit Δt, welche bei Reihenmeßkammern auf 2 Sekunden ($= \Delta t_{\min}$) begrenzt ist, während welcher Belichtung und Filmtransport erfolgen muß, läßt sich mit Hilfe der Fluggeschwindigkeit v_g über Grund ermitteln:

$$\Delta t = \frac{b}{v_g} = \frac{d' \cdot m_b}{v_g \cdot c} \left(1 - \frac{p}{100}\right).$$

Tab. 2/9: Leistungsfähigkeit unterschiedlicher Kameraobjektive

Kamera-typ	c [mm]	h [m]	h/c $= m_b$	d [m]	b [m] $p=60\%$	h/b	a [m] $q=20\%$	F_N [km²]	Δt [s] $v_g = 200$ km/h	$\sigma_{x,y}$ [cm] $\sigma_{x'y'} = \pm 10\,\mu m$	σ_z [cm] $\sigma_{px'} = \pm 6\,\mu m$
Bezogen auf gleiche Flughöhe											
SW	610	1000	1639	377	151	6,62	302	0,05	2,7	1,6	6,5
NW	305	1000	3279	754	302	3,31	603	0,18	5,4	3,3	6,5
WW	152	1000	6578	1513	605	1,65	1210	0,73	10,9	6,6	6,5
ÜWW	85	1000	11765	2706	1082	0,92	2165	2,34	19,5	11,8	13*
Bezogen auf gleichen Bildmaßstab											
SW	610	6100	10000	2300	920	6,62	1840	1,69	16,6	10	40
NW	305	3050	10000	2300	920	3,31	1840	1,69	16,6	10	20
WW	152	1520	10000	2300	920	1,65	1840	1,69	16,6	10	10
ÜWW	85	850	10000	2300	920	0,92	1840	1,69	16,6	10	10*

SW = Schmalwinkel
NW = Normalwinkel
WW = Weitwinkel
ÜWW = Überweitwinkel

* σ_{px} für ÜWW $= \pm 12\,\mu m$

Bei vorgegebenen $\Delta t_{\min}$ und v_g läßt sich somit die minimale Flughöhe $h_{\min}$ berechnen:

$$h_{\min} = \frac{v_g \cdot c}{d' \cdot \left(1 - \frac{p}{100}\right)} \Delta t_{\min}.$$

Um die gewählten Überdeckungsverhältnisse beim Bildflug in allen Bildern einzuhalten, ist h für die höchsten Erhebungen des Geländes z_i zu wählen.

Die für den Piloten maßgebende Flughöhe über Normalnull h_0 ist:

$$h_0 = h + z_i.$$

Der Bildflug erlaubt die Wahl verschiedener Kameraobjektive (nach Tab. 2/3). Ein Beispiel soll die unterschiedliche Leistungsfähigkeit dieser Objektivtypen erläutern (siehe Tab. 2/9).

Bezogen auf die gleiche Flughöhe liefern Überweitwinkelaufnahmen die größte Flächenleistung bei kleinstem Bildmaßstab. Die erwartete Lagebestimmungsgenauigkeit nimmt entsprechend mit zunehmendem Bildwinkel ab. Dagegen bleibt die erwartete Höhenbestimmungsgenauigkeit gleich. Bezogen auf den gleichen Bildmaßstab ändert sich die Flughöhe. Sie ist umso niedriger, je größer der Bildwinkel ist. Die erwartete Lagebestimmungsgenauigkeit verbleibt gleich, dagegen verbessert sich die erwartete Höhengenauigkeit mit zunehmendem Bildwinkel. Dies gilt aber nur beschränkt für Überweitwinkelaufnahmen. Im allgemeinen ist ihre Höhenbestimmungsgenauigkeit nicht besser als die von Weitwinkelaufnahmen gleicher Flughöhe. Als Ursachen kommen verminderte Bildqualität und insbesondere der zu große Schnittwinkel entsprechender Strahlen in Frage.

Die Wahl des Bildwinkels kann aber noch nach anderen Gesichtspunkten erfolgen. Sind die Geländeobjekte höhenmäßig stark differenziert, wie dies in Städten mit hohen Gebäuden und in Waldgebieten der Fall ist, liefern schmalwinkligere Aufnahmen geringere Verdeckungen. Deshalb wird in der Stadtkartographie und im Forstwesen die Normalwinkelaufnahme der Weitwinkelaufnahme vorgezogen.

Die Wahl des Bildmaßstabs richtet sich nach folgenden Gesichtspunkten:
(1) die geforderte geometrische Genauigkeit in Höhe oder Lage,
(2) die geforderte Detailerkennbarkeit mit Rücksicht auf die zu kartierenden Objekte und die im Bild vorhandene Auflösung,
(3) die erreichbare Plattformhöhe in Abhängigkeit des zur Verfügung ste-

henden Flugzeugs (oder Satelliten) und der einzuhaltenden Bildfolgezeit,

(4) die Optimierung der wirtschaftlichen Gesichtspunkte der Auswertung (z. B. Anzahl der erforderlichen Aufnahmen und Orientierungsvorgänge).

Soll der Bildflug zur Herstellung oder Nachführung von Kartenwerken dienen, so ist eine gezielte Befliegung unter Einhaltung des Blattschnitts der Karte zu empfehlen. Hierzu wird am zweckmäßigsten eine höhere Längsüberdeckung von $p = 80\%$ oder 90% gewählt, damit man für die Auswertung jedes zweite oder jedes dritte Bild des Bildfluges auswählen kann, welches dem Kartenblattschnitt entspricht.

Als Befliegungsbedingungen werden gewöhnlich folgende Umstände gewünscht:

(1) Die Befliegung soll bei wolkenlosem Himmel durchgeführt werden.
(2) Der Sonnenstand soll zur Vermeidung langer Schatten nicht unter 30° und zur Vermeidung von Reflexen nicht über 60° sein.
(3) Die Befliegung soll Laubwaldgebiete und landwirtschaftlich genutzte Flächen in unbelaubtem Zustand erfassen (Frühjahrsbefliegung).

Diese Bedingungen bewirken, daß es in Mitteleuropa nur wenige Tage im Jahr gibt, die für einen Bildflug in Frage kommen.

2.5.2 Navigation

Aufgabe der Navigation ist es, das Flugzeug innerhalb der Überdeckungstoleranzen so zu steuern, daß der Bildflug ausgeführt werden kann. Der Pilot benutzt hierfür in besiedelten Gebieten die Sichtnavigation nach kleinmaßstäbigen Karten, in welche die Bildflugstreifen während der Bildflugplanung eingetragen worden sind. Aus den Karten läßt sich der Kurs über Grund ablesen, wenn der Bildflug nicht ohnedies in Ost-West- oder in Nord-Süd-Richtung ausgeführt werden soll. Der Pilot versucht, sich vor Erreichen des Befliegungsgebietes visuell in die Flugachse einzurichten und hält die Flughöhe über N. N. und den Kurs gegebenenfalls mit dem Autopiloten konstant.

Der Navigator oder der Kameraoperateur unterstützt den Piloten bei der Navigation indem er den erfaßten Flugstreifen im vorwärts blickenden Navigationsteleskop oder an der senkrecht nach unten blickenden Mattscheibe des Überdeckungsreglers überprüft. Kurskorrekturen sind insbeson-

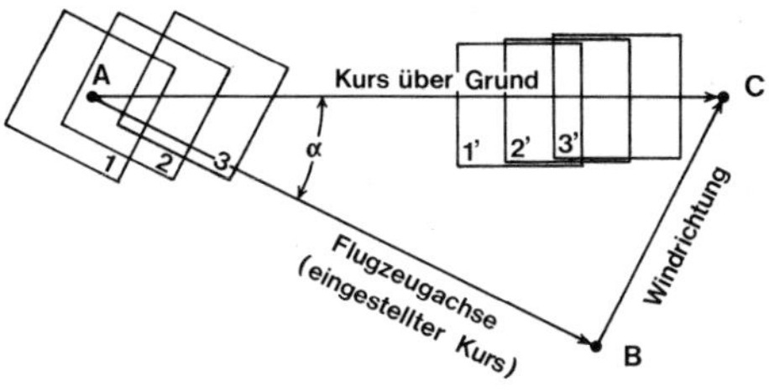

Abb. 2.28: Abtrift

dere dann erforderlich, wenn der Wind eine Abtrift verursacht (siehe Abb. 2.28).

Die Geschwindigkeit des Flugzeugs v_e entlang des Vektors $\overrightarrow{AB}$ addiert sich mit der Geschwindigkeit des Windes v_w entlang des Vektors $\overrightarrow{BC}$ vektoriell zur Fluggeschwindigkeit v_g über Grund entlang des Vektors $\overrightarrow{AC}$:

$$\overrightarrow{AC} = \overrightarrow{AB} + \overrightarrow{BC}.$$

Die Richtungskosini dieser Vektoren lauten im Geländekoordinatensystem x, y, z:

$$\cos \alpha_{AB} = \frac{x_B - x_A}{|\overline{AB}|},$$

$$\cos \beta_{AB} = \frac{y_B - y_A}{|\overline{AB}|},$$

$$\cos \gamma_{AB} = \frac{z_B - z_A}{|\overline{AB}|} \qquad \text{und}$$

$$\cos \alpha_{AC} = \frac{x_C - x_A}{|\overline{AB}|},$$

$$\cos \beta_{AC} = \frac{y_C - y_A}{|\overline{AB}|},$$

$$\cos \gamma_{AC} = \frac{z_C - z_A}{|\overline{AB}|}.$$

Die Abtrift kann aus dem Skalarprodukt der Vektoren abgeleitet werden:

$$\cos \alpha = \frac{\overline{AB} \cdot \overline{AC}}{|\overline{AB}|\ |\overline{AC}|} = \cos \alpha_{AB} \cdot \cos \alpha_{AC} + \cos \beta_{AB} \cdot \cos \beta_{AC} + \cos \gamma_{AB} \cdot \cos \gamma_{AC}.$$

Die Bestimmung des Abtriftwinkels α ist deshalb wichtig, weil einerseits der Kurs über Grund nach dem Bildflugplan eingehalten, und andererseits die Kamera parallel zur Flugrichtung über Grund ausgekantet werden muß, so daß sich die Bilder nicht schräg wie im Beispiel als 1, 2, 3, sondern wie im Beispiel als 1′, 2′, 3′ dargestellt, überdecken. Die Bestimmung von α kann entweder durch Rechnung bei bekanntem v_w und v_e und deren Richtung erfolgen, oder α kann einfach vom Navigator oder vom Kameraoperateur nachgestellt werden. Dabei ist der drehbare Kammerstutzen mit der Navigationseinrichtung elektromechanisch verbunden.

In nicht kartierten Gebieten oder bei großen Aufnahmegebieten wird die Navigation mit Hilfe von automatischen Navigationsverfahren durchgeführt.

Bestehen über einem Gebiet Ortungssysteme der Flugsicherung wie z. B. Loran oder Omega, dann können die Bildflugzeuge mit entsprechenden Ortungsgeräten ausgestattet werden. Diese Hyperbelverfahren messen die Entfernungsdifferenzen des Flugzeugs zwischen zwei bekannten Sendern, welche eine Hyperbel definieren. Zwei unterschiedliche Senderkombinationen ergeben sich schneidende Hyperbeln und damit die Position des Flugzeugs. Bildflüge können z. B. entlang dieser Hyperbeläste mit einem Autopiloten ausgeführt werden.

Andere Navigationsmöglichkeiten sind durch die relativ teure Inertialnavigation gegeben. Ein Inertialsystem integriert die durch Erddrehung und Flugzeugbewegung empfangenen Beschleunigungen auf und rechnet sie in geographische Positionskoordinaten um, welche dem Piloten angezeigt und zur Steuerung der Bildflüge verwendet werden können.

Ein preisgünstigeres automatisches Navigationssystem ist die Dopplernavigation. Das Dopplerprinzip ist in Abb. 2.29 erläutert.

Im Fall 1 bewegt sich die Plattform gegen ein Objekt mit der Geschwindigkeit v_g und sendet dabei eine Radarfrequenz ν_0 mit der Geschwindigkeit v in einer engen Keule in Bewegungsrichtung. Bei ruhender Plattform würde ν_0 vom Objekt reflektiert und an der Plattform empfangen werden. Bei bewegter Plattform ergibt sich eine Empfangsfrequenz ν

$$\nu = \frac{v + 2v_g}{\lambda} = \nu_0 \left(1 + \frac{2v_g}{v}\right)$$

Im Fall 2 wird die Keule mit dem Depressionswinkel β gegen die Bewegungsrichtung ausgesandt. Die Empfangsfrequenz ν wird dann:

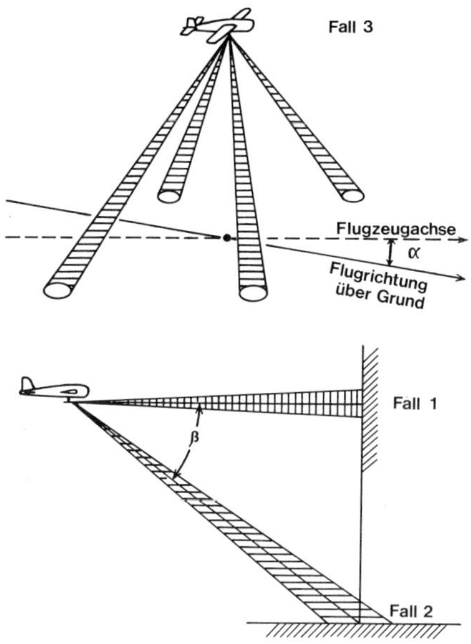

Abb. 2.29: Dopplernavigationsverfahren

$$\nu = \nu_0 \left(1 + \frac{2 v_g \cos \beta}{V}\right).$$

In dieser Weise ist das Dopplersystem vom Flugzeug aus anwendbar.

Die Dopplerfrequenz

$$d\nu = \nu_0 - \nu = -\frac{2 v_g \cos \beta}{V}$$

kann zur Bestimmung des Flugweges S über die Zeitintervalle dt integriert werden.

$$S = \int_{t_1}^{t_2} v_g \cdot dt = -\int_{t_1}^{t_2} \frac{V \cdot d\nu}{2 \cos \beta} dt.$$

Eine gleichzeitige Ermittlung des Abtriftwinkels α ist möglich, wenn im Fall 3 mindestens 2 Keulen nach vorwärts gespreizt ausgesandt werden, so daß die Wege in x und y aufgelöst werden können.

Um dabei die Orientierungsinstabilitäten der Plattform auszumitteln, werden 4 Keulen verwendet.

2.5.3 Aufzeichnung von Orientierungsdaten

Bei Befliegungen großer Blöcke ist es manchmal sinnvoll, Orientierungsdaten, welche mit zusätzlichen Meßvorrichtungen gemessen werden können, zu registrieren. Die registrierbaren Werte sind in Abb. 2.30 erläutert.

Die Koordinaten des Aufnahmeortes x_0', y_0' und x_0'', y_0'' können durch Ortungssysteme (z. B. Loran, Omega, Inertialnavigation, Dopplernavigation) zum Zeitpunkt der jeweiligen Aufnahme erfaßt werden. Leider arbeiten diese Systeme nicht genau genug (± 20 bis 100 m), so daß eine Aufzeichnung dieser Orientierungsdaten nur über kontrastarmen Flächen (Wasser, Schnee, Wüste) sinnvoll erscheint, wo eine Übertragung der Orientierung von Bild zu Bild Schwierigkeiten bereitet.

Zur Aufzeichnung des jeweiligen h_i-Wertes kann ein Radaraltimeter oder ein Laseraltimeter verwendet werden. Diese Geräte senden einen Energieimpuls senkrecht zum Boden. Die reflektierte Impulsenergie wird zur Laufzeitmessung ΔT_i verwendet. Mit der Ausbreitungsgeschwindigkeit v wird:

$$h_i = \frac{v \cdot \Delta T_i}{2}.$$

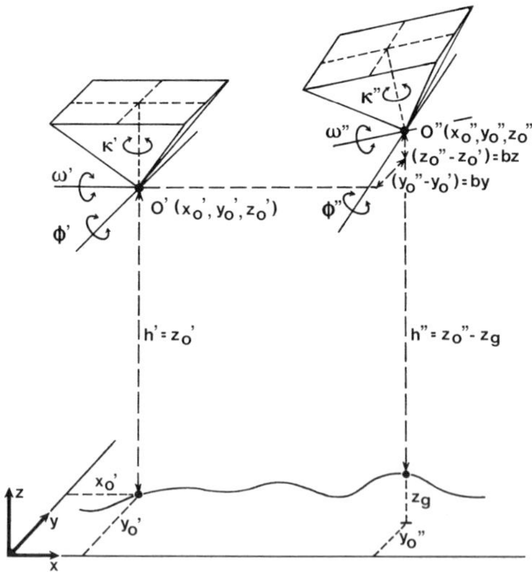

Abb. 2.30: Orientierungsdaten eines Meßbildes

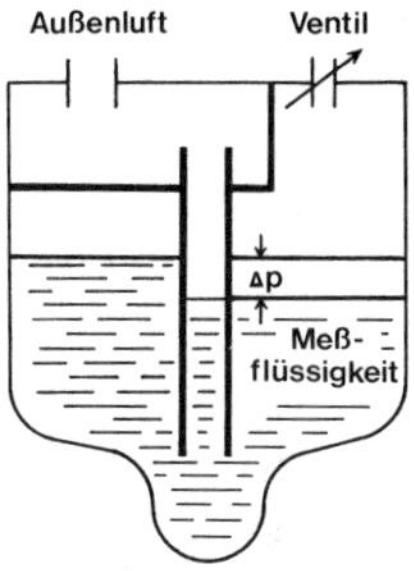

Abb. 2.31: Das Statoskop

Diese Registrierung der Flughöhe über Grund mit einer Genauigkeit von nur wenigen m ist nur über flachen Gebieten (Wasseroberflächen) sinnvoll, da diese keine störende Oberflächentopographie z_{g_i} besitzen.

Dagegen sind Flughöhendifferenzen $(z_0'' - z_0')$ leichter barometrisch bestimmbar. Allerdings liegt die Bestimmungsgenauigkeit dieser Altimeter nur bei ± 15 m. Wesentlich günstigere Werte von etwa ± 1 m sind mit einem Statoskop (nach Väisälä) erreichbar (siehe Abb. 2.31). Das Statoskop besitzt eine eisgekühlte Luftdruckkammer, welche bei Erreichen der Flughöhe durch ein Ventil verschlossen wird. Diese Kammer ist in ihrem unteren Teil mit einer barometrischen Meßflüssigkeit gefüllt, welche durch ein Steigrohr mit der Außenluft in Verbindung steht. Differentielle Luftdruckschwankungen werden als Veränderungen der Flüssigkeitshöhe im Steigrohr kapazitiv gemessen und elektrisch registriert. Die Registrierung wird als Zusatzabbildung bei der photographischen Aufnahme mitbelichtet.

Bei Verwendung des Statoskops ist es möglich, gleichzeitig geflogene Altimeterdaten so zu registrieren, daß ein Geländeprofil abgeleitet werden kann, welches allerdings von den Unsicherheiten der Plattformneigungen beeinflußt ist.

Zur Registrierung der Bildneigungen ν, welche in die Komponenten φ in Flugrichtung und ω senkrecht dazu zerlegt werden können, gibt es mehrere Möglichkeiten:

$$\nu \approx \sqrt{\varphi^2 + \omega^2}.$$

Die Dosenlibelle des Filmmagazins dient zur Grobhorizontierung der Kamera während des Bildfluges auf etwa $\pm 1°$. Eine solche Libelle kann auch als Zusatzabbildung auf der Aufnahme mitbelichtet werden.

Die teuerste Registrierungsart auf etwa $\pm 1'$ kann mit Inertialsystemen erfolgen. Dabei können die Veränderungen der 3 Koordinatenachsen um die Winkel φ_i, ω_i, κ_i fortlaufend registriert werden.

Eine einfachere Vorrichtung, welche eine vergleichbare Genauigkeit liefert, ist die Horizontkammer (nach Nenonen), welche heute nur historischen Wert besitzt (siehe Abb. 2.32). Sie wird parallel zur Reihenmeßkammer angeordnet. Ihr Strahlengang wird durch ein Prisma um 90° in Richtung des Horizontes umgelenkt, z. B. in Flugrichtung. Mit c_H als der Kammerkonstante der Horizontkammer und $\Delta x'$ als der im Horizontbild gemessenen Horizontabweichung von der Verbindungslinie der horizontalen Fadenkreuze gilt:

$$tg\,(\delta - \varphi) = \frac{\Delta x'}{c_H}.$$

Mit dem Erdradius $R \approx 6370$ km und h_0, der Flughöhe über Normalnull und der Höhe des Horizontes h über N. N. wird:

$$\cos\,(\delta - \rho) = \frac{R + h}{R + h_0}.$$

ρ ist dabei der Refraktionswinkel, welcher mit dem Refraktionskoeffizienten k genähert (und iterativ) bestimmbar ist zu:

$$\rho = \frac{R \cdot \delta^2}{2} k.$$

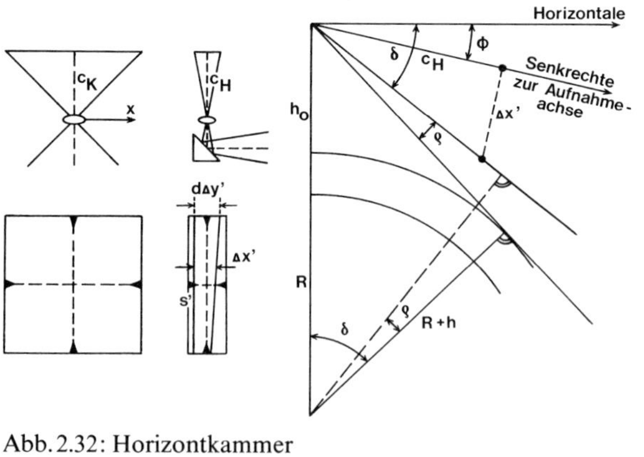

Abb. 2.32: Horizontkammer

Wird zusätzlich noch die Schiefe des Horizonts gemessen indem die Koordinatendifferenz $d\Delta y'$ und die Länge des Horizontbildes s' bestimmt werden, so ergibt sich unter Annahme einer gleichen Horizonthöhe genähert

$$tg\omega \approx \frac{d\Delta y'}{s'}.$$

Eine genauere Bestimmung von ω ist möglich, wenn zusätzlich eine Horizontkammer senkrecht zur Flugrichtung benutzt wird.

Die Anwendbarkeit des Horizontbildverfahrens ist jedoch begrenzt, da der Horizont wegen des Dunstes oder einer Horizontbewölkung in vielen Landstrichen der Erde selten klar erkennbar ist. Können allerdings von Horizontbild zu Horizontbild identische Wolkenbilder oder Objekte nahe des Horizonts identifiziert werden, so läßt das Verfahren eine relativ umständliche aber immerhin akzeptable Bestimmung der Differenzneigungen $\Delta\varphi$ und $\Delta\omega$ zwischen benachbarten Bildern zu.

Santoni hat ein weiteres, ebenfalls bereits historisches Verfahren entwickelt, Orientierungsdaten zu registrieren. Das von ihm entwickelte Sonnenperiskop nimmt parallel, aber entgegengesetzt zur Meßkammer den Himmel auf und leitet aus den Sonnenbildkoordinaten und einer Kompaßregistrierung die Neigungen φ und ω ab. Ihre strenge Trennung ist möglich, wenn zusätzlich zur Sonne ein weiteres helles Gestirn aufgenommen wird. Bei Mondbefliegungen der NASA sind so aus Sonnen- und Canopus-Sensor-Registrierungen die Neigungen der Aufnahme bestimmt worden.

Wesentlich praktischer als die Registrierung von Neigungsdaten wäre die Stabilisierung der Kamera zur Senkrechtaufnahme. Im militärischen Bereich sind stabilisierte Plattformen mit hohen Kosten gebaut worden. Leider sind die modifizierten Versionen für den zivilen Bildflug nicht genau genug um auf konventionelle Orientierungsverfahren bei der Auswertung verzichten zu können.

Literatur zu 2.5.3.

Inghilleri, G., 1961; Löfström, K.G., 1932, 1936; Parenti, G., 1956; Thompson, E.H., 1958/1959; Zarzycki, J.M., 1964

Literatur zu 2.5.

Corten, F.L., 1983; Hothmer, J., Morgenfeld, O., 1973; Winkelmann, G., 1969, 1980

3. Interpretation und Messung von Bilddaten

3.1 Der Sehvorgang

Jede Bildinterpretation und jede Bildmessung beruht auf der Sehfähigkeit des menschlichen Auges, das im Schnitt in Abb. 3.1 dargestellt ist.

Wesentlicher Bestandteil des Auges ist eine Linse, welche entfernte Objekte entlang der optischen Achse auf der Netzhaut abbildet. Der Bereich hoher Auflösung ist auf etwa 1–2° begrenzt. Sehen mit verminderter Auflösung ist in einem Bereich von 120° möglich. Die Augenmuskeln können die Richtung der optischen Achse jedoch sehr rasch verändern. Gleichzeitig ist es durch den Ziliarmuskel möglich, die Linse in ihrer Form zur Scharfabbildung nach der Linsengleichung zu modifizieren (Akkommodation) und das einfallende Licht mit der Veränderung der Pupillenöffnung zwischen 2 und 8 mm Durchmesser durch die Iris zu steuern. Die ruhende Linse des Auges hat eine äußere Brennweite von 17 mm und eine innere Brennweite von 23 mm. Der mittlere Augendurchmesser entlang der optischen Achse beträgt 13 mm.

Die Netzhaut enthält die Sehzellen, welche aus mindestens drei Typen von tageslichtempfindlichen Zapfen für die Farbunterscheidung im Bereich der größten Sehschärfe und aus zwielichtempfindlichen Stäbchen im Bereich der Peripherie bestehen. Für das Auflösungsvermögen des Auges ist die Dichte der Zapfen maßgebend. Ihre Entfernung würde eine Auflösung von 2,5′ erlauben. Tatsächlich aber kann mindestens 1′ aufgelöst werden. Dies rührt daher, daß die Netzhaut kleine Vibrationen ausführt und die empfan-

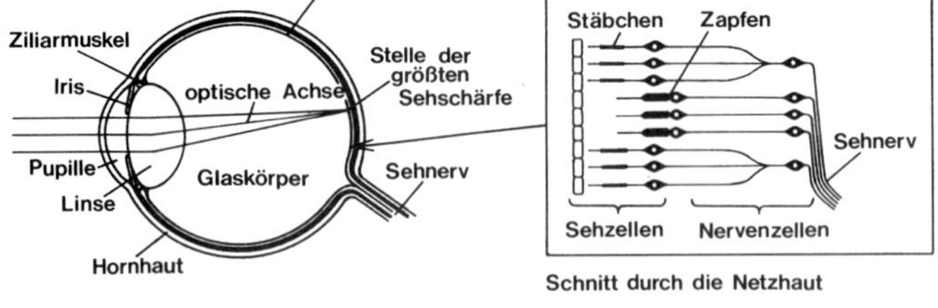

Abb. 3.1: Das menschliche Auge

genen Kontrastfolgen einem Modulationsprozeß im Gehirn unterzogen werden, der sie als Summen oder Differenzen verschärft. Bei normaler Sichtweite von 25 cm entspricht dies einer Auflösung von 7 lp/mm. Enthält ein Diapositiv eine photographische Auflösung von etwa 40 lp/mm, so muß das Bild zur vollen Ausnutzung der Interpretationsfähigkeit etwa 6mal vergrößert betrachtet werden. Die optische Projektion eines Gegenstandes führt im Auge zu einem auf dem Kopf stehenden Bild. Im Gehirn wird dieses Bild jedoch für das menschliche Empfinden aufrecht invertiert.

Das zweite Auge des Menschen erlaubt die binokulare Betrachtung des Objekts. Dabei beträgt die mittlere Augenbasis etwa 65 mm. Die beiden Bilder des Geländes werden im Gehirn zur Deckung gebracht. Die Auflösung wird durch diese Überlagerung etwa auf das Doppelte verbessert.

3.2 Räumliches Sehen

Betrachten beide Augen ein Objekt in unendlicher Entfernung, so werden beide optischen Achsen parallel ausgerichtet und die im Gehirn vereinigten Bilder sind identisch. Ist das Objekt in endlicher (naher) Entfernung, so bilden beide optischen Achsen einen Konvergenzwinkel γ (siehe Abb. 3.2) und unterschiedlich entfernte Objekte ergeben Bilder mit Parallaxen entlang der Richtung der Augenbasis b_A.

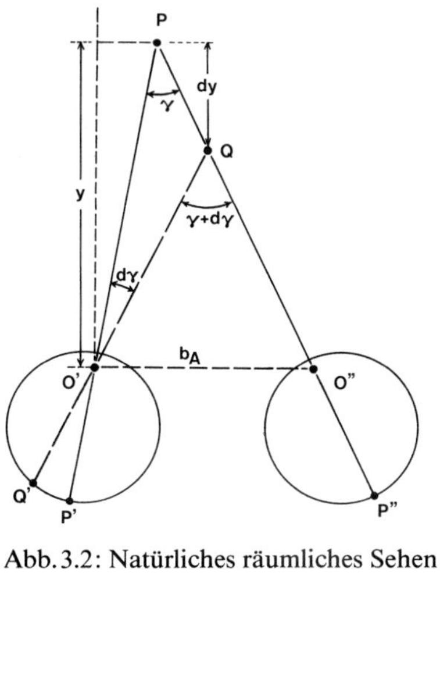

Abb. 3.2: Natürliches räumliches Sehen

Das Gehirn verarbeitet die als Differenzwinkel $d\gamma$ erscheinenden Parallaxen $\overline{P'Q'}$, so daß der Mensch einen räumlichen Eindruck empfindet, welcher als stereoskopisches Sehen bezeichnet wird.

Wegen der Kleinheit von γ gilt:

$$\gamma \approx \frac{b_A}{y},$$

folglich:

$$d\gamma = -\frac{b_A}{y^2}\, dy.$$

Dies bedeutet, daß die Güte des natürlichen räumlichen Sehens mit dem Quadrat der Entfernung abnimmt.

Die stereoskopische Unterscheidungsmöglichkeit liegt im Mittel bei $d\gamma = 15''$. Bei einer bestimmten Entfernung y ergeben sich dann die in Tab. 3/1 angegebenen dy-Werte.

Tab. 3/1: Natürliche Stereoskopische Unterscheidungsmöglichkeit

y	0,25 m	1 m	10 m	100 m	250 m	500 m	894 m
dy	0,07 mm	1,1 mm	0,1 m	11 m	70 m	280 m	894 m

Demnach hört das natürliche stereoskopische Sehen bei einer Entfernung von etwa 900 m auf.

Der Tiefenbereich, welcher von den Augen gleichzeitig als Raumeindruck wahrgenommen werden kann, unterliegt allerdings einer weiteren Bedingung: Das nächste und das weiteste Objekt, welche gleichzeitig stereoskopisch betrachtet werden sollen, werden durch die Winkel γ_{max} und γ_{min} repräsentiert. Die Differenz dieser Winkel muß kleiner als 70′ sein.

$$\gamma_{max} - \gamma_{min} \leqslant 70'.$$

Künstliches stereoskopisches Sehen ist möglich, wenn den Augen zwei entsprechende Bilder unterschiedlicher Standpunkte mit Parallaxen in Richtung der Augenbasis (Horizontalparallaxen) zur Betrachtung vorgelegt werden. Liegen bei den Bildern auch Parallaxen senkrecht zur Augenbasis (Vertikalparallaxen) vor, wie sie beim natürlichen stereoskopischen Sehen nicht vorkommen, so wird der stereoskopische Eindruck gestört. Allerdings können die Augen geringe Unterschiede tolerieren.

Abb. 3.3: Raumbild (parallel betrachtet: orthoskopischer Effekt, konvergent betrachtet: pseudoskopischer Effekt)

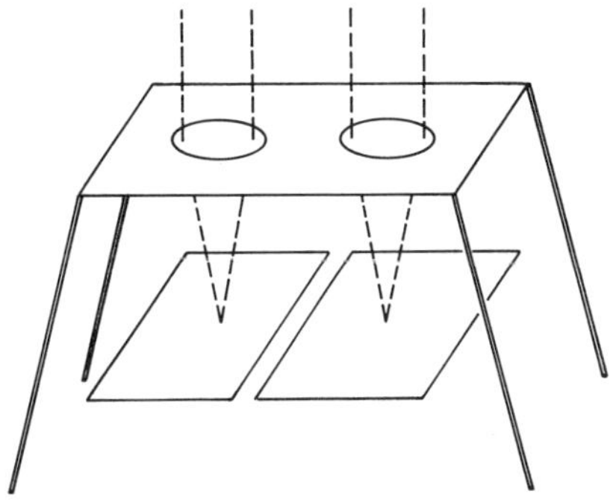

Abb. 3.4: Linsenstereoskop

Das künstliche stereoskopische Unterscheidungsvermögen kann gegenüber dem natürlichen räumlichen Sehen durch eine n-fache Vergrößerung der Aufnahmebasis im Verhältnis zur Augenbasis und durch eine v-fache Vergrößerung der Bilder verstärkt werden.

Das Produkt $n \cdot v$ wird totale Plastik P genannt. Für Bilder, welche mit einer Aufnahmebasis von 600 m gemacht wurden und mit einer vierfachen optischen Vergrößerung betrachtet werden, beträgt:

$$P = \frac{600}{0{,}065} \cdot 4 = 36\,923,$$

und dy wird bei einer Geländeentfernung von 1 000 m

$$dy = -\frac{1}{n \cdot v} \cdot \frac{y^2}{b_A}\, d\gamma = 0{,}03 \text{ m}.$$

Somit können stereoskopische Bilder aus 1 000 m Höhe zur Höhenunterscheidung auf 3 cm verwendet werden. Das künstliche stereoskopische Sehen ist somit eine wesentliche Grundlage des photogrammetrischen Meßvorgangs.

Das künstliche stereoskopische Sehen ohne optische Hilfsmittel ist für den Betrachter der entsprechend ausgerichteten Bilder schwierig. Sie müssen den Augen im Abstand von 65 mm so präsentiert werden, daß keine Vertikalparallaxen entstehen. Beim normalen Betrachtungsabstand von 25 cm bei welchem der Mensch gewohnt ist, bei Konvergenz der optischen Achsen zu akkomodieren, müssen die Augen unter Beibehaltung der Akkomodation parallel (ins Unendliche sehend) ausgerichtet werden. Die Akkomodation gelingt gewöhnlich leichter beim Schielen, wenn dem linken Auge das rechte Bild und dem rechten Auge das linke Bild zugeführt wird. Allerdings entsteht nun im Gegensatz zum normalen (orthoskopischen) Stereoeindruck ein pseudoskopischer Eindruck, in welchem Berge als Täler erscheinen und Täler als Berge. Dies kann mit Hilfe der Abb. 3.3 geübt werden.

Der Stereoeindruck ist durch optische Hilfsmittel noch leichter zu erreichen.

(1) Stereoskope

Ein Linsenstereoskop (siehe Abb. 3.4) ermöglicht es, die parallel ausgerichteten Augen auf unendlich zu akkomodieren. Dabei entsteht ein orthoskopischer Effekt.

Das Linsenstereoskop hat den Nachteil, daß wegen des Augenabstandes nur Bilder der Größe von etwa 6 × 6 cm oder entsprechende Bildteile größerer Bilder stereoskopisch betrachtet werden können. Das Spiegelstereoskop vermeidet diesen Nachteil durch Parallelversetzung des Strahlenganges mit Hilfe von Spiegeln (siehe Abb. 3.5).
Mit dem Spiegelstereoskop können ganze Luftbilder im Format 23 × 23 cm betrachtet werden. Durch Einsetzen stärkerer Lupen sind damit auch Bildpartien im Detail betrachtbar.

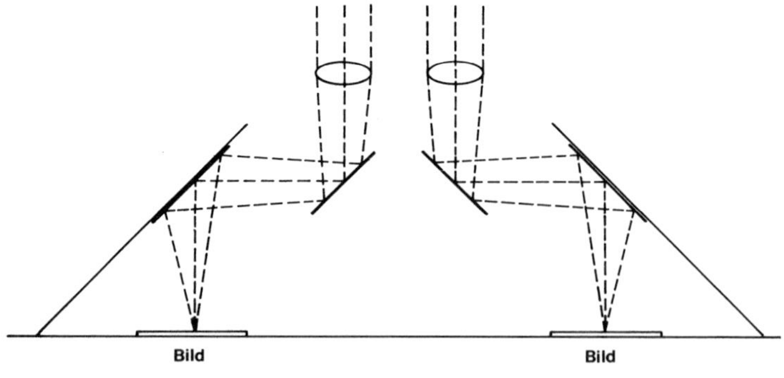

Abb. 3.5: Spiegelstereoskop

(2) *Anaglyphen*
Grundlage des künstlichen stereoskopischen Sehens ist, daß jedem Auge das entsprechende Bild getrennt in der richtigen Orientierung zugeführt wird. Die Bildtrennung kann auch so erfolgen, daß die beiden Bilder in entsprechenden Komplementärfarben (z. B. rot und blaugrün) ohne Vertikalparallaxen zu verursachen, auf eine Auflagefläche übereinander projiziert werden. Zur Projektion werden Schwarz-weiß-Diapositive verwendet, welche mit gefiltertem Licht bestrahlt werden. Andererseits ist es möglich, Kopien der Bilder in den entsprechenden Farben übereinander auf Papier zu drucken. Bei der Betrachtung mit freiem Auge erscheint das linke Bild z. B. in rot und das rechte Bild in blaugrün miteinander vermischt. Betrachtet man die Projektion oder den Druck durch blaugrüne (linkes Auge) und rote (rechtes Auge) Farbfilter, dann erkennen die Augen nur die Komplementärfarbenbilder. Somit kommt im Gehirn ein Raumeindruck zustande. Das stereoskopische Sehen wird dadurch erleichtert, daß das Auge sich normal ausrichten und akkomodieren kann. Kleine Störungen ergeben sich nur bei Imperfektionen der Filter.

(3) *Polarisiertes Licht*
Eine dem Anaglyphenverfahren entsprechende Bildtrennung ist auch durch die Projektion polarisierten Lichtes möglich. Wird zum Beispiel das linke Bild durch ein horizontal polarisiertes Filter und das rechte Bild durch ein vertikal polarisiertes Filter auf eine die Polarisation bei Reflexion erhaltende Fläche projiziert, dann entsteht ein Raumeindruck wenn der Betrachter die reflektierte Projektion durch eine Polarisationsbrille (linkes Auge horizontal polarisiert, rechtes Auge vertikal polarisiert) betrachtet. Projektion mit polarisiertem Licht ist nicht nur in Schwarz-Weiß, sondern auch in Farbe möglich.

(4) *Schwingblenden*
Eine Bildtrennung in Farbe kann auch mit Schwingblenden erreicht werden. Dabei wird mit einer Frequenz von etwa 40 Hz jeweils das linke und dann das rechte Bild auf eine Fläche projiziert, welche mit synchronisierten Schwingblenden der gleichen Frequenz abwechselnd vom linken und dann vom rechten Auge betrachtet werden. Der Betrachter kann Bildfolgefrequenzen von über 15 Hz für ein Auge nicht mehr optisch trennen. Deshalb nimmt er die den beiden Augen unterschiedlich dargebotenen Bildfolgen kontinuierlich als Raumeindruck wahr.

Wegen der Helligkeitsverluste bei einer optischen Projektion eignet sich die Betrachtung durch Stereoskope besser für die Bildauswertung als die letztgenannten Verfahren. Während für diese die Bedingung der Vertikalparallaxenfreiheit durch die Projektion einfach eingehalten werden kann, indem z. B. Schrägbilder in entsprechende Senkrechtbilder optisch umtransformiert werden, erfordert die Betrachtung beliebig orientierter Bilder durch Stereoskope jedoch besondere Maßnahmen, wie die Ausrichtung nach Kernstrahlen.

Literatur zu 3.2.
Burkhardt, R. in Jordan/Eggert/Kneissl, 1972; Finsterwalder, Ri., Hofmann, W., 1968

3.3 Kernstrahlen

Die Betrachtung beim natürlichen stereoskopischen Sehen erfolgt in einer Ebene gebildet durch die beiden Augen und den betrachteten Punkt. In dieser Ebene werden die den Raumeindruck verursachenden Horizontalparallaxen im Auge erfaßt und im Gehirn ausgewertet. Deshalb muß auch das künstliche stereoskopische Sehen nach diesem Prinzip erfolgen. Die Projektionszentren der stereoskopischen Aufnahmen $0'$, $0''$ und der zu erfassende Punkt M bilden eine sogenannte Kernebene (siehe Abb. 3.6).

In dieser Kernebene liegen auch die Punkte L und N, deren Horizontalparallaxen zu Höheninformation verarbeitet werden. Die Spuren dieser Kern-

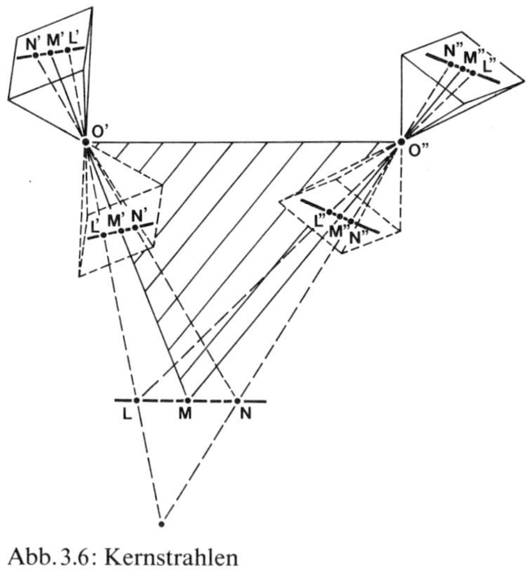

Abb. 3.6: Kernstrahlen

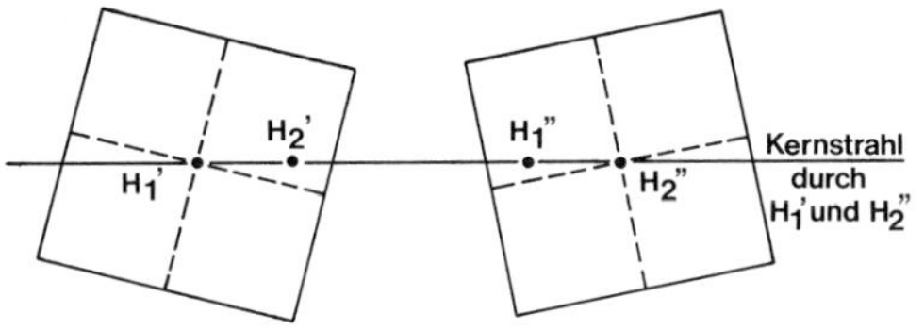

Abb. 3.7: Ausrichten von Bildern nach Kernstrahlen

ebene mit den beiden Bildern ergeben in jedem von ihnen einen Kernstrahl auf welchem die Punkte als $L' M' N'$ und $L'' M'' N''$ abgebildet sind. Um einen stereoskopischen Eindruck der Punkte L, M und N zu erhalten, müssen die Bilder jeweils nach diesen Kernstrahlen ausgerichtet werden, wie dies in Abb. 3.7 für die Kernebene der Bildhauptpunkte H_1' und H_2'' dargestellt ist.

Die Ausrichtung ist nicht streng erforderlich. Stereoskopisches Sehen ist noch bei Ausrichtungsfehlern von bis zu 2° möglich. Zusätzlich ist es notwendig, daß die beiden Bilder unter nahezu gleichem Bildmaßstab betrachtet werden, sonst erscheinen in der oberen und unteren Peripherie des Gesichtsfeldes Vertikalparallaxen, welche den stereoskopischen Sichtbereich auf die Nähe des Meßpunktes beschränken. Außerdem erscheint die Geländeoberfläche in horizontaler Richtung geneigt. Maßstabsdifferenzen von 5% können von den Augen noch kompensiert werden.

Bezeichnet θ_i' den Drehwinkel des Kernstrahls in bezug auf die x'-Achse dann gilt mit den in Kap. 4 bezeichneten Größen (Geländekoordinaten des Punktes $P_i(x_i, y_i, z_i)$; Geländekoordinaten der beiden Projektionszentren $0'$ (x_0', y_0', z_0'), $0''$ (x''_0, y''_0, z''_0)

$$tg\ \theta_i' = \frac{(y_0'' - y_0') \cdot (z_i - z_0') - (z_0'' - z_0') \cdot (y_i - y_0')}{(z_0'' - z_0') \cdot (x_i - x_0') - (x_0'' - x_0') \cdot (z_i - z_0')}$$

3.4 Messung von Bildkoordinaten in Einzelbildern

Die einfachste Art der photogrammetrischen Messung besteht aus der Messung von Bildkoordinaten in Einzelbildern.

Zur Ausnutzung der hohen Auflösung der Bilder geschieht dies zweckmäßig mit optischer Vergrößerung im Einbildkomparator (oder Monokomparator), dessen Prinzip in Abb. 3.8 dargestellt ist.

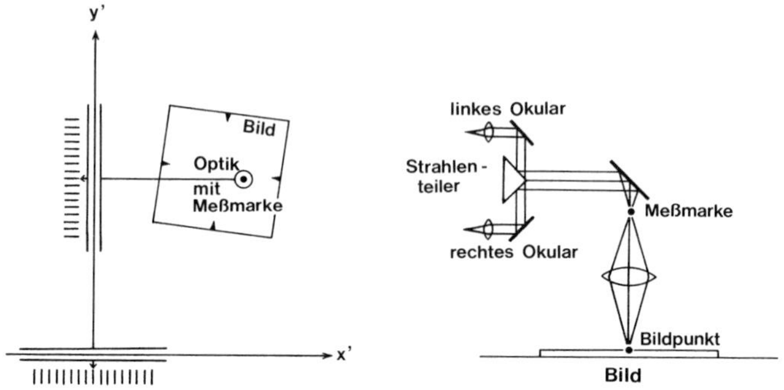

Abb. 3.8: Prinzip des Monokomparators mit mechanischen Achsen

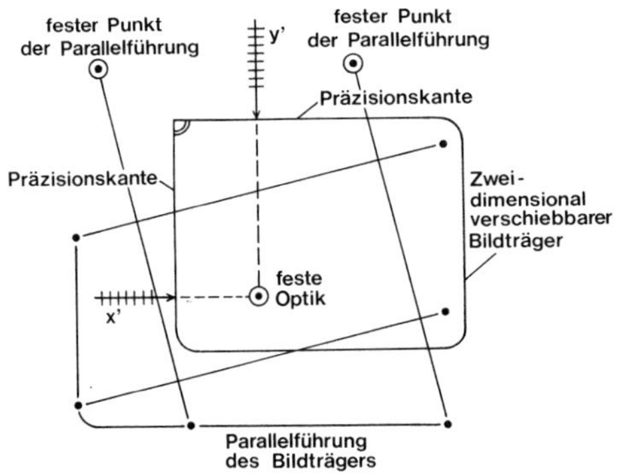

Abb. 3.9: Meßprinzip des Monokomparators Ascorecord von Jenoptik

Er besitzt zwei senkrechte Bewegungsachsen x' und y' entlang welcher die Bewegung einer optischen Einrichtung über dem Meßbild ausgeführt und an je einer Skala gemessen werden kann. Zur Einstellung der Optik auf einen Meßpunkt ist in den optischen Strahlengang eine Meßmarke (Punktmarke, Ringmarke oder Leuchtmarke) einprojiziert, welche mit dem betrachteten Bild zur Deckung gebracht werden kann. Ein Strahlenteiler kann zur beidäugigen Betrachtung des Einzelbildes eingesetzt werden.

Die Meßskala und der Meßpunkt soll nach Abbe optimal entlang der Meßstrecke liegen (Abbesches Prinzip), also nicht wie in Abb. 3.8 angegeben, sondern in der Fortsetzung der x' und y' Achse in der Höhe der Bildebene. Nur so wirken sich die Führungsfehler nicht auf die Messungsergebnisse aus (siehe Abb. 3.9).

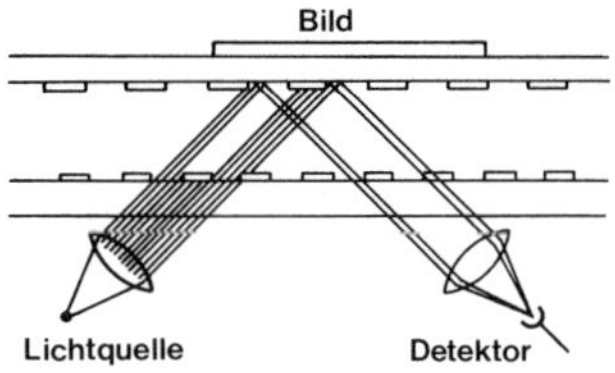

Abb. 3.10: Interpolation von Meßwerten bei Linearimpulsgebern

Zur Messung der Strecken kommen geeichte Spindeln in Frage, welche eine Auflösung von 1 µm erreichen können, aber der Temperaturausdehnung unterliegen.

Neuere Methoden der Streckenmessung verwenden optische Teilungen (Ascorecord). Der Präzisionskomparator PK1 von Zeiss welcher ebenfalls nach dem Abbeschen Prinzip gebaut ist, verwendet Linearimpulsgeber aus Glas im Abstand von 40 µm zur Messung. Die Interpolation der Strecke auf die Einheit von 1 µm erfolgt photoelektrisch (siehe Abb. 3.10) nach der am Detektor quantifizierten Beleuchtungsstärke.

Eine Übersicht über die verfügbaren Monokomparatoren gibt Tab. 3/2:

Dabei gibt es folgende Besonderheiten: Der DBA (Duane Brown Associates)-Komparator besitzt nur eine lineare Meßvorrichtung, welche einen

Tab. 3/2: Verfügbare Monokomparatoren

Hersteller	Name	Meßwerte		kleinste Registriereinheit
DBA	selbstkalibrierender Monokomparator	s' (radiale Entfernung)	1 Glasmaßstab	0,5 µm
Jenoptik	Ascorecord	$x'y'$	Glasmaßstäbe	0,1 µm
Kern	MK2	$x'y'$	Glasmaßstäbe	1 µm
OMI	TA 1/P	$x'y'$	Spindeln	1 µm
Wild-Space-Optik	Monokomparator	$x'y'$	Reseau und Spindeln	1 µm
Zeiss	PK 1	$x'y'$	Glasmaßstäbe	1 µm

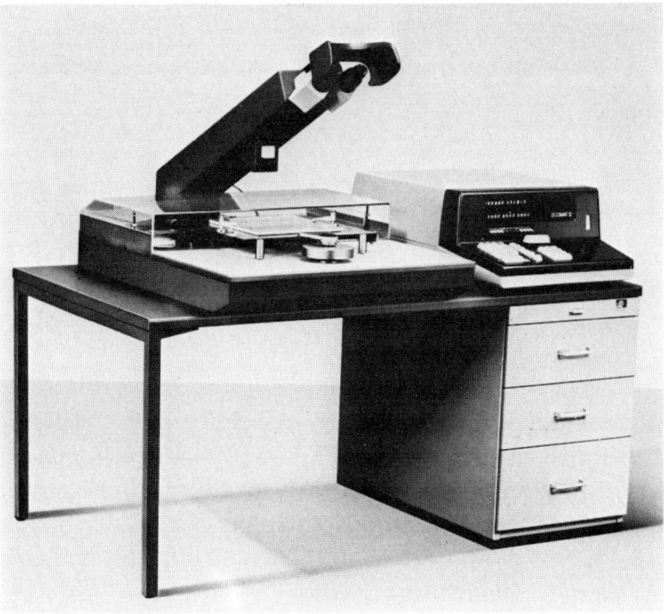

Abb. 3.11: Monokomparator PK1 von Zeiss

radialen Abstand zum Meßpunkt entlang eines drehbaren Hebelarmes mißt. Ein Bild muß deshalb durch Umlegen des Diapositives um 90° mindestens doppelt ausgemessen werden. Der Wild-Space Optic Monokomparator verwendet zur Messung zwei Meßsysteme: Ein temperaturunempfindliches Reseaugitter auf Glas legt den Gesamtmaßstab der Messung fest, während die Differenzstrecke vom nächsten Gitterkreuz zum Meßpunkt über kurze, relativ temperaturunempfindliche Spindeln erfolgt. Dies erfordert jedoch zwei Meßvorgänge: zuerst die Einstellung des Reseaugitters und anschließend die Einstellung des Meßpunktes.

Die Messung von Bildpunkten im Monokomparator setzt voraus, daß diese Punkte genau identifizierbar sind. Im allgemeinen eignen sich hierzu künstlich signalisierte Punkte. Als Signale werden üblicherweise helle Kreise oder Quadrate auf dunklem Untergrund benutzt, welche einen Durchmesser von etwa 50 μm im Bildmaßstab besitzen. Die Figuren werden, wo möglich, als Vermarkungen am Boden angebracht oder mit Farbe auf den Untergrund gemalt. Oder es werden entsprechende Plastikscheiben oder Tuchsignale ausgelegt, welche den Nachteil haben, daß ihre Lage zum Punkt bis zum Bildflug überwacht werden muß.

Geeignet sind auch gut identifizierbare natürliche Punkte. Ansonsten können auch künstliche Punkte ausgemessen werden, die stereoskopisch mit einem Punktübertragungsgerät in die Emulsion eingeritzt oder eingebrannt werden (siehe Kap. 3.7).

3.5 Stereometer

Die räumliche stereoskopische Messung erfolgt mit einer rellen oder virtuellen räumlichen Meßmarke. Bei projizierten, direkt betrachteten Stereobildern (für Anaglyphen, Polarisation und Schwingblenden) besteht sie aus einem auf der Projektionsfläche gekennzeichneten oder einfach aufprojizierten Lichtpunkt, welcher vom Auge, je nach den vorhandenen Horizontalparallaxen, als im Raum schwebender Punkt gesehen wird. Ist keine Parallaxe vorhanden, so sitzt der Punkt am Gelände auf.

Das gleiche Prinzip muß bei der optischen Betrachtung der Bilder durch ein Stereoskop verwendet werden. Da jedem Auge das entsprechende Bild getrennt zugeführt wird, muß eine gleich aussehende Meßmarke in den optischen Strahlengang eines jeden Auges eingeführt werden. Bei richtiger Orientierung verschmelzen diese zu einer im Raum schwebenden Meßmarke.

Der durch die beiden Meßmarken gekennzeichnete Strahlengang bestimmt einen Raumpunkt, der zusammen mit dem umliegenden Gelände stereoskopisch gesehen wird. Grundvoraussetzung für das richtige stereoskopische Sehen ist, daß die beiden Meßmarken vor Einlegen der Bilder für eine bequeme störungsfreie Betrachtung (parallele Strahlen ohne Vertikalparallaxen) justiert worden sind. Dann treten auch keine Schwierigkeiten bei der stereoskopischen Betrachtung der Bilder auf, wenn diese nach Kernstrahlen orientiert sind und annähernd gleichen Bildmaßstab besitzen.

Nach diesem Prinzip können im Stereoskop Höhendifferenzen ermittelt werden, wenn das Stereoskop mit einem Stereometer ausgerüstet wird (siehe Abb. 3.12 und 3.13).

Ein Stereometer besitzt zwei im normalen Bildbetrachtungsabstand des zugehörigen Stereoskops versetzte identische Meßmarken, welche durch ein Gewinde in ihrem Abstand verändert werden. Dabei kann der jeweilige Abstand an einer Skala abgelesen werden.

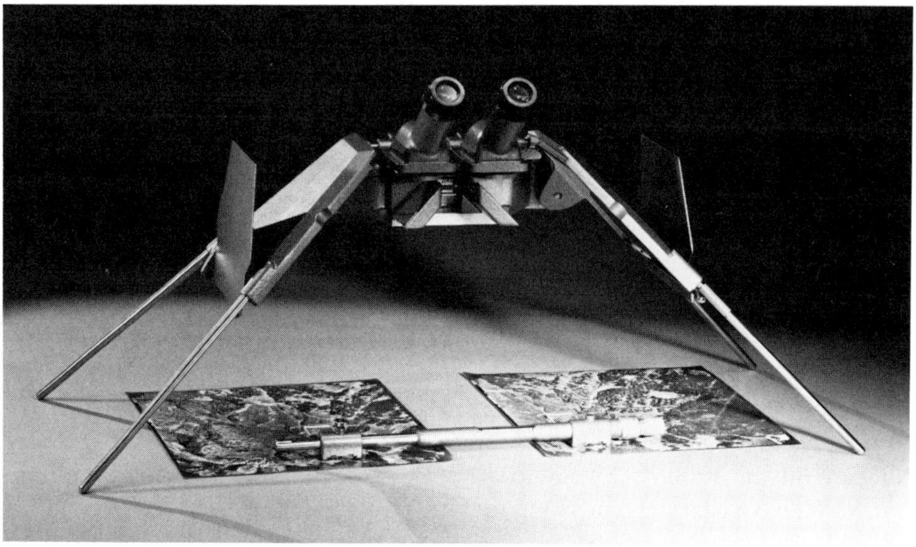

Abb. 3.12: Spiegelstereoskop mit Stereometer

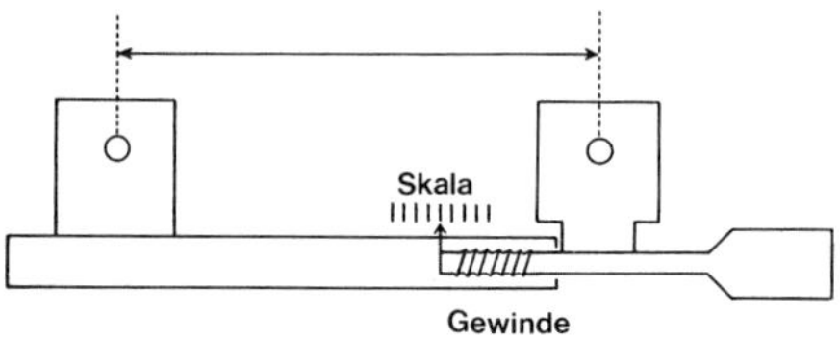

Abb. 3.13: Prinzip des Stereometers

Werden die Bilder unter dem Stereoskop nach Kernstrahlen orientiert und wird mit den beiden Meßmarken ein beliebig ausgewählter Geländepunkt P_0' räumlich eingestellt, so daß die Meßmarke am Gelände aufsitzt, dann entspricht die Ablesung am Stereometer einem Wert px_0'. Ein benachbarter Punkt P_i' unterschiedlicher Höhe hat nach seiner Einstellung den Wert px_i'.

Für $dpx_i' = px_i' - px_0'$ aber läßt sich nach Kap. 2.4.2 der Höhenunterschied berechnen.

Ein einfaches Stereometer findet deshalb bei der Ermittlung von Baumhöhen im Forstwesen oder bei der Bestimmung von Gebäudehöhen Anwendung. Eine Messung von Geländehöhen im gesamten Stereomodell führt nur dann zum Erfolg, wenn die später zu behandelnden Modelldeformationen mit den Höhen bekannter im Modell verteilter Paßpunkte bestimmt und flächenhaft interpoliert werden können.

3.6 Stereokomparatoren

Für die allgemeine analytische Koordinatenbestimmung im Raum ist ein Stereokomparator als Meßgerät vorteilhafter, wie er 1901 erstmals von C. Pulfrich konstruiert worden ist (siehe Abb. 3.14). Der Stereokomparator besitzt 4 Spindelantriebe über Handräder. Mit dem linken Handrad x' wird der beide Bilder tragende Bildwagen horizontal verschoben. Eine differentielle Bewegung des zweiten Bildes gegenüber dem ersten in x'-Richtung ist mit dem px'-Handrad möglich. Das mittlere Handrad bewegt die Betrachtungsoptik in y'-Richtung über beide Bilder hinweg. Sie bestimmt mit zwei Meßmarken den räumlichen Meßpunkt im Gelände. Zur Ausschaltung von Vertikalparallaxen kann das rechte Bild mit der py'-Schraube in y'-Richtung verstellt werden. Die Bewegungen der Bilder bzw. der Optik werden über Spindeln gemessen.

Aus den gemessenen Werten px' und py' können die Bildkoordinaten des zweiten Bildes abgeleitet werden:

$$x'' = x' - px',$$
$$y'' = y' + py'.$$

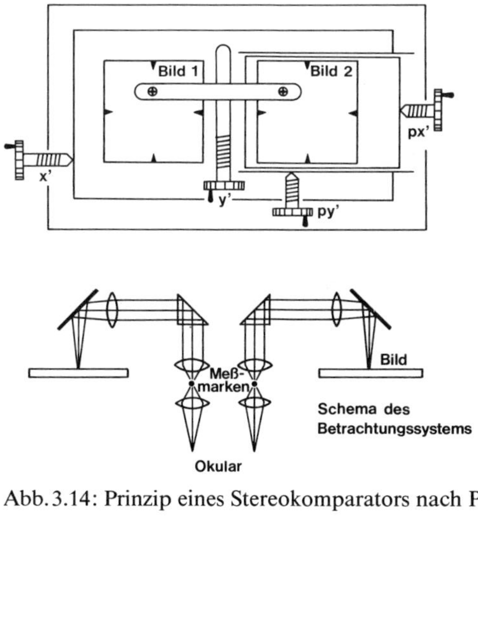

Abb. 3.14: Prinzip eines Stereokomparators nach Pulfrich

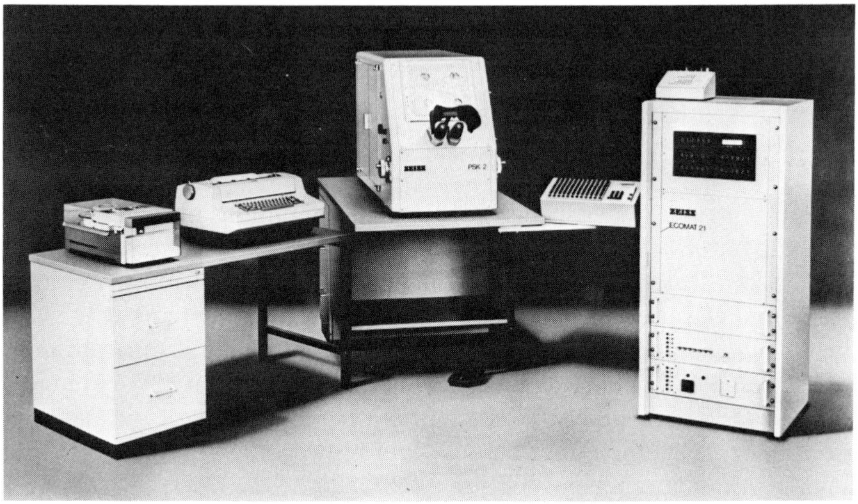

Abb. 3.15: Stereokomparator PSK 2 von Zeiss mit Registriereinrichtung

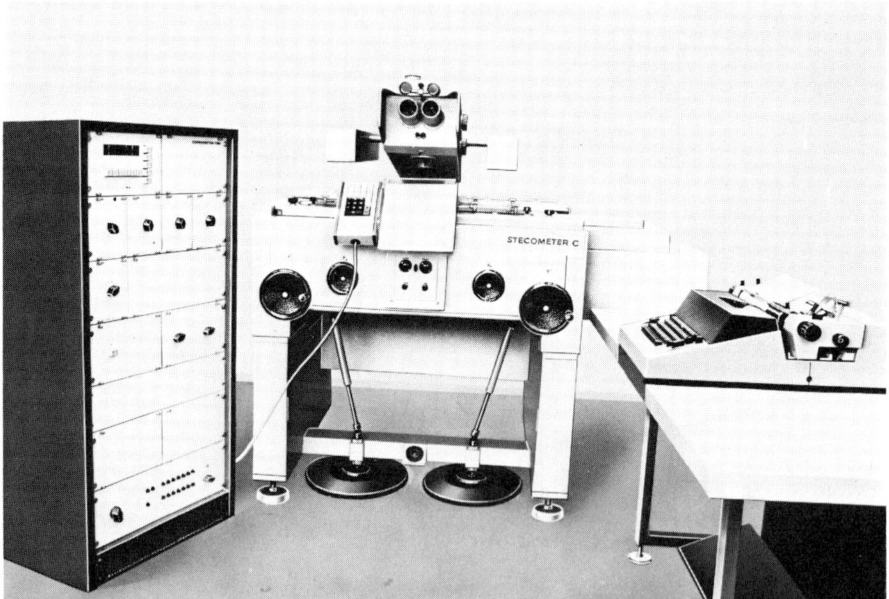

Abb. 3.16: Stereokomparator Stecometer C von Jenoptik

Tab. 3/3: Verfügbare Stereokomparatoren

Hersteller	Name	Meßwerte	Meßsystem	kleinste Registriereinheit
Jenoptik	Stereometer C	$x'\ y''\ px'\ py'$	Spindeln	1 μm
Jenoptik	Steko 1818	$x'\ y'\ px'\ py'$	Spindeln 18 cm	10 μm x', y' 2 μm px', py'
O. M. I.	TA 3/P	$x'\ y'\ x''\ y''\ x'''\ y'''$	Spindeln	1 μm
Wild	STK 1	$x'\ y'\ px'\ py'$	Spindeln	1 μm
Zeiss	PSK 2	$x'\ y'\ x''\ y''$	Reseau und Spindeln für 2 Genauigkeitsstufen	1 μm

Die Eigenschaften moderner Stereokomparatoren sind in Tab. 3/3 zusammengestellt.

Der Stereokomparator PSK 2 von Zeiss arbeitet (in seiner präzisen Betriebsart) mit zwei Einstellungen. Bei der ersten wird der Bildpunkt eingestellt. Im zweiten Schritt wird das nächste Glasreseaukreuz, dessen Koordinaten durch automatisches Auszählen als bekannt vorausgesetzt werden können, als Ausgangspunkt für die Spindelmessung zum Meßpunkt festgelegt.

Der Stereokomparator TA 3/P erlaubt die gleichzeitige Messung von 3 sich überdeckenden Bildern. Dabei können jeweils 2 dieser Bilder zur stereoskopischen Betrachtung kombiniert werden. Dies ist für die Punktübertragung vorteilhaft.

Die Messung mit Stereokomparatoren ist vom Standpunkt der Bildinterpretation einfacher als bei Monokomparatoren. Dies gilt einerseits sowohl für signalisierte als auch für natürliche Punkte. Andererseits braucht bei Verwendung künstlicher Punkte nur ein Punkt markiert zu sein. Auf den anderen kann durch die Höheneinstellung der Meßmarke im Modell verzichtet werden.

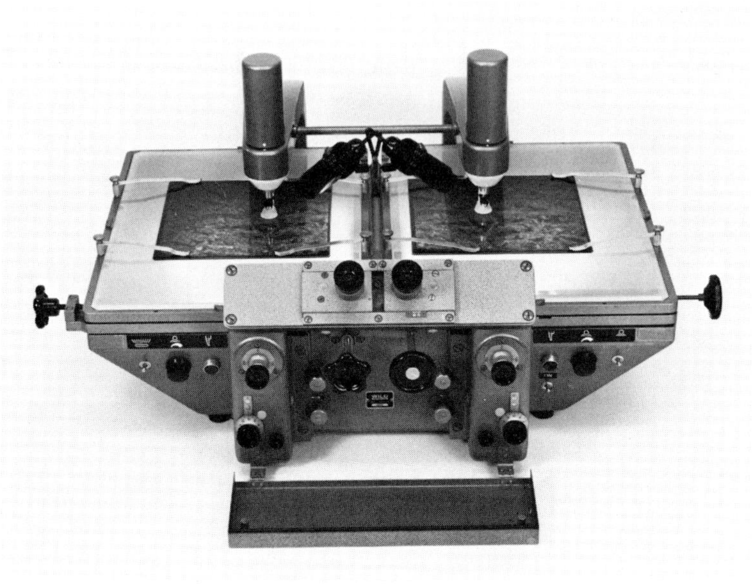

Abb. 3.17: Punktübertragungsgerät PUG 4 von Wild

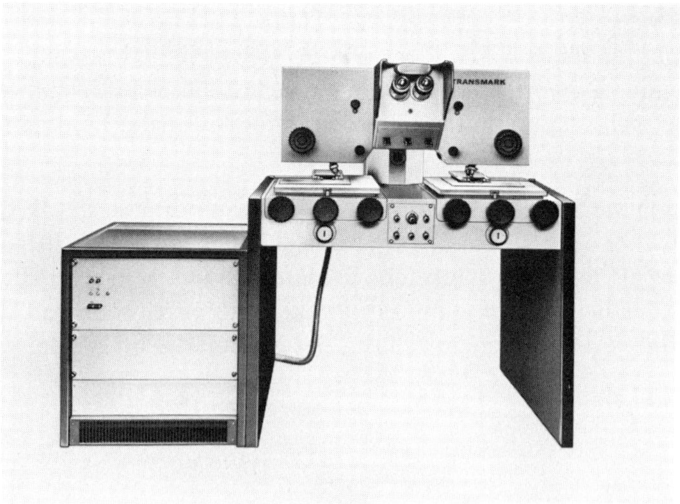

Abb. 3.18: Punktübertragungsgerät Transmark von Jenoptik

3.7 Punktübertragungsgeräte

Übertragungsgeräte für die stereoskopische Übertragung von Punkten besitzen dieselben Bildbewegungen wie ein Stereokomparator in x', y', px' und py'. Mit den Handrädern kann die stereoskopische Raummarke im Modell aufgesetzt werden. Durch Betätigung eines Hebels oder Kontrollknopfes wird eine Vorrichtung ausgelöst, die den mit der Meßmarke eingestellten Punkt im linken oder im rechten Bild oder aber in beiden Bildern markiert. Das in Abb. 3.17 dargestellte Punktübertragungsgerät PUG 4 von Wild ritzt den Punkt mechanisch ein. Das in Abb. 3.18 gezeigte Gerät Transmark von Jenoptik brennt den Punkt mit einem Impulslaser in die Emulsion.

Weitere Punktübertragungsgeräte werden von den Firmen Kern (PMG 2, welches in der Version CPM 1 als Monokomparator für den linken Bildträger mit Stereobetrachtung benutzbar ist) und Zeiss (PM-1) angeboten.

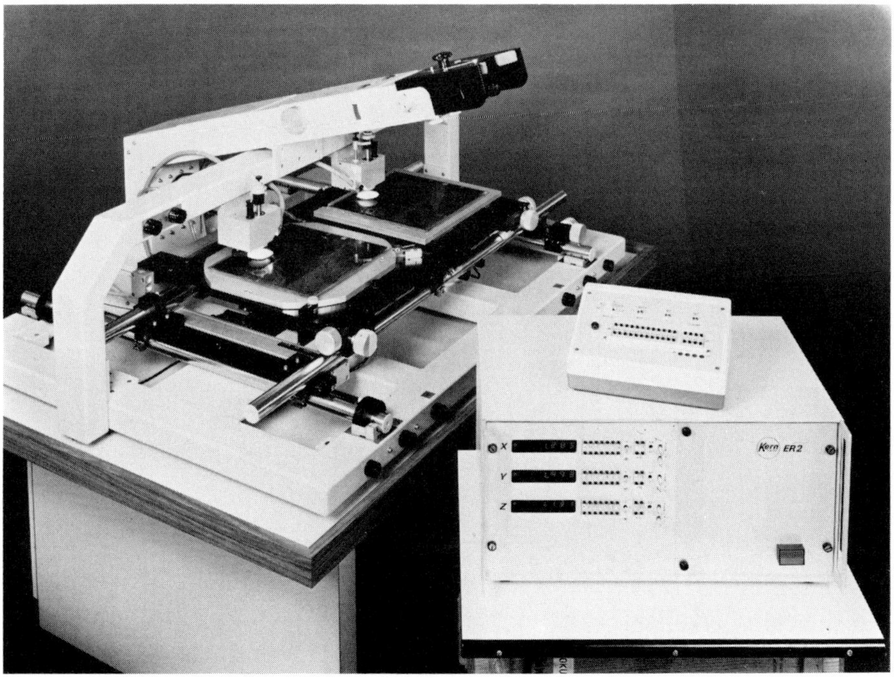

Abb. 3.19: Monokomparator mit Stereobetrachtung CPM-1 von Kern

4. Punktweise Verarbeitung von Bilddaten

4.1 Mathematische Voraussetzungen

Die Behandlung geometrischer Aufgaben in der Photogrammetrie setzt heute die Matrizenalgebra und die mit ihrer Hilfe formulierte Ausgleichsrechnung voraus. Wegen der Verschiedenheit der Nomenklatur in der Literatur seien hier die Grundzüge in der zu verwendenden Schreibweise summarisch zusammengefaßt.

$$\overrightarrow{0P} = \mathbf{a} = \begin{pmatrix} x_P \\ y_P \\ z_P \end{pmatrix},$$

$$|0P| = \sqrt{x_P^2 + y_P^2 + z_P^2},$$

$$\cos\alpha_{0P} = \frac{x_P}{|0P|},$$

$$\cos\beta_{0P} = \frac{y_P}{|0P|},$$

$$\cos\gamma_{0P} = \frac{z_P}{|0P|}.$$

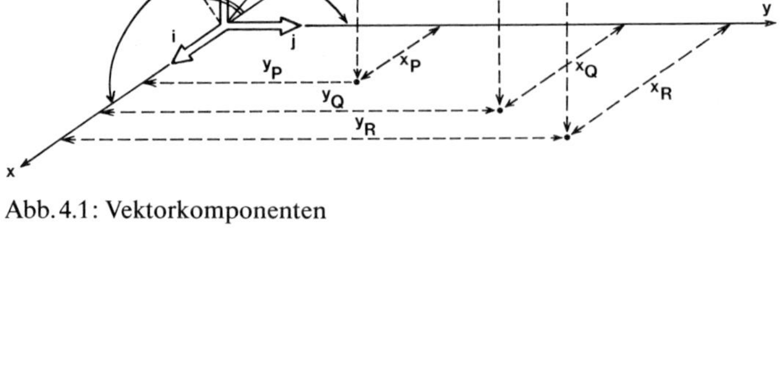

Abb. 4.1: Vektorkomponenten

4.1.1 Vektor- und Matrizenalgebra

(1) Im dreidimensionalen Raum kann *Punkt P* beschrieben werden durch einen Vektor $\overrightarrow{0P}$ vom Ursprung des Koordinatensystems 0.

(2) Die *Lage eines Punktes Q zum Punkt P* ist ausdrückbar durch den Vektor $\overrightarrow{PQ}$:

$$\overrightarrow{PQ} = \mathbf{b} = \begin{pmatrix} x_Q - x_P \\ y_Q - y_P \\ z_Q - z_P \end{pmatrix},$$

$$|PQ| = \sqrt{(x_Q - x_P)^2 + (y_Q - y_P)^2 + (z_Q - z_P)^2} = |\mathbf{b}|,$$

$$\cos\alpha_{PQ} = \frac{x_Q - x_P}{|PQ|},$$

$$\cos\beta_{PQ} = \frac{y_Q - y_P}{|PQ|},$$

$$\cos\gamma_{PQ} = \frac{z_Q - z_P}{|PQ|}.$$

(3) Die *Addition* der Vektoren (kommutativ und distributiv) ergibt

$$\mathbf{a} + \mathbf{b} = \mathbf{c}; \quad \overrightarrow{0P} + \overrightarrow{PQ} = \overrightarrow{0Q},$$

$$\overrightarrow{0Q} = \mathbf{c} = \begin{pmatrix} x_Q \\ y_Q \\ z_Q \end{pmatrix} = \begin{pmatrix} x_P & + & [x_Q - x_P] \\ y_P & + & [y_Q - y_P] \\ z_P & + & [z_Q - z_P] \end{pmatrix}.$$

(4) Wird der Vektor **c** um den Maßstabsfaktor (skalare Größe) λ nach R verlängert, so ergibt die skalare Multiplikation (kommutativ, distributiv und assoziativ)

$$\overrightarrow{0R} = \lambda \cdot \overrightarrow{0Q} = \mathbf{d} = \lambda \cdot \mathbf{c} = \begin{pmatrix} d_x \\ d_y \\ d_z \end{pmatrix} = \lambda \begin{pmatrix} c_x \\ c_y \\ c_z \end{pmatrix} = \begin{pmatrix} \lambda \cdot c_x \\ \lambda \cdot c_y \\ \lambda \cdot c_z \end{pmatrix}.$$

(5) Bezeichnen *i, j, k* Einheitsvektoren entlang der Achsen *x, y, z*

$$\mathbf{i} = \begin{pmatrix} 1 \\ 0 \\ 0 \end{pmatrix}; \quad \mathbf{j} = \begin{pmatrix} 0 \\ 1 \\ 0 \end{pmatrix}; \quad \mathbf{k} = \begin{pmatrix} 0 \\ 0 \\ 1 \end{pmatrix},$$

so wird

$$\mathbf{a} = x_P \cdot \mathbf{i} + y_P \cdot \mathbf{j} + z_P \cdot \mathbf{k},$$

$$\mathbf{b} = (x_Q - x_P)\mathbf{i} + (y_Q - y_P)\mathbf{j} + (z_Q - z_P)\mathbf{k}.$$

(6) Ist $\mathbf{a}_0$ ein Einheitsvektor in Richtung $\mathbf{a}$ so gilt:

$$\mathbf{a}_0 = \frac{\mathbf{a}}{|\mathbf{a}|} = \begin{pmatrix} a_{x_0} \\ a_{y_0} \\ a_{z_0} \end{pmatrix} = \begin{pmatrix} \frac{a_x}{|\mathbf{a}|} \\ \frac{a_y}{|\mathbf{a}|} \\ \frac{a_z}{|\mathbf{a}|} \end{pmatrix} = \begin{pmatrix} \cos\alpha_a \\ \cos\beta_a \\ \cos\gamma_a \end{pmatrix},$$

wobei $\left(\frac{a_x}{|\mathbf{a}|}\right)^2 + \left(\frac{a_y}{|\mathbf{a}|}\right)^2 + \left(\frac{a_z}{|\mathbf{a}|}\right)^2 = 1.$

(7) Der *Winkel θ zwischen den Vektoren a* und c wird durch das skalare Produkt bestimmt (kommutativ, distributiv, assoziativ)

$$\mathbf{a} \cdot \mathbf{c} = |\mathbf{a}| \cdot |\mathbf{c}| \cdot \cos\theta;$$

wenn $\mathbf{a} = x_a\mathbf{i} + y_a\mathbf{j} + z_a\mathbf{k}$
und $\mathbf{c} = x_c\mathbf{i} + y_c\mathbf{j} + z_c\mathbf{k}$ ist,

dann berechnen sich

$$\mathbf{a} \cdot \mathbf{c} = x_a \cdot x_c + y_a \cdot y_c + z_a \cdot z_c \quad \text{und}$$

$$\cos\theta = \frac{\mathbf{a} \cdot \mathbf{c}}{|\mathbf{a}| \cdot |\mathbf{c}|} = \cos\alpha_a \cos\alpha_b + \cos\beta_a \cos\beta_c + \cos\gamma_a \cos\gamma_c.$$

(8) Der Normalvektor n auf die durch c und a aufgespannte Ebene wird durch das Vektorprodukt (distributiv, assoziativ, aber nicht kommutativ) bestimmt:

$$\mathbf{c} \times \mathbf{a} = \mathbf{n} = -\mathbf{a} \times \mathbf{c},$$

$$|c| \cdot |a| \cdot \sin\theta = |n|;$$

dabei stehen c und n sowie a und n aufeinander senkrecht:

$$\mathbf{c} \times \mathbf{n} = 0,$$

$$\mathbf{a} \times \mathbf{n} = 0.$$

Die Berechnung des Vektorproduktes erfolgt auf folgende Weise:

$$\mathbf{c} \times \mathbf{a} = \begin{vmatrix} \mathbf{i} & \mathbf{j} & \mathbf{k} \\ x_c & y_c & z_c \\ x_a & y_a & z_a \end{vmatrix} = (y_c z_a - z_c y_a)\mathbf{i} + (z_c x_a - x_c z_a)\mathbf{j} + (x_c y_a - y_c x_a)\mathbf{k}$$

mit $\mathbf{c} = x_c\mathbf{i} + y_c\mathbf{j} + z_c\,\mathbf{k}$
und $\mathbf{a} = x_a\mathbf{i} + y_a\,\mathbf{j} + z_a\mathbf{k}$.

(9) Das *Volumen eines Tetraeders* zwischen drei Vektoren kann durch ein Dreifachprodukt ausgedrückt werden (distributiv, assoziativ, aber nicht kommutativ):

$$\mathbf{c}\cdot\mathbf{a}\times\mathbf{n}=\begin{vmatrix} x_c & y_c & z_c \\ x_a & y_a & z_a \\ x_n & y_n & z_n \end{vmatrix}=\begin{vmatrix} x_c & x_a & x_n \\ y_c & y_a & y_n \\ z_c & z_a & z_n \end{vmatrix}.$$

(10) Eine *Matrix* **A** besteht aus einer rechteckigen Verteilung von Elementen

$$\mathbf{A}=\begin{vmatrix} a_{11} & a_{12} & a_{13} & \cdots & a_{1n} \\ a_{21} & a_{22} & a_{23} & \cdots & a_{2n} \\ \vdots & \vdots & \vdots & & \\ a_{m1} & a_{m2} & a_{m3} & \cdots & a_{mn} \end{vmatrix}.$$

Eine Matrix $\mathbf{A}_{m,\,n}$ hat m Zeilen und n Spalten.
Ist $n=1$, ist es ein Vektor $\mathbf{a}$;
ist $m=1$, ist es ein transponierter Vektor $\mathbf{a}^T$;
ist $m=n$, ist die Matrix quadratisch;
ist $a_{ij}=a_{ji}$ in einer quadratischen Matrix, so ist sie symmetrisch;
sind alle $a_{ii}\neq 0$, aber alle $a_{ij}=0$, so handelt es sich um eine Diagonalmatrix;
sind in einer quadratischen Matrix alle $a_{ii}=1$ und $a_{ij}=0$, so ist dies eine Einheitsmatrix;
zwei Matrizen sind gleich, wenn alle Elemente $a_{ij}=b_{ij}$ sind.

(11) Für die *Matrizenaddition und -subtraktion* gilt (kommutativ und distributiv):

$$\mathbf{A}_{m,\,n}\pm\mathbf{B}_{m,\,n}=\mathbf{C}_{m,\,n}.$$

Beide zu addierenden (subtrahierenden) Matrizen müssen jeweils die gleiche Anzahl von Zeilen und Spalten haben.
Für jedes der Elemente gilt:

$$c_{ij}=a_{ij}\pm b_{ij}.$$

(12) Bei der *Multiplikation der Matrix* mit einem *Skalar* gilt:

$$\lambda\cdot\mathbf{A}_{m,\,n}=\mathbf{B}_{m,\,n}$$

und für jedes Element

$$b_{ij}=\lambda\cdot a_{ij}.$$

(13) Die *Multiplikation zweier Matrizen* ist nur möglich, wenn die Spaltenzahl der ersten Matrix gleich der Zeilenzahl der zweiten Matrix ist (assoziativ, distributiv, aber nicht kommutativ).

$$\mathbf{A}_{m,\,n} \cdot \mathbf{B}_{n,\,p} = \mathbf{C}_{m,\,p}$$

und für jedes Element gilt:

$$c_{ij} = \sum_{k=1}^{n} a_{ik} \cdot b_{kj}.$$

(14) Eine Matrix $\mathbf{A}^T_{n,\,m}$ ist die *Transponierte* einer Matrix $\mathbf{A}_{m,\,n}$, wenn für jedes Element gilt:

$$a^T_{ij} = a_{ji}; \quad \text{außerdem ist:}$$
$$(\mathbf{A}^T)^T = \mathbf{A},$$
$$(\mathbf{A} \cdot \mathbf{B})^T = \mathbf{B}^T \cdot \mathbf{A}^T.$$

(15) Eine *Matrizeninversion* ist definiert durch

$$\mathbf{A}\mathbf{A}^{-1} = \mathbf{E} = \mathbf{A}^{-1}\mathbf{A};$$

sie ist nur möglich bei symmetrischen Matrizen, deren Determinante nicht null ist:

$$|\mathbf{A}| \neq 0.$$

Über eine Matrizeninversion ist ein lineares Gleichungssystem der Form

$\mathbf{A} \cdot \mathbf{x} = \mathbf{l}$ auflösbar, mit $\mathbf{l}$ als den Beobachtungen,
$\mathbf{x}$ als den Unbekannten und
$\mathbf{A}$ als der Koeffizientenmatrix:

$$\mathbf{x} = \mathbf{A}^{-1} \cdot \mathbf{l}.$$

4.1.2 Ausgleichungsrechnung

Ist in einem linearen Gleichungssystem die Anzahl der Beobachtungsgleichungen größer als die der Unbekannten, so erfolgt zweckmäßigerweise eine Ausgleichung nach der Methode der kleinsten Quadrate, welche den Unbekanntenvektor mit den kleinsten verbleibenden Residuen v bestimmt. Die Fehlergleichungen lauten wenn $m > n$ [Höpcke 1980]:

(1) *vermittelnde Beobachtungen:*

$$\mathbf{v} = \mathbf{A} \cdot \mathbf{x} - \mathbf{l}.$$

Die Gleichungen können mit einer diagonalen Gewichtsmatrix oder einer symmetrischen Korrelationsmatrix **P** in die Ausgleichung eingeführt werden.

Das Prinzip der Ausgleichungsmethode lautet:

$$\mathbf{v}^T\mathbf{P}\mathbf{v} = (\mathbf{A}\mathbf{x} - \mathbf{l})^T \cdot \mathbf{P} \cdot (\mathbf{A}\mathbf{x} - \mathbf{l}) = \text{Minimum}.$$

Folglich muß sein:

$$\frac{\partial(\mathbf{v}^T\mathbf{P}\mathbf{v})}{\partial \mathbf{x}} = 2(\mathbf{A}^T\mathbf{P}\mathbf{A}\mathbf{x} - \mathbf{A}^T\mathbf{P}\mathbf{l}) = \mathbf{0}$$

oder die *Lösung*

$$\mathbf{x} = (\mathbf{A}^T\mathbf{P}\mathbf{A})^{-1}\mathbf{A}^T\mathbf{P}\mathbf{l}.$$

(2) Bei *bedingten Beobachtungen* wählt man eine Matrix **B** so aus, daß $\mathbf{B} \cdot \mathbf{A} = \mathbf{0}$ ergibt.

Da $\mathbf{v} + \mathbf{l} = \mathbf{A}\mathbf{x}$ ist, wird:

$$\mathbf{B} \cdot (\mathbf{v} + \mathbf{l}) = \mathbf{B} \cdot \mathbf{A}\mathbf{x} = \mathbf{0};$$

führt man den Widerspruch der Beobachtungen **w** ein, gilt:

$\mathbf{B} \cdot \mathbf{v} = \mathbf{w}$; also lautet die Bedingung:

$$\mathbf{B} \cdot \mathbf{v} - \mathbf{w} = \mathbf{0}.$$

Nunmehr kann die Fehlerquadratsumme zum Minimum gemacht werden:

$$\mathbf{v}^T \cdot \mathbf{P} \cdot \mathbf{v} = \min.$$

Weil die obige Bedingung gleich null wird und auch bei ihrer Multiplikation mit einem Vektor $2\mathbf{k}^T$ null bleibt, gilt auch:

$$\mathbf{v}^T \cdot \mathbf{P} \cdot \mathbf{v} - 2\mathbf{k}^T(\mathbf{B}\mathbf{v} - \mathbf{w}) = F = \min$$

oder

$$\frac{\partial F}{\partial \mathbf{v}} = 2\mathbf{v}^T\mathbf{P} - \mathbf{k}^T\mathbf{B} = \mathbf{0}.$$

Damit wird:

$$\mathbf{v} = \mathbf{P}^{-1}\mathbf{B}^T\mathbf{k} \equiv \text{(Korrelatengleichungen)}.$$

Durch ihr Einsetzen in die Bedingung wird:

$$\mathbf{B} \cdot \mathbf{P}^{-1} \cdot \mathbf{B}^T \cdot \mathbf{k} = \mathbf{w}$$

mit

$$\mathbf{k} = (\mathbf{B}\mathbf{P}^{-1}\mathbf{B}^T)^{-1}\mathbf{w}$$

und das Ergebnis:

$$\mathbf{v} = \mathbf{P}^{-1}\mathbf{B}^T\mathbf{k} = \mathbf{P}^{-1}\mathbf{B}^T(\mathbf{P}\mathbf{P}^{-1}\mathbf{B}^T)^{-1}\mathbf{w}.$$

(3) Ein in der Photogrammetrie üblicher Sonderfall ist die Lösung von *bedingten Beobachtungen mit Unbekannten,* welche die Ausgleichung korrelierter vermittelnder Beobachtungen mit einschließt:

Für
$$\begin{aligned} \mathbf{B}\mathbf{v} \qquad\quad - \mathbf{w} &= \mathbf{0}, \\ \mathbf{v} + \mathbf{A}\mathbf{x} - \mathbf{l} &= \mathbf{0} \quad \text{und für} \\ \mathbf{B}\mathbf{v} + \mathbf{A}\mathbf{x} - \mathbf{l} &= \mathbf{0} \end{aligned}$$

ist die zu minimierende Funktion:

$$\varphi = \mathbf{v}^T\mathbf{P}\mathbf{v} - 2\mathbf{k}^T(\mathbf{B}\mathbf{v} + \mathbf{A}\mathbf{x} - \mathbf{l}) = \min;$$

also:

$$\frac{\partial\varphi}{\partial\mathbf{v}} = 2\mathbf{v}^T\mathbf{P} - 2\mathbf{k}^T\mathbf{B} = \mathbf{0}_{1,m}, \ \varphi_{1,m},$$

$$\frac{\partial\varphi}{\partial\mathbf{x}} = \qquad -2\mathbf{k}^T\mathbf{A} = \mathbf{0}_{1,n}, \ \varphi_{1,n}.$$

Mit $\mathbf{B}\mathbf{v} + \mathbf{A}\mathbf{x} - \mathbf{l} = \mathbf{0}$ gilt:

$$\begin{aligned} \mathbf{B}\mathbf{P}^{-1}\mathbf{B}^T\mathbf{k} + \mathbf{A}\mathbf{x} - \mathbf{l} &= \mathbf{0}, \\ \mathbf{A}^T\mathbf{k} \qquad\qquad &= \mathbf{0}. \end{aligned}$$

Die Auflösung der ersten Gleichung, eingesetzt in die zweite ergibt:

$$\mathbf{k} = -(\mathbf{B}\mathbf{P}^{-1}\mathbf{B}^T)^{-1}(\mathbf{A}\mathbf{x} - \mathbf{l}),$$

$$\mathbf{A}^T(\mathbf{B}\mathbf{P}^{-1}\mathbf{B}^T)^{-1}\mathbf{A}\mathbf{x} - \mathbf{A}^T(\mathbf{B}\mathbf{P}^{-1}\mathbf{B}^T)^{-1}\mathbf{l} = \mathbf{0},$$

und damit wird die *Lösung*

$$\mathbf{x} = (\mathbf{A}^T(\mathbf{B}\mathbf{P}^{-1}\mathbf{B}^T)^{-1}\mathbf{A})^{-1}\mathbf{A}^T(\mathbf{B}\mathbf{P}^{-1}\mathbf{B}^T)^{-1}\mathbf{l}.$$

(4) Ein weiterer Sonderfall ist gegeben, wenn *Bedingungen zwischen den Unbekannten* bestehen:
Zunächst lauten die Fehlergleichungen:

$$\mathbf{v} + \mathbf{A}_1\mathbf{x} - \mathbf{l}_1 = \mathbf{0}_{m,\,1} \quad \text{und die Bedingungen:}$$
$$\mathbf{A}_2\mathbf{x} - \mathbf{l}_2 = \mathbf{0}_{(m-n),\,1}.$$

Die Minimierungsfunktion φ lautet nun:

$$\varphi = \mathbf{v}^T\mathbf{P}\mathbf{v} - 2\mathbf{k}_1^T(\mathbf{v} + \mathbf{A}_1\mathbf{x} - \mathbf{l}_1) - 2\mathbf{k}_2^T(\mathbf{A}_2\mathbf{x} - \mathbf{l}_2) = \min$$

und

$$\frac{\partial\varphi}{\partial\mathbf{v}} = 2\mathbf{v}^T\mathbf{P} - 2\mathbf{k}_1^T = \mathbf{0},$$

$$\frac{\partial\varphi}{\partial\mathbf{x}} = -2\mathbf{k}_1^T\mathbf{A}_1 - 2\mathbf{k}_2^T\mathbf{A}_2 = \mathbf{0},$$

$$\mathbf{v} = \mathbf{P}^{-1}\mathbf{k}_1.$$

Somit sind 3 Arten von Gleichungen zu lösen:

$$\mathbf{P}^{-1}\mathbf{k}_1 + \mathbf{A}_1 x - \mathbf{l}_1 = \mathbf{0},$$
$$\mathbf{A}_2 x - \mathbf{l}_2 = \mathbf{0},$$
$$\mathbf{A}_1^T\mathbf{k}_1 + \mathbf{A}_2^T\mathbf{k}_2 = \mathbf{0}.$$

Multipliziert man die erste Gleichung mit $\mathbf{A}_1^T\mathbf{P}$ kann man $\mathbf{x}$ aus der zweiten eliminieren:

$$\mathbf{x} = -[\mathbf{A}_1^T\mathbf{P}\mathbf{A}_1]^{-1}\mathbf{A}\,{}_2^T\mathbf{k}_2 + \mathbf{A}\,{}_1^T\mathbf{P}\mathbf{l}_1,$$

welches, eingesetzt in die dritte Gleichung $\mathbf{k}_2$ ergibt:

$$\mathbf{k}_2 = [\mathbf{A}_2(\mathbf{A}_1^T\mathbf{P}\mathbf{A}_1)^{-1}\mathbf{A}_2^T]^{-1}[\mathbf{A}_2(\mathbf{A}_1^T\mathbf{P}\mathbf{A}_1)^{-1}\mathbf{A}\,{}_1^T\mathbf{P}\mathbf{l}_1 - \mathbf{A}_2(\mathbf{A}_1^T\mathbf{P}\mathbf{A})^{-1}\mathbf{l}_2].$$

Dieses kann wiederum in die *Lösungsgleichung* für $\mathbf{x}$ substituiert werden und $\mathbf{v}$ ist dann

$$\mathbf{v} = -\mathbf{A}_1\mathbf{x} + \mathbf{l}_1.$$

(5) Liegen *nichtlineare Gleichungen* vor, dann kann die Funktion $F(\mathbf{l}, \mathbf{x}, \text{konst}) = 0$ nach Taylor linearisiert werden:

$$\mathbf{F}_0 + \frac{\partial F}{\partial \mathbf{l}} d\mathbf{l} + \frac{\partial F}{\partial \mathbf{x}} d\mathbf{x} = \mathbf{0}$$

oder

$$\mathbf{F}_0 - \mathbf{B} \cdot \mathbf{v} + \mathbf{A} \cdot \mathbf{x} = \mathbf{0}.$$

$\mathbf{F}_0$ ist dann die Differenz zwischen gemessenem und nach Näherung berechneten Funktionswert und $\mathbf{x}$ wird die Verbesserung der Näherungswerte.

(6) Die *Kovarianzmatrix* $\boldsymbol{\Sigma}_x$ *unabhängiger Größen* x_l lautet:

$$\boldsymbol{\Sigma}_{\mathbf{x}} = \begin{pmatrix} \sigma_{x_1}^2 & 0 & 0 & .. \\ 0 & \sigma_{x_2}^2 & 0 & .. \\ 0 & 0 & \sigma_{x_3}^2 & .. \\ \vdots & \vdots & \vdots & .. \end{pmatrix} = \sigma_0^2 \begin{pmatrix} q_{x_1}^2 & 0 & 0 & .. \\ 0 & q_{x_2}^2 & 0 & .. \\ 0 & 0 & q_{x_3}^2 & \\ \vdots & \vdots & \vdots & .. \end{pmatrix}$$

mit σ_{x_i} = mittlerer Fehler der Größe,
$\sigma_{x_i}^2$ = Varianz der Größe $= \sigma_0^2 \cdot q_{x_i}^2$,
σ_0^2 = Einheitsvarianz.

(7) Die *Kovarianzmatrix* $\boldsymbol{\Sigma}_y$ *abhängiger Größen* y_i kann wie folgt ermittelt werden:
Es sei:

$$y_1 = f_1(x_1, x_2, x_3, \ldots),$$

$$y_2 = f_2(x_1, x_2, x_3, \ldots),$$

$$\mathbf{R} = \begin{pmatrix} \dfrac{\partial f_1}{\partial x_1} & \dfrac{\partial f_2}{\partial x_1} & \dfrac{\partial f_3}{\partial x_1} & .. \\ \dfrac{\partial f_1}{\partial x_2} & \dfrac{\partial f_2}{\partial x_2} & \dfrac{\partial x_3}{\partial x_2} & .. \end{pmatrix}$$

dann gilt:

$$\boldsymbol{\Sigma}_y = \mathbf{R} \cdot \boldsymbol{\Sigma}_x \cdot \mathbf{R}^{\mathrm{T}} = \begin{pmatrix} \sigma_{y_1}^2 & \sigma_{y_1 y_2} & .. \\ \sigma_{y_2 y_1} & \sigma_{y_2}^2 & .. \\ \vdots & \vdots & \vdots \end{pmatrix}.$$

(8) Die *Gewichtsmatrix* $\mathbf{P}$ lautet:

$$\mathbf{P} = \boldsymbol{\Sigma}_y^{-1} \text{ (voll) oder:}$$

$$\mathbf{P} = \boldsymbol{\Sigma}_x^{-1} \text{ (diagonal).}$$

(9) Die *Genauigkeit der unbekannten Parameter* kann bestimmt werden:
   (a) durch Schätzung von σ_0 (Fehlerfortpflanzung),
   (b) durch die Ausgleichung, welche $\sigma_0{}^2$ wie folgt ermittelt:

$$s_i{}^2 = [\mathbf{Ax} - \mathbf{l}]^T \mathbf{P} [\mathbf{Ax} - \mathbf{l}] = \mathbf{v}^T \mathbf{Pv},$$

$$\sigma_0{}^2 = \frac{s_i{}^2}{m-n}.$$

   m ist die Anzahl der Beobachtungen und *n* die der Unbekannten.

   In beiden Fällen wird:

$$\mathbf{\Sigma}_x = \sigma_0{}^2 (\mathbf{A}^T \mathbf{PA})^{-1}.$$

(10) Für die Bestimmung der in der Photogrammetrie wichtigen *dreidimensionalen Punktgenauigkeit* kommt die Berechnung eines Fehlerellipsoids in Frage. Dabei liefert die in der Ausgleichung ermittelte Kovarianzmatrix $\sigma_0{}^2 (\mathbf{A}^T \mathbf{PA})^{-1} = \sigma_0{}^2 (\mathbf{Q})$ für die betreffenden Punktkoordinatenparameter x_i, y_i, z_i eine Teilmatrix der Form:

$$\begin{pmatrix} q_{xx} & q_{xy} & q_{xz} \\ q_{xy} & q_{yy} & q_{yz} \\ y_{xz} & q_{yz} & q_{zz} \end{pmatrix} = \mathbf{Q}_i.$$

Diese Teilmatrix ist zur Bestimmung des Fehlerellipsoids auf die unabhängigen Extremwerte der mittleren Fehler σ_ξ, σ_η, σ_ζ in 3 senkrecht aufeinanderstehenden Richtungen räumlich zu transformieren:

$$\begin{pmatrix} \sigma_{\xi i}^2 & 0 & 0 \\ 0 & \sigma_{\eta i}^2 & 0 \\ 0 & 0 & \sigma_{\zeta i}^2 \end{pmatrix} = \sigma_0{}^2 \begin{pmatrix} \lambda_1 & 0 & 0 \\ 0 & \lambda_2 & 0 \\ 0 & 0 & \lambda_3 \end{pmatrix} = \sigma_0{}^2 \cdot \mathbf{R} \cdot \mathbf{Q}_i \cdot \mathbf{R}^T.$$

Die Matrix **R** ist eine (nach Kap. 4.2) beliebig definierte dreidimensionale Rotationsmatrix. Die λ_i sind die Eigenwerte. Sie werden mit der Einheitsmatrix **E** aus

$$\mathbf{Q}_i - \mathbf{E} \cdot \boldsymbol{\lambda}_i = \mathbf{0}$$

bestimmt:

$$\begin{vmatrix} (q_{xx} - \lambda_{1,2,3}) & q_{xy} & q_{xz} \\ q_{xy} & (q_{yy} - \lambda_{1,2,3}) & q_{yz} \\ q_{xz} & q_{yz} & (q_{zz} - \lambda_{1,2,3}) \end{vmatrix} = 0.$$

Dies führt zu einer kubischen Gleichung

$$\lambda^3_{1,2,3} - \lambda^2_{1,2,3}(q_{xx} + q_{yy} + q_{zz}) - \lambda_{1,2,3}(q^2_{xy} + q^2_{xz} + q^2_{yz} - q_{yy}q_{zz} + q_{xx}q_{yy} + q_{zz}q_{xx}) - (q_{xx}q_{yy}q_{zz} - q_{xx}q^2_{yz} + 2q_{xy}q_{xz}q_{yz}q^2_{xy}q_{zz} - q^2_{xz}q_{yy}) = c$$

mit den 3 Lösungen $\lambda_1, \lambda_2, \lambda_3$.

Die Eigenvektoren von σ_ξ, σ_η, σ_ζ werden durch die Richtungskosini α, β, γ und ihre je drei Komponenten 1, 2, 3 als Raumwinkel zwischen den Achsen $x\xi$, $y\eta$ und $z\zeta$ bestimmt:

$$\cos\alpha_{1,2,3} = q_{xz}(q_{yy} - \lambda_{1,2,3}) - q_{xy}q_{yz},$$

$$\cos\beta_{1,2,3} = (q_{xx} - \lambda_{1,2,3})q_{yz} - q_{xz}q_{xy},$$

$$\cos\gamma_{1,2,3} = q^2_{xy} - (q_{xx} - \lambda_{1,2,3})(q_{yy} - \lambda_{1,2,3}).$$

Literatur zu 4.1.

Höpcke, W., 1980

4.2 Koordinatentransformation

4.2.1 Gelände- und Bildkoordinatensystem

(1) Von besonderer Wichtigkeit in der Photogrammetrie sind zwei Koordinatensysteme: das *Geländekoordinatensystem* mit den Punktvektoren $\mathbf{x}_i$ und das *Bildkoordinatensystem* mit den Punktvektoren $\mathbf{p}_i'$ (siehe Abb. 4.2).

$$\mathbf{x}_i = \begin{pmatrix} x_i \\ y_i \\ z_i \end{pmatrix}; \quad \mathbf{p}_i' = \begin{pmatrix} x_i' \\ y_i' \\ -c \end{pmatrix} \text{ mit den Komponenten im Bildsystem}$$

und

$$\mathbf{p}_i^{*\prime} \begin{pmatrix} u_i' \\ v_i' \\ w_i' \end{pmatrix} \text{ mit den Komponenten im Geländesystem.}$$

Die Vektoren $\mathbf{x}_i'$, $\lambda_i \mathbf{p}_i$ und $\mathbf{x}_i$ bilden ein Dreieck; folglich ist:

$$\mathbf{x}_i = \mathbf{x}_0' + \lambda_i' \cdot \mathbf{p}_i^{*\prime}.$$

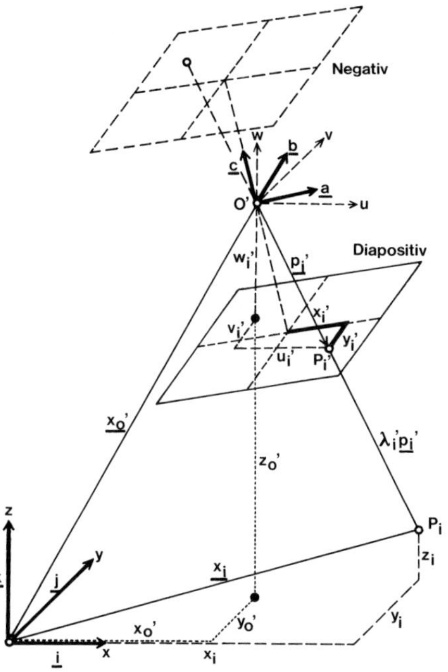

Abb. 4.2: Bild- und Geländekoordinatensystem

Die Gleichung für die Komponenten gilt nur im gleichen Koordinatensystem:

$$\begin{pmatrix} x_i \\ y_i \\ z_i \end{pmatrix} = \begin{pmatrix} x_0' \\ y_0' \\ z_0' \end{pmatrix} + \lambda_i' \begin{pmatrix} u_i' \\ v_i' \\ w_i' \end{pmatrix}.$$

(2) Soll das Geländesystem mit dem Bildsystem kombiniert werden, müssen die Komponenten im Bildsystem durch eine *Rotationsmatrix* **R** in das Geländesystem transformiert werden:

$$\begin{pmatrix} u_i' \\ v_i' \\ w_i' \end{pmatrix} = \mathbf{R} \cdot \begin{pmatrix} x_i' \\ y_i' \\ -c \end{pmatrix}.$$

Es gilt also: $\mathbf{x}_i = \mathbf{x}_0' + \lambda_i' \cdot \mathbf{R}\mathbf{p}_i'$.

Wird die Rotationsmatrix aber für die inverse Aufgabe, wie in der Photogrammetrie üblich, als **A** definiert, dann gilt: $\mathbf{p}_i' = \mathbf{A} \cdot \mathbf{p}_i'$ * oder:

$$\begin{pmatrix} x_i' \\ y_i' \\ -c \end{pmatrix} = \mathbf{A} \cdot \begin{pmatrix} u_i' \\ v_i' \\ w_i' \end{pmatrix} = \mathbf{R}^{-1} \cdot \begin{pmatrix} u_i' \\ v_i' \\ w_i' \end{pmatrix}$$

oder: $\mathbf{p}_i' = \frac{1}{\lambda_i'} \cdot \mathbf{A} \cdot (\mathbf{x}_i - \mathbf{x}_i').$

(3) λ_i' ist ein *Maßstabsfaktor*

$$\lambda_i' = \frac{|\lambda_i' \cdot \mathbf{p}_i'|}{|\mathbf{p}_i'|} = \frac{\sqrt{(x_i - x_0')^2 + (y_i - y_0')^2 + (z_i - z_i')^2}}{\sqrt{x_i'^2 + y_i'^2 + c^2}}.$$

(4) Die Rotationsmatrix $\mathbf{R}^{-1}$ oder $\mathbf{A}$ ist eine *orthogonale Matrix.* Dies bedeutet, daß für

$$\mathbf{A} = \begin{pmatrix} a_{11} & a_{12} & a_{13} \\ a_{21} & a_{22} & a_{23} \\ a_{31} & a_{32} & a_{33} \end{pmatrix}$$

alle Zeilenelementquadratsummen

$$a_{11}^2 + a_{12}^2 + a_{13}^2 = 1,$$

$$a_{21}^2 + a_{22}^2 + a_{23}^2 = 1$$

$$\vdots$$

und ebenso alle Spaltenelementquadratsummen

$$a_{11}^2 + a_{21}^2 + a_{31}^2 = 1$$

$$\vdots$$

sowie alle Zeilenelementprodukte

$$a_{11} \cdot a_{21} + a_{12} \cdot a_{22} + a_{13} \cdot a_{23} = 0$$

$$\vdots$$

und alle Spaltenelementprodukte

$$a_{11} \cdot a_{12} + a_{21} \cdot a_{22} + a_{31} \cdot a_{32} = 0$$

$$\vdots$$

werden.

Unter dieser Voraussetzung wird wegen $\mathbf{A}^T \cdot \mathbf{A} = \mathbf{E} = \mathbf{A} \cdot \mathbf{A}^T$:

$\mathbf{A}^{-1} = \mathbf{A}^T$ und $\mathbf{R}^T = \mathbf{R}^{-1}$.

(5) Eine *Rotationsmatrix* kann verschieden definiert werden:

(a) die einfachste Möglichkeit ist durch die Richtungskosini der Raumwinkel zwischen den entsprechenden Achsen α, β und γ und ihrer Komponenten:

$$\mathbf{A} = \begin{pmatrix} \cos\alpha'_{xx} & \cos\beta'_{yx} & \cos\gamma'_{zx} \\ \cos\alpha'_{xy} & \cos\beta'_{yy} & \cos\gamma'_{zy} \\ \cos\alpha'_{xz} & \cos\beta'_{yz} & \cos\gamma'_{zz} \end{pmatrix},$$

(b) eine in der Photogrammetrie übliche Möglichkeit ist, sequentielle Achsen zu verwenden, wie sie gerätetechnisch realisiert werden können. Bei einer Rotation κ um die z-Achse, φ um die y-Achse und ω um die x-Achse kann $\mathbf{A}$ aus Teildrehungen zusammengesetzt werden:

$$\mathbf{A} = \mathbf{A}_\kappa \cdot \mathbf{A}_\varphi \cdot \mathbf{A}_\omega .$$

Nach $\mathbf{p}_i' = \mathbf{A} \cdot \mathbf{p}_i$ bedeutet $\mathbf{A}$ eine Transformationsmatrix vom Gelände- ins Bildsystem, wie dies bei einer Aufnahme üblich ist.

Nach $\mathbf{p}_i = \mathbf{A}^T \cdot \mathbf{p}_i'$ bedeutet $\mathbf{A}^T$ eine inverse, orthogonale Transformationsmatrix vom Bild in Gelände, wie dies bei der Auswertung und der Situation an Auswertegeräten erforderlich ist.

Die Zeissgeräte besitzen eine Sequenz mit φ als Primärachse;

$$\mathbf{A}^T = \mathbf{A}_\varphi^T \cdot \mathbf{A}_\omega^T \cdot \mathbf{A}_\kappa' \quad \text{oder} \quad \mathbf{A} = \mathbf{A}_\kappa \cdot \mathbf{A}_\omega \cdot \mathbf{A}_\varphi .$$

Wildgeräte haben die Sequenz:

$$\mathbf{A}^T = \mathbf{A}_\omega^T \cdot \mathbf{A}_\varphi^T \cdot \mathbf{A}_\kappa^T \quad \text{oder} \quad \mathbf{A} = \mathbf{A}_\kappa \cdot \mathbf{A}_\varphi \cdot \mathbf{A}_\omega .$$

Für analytische Auswertegeräte (*AP/C*-Programme) gilt z. B.:

$$\mathbf{A}^T = \mathbf{A}_\kappa^T \cdot \mathbf{A}_\varphi^T \cdot \mathbf{A}_\omega^T \quad \text{oder} \quad \mathbf{A}^T = \mathbf{A}_\kappa^T \cdot \mathbf{A}_\omega^T \cdot \mathbf{A}_\varphi^T$$

etc.

Die sequentiellen Drehungen müssen aus Einzeldrehungen zusammengesetzt werden.

Nachdem κ eine Drehung um die z-Achse ist, bleibt $z = z' = w'$. Für die anderen Komponenten gilt nach Abb. 4.3 folgendes: $x = u'$, $y = v'$;
für Punkt P gilt:

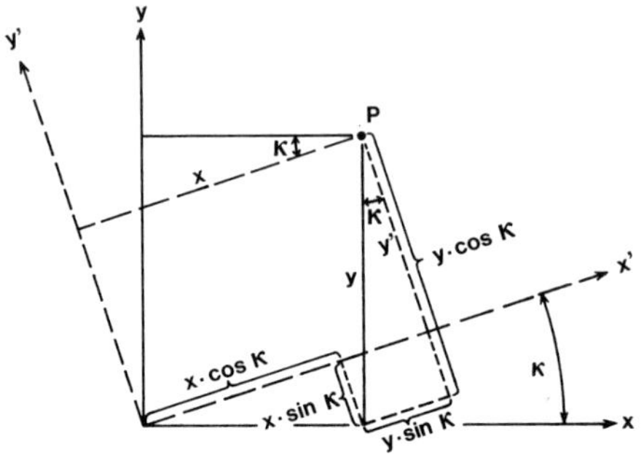

Abb. 4.3: Rotationsmatrix sequentieller Drehungen

$$x' = x \cdot \cos\kappa + y \cdot \sin\kappa,$$

$$y' = y \cdot \cos\kappa - x \cdot \sin\kappa$$

oder

$$\begin{pmatrix} x' \\ y' \\ z' \end{pmatrix} = \begin{pmatrix} \cos\kappa & \sin\kappa & 0 \\ -\sin\kappa & \cos\kappa & 0 \\ 0 & 0 & 1 \end{pmatrix} \cdot \begin{pmatrix} x \\ y \\ z \end{pmatrix}.$$

Dabei ist das Vorzeichen von κ so definiert, daß zur Festlegung der Achse x' die Achse x in Richtung der Achse y gedreht wird.

Unter analogen Voraussetzungen gilt für φ (Rotation um die y-Achse):

$$\mathbf{x}' = \mathbf{A}_\varphi \cdot \mathbf{x},$$

$$\begin{pmatrix} x' \\ y' \\ z' \end{pmatrix} = \begin{pmatrix} \cos\varphi & 0 & \sin\varphi \\ 0 & 1 & 0 \\ -\sin\varphi & 0 & \cos\varphi \end{pmatrix} \cdot \begin{pmatrix} x \\ y \\ z \end{pmatrix}$$

und ebenso für ω (Rotation um die x-Achse):

$$\mathbf{x}' = \mathbf{A} \cdot \mathbf{x},$$

$$\begin{pmatrix} x' \\ y' \\ z' \end{pmatrix} = \begin{pmatrix} 1 & 0 & 0 \\ 0 & \cos\omega & \sin\omega \\ 0 & -\sin\omega & \cos\omega \end{pmatrix} \cdot \begin{pmatrix} x \\ y \\ z \end{pmatrix}.$$

Dementsprechend wird $\mathbf{A} = \mathbf{A}_\kappa \cdot \mathbf{A}_\varphi \cdot \mathbf{A}_\omega$

$$A=\begin{pmatrix} \cos\kappa\cos\varphi & \sin\kappa\cos\omega & \sin\kappa\sin\omega \\ & -\cos\kappa\sin\varphi\sin\omega & +\cos\kappa\sin\varphi\cos\omega \\ -\sin\kappa\cos\varphi & \cos\kappa\cos\omega & \cos\kappa\sin \\ & +\sin\kappa\sin\varphi\sin\omega & -\sin\kappa\sin\varphi\sin\omega \\ -\sin\varphi & -\cos\varphi\sin\omega & \cos\varphi\cos\omega \end{pmatrix}.$$

Falls die Vorzeichendefinition oder die Sequenz der Achsen anders definiert wird, kann eine Umrechnung mit der entsprechend abgeleiteten Matrix durch Koeffizientenvergleiche erfolgen.
Wird z. B.

$$\mathbf{B}=\mathbf{A}_{\varphi}\cdot\mathbf{A}_{\omega}\cdot\mathbf{A}_{\kappa}$$

oder

$$\mathbf{B}=\begin{pmatrix} \cos\varphi'\cos\omega' & \cos\varphi'\sin\kappa' & \sin\varphi'\cos\omega' \\ +\sin\varphi'\sin\omega'\sin\kappa' & -\sin\varphi'\sin\omega'\cos\kappa' & \\ -\cos\omega'\sin\kappa' & \cos\omega'\cos\kappa' & \sin\omega' \\ -\sin\varphi'\cos\kappa' & -\sin\varphi'\sin\kappa' & \\ +\cos\varphi'\sin\omega'\sin\kappa' & -\cos\varphi'\sin\omega'\cos\kappa' & \cos\varphi'\cos\omega' \end{pmatrix}$$

dann gilt: $a_{ii}=b_{ii}$;

z. B.: $a_{31}=b_{31}$ oder: $a_{23}=b_{23}$,

$$-\sin\varphi=-\sin\varphi'\cos\kappa'+\cos\varphi'\sin\omega'\sin\kappa'$$

oder

$$\sin\omega'=\cos\kappa\sin\omega-\sin\kappa\sin\varphi\sin\omega.$$

Dies gilt auch für Kombinationen, z. B.:

$$\frac{a_{11}}{a_{21}}=\frac{b_{11}}{b_{21}},$$

also:

$$ctg\varphi=\frac{\cos\varphi'\cos\omega'+\sin\varphi'\sin\omega'\sin\kappa'}{+\cos\omega'\sin\kappa'}.$$

(c) Sind die Achsen durch terrestrische (oder andere) Vermessungsmethoden vorgegeben, dann ist die Sequenz entsprechend zu berücksichtigen. Ein Beispiel hierfür gibt das von Earl Church in der amerikanischen analytischen Photogrammetrie verwendete „Swing-Tilt-Azimut-System“:

$$\mathbf{A} = \mathbf{A}_\alpha \cdot \mathbf{A}_\tau \cdot \mathbf{A}_\sigma,$$

$$\mathbf{A} = \begin{pmatrix} \cos\alpha & -\sin\alpha & 0 \\ +\sin\alpha & \cos\alpha & 0 \\ 0 & 0 & 1 \end{pmatrix} \cdot \begin{pmatrix} 1 & 0 & 0 \\ 0 & \cos\tau & -\sin\tau \\ 0 & +\sin\tau & \cos\tau \end{pmatrix} \cdot \begin{pmatrix} \cos\sigma & +\sin\sigma & 0 \\ -\sin\sigma & \cos\sigma & 0 \\ 0 & 0 & 1 \end{pmatrix}.$$

In diesem System bleibt σ und α undefiniert für $\tau = 0$. Um in diesem Fall Schwierigkeiten bei einer Division durch null zu vermeiden, sehen Rechenprogramme bei Verwendung des „Swing-Tilt-Azimut-Systems“ Tests vor Divisionen vor.

(d) Ferner sind bestimmte, nichtsequentielle Drehungen einführbar. Wenn vier Richtungskosini $a_{11} = \cos\alpha_x$, $a_{22} = \cos\beta_y$, $\cos\gamma_z$ und ein weiterer Koeffizient, z. B. a_{12} beliebig vorgegeben sind, dann lassen sich die anderen Koeffizienten durch die Orthogonalität der Matrix bestimmen.

Literatur zu 4.2.1.
American Society of Photogrammetry, 1980; Dorrer, E., 1981; Rinner, K., 1956; Rinner, K. in Jordan/Eggert/Kneißl, 1972; Schmid, H., 1953, 1958/59; Wassef, A. M., 1953/54

4.2.2 Geodätische Transformationen

Die Transformation zwischen Bild- und Geländekoordinaten und umgekehrt setzt voraus, daß das Geländekoordinatensystem ein orthogonales karthesisches Koordinatensystem x_i, y_i, z_i ist. Diese Bedingung ist in der Geodäsie jedoch nicht erfüllt, weil Lage und Höhe unterschiedliche Referenzsysteme besitzen und weil die Lagekoordinaten X_i, Y_i, Z_i auf dem Ellipsoid oder auf in die Ebene abwickelbaren Projektionen des Ellipsoids bestimmt sind.

Zur Herstellung der geschilderten Voraussetzungen sind eine Reihe von geodätischen Transformationen erforderlich:

(1) Gegebene Punkte P_1 (X_i, Y_i) in der im Vermessungswesen vorherrschenden Gauß-Krüger-Projektion können in geographische Koordinaten auf

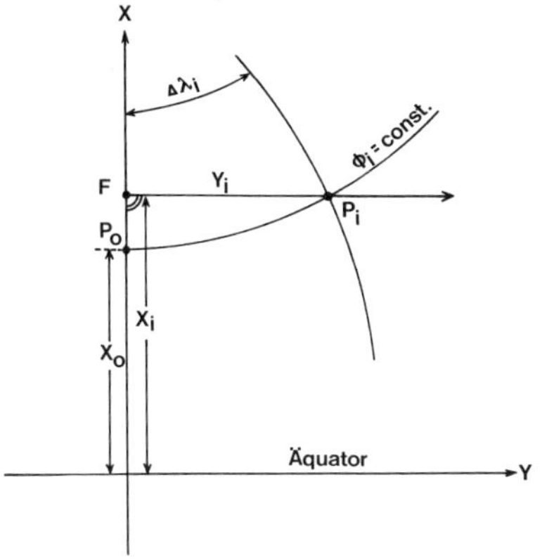

Abb. 4.4: Koordinatentransformation auf dem Ellipsoid zwischen Gauß-Krüger- und geographischen Koordinaten

dem Ellipsoid $P_i(\varphi_i, \lambda_i)$ nach geodätischen Formeln verwandelt werden (siehe Abb. 4.4). Sie entsprechen Reihenentwicklungen elliptischer Integrale (siehe Jordan/Eggert/Kneissl 1959):

$$\varphi_i = \varphi_F - \frac{\rho}{2N_F^2} t_F (1+\eta_F^2) Y_i^2 + \frac{\rho}{24 N_F^4} t_F (5 + 3t_F^2 + 6\eta_F^2 - 6t_F^2 - 6t_F^2 \eta_F^2) Y_i^4,$$

$$\lambda_i = \lambda_F + \frac{\rho}{N_F \cos\varphi_F} Y_i - \frac{\rho}{6N_F^3 \cos\varphi_F} (1 + 2t_F^2 + \eta_F^2) Y_i^3 + \frac{\rho}{120 N_F^5 \cos\varphi_F} (5 + 28 t_F^2 + 24 t_F^4) Y_i^5$$

mit $t_F = tg\varphi_F$

$$N_F = \frac{a}{(1-e^2)\sin^2\varphi_f)^{1/2}},$$

$$\eta_F = (e'^2 \cos^2\varphi_F)^{1/2},$$

$$e = \sqrt{\frac{a^2-b^2}{a^2}}, \quad e' = \sqrt{\frac{a^2-b^2}{b^2}}, \quad \rho^\circ = \frac{180^\circ}{\pi}.$$

Die Ellipsoidparameter sind z. B. für das Internationale Ellipsoid als Referenzellipsoid definiert als die große Halbachse a und die Abplattung α:

$$a = 6\,378\,388 \text{ m}, \; \alpha = \frac{1}{297},$$

$$b = a(1-\alpha).$$

Die Koordinaten des Fußpunktes F lauten:

$$X_F = X_i, \; Y_F = Y_i,$$

$$\varphi_F = V_F^2 \left[\frac{X_i}{N_F} - \frac{3}{2} \eta_F^2 t_F \frac{X_i^2}{N_F^2} + \frac{X_i^3}{N_F^3} \cdot \frac{\eta_F^2}{2} (t_F - 1 - \eta_F^2 + 5\eta_F^2 t_F^2) \right]$$

mit $V_F = \sqrt{1 + e'^2 \cos^2 \varphi_F}$,

$\lambda_F = \lambda_0 =$ geographische Länge des gewählten Hauptmeridians.

Zunächst kann φ_F iterativ bestimmt und dann φ_i, λ_i berechnet werden. Für die Umkehrung der Aufgabe gilt:

$$X_i = X_0 + \frac{1}{2} \cdot \frac{N_i}{\rho^2} \cos\varphi_i{}^2 t_i \cdot (\lambda_i - \lambda_0)^2$$

$$+ \frac{1}{24} \frac{N_i}{\rho^4} \cos^2\varphi_i t_i (5 - t_i^2 + 9\eta_i^2 + 4\eta_i^4) \; (\lambda - \lambda_0)^4,$$

$$Y_i = \frac{1}{\rho} N_i \cos\varphi_i (\lambda_i - \lambda_0) + \frac{1}{6} \frac{N_i}{\rho^3} \cos^3\varphi_i (1 - t_i^2 + \eta_i^2) \; (\lambda_i - \lambda_0)^3$$

$$+ \frac{1}{120} \frac{N_i}{\rho^5} \cos^5\varphi_i (5 - 18t_i^2 + t_i^4 + 14\eta_i^2 - 58t_i^2\eta_i^2) \; (\lambda_i - \lambda_0)^5$$

mit:

$$t_i = tg\varphi_i,$$

$$N_i = \frac{a}{(1 - e^2 \sin^2\varphi_i)^{1/2}},$$

$$\eta_i = (e'^2 \sin^2\varphi_i)^{1/2},$$

$$V_i = \sqrt{1 + e'^2 \cos^2\varphi_i},$$

$$X_0 = N_i \left[\cdot \frac{\varphi_i}{V_i^2} + \left(\frac{\varphi_i}{V_i^2}\right)^2 \cdot \frac{3}{2} \eta_i^2 t_i \; - \left(\frac{\varphi_i}{V_i^2}\right)^3 \frac{\eta_i^2}{2} (t_i^2 - 1 - \eta_i^2 - 4\eta_i^2 \cdot t_i^2) \right].$$

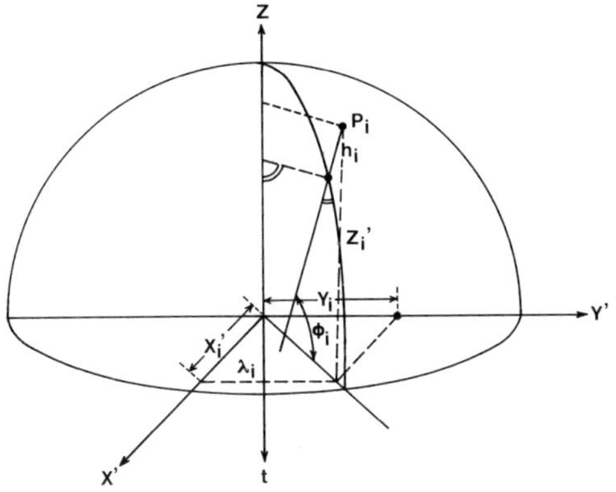

Abb. 4.5: Geozentrische kartesische Koordinaten

(2) *Geographische Koordinaten* können in *geozentrische kartesische Koordinaten* $P_i(X_i', Y_i', Z_i')$ umgerechnet werden (Abb. 4.5). h_i ist die ellipsoidische Höhe des Punktes P_i (h_i setzt sich zusammen aus der Höhe des Punktes über dem Geoid H_i minus der Geoidundulation G_i; H_i ist strenggenommen entsprechend der Höhendefinition als orthometrische, dynamische oder Normalhöhe in eine geometrisch definierte Strecke zu transferieren).

$$X_i' = (N_i + h_i)\cos\varphi_i \cos\lambda_i,$$

$$Y_i' = (N_i + h_i)\cos\varphi_i \sin\lambda_i,$$

$$Z_i' = [N_i(1 - e^2) + h_i]\sin\varphi_i$$

mit den bereits definierten Bezeichnungen.

Die Umkehrung der Aufgabe lautet:

$$tg\lambda_i = \frac{Y_i'}{X_i'},$$

$$(N_i + h_i) = \sqrt{X_i'^2 + Y_i'^2 + (Z_i' + t_1)^2};$$

welches wegen $t_1 = e^2 \cdot Z'^2$ iterativ zu lösen ist:

$$(Z_i' + t_1) = (N_i + h_i)\sin\varphi_1,$$

ergibt:

$$\varphi_1 = \text{arc sin}\ \frac{Z_\mathrm{i}' + t_1}{\sqrt{X_\mathrm{i}'^2 + Y_\mathrm{i}'^2 + (_\mathrm{i}' + t_1)^2}},$$

damit:

$$N_1 = \frac{a}{\sqrt{1 - e^2 \sin\varphi_1}} \quad \text{und } t_2 = N_1 e^2 \sin\varphi_1.$$

Nach einigen Iterationen erhält man φ_i und h_i nach:

$$h_i = \sqrt{X_i'^2 + Y_i'^2 + (Z_i' + t_1)^2} - N_i.$$

(3) Schließlich kann das *geozentrische kartesische Koordinatensystem* in ein lokales kartesisches Koordinatensystem umgerechnet werden, welches als *Geländekoordinatensystem* $P_i(x_i, y_i, z_i)$ oder als Modellkoordinatensystem mit dem Maßstabsfaktor m_m in der Photogrammetrie verwendet werden kann:

$$\mathbf{x}_i = m_m \cdot \mathbf{M}\ (\mathbf{k}_i' - \mathbf{k}_0')$$

oder:

$$\begin{pmatrix} x_i \\ y_i \\ z_i \end{pmatrix} = m_m \cdot \begin{pmatrix} -\sin\lambda_0 & \cos\lambda_0 & 0 \\ -\sin\varphi_0 \cos\lambda_0 & -\sin\varphi_0 \sin\lambda_0 & \cos\varphi_0 \\ \cos\varphi_0 \cos\lambda_0 & \cos\varphi_0 \sin\lambda_0 & \sin\varphi_0 \end{pmatrix} \begin{pmatrix} X_i' - X_0' \\ Y_i' - Y_0' \\ Z_i' - Z_0' \end{pmatrix}.$$

Für das Geländesystem ist $m_m = 1$; X_0', Y_0' und Z_0' und φ_0, λ_0 definieren den Ursprung des Gelände- oder Modellkoordinatensystems in geozentrischen, kartesischen und geographischen Koordinaten.
Die Umkehrung der Aufgabe lautet:

$$\begin{pmatrix} X_i' \\ Y_i' \\ Z_i' \end{pmatrix} = \begin{pmatrix} X_0' \\ Y_0' \\ Z_0' \end{pmatrix} + \frac{1}{m_m} \cdot \mathbf{M}^T \begin{pmatrix} x_i \\ y_i \\ z_i \end{pmatrix}.$$

(4) In der *Praxis* der Photogrammetrie wird in der Regel davon Abstand genommen, die Transformation von in Gauß-Krüger-Koordinaten gegebenen Geländepunkten in kartesische Geländekoordinaten anzuwenden oder von photogrammetrisch bestimmten Geländepunkten auf dem beschriebenen Weg in das Gauß-Krüger-System umzurechnen, da die Vernachlässigungen im Einzelbild gering sind und da sie im Rahmen einer Blockausgleichung wegen der Einpassung auf gegebene Geländepunkte (Paßpunkte) unwirksam gemacht werden.

Bedeutet X_i den Gauß-Krüger-Hochwert und Y_i den Gauß-Krüger-Rechtswert, zeigt die y_i-Achse nach Norden sowie die x_i-Achse nach Osten, und bezeichnet $\eta_i \cdot R$ und $\xi_i \cdot R$ die Projektion auf die Erdkugel mit dem Radius $R = \sqrt{M_i \cdot N_i}$,

wobei $M_i = \dfrac{a^2 b^2}{(a^2 \cos^2\varphi_i + b^2 \sin^2\varphi_i)^{3/2}}$

und

$$N_i = \frac{a}{\sqrt{1 - e^2 \sin^2\varphi_i}} \text{ sind,}$$

dann gilt genähert:

$$X_i = R \cdot \eta_i + X_0,$$

$$Y_i = R\left[\xi_i + \frac{\xi_i^3}{6} + \frac{\xi_i^5}{24} + \ldots\right] + 500\,000\,\text{m}$$

oder umgekehrt:

$$\xi_i \cdot R = Y_i - \frac{Y_i^3}{6R^2} + \frac{Y_i^5}{24R^4} - \ldots, \quad Y_i = Y_i - 500\,000\,\text{m},$$

$$\eta_i \cdot R = X_i, \quad X_i = \mathrm{X_i} - \mathrm{X_0},$$

wobei X_0 für den Ursprung des Geländesystems gilt;

mit $x_i = R \sin\xi_i = R\left[\xi_i - \dfrac{\xi_i^3}{6} + \dfrac{\xi_i^5}{120} - \ldots\right]$,

$$y_i = R \sin\eta_i = R\left[\eta_i - \frac{\eta_i^3}{6} + \frac{\eta_i^5}{120} - \ldots\right]$$

ist

$$x_i = \Delta Y_i - \frac{\Delta Y_i^3}{3R^2} + \frac{61}{120} \cdot \frac{\Delta Y_i^5}{R^4} - \ldots,$$

$$y_i = \Delta X_i - \frac{\Delta X_i^3}{6R^2} + \frac{\Delta X_i^5}{120R^4} + \ldots.$$

Ein Projektionsfehler dx_i, dy_i ergibt sich aus

$$dx_i = d\Delta y_i \left(1 - \frac{\Delta Y_i^2}{R^2} + \frac{61}{24} \cdot \frac{\Delta Y_i^4}{R^4} - \ldots\right),$$

$$dy_i = d\Delta X_i \left(1 - \frac{\Delta X_i^2}{2R^2} + \frac{\Delta X_i^4}{24R^4} - \ldots\right).$$

Das größte Glied ist $\frac{\Delta Y_i^2}{R^2}$; es wird

bei $\Delta Y_i = 20$ km gleich $1 \cdot 10^{-5}$,
bei $\Delta Y_i = 50$ km gleich $6 \cdot 10^{-5}$,
bei $\Delta Y_i = 100$ km gleich $2 \cdot 10^{-4}$,
bei $\Delta Y_i = 200$ km gleich $1 \cdot 10^{-3}$.

Auch in bezug auf die *Höhe* sind die Vernachlässigungen relativ klein. Falls die strenge Koordinatentransformation nicht durchgeführt wird, so sollte allerdings schon im Stereomodell eine *Erdkrümmungskorrektur* durchgeführt werden (siehe Abb. 4.6 und Kapitel 4.2.3).

$$tg\frac{\delta}{2} = \frac{a}{2R} = \frac{d}{r};$$

für $R \gg a$ wird $a \approx r$,

also: $d \approx \frac{r^2}{2R}$

und: $-\frac{\Delta r'}{r'} = \frac{d}{h}$

sowie: $r = \frac{h}{c} \cdot r'$.

Somit wird die Erdkrümmungskorrektur:

$$\Delta r' \approx -\frac{r'^3 \cdot h}{2R \cdot c^2}.$$

Für $h = 1\,000$ m, $c = 15$ cm und $r' = 10$ cm wird $\Delta r' = -3{,}5$ µm.

Liegt zusätzlich eine *Höhendifferenz* d vor, dann verursacht sie einen *Projektionsfehler* Δr und eine Korrektur $\Delta r'_H$:

$$\Delta r = \frac{r \cdot d}{(R-d)},$$

$$\Delta r'_H = \frac{\Delta r}{r} \cdot r' = \frac{d}{(R-d)} \cdot r'.$$

Unter den obigen Bedingungen wird für eine Höhendifferenz von 100 m der Projektionsfehler

$\Delta r'_H = +1{,}6$ µm.

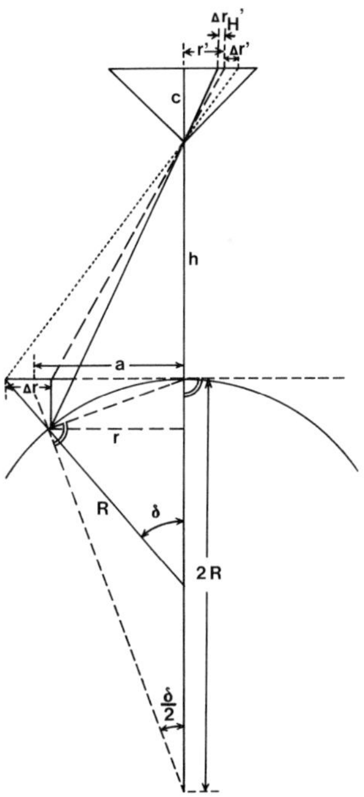

Abb. 4.6: Ableitung der Erdkrümmung

Literatur zu 4.2.2.
Kneissl, M. in Jordan/Eggert/Kneissl, 1958/59; Torge, W., 1975

4.2.3 Bildkoordinatenverbesserungen

Vor den geometrischen Punktberechnungen im Raum müssen auch die Bildkoordinaten verbessert werden:

(1) Komparatorverbesserungen
Sie verbessern die Komparatormessungen wegen Nichtrechtwinkligkeit der Achsen und wegen Maßstabsfehlern der Spindeln oder Führungen. Sie können wie Filmdeformationen korrigiert werden, indem man die Korrekturen nach einem entsprechenden funktionalen Modell aus Gittermessungen wie bei einem Reseau ableitet.

(2) Innere Orientierung
Die gemessenen (oder verbesserten) *Komparatorkoordinaten* $\overline{x}_i$, $\overline{y}_i$ müs-

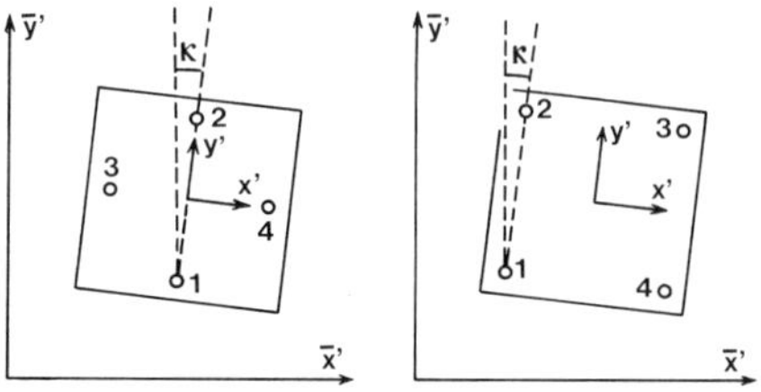

Abb. 4.7: Komparatorkoordinaten und Bildkoordinaten

sen durch Messungen der im Bild vorhandenen Rahmenmarken in auf den Bildhauptpunkt oder wenigstens auf den Rahmenmarken-Schnittpunkt bezogene *Bildkoordinaten* x_i', y_i' umgerechnet werden (siehe Abb. 4.7):

Dabei muß unterschieden werden, ob die Rahmenmarken als 1, 2, 3, 4 (Zeiss) am Bildrand (Zeiss) oder in den Bildecken (Wild) liegen; der Rahmenmarkenschnittpunkt hat für die symmetrische Lage der Rahmenmarken dann die Komparatorkoordinaten $\bar{x}_i'$, $\bar{y}_i'$:

$$\bar{x}_0' = \frac{\bar{x}_1' + \bar{x}_2' + \bar{x}_3' + \bar{x}_4'}{4},$$

$$\bar{y}_0' = \frac{\bar{y}_1' + \bar{y}_2' + \bar{y}_3' + \bar{y}_4'}{4}.$$

κ wird für das Zeiss-System bestimmt zu:

$$tg\kappa_1 = \frac{\bar{x}_2' - \bar{x}_1'}{\bar{y}_2' - \bar{y}_1'}, \qquad tg\kappa_2 = \frac{\bar{y}_4' - \bar{y}_3'}{\bar{x}_4' - \bar{x}_3'},$$

$$\kappa = \frac{\kappa_1 + \kappa_2}{2}$$

oder für das Wild-System zu:

$$tg\kappa_3 = \frac{x_2' - x_1'}{y_2' - y_1'}, \qquad tg\kappa_4 = \frac{y_4' - y_1'}{x_4' - x_1'},$$

$$tg\kappa_5 = \frac{x_3' - x_4'}{y_3' - y_4'}, \qquad tg\kappa_6 = \frac{y_2' - y_3'}{x_2' - x_3'},$$

$$\kappa = \frac{\kappa_3 + \kappa_4 + \kappa_5 + \kappa_6}{4}.$$

Zur Korrektur des *regelmäßigen Filmschrumpfes* können gleichzeitig die Rahmenmarkenmessungen mit den Rahmenmarkensollwerten aus dem Kalibrierungszertifikat verglichen werden. Daraus läßt sich ein Maßstabskorrekturfaktor μ ableiten, welcher es gestattet, die kalibrierte Bildweite c in die weiteren Berechnungen einzuführen.

Sind $\bar{\bar{x}}'_1$, $\bar{\bar{y}}'_1$, $\bar{\bar{x}}'_2$, $\bar{\bar{y}}'_2$, $\bar{\bar{x}}'_3$, $\bar{\bar{y}}'_3$, $\bar{\bar{x}}'_4$, $\bar{\bar{y}}'_4$ die Sollwerte der entsprechenden Rahmenmarken, dann ist:

$$\mu_1 = \frac{\sqrt{(\bar{\bar{x}}'_2 - \bar{\bar{x}}'_1)^2 + (\bar{\bar{y}}'_2 - \bar{\bar{y}}'_1)^2}}{\sqrt{(\bar{x}'_2 - \bar{x}'_1)^2 + (\bar{y}'_2 - \bar{y}'_1)^2}},$$

$$\mu_2 = \frac{\sqrt{(\bar{\bar{x}}'_4 - \bar{\bar{x}}'_3)^2 + (\bar{\bar{y}}'_4 - \bar{\bar{y}}'_3)^2}}{\sqrt{(\bar{x}'_4 - \bar{x}'_3)^2 + (y'_4 - \bar{y}'_3)^2}},$$

$$\mu = \frac{\mu_1 + \mu_2}{2}$$

oder:

$$\mu_3 = \frac{\sqrt{(\bar{\bar{x}}'_3 - \bar{\bar{x}}'_1)^2 + (\bar{\bar{y}}'_3 - \bar{\bar{y}}'_1)^2}}{\sqrt{(\bar{x}'_3 - \bar{x}'_1)^2 + (\bar{y}'_3 - \bar{y}'_1)^2}},$$

$$\mu_4 = \frac{\sqrt{(\bar{\bar{x}}'_4 - \bar{\bar{x}}'_2)^2 + (\bar{\bar{y}}'_4 - \bar{\bar{y}}'_2)^2}}{\sqrt{(\bar{x}'_4 - \bar{x}'_2)^2 + (\bar{y}'_4 - \bar{y}'_2)^2}},$$

$$\mu = \frac{\mu_3 + \mu_4}{2}.$$

Mit diesen Werten lautet die Transformation:

$$\mathbf{x}'_i = \mu \cdot \mathbf{R}_\kappa \cdot (\bar{\mathbf{x}}'_i - \bar{\mathbf{x}}'_0) + \Delta\mathbf{x}'_0,$$

$$\begin{pmatrix} x'_i \\ y'_i \end{pmatrix} = \mu \cdot \begin{pmatrix} \cos\kappa & -\sin\kappa \\ \sin\kappa & \cos\kappa \end{pmatrix} \begin{pmatrix} \bar{x}'_i - \bar{x}'_0 \\ \bar{y}'_i - \bar{y}'_0 \end{pmatrix} + \begin{pmatrix} \Delta x'_0 \\ \Delta y'_0 \end{pmatrix}.$$

Die $\Delta x'_0$, $\Delta y'_0$ sind aus dem Kalibrierungszertifikat bekannte Verbesserungen der Lage des Rahmenmarkenschnittpunkts, so daß die Bildkoordinaten auf den Bildhauptpunkt bezogen werden können, welcher als Symmetriepunkt die Verzeichnungen möglichst radial macht und mit der Festlegung einer entsprechenden Bildweite minimiert.

Die Transformation kann wahlweise auch *affin* durchgeführt werden und somit die Affinität des Filmschrumpfes berücksichtigen; hierbei ist μ_1 (beziehungsweise für Wildkammern das Äquivalent der aus den

Strecken $\overline{1,2}$ und $\overline{3,4}$ abgeleiteten Maßstäbe) $= \mu'_y \cdot \mu_2$ (beziehungsweise das Äquivalent aus $\overline{2,3}$ und $\overline{1,4} = \mu'_x$:

Der Fünfparameteransatz lautet:

$$\begin{pmatrix} x'_i \\ y'_i \end{pmatrix} = \begin{pmatrix} \mu'_x \\ \mu'_y \end{pmatrix} \cdot \begin{pmatrix} \cos\kappa & -\sin\kappa \\ \sin\kappa & \cos\kappa \end{pmatrix} \cdot \begin{pmatrix} \bar{x}'_i - \bar{x}'_0 \\ \bar{y}'_i - \bar{y}'_0 \end{pmatrix} + \begin{pmatrix} \Delta x'_0 \\ \Delta y'_0 \end{pmatrix}$$

und der Sechsparameteransatz mit Scherung:

$$\begin{pmatrix} x'_i \\ y'_i \end{pmatrix} = \begin{pmatrix} \mu_{x'} \\ \mu_{y'} \end{pmatrix} \cdot \begin{pmatrix} \cos\kappa & -\sin(\kappa+\alpha) \\ \sin\kappa & \cos(\kappa+\alpha) \end{pmatrix} \cdot \begin{pmatrix} \bar{x}'_i - \bar{x}'_0 \\ \bar{y}'_i - \bar{y}'_0 \end{pmatrix} + \begin{pmatrix} \Delta x'_0 \\ \Delta y'_0 \end{pmatrix}.$$

(3) *Filmdeformation*

Auf die Filmkorrektur kann ein generelles Korrekturmodell angewandt werden:

Stellen a_1 bis a_8 Koeffizienten dar, welche aus bekannten Rahmenmarkenkoordinaten und aus Messungen der Rahmenmarken für die 4 Punkte abgeleitet werden, dann gilt als Korrektur:

$$x'_i = a_1 + a_2\bar{x}'_i + a_3\bar{x}'_i\,\bar{y}'_i + a_4\bar{y}'_i,$$
$$y'_i = a_5 + a_6\bar{x}'_i + a_7\bar{x}'_i\,\bar{y}'_i + a_8\bar{y}'_i,$$

(a_3 und $a_7 = 0$ entspricht der affinen Korrektur mit Scherung und $a_2 = a_8$ sowie $a_6 = -a_4$ der Korrektur des regelmäßigen Filmschrumpfes).

Zur Bestimmung der Koeffizienten lassen sich diese Gleichungen auf die Form bringen:

$$\begin{pmatrix} 1 & \bar{x}'_1 & \bar{x}'_1 & \cdot & \bar{y}'_1 & \bar{y}'_1 & 0 & 0 & 0 & 0 \\ 1 & x'_2 & \bar{x}'_2 & \cdot & \bar{y}'_2 & \bar{y}'_2 & 0 & 0 & 0 & 0 \\ 1 & x'_3 & \bar{x}'_3 & \cdot & \bar{y}'_3 & \bar{y}'_3 & 0 & 0 & 0 & 0 \\ 1 & x'_4 & \bar{x}'_4 & \cdot & \bar{y}'_4 & \bar{y}'_4 & 0 & 0 & 0 & 0 \\ 0 & 0 & & 0 & & 0 & 1 & \bar{x}'_1 & \bar{x}'_1 & \cdot & \bar{y}'_1 & \bar{y}'_1 \\ 0 & 0 & & 0 & & 0 & 1 & \bar{x}'_2 & \bar{x}'_2 & \cdot & \bar{y}'_2 & \bar{y}'_2 \\ 0 & 0 & & 0 & & 0 & 1 & \bar{x}'_3 & \bar{x}'_3 & \cdot & \bar{y}7'_3 & \bar{y}'_3 \\ 0 & 0 & & 0 & & 0 & 1 & \bar{x}'_4 & \bar{x}'_4 & \cdot & \bar{y}'_4 & \bar{y}'_4 \end{pmatrix} \begin{pmatrix} \alpha_1 \\ \alpha_2 \\ \alpha_3 \\ \alpha_4 \\ \alpha_5 \\ \alpha_6 \\ \alpha_7 \\ \alpha_8 \end{pmatrix} = \begin{pmatrix} \bar{\bar{x}}_1 - \bar{x}_1 \\ \bar{\bar{x}}_2 - \bar{x}_2 \\ \bar{\bar{x}}_3 - \bar{x}_3 \\ \bar{\bar{x}}_4 - \bar{x}_4 \\ \underline{\bar{y}}_1 - \bar{y}_1 \\ \underline{\bar{y}}_2 - \bar{y}_2 \\ \underline{\bar{y}}_3 - \bar{y}_3 \\ \bar{\bar{y}}_4 - \bar{y}_4 \end{pmatrix}$$

oder

$\mathbf{A} \cdot \mathbf{x} = \mathbf{l}$; daraus führt $\mathbf{x} = \mathbf{A}^{-1} \cdot \mathbf{l}$

zur Bestimmung der $\alpha_1 \ldots \alpha_8$ für die Korrektur. Sie ist nur sinnvoll, wenn die Rahmenmarken sehr genau gemessen werden können.

Eine darüber hinausgehende Korrektur der Filmdeformationen ist nur möglich, wenn der Film ein photographisch einkopiertes Reseau trägt, oder wenn eine Reseaukamera verwendet wird.

Beim *einkopierten* Reseau ist die Lage der Gitterkreuze nicht bekannt, sondern nur die Form des Reseaus. Zweckmäßigerweise wird durch eine innere Orientierung erst die Istlage der Reseaukreuze aus den Messungen $\bar{x}'_R$, $\bar{y}'_R$ bestimmt.

Dieser Istlage wird ein regelmäßiges Sollgitter, $\bar{\bar{x}}'_R$, $\bar{\bar{y}}'_R$ überlagert, wobei zwei Translationen, eine Rotation und eine Maßstabsveränderung als Parameter zugelassen werden. Jedes Reseaukreuz erhält somit Verbesserungen, mit welchen die benachbarten Punkte verbessert werden können:

$$\tilde{x}'_i = (\bar{\bar{x}}'_R - \bar{x}'_R) - \bar{x}'_i,$$

$$\tilde{y}'_i = (\bar{\bar{y}}'_R - \bar{y}'_R) - \bar{y}'_i.$$

Dabei sind $\bar{x}'_i$, $\bar{y}'_i$ die Komparatorkoordinaten und $\tilde{x}'_i$, $\tilde{y}'_i$ die auf das Filmreseau korrigierten Komparatorkoordinaten, welche nun durch innere Orientierung in Bildkoordinaten transformiert werden können.

Das Reseau einer *Reseaukamera* besitzt kalibrierte Sollwerte. Demnach ist es einfacher, eine Korrekturfunktion für das ganze Bild aufzustellen, z. B.:

$$\begin{aligned} x'_i = {} & a_1 + a_2\bar{x}'_i + a_3\bar{x}'^2_i + a_4\bar{y}'_i + a_5\bar{y}'^2_i + a_6\bar{x}'_i\bar{y}'_i + a_7\bar{x}'^2_i\bar{y}'_i \\ & + a_8\bar{y}'^2_i\bar{x}'_i + a_9\bar{x}'^3_i + a_{10}\bar{y}'^3, \end{aligned}$$

$$\begin{aligned} y'_i = {} & a_{11} + a_{12}\bar{x}'_i + a_{13}\bar{x}'^2_i + a_{14}\bar{y}'_i + a_{15}\bar{y}'^2_i \\ & + a_{16}\bar{x}'_i\bar{y}'_i + a_{17}\bar{x}'^2_i\bar{y}'_i + a_{18}\bar{y}'^2_i\bar{x}'_i + a_{19}\bar{x}'^3_i + a_{22}\bar{y}'^3_i. \end{aligned}$$

Nachdem man die Gleichungen wie vor auf die Form bringt $\mathbf{A} \cdot \mathbf{x} = \mathbf{l}$ wobei $\mathbf{x}$ den Vektor der 20 Unbekannten $a_1 \ldots a_{20}$ darstellt,
$\mathbf{A}$ die Koeffizientenmatrix und $\mathbf{l}$ den Vektor der z. B. 50 Differenzen zwischen den Soll- und Istkoordinaten der 25 Reseaupunkte, werden die Unbekannten bestimmt:

$$\mathbf{x} = (\mathbf{A}^T\mathbf{A})^{-1}\mathbf{A}^T\mathbf{l}.$$

Dann kann die Korrekturfunktion angewandt werden.

(4) Verzeichnung

(a) Eine *radialsymmetrische* Verzeichnung kann auf zweierlei Art berücksichtigt werden:

(aa) durch Interpolation im Bereich r_j, r_{j+1} der im Kalibrierungszertifikat in Intervallen von $r'=10\,\mathrm{mm}$ angegebenen Verzeichnungswerte dr_j und dr_{j+1}:

$$\Delta v_i' = \frac{dr_{j+1} - dr_j}{10\,\mathrm{mm}} \cdot \Delta r_i',$$

$$\Delta r_i' = r_i' - r_j',$$

$$r_i' = \sqrt{x_i'^2 + y_i'^2} \cdot tg\alpha_i = \frac{y_i'}{x_i'},$$

$$x_{ic}' = x_i'\left(1 + \frac{\Delta v_i'}{r_i'}\right),$$

$$y_{ic}' = y_i'\left(1 + \frac{\Delta v_i'}{r_i'}\right),$$

wobei x_{i_c}' die korrigierten Bildkoordinaten bedeuten.

(ab) als Verbesserung nach einem *Polynom*, welches aus den alle 10 mm gegebenen Verzeichnungswerten als Korrekturfunktion durch Ausgleichung zu bestimmen ist, z. B.:

$$\Delta v_i' = a_1 r_i'^2 + a_2 r_i'^4 + a_3 r_i'^6 + a_4 r_i'^8$$

oder

$$\frac{\Delta v_i'}{r_i'} = a_1 r_i' + a_2 r_i'^3 + a_3 r_i'^5 + a_4 r_i'^7,$$

weil die Koeffizienten mit höheren Potenzen von r_i' sehr klein werden, kann z. B. ein Wert $r_0' = 100\,\mathrm{mm}$ vorgegeben werden, welcher die Formulierung erlaubt:

$$\Delta v_i' = a_1 r_i'(r_i' - r_0') + a_2 r_i'(r_i'^3 - r_0'^3) + a_3 r_i'(r_i'^5 - r_0'^5) + a_4 r_i'(r_i'^7 - r_0'^7)$$

und

$$\frac{\Delta v_i'}{r_i'} = a_1(r_i' - r_0') + a_2(r_i'^3 - r_0'^3) + a_3(r_i'^5 - r_0'^5) + a_4(r_i'^7 - r_0'^7).$$

(b) Eine *asymmetrische radiale Verzeichnung* $\Delta r_a'$ kann nach Abb. 4.8 so definiert werden, daß die Symmetrieachse mit der x'-Richtung den Winkel ε_1 einschließt. Eine solche Asymmetrie kann durch die Parameter e_1 und ε_1 bestimmt werden nach:

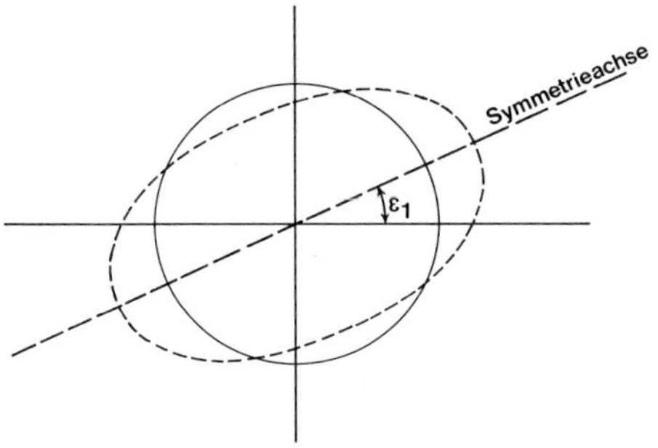

Abb. 4.8: Asymmetrische radiale Verzeichnung

$$\Delta r'_a = e_1 r'_i \cos 2(\alpha_i - \varepsilon_1).$$

Zur Linearisierung dieser Gleichung können e_1 und ε_1 in Hilfsparameter a_5 und a_6 umgewandelt werden wenn:

$$e_1 \cos 2\varepsilon_1 = a_5,$$

$$e_1 \sin 2\varepsilon_1 = a_6,$$

$$tg 2\varepsilon_1 = \frac{a_6}{a_5},$$

$$r'_a = a_5 r'_i \cos 2\alpha_i + a_6 r'_i \sin 2\alpha_i.$$

(c) Eine *tangentiale Verzeichnung* $\Delta t'_a$ kann auch im Hinblick auf eine Symmetrieachse definiert werden, welche mit der x'-Richtung den Winkel ε_2 einschließt und zwar mit den Parametern e_2 und ε_2, bzw. a_7 und a_8:

$$\Delta t'_a = e_2 \cdot r'_i \cos 2(\alpha_i - \varepsilon_2),$$

$$e_2 \cos 2\varepsilon_2 = a_7,$$

$$e_2 \sin 2\varepsilon_2 = a_8,$$

$$tg 2\varepsilon_2 = \frac{a_8}{a_7},$$

$$\Delta t'_a = a_7 r'_i \cos 2\alpha_i + a_8 r'_i \sin 2\alpha_i;$$

wobei $\cos\alpha_i = \frac{x'_i}{r'_i}$, $\sin\alpha_i = \frac{y'_i}{r'_i}$;

$$\Delta y'_a = \Delta t'_a \cos\alpha_i; \; \Delta x'_a = -\Delta t'_a \sin\alpha_i.$$

(d) die Berücksichtigung *aller Verzeichnungskomponenten* führt zu:

$$\begin{aligned} x'_{i_v} = x'_i &+ a_1 x'_i(r'_i - r'_0) + a_2 x'_i(r'^3_i - r'^3_0) + a_3 x'_i(r'^5_i - r'^5_0) \\ &+ a_4 x'_i(r'^7_i - r'^7_0) \\ &+ a_5 x'_i \cos 2\alpha_i + a_6 x'_i \sin 2\alpha_i - a_7 y'_i \cos 2\alpha_i - a_8 y'_i \sin 2\alpha_i, \end{aligned}$$

$$\begin{aligned} y'_{i_v} = y'_i &+ a_1 y'_i(r'_i - r'_0) + a_2 y'_i(r'^3_i - r'^3_0) \\ &+ a_3 y'_i(r'^5_i - r'^5_0) + a_4 y'_i(r'^7_i - r'^7_0) \\ &+ a_5 y'_i \cos 2\alpha_i + a_6 y'_i \sin 2\alpha_i + a_7 x'_i \cos 2\alpha_i + a_8 x'_i \sin 2\alpha_i. \end{aligned}$$

Diese Verbesserungsgleichungen können nach Kap. 4.5 auch als zusätzliche Parameter in die Bündelblockausgleichung eingeführt werden. In diesem Fall ist es möglich, auch die in einem Block konstanten Filmdeformationen als zusätzliche Parameter zu modellieren:

$$x'_{i_F} = x'_{i_v} - a_9 x',$$

$$y'_{i_F} = y'_{i_v} + a_9 y' + a_{10} x'.$$

a_9 drückt eine Affinitäts- und a_{10} eine Scherungskorrektur aus.

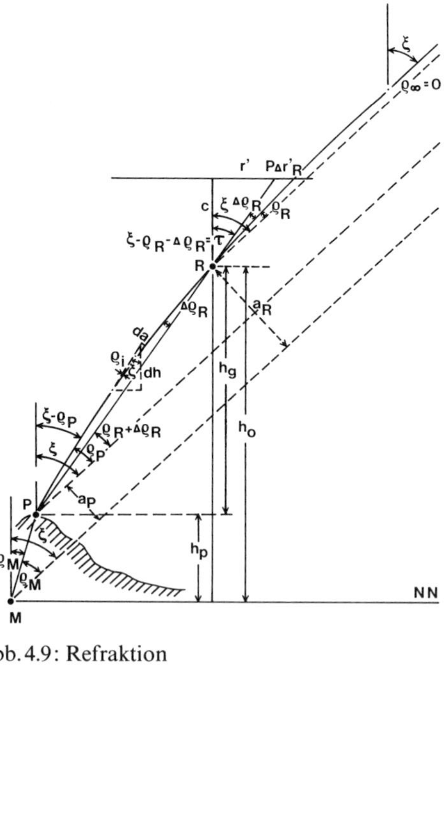

Abb. 4.9: Refraktion

(5) Refraktion
Die atmosphärische Refraktion entspricht für eine Senkrechtaufnahme einer radialsymmetrischen Verzeichnung. Ihre Ableitung nach Abb. 4.9 ergibt:

$$\rho_i = \rho_0 \cdot tg\tau.$$

ρ_0 ist dabei eine Funktion atmosphärischer Parameter und damit eine Funktion der Höhe h_i über N. N.

$$\rho_0 = k \cdot \frac{p}{T}, \text{ wobei}$$

$$T = T_0 - \beta \cdot h_i,$$

$$p = p_0 \left(\frac{T_0 - \beta \cdot h_i}{T_0}\right)^{\frac{g}{a \cdot b}}$$

mit: T = Absoluttemperatur des Meßpunktes in [° K]
T_0 = Absoluttemperatur des Bezugspunktes = 288,15° K für Europa
β = Temperaturgradient = 0,65 °C/100 m
p = Luftdruck des Meßpunktes in [Torr]
p_0 = Luftdruck des Meßpunktes = 760 [Torr] = (1 013,25 [mb])
g = Schwerebeschleunigung
a = adiabatische Konstante der Luft
$\frac{g}{a}$ = 3,4165
k = 21,91 (für p in [Torr] und T in [° K]).

Eine Reihenentwicklung ergibt ρ_0 in [mgon/10 oder cc] mit h_i in [km]

$$\rho_0{}^{cc} = 57{,}818 - 5{,}5539 \cdot h_i + 0{,}2040\, h_i^2 - 0{,}0034\, h_i^3 + 0{,}00002\, h_i^4,$$

$$da = \rho_i^{cc} \cdot \frac{dh}{\cos\zeta \cdot \rho^{cc}} = \rho_0{}^{cc} \frac{tg\ \tau \cdot dh}{\cos\zeta \cdot \rho^{cc}}$$

mit $\varepsilon \approx \tau$

$$a = \frac{tg\tau}{\cos\tau} \int_{hp}^{h_0 - h_p} \frac{\rho_0{}^{cc}}{\rho^{cc}} \cdot dh.$$

Mit $(\rho_R + \Delta\rho_R) = \frac{(a_R - a_p)}{\overline{PR}}$

und $\overline{PR} = \frac{h_0 - h_p}{\cos\tau}$

wird $\Delta\rho_R{}^{cc} = \frac{a_R - a_p}{h_0 - h_p} \cdot \cos\tau \cdot \rho^{cc} - \rho_0{}^{cc} \cdot tg\tau$

$$= \left(\frac{\cos\tau}{tg\tau} \cdot \rho^{cc} \cdot \frac{\frac{tg\tau}{\cos\tau} \cdot \frac{1}{\rho^{cc}} \int\limits_0^{h_0} \rho_0{}^{cc} \cdot dh - \int\limits_0^{h_p} \rho_0{}^{cc} \cdot dh}{h_0 - h_p} - \rho_0{}^{cc}\right) tg\tau$$

$$= \frac{\int\limits_{h_p}^{h_0} \rho_0{}^{cc} dh}{h_0 - h_p} - \rho_0{}^{cc}) tg\tau,$$

$$\Delta\rho_R{}^{cc} = \Delta\rho_0{}^{cc} \cdot tg\tau$$

mit

$$\rho_0{}^{cc} = \frac{\int\limits_{h_p}^{h_0} \rho_0{}^{cc} dh}{h - h_p} - \rho_0{}^{cc}.$$

Dies gibt in Reihe entwickelt:

$$\Delta\rho_0{}^{cc} = 8{,}57\ h - 0{,}4197\ h^2 + 0{,}00803\ h^3 - 0{,}000062\ h^4,$$

$$\Delta r'_R = \frac{c}{\cos^2\tau} \cdot \Delta_{\rho R} = \frac{c \cdot tg\tau}{\cos^2\tau} \frac{\Delta_{\rho 0}{}^{cc}}{\rho^{cc}} = \frac{r'}{\cos^2\tau}$$

$$\frac{\Delta_{\rho 0}{}^{cc}}{\rho^{cc}} = \frac{r'(r'^2 + c^2)}{c^2} \frac{\Delta_{\rho 0}{}^{cc}}{\rho^{cc}} =$$

$$= r'\left(1 + \frac{r'^2}{c^2}\right) \frac{\Delta_{\rho_0}{}^{cc}}{\rho^{cc}}.$$

Die Refraktionskorrekturen $\Delta r'_R$ können z. B. bei Überweitwinkelsenkrechtaufnahmen Werte bei 10 bis 15 μm annehmen.

(6) Umrechnung der *Erdkrümmungs-* und der *Refraktionskorrektur* auf *geneigte Aufnahmen* sowohl die in Kap. 4.2.2 unter (3) abgeleitete Erdkrümmungskorrekturen $\Delta r'$, $\Delta r'_H$ als auch die Refraktionskorrekturen $\Delta r'_R$ wurden für Senkrechtaufnahmen als Funktionen der Bildvektoren r' bestimmt.

Für die gemessenen und transformierten Bildkoordinaten x_i', y_i' geneigter Aufnahmen können die Komponenten von r', r_x' und r_y' wie folgt bestimmt werden:

$$\begin{pmatrix} u_i' \\ v_i' \\ w_i' \end{pmatrix} = \mathbf{A}^T \begin{pmatrix} x_i' \\ y_i' \\ -c \end{pmatrix},$$

$$r_x' = -u_i' \frac{c}{w_i'},$$

$$r_y' = -v_i' \frac{c}{w_i'}$$

und

$$\Delta x_i' = \frac{r_i'}{r_i'} \cdot \Delta r_i'\,; \quad \Delta y_i' = \frac{r_y'}{r_i'} \cdot \Delta r_i',$$

somit:

$$\Delta x_i' = -\frac{r_x' \cdot r_i'^2 \cdot h}{2R \cdot c^2}, \quad \Delta y_i' = -\frac{r_y' \cdot r_i'^2 \cdot h}{2R \cdot c^2}$$

für die erste Erdkrümmungskorrektur;

$$\Delta x_H' = \frac{d}{R-d} \cdot r_x', \quad \Delta y_H' = \frac{d}{R-d} \cdot r_y'$$

für die zweite Erdkrümmungskorrektur;

$$\Delta x_R' = r_x' (1 + \frac{r_i'^2}{c^2}) \frac{\rho_0^{cc}}{\rho^{cc}},$$

$$\Delta y_R' = r_y' (1 + \frac{r_i'^2}{c^2}) \frac{\rho_0^{cc}}{\rho^{cc}},$$

für die Refraktionskorrektur mit

$$r_i' = \sqrt{r_x'^2 + r_y'^2}.$$

Literatur zu 4.2.3.

Bauer, H., Müller, J., 1972; Bertram, S., 1966; Brown, D.C., 1966, 1974; Hakkarainen, I., 1978; Kraus, K., Stark, E., 1973; Kubikk., 1971; Kupfer, G., 1971, 1972; Leyonhufvud, A., 1953; Schut, G., 1969; Ziemann, H., 1967, 1969

4.3 Bildung des Stereomodells durch räumlichen Vorwärtsschnitt

Alle weiteren Berechnungen werden als Transformationen zwischen Bild-, Modell- und Geländekoordinaten durchgeführt. Abb. 4.10 beschreibt die Lösung des räumlichen Vorwärtsschnitts.

$$\mathbf{x}_i = \mathbf{x}_0' + \lambda_i' \mathbf{A}^{T'} \mathbf{p}_i' = \mathbf{x}_0'' + \lambda_i'' \mathbf{A}^{T''} \mathbf{p}_i'',$$

$$\begin{pmatrix} x_i \\ y_i \\ z_i \end{pmatrix} = \begin{pmatrix} x_0' \\ y_0' \\ z_0' \end{pmatrix} + \lambda_i \, \mathbf{A}^{T'} \begin{pmatrix} x_i' \\ y_i' \\ -c \end{pmatrix}$$

$$= \begin{pmatrix} x_0'' \\ y_0'' \\ z_0'' \end{pmatrix} + \lambda_i'' \mathbf{A}^{T''} \begin{pmatrix} x_i'' \\ y_i'' \\ -c \end{pmatrix}$$

oder

$$\mathbf{x}_i = \mathbf{x}_0' + \lambda_i' \mathbf{p}_i^{*\prime} = \mathbf{x}_0'' + \lambda_i'' \mathbf{p}_i^{*\prime\prime},$$

$$\begin{pmatrix} x_i \\ y_i \\ z_i \end{pmatrix} = \begin{pmatrix} x_0' \\ y_0' \\ z_0' \end{pmatrix} + \lambda_i' \begin{pmatrix} u_i' \\ v_i' \\ w_i' \end{pmatrix} = \begin{pmatrix} x_0'' \\ y_0'' \\ z_0'' \end{pmatrix} + \lambda_i'' \begin{pmatrix} u_i'' \\ v_i'' \\ w_i'' \end{pmatrix}.$$

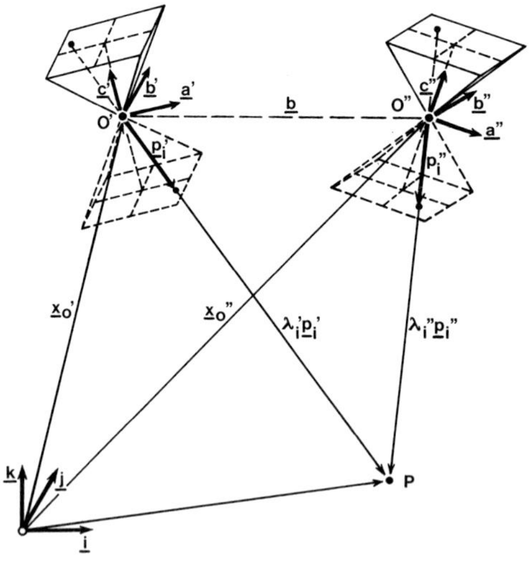

Abb. 4.10: Räumlicher Vorwärtsschnitt

In den Gleichungen sind bekannt:

$$\mathbf{x}'_0,\ \mathbf{A}'^T,\ \mathbf{x}''_0,\ \mathbf{A}''^T.$$

Es sind gemessen:

$$\mathbf{p}'_i,\ \mathbf{p}''_i.$$

Es sind unbekannt:

$$\mathbf{x}_i,\ \lambda'_i,\ \lambda''_i.$$

Die beiden letzten Ausdrücke der Gleichungen können umgestellt werden:

$$\mathbf{b} = \begin{pmatrix} bx \\ by \\ bz \end{pmatrix} = \begin{pmatrix} x''_0 - x'_0 \\ y''_0 - y'_0 \\ z''_0 - z'_0 \end{pmatrix}$$

$$= \lambda'_i \mathbf{A}^{T'} \mathbf{p}'_i - \lambda''_i \mathbf{A}^{T''} \mathbf{p}''_i = \lambda'_i \mathbf{p}^{*\prime}_i - \lambda''_i \mathbf{p}^{*\prime\prime}_i,$$

weil $bz \ll bx$ und $bz < by$ löst man λ'_i und λ''_i am besten aus:

$$\begin{pmatrix} u'_i - u''_i \\ v'_i - v''_i \end{pmatrix} \cdot \begin{pmatrix} \lambda'_i \\ \lambda''_i \end{pmatrix} = \begin{pmatrix} bx \\ by \end{pmatrix}$$

zu:

$$\lambda'_i = \begin{vmatrix} bx - u''_i \\ by - v''_i \end{vmatrix} \ \%\ \rotatebox{180}{$\begin{vmatrix} bx & u'_i \\ by & v'_i \end{vmatrix}$} = \rotatebox{180}{$\begin{vmatrix} u'_i - u''_i \\ v'_i - v''_i \end{vmatrix}$} \ \%\ \begin{vmatrix} u'_i & u''_i \\ v'_i & v''_i \end{vmatrix}$$

$$= \frac{bx \cdot v''_i - by \cdot u''_i}{u'_i v''_i - v'_i \text{-} u''_i},$$

$$\lambda''_i = \begin{vmatrix} u'_i & bx \\ v'_i & by \end{vmatrix} \ \%\ \begin{vmatrix} u'_i - u''_i \\ v'_i - v''_i \end{vmatrix} = \frac{by \cdot u'_i - bx \cdot v'_i}{v'_i \cdot u''_i - u'_i \cdot v''_i}.$$

Danach kann $\mathbf{x}_i$ aus einer der beiden Gleichungen berechnet werden z. B.

$$\mathbf{x}_i = \mathbf{x}'_0 + \lambda'_i \mathbf{p}^{*\prime}_i.$$

Literatur zu 4.3.

Stark, E., 1973

4.4 Analytische Orientierung des Einzelbildes durch räumlichen Rückwärtsschnitt

Ist die Kameraorientierung des Einzelbildes nicht bekannt, so kann sie aus gemessenen Bildpunkten, deren Geländekoordinaten gegeben sind (Paßpunkten) errechnet werden:

Hierzu wird die in Kap. 4.2 und 4.3 benutzte Gleichung

$$\mathbf{x}_i = \mathbf{x}_0' + \lambda_i' \mathbf{A}^T \mathbf{p}_i'$$

umgestellt:

$$\mathbf{p}_i' = \frac{1}{\lambda_i'} \mathbf{A}'(\mathbf{x}_i - \mathbf{x}_0'),$$

$$\begin{pmatrix} x_i' \\ y_i' \\ -c \end{pmatrix} = \frac{1}{\lambda_i'} \begin{pmatrix} a_{11}' & a_{12}' & a_{13}' \\ a_{21}' & a_{22}' & a_{23}' \\ a_{31}' & a_{32}' & a_{33}' \end{pmatrix} \begin{pmatrix} x_i - x_0' \\ y_i - y_0' \\ z_i - z_0' \end{pmatrix}.$$

Darin sind bekannt die Koordinaten der Paßpunkte $\mathbf{x}_i$; gemessen sind die Bildkoordinaten $\mathbf{p}_i'$. Es sind unbekannt:

$\mathbf{x}_0'$ (die 3 Translationsparameter x_0', y_0', z_0'),
$\mathbf{A}'$ (die 3 Rotationsparameter ω', φ', κ', welche in den Koeffizienten $a_{11}' \ldots a_{33}'$ enthalten sind),
λ_i' (Maßstabsparameter), welches jedoch wie folgt eliminiert werden kann:

Da c eine Konstante ist, kann die erste und die zweite Gleichung durch die dritte dividiert werden, um die *Kollinearitätsgleichungen* zu erhalten. Sie stellen die Gleichung einer Geraden in Parameterform dar, welche Bildpunkt, Projektionszentrum und Geländepunkt verbindet:

$$x_i' = -c \frac{a_{11}'(x_i - x_0') + a_{12}'(y_i - y_0') + a_{13}'(z_i - z_0')}{a_{31}'(x_i - x_0') + a_{32}'(y_i - y_0') + a_{33}'(z_i - z_0')},$$

$$y_i' = -c \frac{a_{21}'(x_i - x_0') + a_{22}'(y_i - y_0') + a_{23}'(z_i - z_0')}{a_{31}'(x_i - x_0') + a_{32}'(y_i - y_0') + a_{33}'(z_i - z_0')}.$$

In den nichtlinearen Gleichungen sind nur 6 Unbekannte enthalten.

Um sie aufzulösen, müssen die Gleichungen nach Taylor linearisiert werden:

$$x_i' = (x_i')_0 + \frac{\partial x_i'}{\partial x_0'} dx_0' + \frac{\partial x_i'}{\partial y_0'} dy_0' + \frac{\partial x_i'}{\partial z_0'} dz_0' + \frac{\partial x_i'}{\partial \omega'} d\omega' + \frac{\partial x_i'}{\partial \kappa'} d\kappa\,' + \frac{\partial x_i'}{\partial \kappa'} d\kappa',$$

$$y_i' = (y_i')_0 + \frac{\partial y_i'}{\partial x_0'} dx_0' + \frac{\partial y_i'}{\partial y_0'} dy_0' + \frac{\partial y_i'}{\partial z_0'} dz_0' + \frac{\partial y_i'}{\partial \omega'} d\omega' \frac{\partial y_i'}{\partial \varphi'} d\varphi\,' + \frac{\partial y_i'}{\partial \kappa'} d\kappa'.$$

Dabei sind x_i', y_i' die gemessenen Bildkoordinaten und $(x_i')_0$, $(y_i')_0$ ihre gerechneten Werte aus Näherungen für x_0', x_0', z_0', ω', φ', κ': $(x_0')_0$, $(y_0')_0 \ldots$ etc.

Die Differentialquotienten können wie folgt gebildet werden:
Ist

$$\mathbf{A} = \begin{pmatrix} \mathbf{a}_1^T \\ \mathbf{a}_2^T \\ \mathbf{a}_3^T \end{pmatrix}, \quad \mathbf{b} = \begin{pmatrix} x_i - x_0' \\ y_i - y_0' \\ z_i - z_0' \end{pmatrix}$$

können die Kollinearitätsgleichungen geschrieben werden:

$$x_i' = -c\,\frac{\mathbf{a}_1^T\mathbf{b}}{\mathbf{a}_3^T\mathbf{b}}, \quad y_i' = -c\,\frac{\mathbf{a}_2^T\mathbf{b}}{\mathbf{a}_3^T\mathbf{b}} \qquad \text{oder:}$$

$$\begin{vmatrix} x_i' & -c \\ \mathbf{a}_1^T\mathbf{b} & \mathbf{a}_3^T\mathbf{b} \end{vmatrix} = 0, \qquad \begin{vmatrix} y_i' & -c \\ \mathbf{a}_2^T\mathbf{b} & \mathbf{a}_3^T\mathbf{b} \end{vmatrix} = 0.$$

Dann gilt:

$$\begin{vmatrix} x_i' & -c \\ \mathbf{a}_1^T\mathbf{b} & \mathbf{a}_3^T\mathbf{b} \end{vmatrix} = 0 = \begin{vmatrix} x_i' & -c \\ \mathbf{a}_1^T\mathbf{b} & \mathbf{a}_3^T\mathbf{b} \end{vmatrix}_0 + \begin{vmatrix} x_i' & -c \\ \mathbf{a}_1^T(\dfrac{\partial \mathbf{b}}{\partial x_0'}) & \mathbf{a}_3^T(\dfrac{\partial \mathbf{b}}{\partial x_0'}) \end{vmatrix} dx_0'$$

$$+ \begin{vmatrix} x_i' & -c \\ \mathbf{a}_1^T(\dfrac{\partial \mathbf{b}}{\partial y_0'}) & \mathbf{a}_3^T(\dfrac{\partial \mathbf{b}}{\partial y_0'}) \end{vmatrix} dy_0' + \begin{vmatrix} x_i' & -c \\ \mathbf{a}_1^T(\dfrac{\partial \mathbf{b}}{\partial z_0'}) & \mathbf{a}_3^T(\dfrac{\partial \mathbf{b}}{\partial z_0'}) \end{vmatrix} dz_0' +$$

$$\begin{vmatrix} x_i' & -c \\ (\frac{\partial \mathbf{A}_1}{\partial \omega'})\cdot \mathbf{b} & (\frac{\partial \mathbf{A}_3}{\partial \omega'})\cdot \mathbf{b} \end{vmatrix} d\omega' + \begin{vmatrix} x_i' & -c \\ (\frac{\partial \mathbf{A}_1}{\partial \varphi'})\cdot \mathbf{b} & (\frac{\partial \mathbf{A}_3}{\partial \varphi'})\cdot \mathbf{b} \end{vmatrix} d\varphi' + \begin{vmatrix} x_i' & -c \\ (\frac{\partial \mathbf{A}_1}{\partial \kappa'})\cdot \mathbf{b} & (\frac{\partial \mathbf{A}_3}{\partial \kappa'})\cdot \mathbf{b} \end{vmatrix} d\kappa'$$

und in analoger Weise:

$$\begin{vmatrix} y_i' & -c \\ \mathbf{y}_2^T\mathbf{b} & \mathbf{a}_3^T\mathbf{b} \end{vmatrix} = 0 = \begin{vmatrix} y_i' & -c \\ \mathbf{a}_2^T\mathbf{b} & \mathbf{a}_3^T\mathbf{b} \end{vmatrix}_0 + \begin{vmatrix} y_i' & -c \\ \mathbf{a}_2^T(\frac{\partial \mathbf{b}}{\partial x_0'}) & \mathbf{a}_3^T(\frac{\partial \mathbf{b}}{\partial x_0'}) \end{vmatrix} dx_0 +$$

$$+ \ldots \begin{vmatrix} y_i' & -c \\ (\frac{\partial \mathbf{A}_2}{\partial \kappa'})\cdot \mathbf{b} & (\frac{\partial \mathbf{A}_3}{\partial \kappa'})\cdot \mathbf{b} \end{vmatrix} d\kappa'$$

$$\frac{\partial \mathbf{b}}{\partial x_0'} = \begin{pmatrix} -1 \\ 0 \\ 0 \end{pmatrix}; \quad \frac{\partial \mathbf{b}}{\partial y_0'} = \begin{pmatrix} 0 \\ -1 \\ 0 \end{pmatrix}; \quad \frac{\partial \mathbf{b}}{\partial z_0'} = \begin{pmatrix} 0 \\ 0 \\ -1 \end{pmatrix}$$

$$\frac{\partial \mathbf{A}}{\partial \omega} = \mathbf{A}_\omega \cdot \mathbf{A}_\varphi \cdot \frac{\partial \mathbf{A}_\omega}{\partial \omega} = \mathbf{A}_\kappa \cdot \mathbf{A}_\varphi \cdot \begin{pmatrix} 0 & 0 & 0 \\ 0 & -\sin\omega & \cos\omega \\ 0 & -\cos\omega & -\sin\omega \end{pmatrix}$$

$$\frac{\partial \mathbf{A}}{\partial \varphi} = \mathbf{A}_\omega \cdot \frac{\partial \mathbf{A}_\varphi}{\partial \varphi} \cdot \mathbf{A}_\omega = \mathbf{A}_\kappa \begin{pmatrix} -\sin\varphi & 0 & \cos\varphi \\ 0 & 0 & 0 \\ -\cos\varphi & 0 & -\sin\varphi \end{pmatrix} \cdot \mathbf{A}_\omega$$

$$\frac{\partial \mathbf{A}}{\partial \kappa} = \frac{\partial \mathbf{A}_\kappa}{\partial \kappa} \cdot \mathbf{A}_\varphi \cdot \mathbf{A}_\omega = \begin{pmatrix} -\sin\kappa & \cos\kappa & 0 \\ -\cos\kappa & -\sin\kappa & 0 \\ 0 & 0 & 0 \end{pmatrix} \cdot \mathbf{A}_\varphi \cdot \mathbf{A}_\omega$$

Die vollständigen linearisierten Kollinearitätsgleichungen lauten mit

$$\mathbf{a}_3^T\mathbf{b} = a_{31}(x_i - x_0') + a_{32}(y_i - y_0') + a_{33}(z_i - z_0')$$

$$(x_i')_0 = -c\,\frac{x_i - (x_0')_0}{z_i - (z_0')_0}; \quad (y_i')_0 = -c\,\frac{y_i - (y_0)_0'}{z_i - (z_0)_0'}:$$

$$-\frac{1}{\mathbf{a}_3^T\mathbf{b}}\Big[(-x_i'a_{31} - c\,a_{11})dx_0' + (-x_i'a_{32} - c\,a_{12})dy_0' + (-x_i'a_{33} - c\,a_{13})dz_0'$$

$$+\Big\{+x_i'\Big[-(y_i - y_0')a_{33} + (z_i - z_0')a_{32}\Big] + c\Big[-(y_i - y_0')a_{13} + (z_i - z_0')a_{12}\Big]\Big\}d\omega$$

$$+\Big\{x_i'\Big[-(x_i - x_0')\cos\varphi + (y_i - y_0')\sin\varphi\sin\omega - (z_i - z_0')\sin\varphi\cos\omega\Big]$$

$$+c\Big[-(x_i - x_0')\cos\kappa\sin\varphi - (y_i - y_0')\cos\kappa\cos\varphi\sin\omega + (z_i - z_0')\cos\kappa\cdot\cos\varphi\cdot\cos\omega\Big]\Big\}d\varphi$$

$$+\Big\{c\Big[(x_i - x_0')a_{21} + (y_i - y_0')a_{22} + (z_i - z_0')a_{23}\Big]\Big\}\cdot d\kappa\Big] = x_i' - (x_i')_0,$$

$$-\frac{1}{\mathbf{a}_3^T\mathbf{b}}\Big[(-y_i'a_{31} - c\,a_{21})dx_0' + (-y_i'a_{32} - c\,a_{22})dy_0' + (-y_i'a_{33} - c\,a_{23})dz_0'$$

$$+\Big\{y_i'\Big[-(y_i - y_0')a_{33} + (z_i - z_0')a_{32}\Big] + c\Big[-(y_i - y_0')a_{23} + (z_i - z_0')a_{22}\Big]\Big\}d\omega$$

$$+\Big\{y_i'\Big[-(x_i - x_0')\cos\varphi + (y_i - y_0')\sin\varphi\sin\omega - (z_i - z_0')\sin\varphi\cos\omega\Big]$$

$$+c\Big[-(x_i - x_0')\sin\kappa\sin\varphi + (y_i - y_0')\sin\kappa\cos\varphi\sin\omega - (z_i - z_0)\sin\kappa\cos\varphi\cos\omega\Big]\Big\}d\varphi$$

$$+\Big\{c\Big[-(x_i - x_0')a_{11} - (y_i - y_0')a_{12} - (z_i - z_0')a_{13}\Big]\Big\}d\kappa\Big] = y_i' - (y_i')_0.$$

Dieses Gleichungssystem kann, wie in der Ausgleichungsrechnung üblich mit

$$\mathbf{A}\mathbf{x}_i = \mathbf{l}_i$$

bezeichnet werden; $\mathbf{x}_i$ sind jetzt die Orientierungsparameter, $\mathbf{l}_i$ die beobachteten Bildkoordinaten und **A** die Koeffizientenmatrix, welche mit der Rotationsmatrix **A** nicht verwechselt werden darf.

Bei drei Paßpunkten entstehen 6 Beobachtungsgleichungen; sie reichen aus die 6 Parameter zu lösen, wenn $|\mathbf{A}| \neq 0$ (z. B. wenn die drei Punkte nicht auf einer Geraden liegen):

$$\mathbf{x} = \mathbf{A}^{-1}\mathbf{l}.$$

Somit sind bei bekannter innerer Orientierung nur 3 Paßpunkte zur Rekonstruktion der äußeren Orientierung erforderlich.

Falls mehr als 3 Paßpunkte vorhanden sind, liefert jeder zusätzliche Punkt 2 weitere Beobachtungsgleichungen.

Alle Beobachtungsgleichungen lauten:

$$\mathbf{v} = \mathbf{A}\mathbf{x} - \mathbf{l} \qquad \text{mit der Lösung}$$

$$\mathbf{x} = (\mathbf{A}^T\mathbf{A})^{-1}\mathbf{A}^T\mathbf{l}.$$

Die ermittelten **x** sind die Verbesserungen der Parameter, um welche ihre gewählten Näherungswerte additiv korrigiert werden müssen:
z. B.

$$(x_0')_0 + dx_0' = x_0'.$$

Literatur zu 4.4.
Gast, P., 1930; Rinner, K., 1956; Schmidt, H., 1953, 1958

4.5 Analytische Orientierung des Bildverbandes durch Bündelblockausgleichung

4.5.1 Erweiterte Fehlergleichungen

Das Verfahren des räumlichen Rückwärtsschnitts kann erweitert werden auf die Mehrpunkteinschaltung im Raum, wie sie bei der sogenannten Aerotriangulationsausgleichung nach der Bündelmethode angewandt wird [H. Schmid 1958]. Dabei treten außer den je 6 Orientierungsunbekannten für jede Aufnahme des Bildverbandes für die gemeinsamen Punkte in mehreren

Bildern noch je 3 Koordinatenunbekannte auf, sofern sie keine Paßpunkte sind (siehe Abb. 4.11).

Die Fehlergleichungen haben die Form:

$$\mathbf{v}' = (\mathbf{A}_1\mathbf{A}_2) \cdot \begin{pmatrix} \mathbf{x}_1 \\ \mathbf{x}_2 \end{pmatrix} - \mathbf{l} = \mathbf{A}\mathbf{x} - \mathbf{l}.$$

Die Form der Teilmatrix $\mathbf{A}_1$ ist bereits in den die Parameter dx_0', dy_0', dz_0', $d\omega'$, $d\varphi'$, $d\kappa'$ enthaltenden Fehlergleichungen für v_x' und v_y' in den Grundsätzen beschrieben worden. Hinzu treten jetzt noch neue Gleichungen v_x'', v_y'' mit neuen Parametern der zweiten Aufnahme dx_0'', dy_0'', dz_0'', $d\omega''$, $d\varphi''$, $d\kappa''$; der dritten Aufnahme v_x''', v_y''' mit dx_0''', ... $d\kappa'''$ usw. Dabei sind die Orientierungsparameter einer Aufnahme mit denen der anderen Aufnahme unkorreliert. Korrelationen bestehen dagegen zwischen Orientierungsparametern und Punktparametern. Die haben die Koeffizienten $\mathbf{A}_2$. Die Parameter eines Punktes sind mit den Parametern eines anderen Punktes ebenfalls unkorreliert.

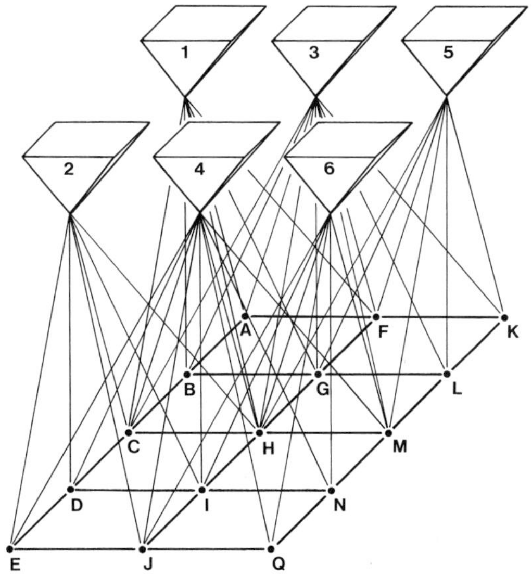

Abb. 4.11: Mehrpunkteinschaltung im Raum
Aufnahmeorte 1 bis 6
Verknüpfungspunkte A bis Q

$\mathbf{A}_2\mathbf{x}_2$ hat für jeden Punkt die Form:

$$\begin{pmatrix} \frac{\partial x_i'}{\partial x_i} dx_i + \frac{\partial x_i'}{\partial y_i} dy_i + \frac{\partial x_i'}{\partial z_i} dz_i \\ \frac{\partial y_i'}{\partial x_i} dy_i + \frac{\partial y_i'}{\partial y_i} dy_i + \frac{\partial y_i'}{\partial z_i} dz_i \end{pmatrix}.$$

Damit lauten die vollständigen Fehlergleichungen:

$$v'_{x_i} = \frac{\partial x_i'}{\partial x_0'} dx_0' + \ldots + \frac{\partial x_i'}{\partial K'} d\kappa' + \frac{\partial x_i'}{\partial x_i} dx_i + \frac{\partial x_i'}{\partial y_i} dy_i + \frac{\partial x_i'}{\partial z_i} dz_i - (x_i'' - (x_i'')_0),$$

$$v'_{y_i} = \frac{\partial y_i'}{\partial x_0'} dx_0' + \ldots + \frac{\partial y_i'}{\partial K'} d\kappa' + \frac{\partial y_i'}{\partial x_i} dx_i + \frac{\partial y_i'}{\partial y_i} dy_i + \frac{\partial y_i'}{\partial z_i} dz_i - (y_i'' - (y_i'')_0)$$

wegen

$$\begin{vmatrix} x_i' & -c \\ \mathbf{a}_1^T\left(\frac{\partial \mathbf{b}}{\partial x_i}\right) & \mathbf{a}_3^T\left(\frac{\partial \mathbf{b}}{\partial x_i}\right) \end{vmatrix} dx_i, \quad \begin{vmatrix} x_i' & -c \\ \mathbf{a}_1^T\left(\frac{\partial \mathbf{b}}{\partial y_i}\right) & \mathbf{a}_3^T\left(\frac{\partial \mathbf{b}}{\partial y_i}\right) \end{vmatrix} dy_i, \quad \begin{vmatrix} x_i' & -c \\ \mathbf{a}_1^T\left(\frac{\partial \mathbf{b}}{\partial z_i}\right) & \mathbf{a}_3^T\left(\frac{\partial \mathbf{b}}{\partial z_i}\right) \end{vmatrix} dz_i$$

und

$$\begin{vmatrix} y_i' & -c \\ \mathbf{a}_2^T(\frac{\partial \mathbf{b}}{\partial x_i}) & \mathbf{a}_3^T(\frac{\partial \mathbf{b}}{\partial x_i}) \end{vmatrix} dx_i, \quad \begin{vmatrix} y_i' & -c \\ \mathbf{a}_2^T(\frac{\partial \mathbf{b}}{\partial y_i}) & a_3^T(\frac{\partial \mathbf{b}}{\partial y_i}) \end{vmatrix} dy_i, \quad \begin{vmatrix} y_i' & -c \\ \mathbf{a}_2^T(\frac{\partial \mathbf{b}}{\partial z_i}) & \mathbf{a}_3^T(\frac{\partial \mathbf{b}}{\partial z_i}) \end{vmatrix}$$ dz_i in Gleichung v'_{y_i}

und

$$\frac{\partial \mathbf{b}}{\partial x_i'} = \begin{pmatrix} 1 \\ 0 \\ 0 \end{pmatrix}, \quad \frac{\partial \mathbf{b}}{\partial y_i'} = \begin{pmatrix} 0 \\ 1 \\ 0 \end{pmatrix}, \quad \frac{\partial \mathbf{b}}{\partial z_i'} = \begin{pmatrix} 0 \\ 0 \\ 1 \end{pmatrix}$$

wie folgt:

$$v'_{x_i} = -\frac{1}{\mathbf{a}_3^T\mathbf{b}}(x_i' \cdot a_{31} + c \cdot a_{11}) dx_i' + (x_i' \cdot a_{32} + c \cdot a_{12}) dy_i' + (x_i' a \cdot {}_{33} + c \cdot a_{13}) dz_i',$$

$$v'_{y_i} = -\frac{1}{\mathbf{a}_3^T\mathbf{b}}(y_i' \cdot a_{31} + c \cdot a_{21}) dx_i' + (y_i' \cdot a_{32} - c \cdot a_{22}) dy_i' + (y_i' \cdot a_{33} - c \cdot a_{23}) dz_i'.$$

4.5.2 Beispiel für Fehler- und Normalgleichungen

Für einen in Abb. 4.12 angegebenen Block von 3 Bildstreifen mit je 4 Aufnahmen werden die in Abb. 4.13 dargestellten Fehlergleichungen erhalten, aus denen sich nach Abb. 4.14 die Normalgleichungen ergeben.

Abb. 4.15 zeigt die Ordnung der Normalgleichungsparameter in einer anderen Reihenfolge: die 84 Punktparameter $(=p)$ werden zuerst angesetzt, dann die 72 Orientierungsparameter $(=o)$.

Lösungsbedingung $|\mathbf{A}^T\mathbf{A}| \neq o$.

Das System besitzt einen Datumsdefekt, welcher noch berücksichtigt werden muß, z. B. durch Auslassen bekannter Punktparameter, oder durch Einführen zusätzlicher Beobachtungsgleichungen mit hohem Gewicht für die bekannten Punktparameter.

Für den Block wurden Bilder und Punkte bereits in Richtung der geringsten Anzahl der Bilder des Blockes, also von oben nach unten, numeriert. Zusammen mit der Anordnung der Abb. 56 ergibt dies für die weitere Vorgehensweise die günstigsten Bedingungen (geringste Bandbreite).

Um eine Matrix der Dimension 156×156 zu invertieren oder zumindest (nach dem Gaußschen Algorithmus oder nach Cholesky) aufzulösen, be-

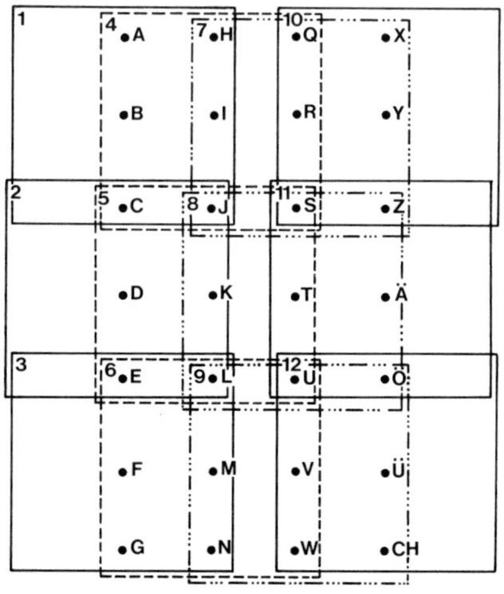

Abb. 4.12: Blockausgleichungsbeispiel

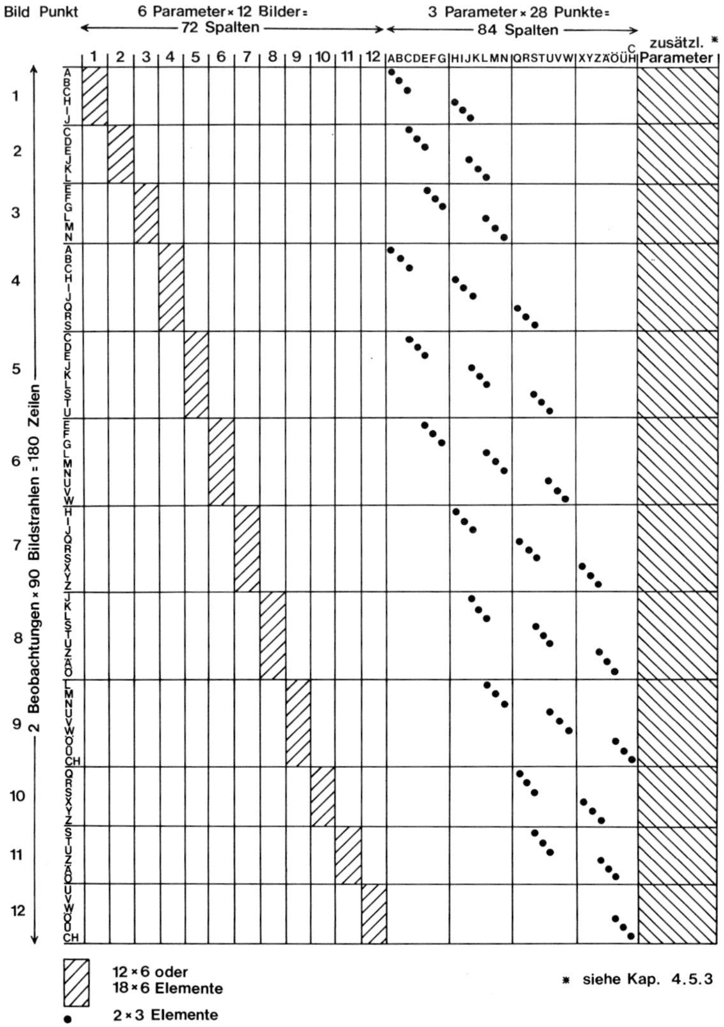

Abb. 4.13: Koeffizientenmatrix A der Fehlergleichungen für das Beispiel der Bündelblockausgleichung

steht ein großer Rechenspeicherbedarf. Zudem wächst die Rechenzeit mit der dritten Potenz der Anzahl der aufzulösenden Parameter (156).

Deshalb ist es vorteilhaft, die geometrische Struktur der Matrix auszunutzen (viele Elemente werden null), um die Inversion oder die Auflösung nur mit kleineren Teilmatrizen (Partitionierung) ausführen zu müssen.

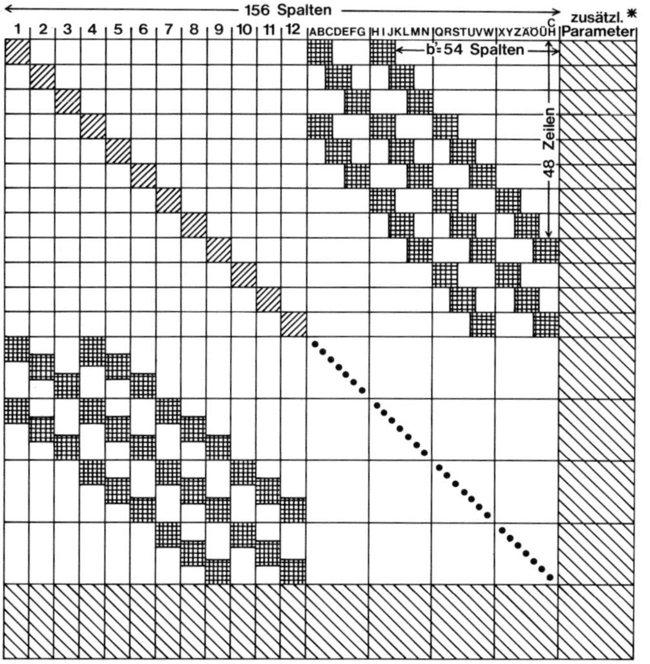

6×6 Elemente

• 3×3 Elemente

6×9 (oben) bzw.
9×6 (unten) Elemente

* siehe Kap. 4.5.3

Abb. 4.14: $\mathbf{A}^T\mathbf{A}$ der Normalgleichungen der Bündelblockausgleichung in Anordnung Orientierungsparameter-Punktparameter

3 Streifen mit je 4 Bildern = 12 × 6 = 72 Orientierungsparameter (üblicherweise enthält ein Streifen mehr als 4 Bilder)

Lauten die Fehlergleichungen (wie für Abb. 4.14 verwendet)

$$\mathbf{v}_i' = (\mathbf{A}_1 \mathbf{A}_2) \begin{pmatrix} \mathbf{x}_1 \\ \mathbf{x}_2 \end{pmatrix} - \mathbf{l}_i,$$

dann bestehen die Normalgleichungen aus:

$$\begin{pmatrix} (\mathbf{A}_1^T \mathbf{A}_1) & (\mathbf{A}_1^T \mathbf{A}_2) \\ (\mathbf{A}_2^T \mathbf{A}_1) & (\mathbf{A}_2^T \mathbf{A}_2) \end{pmatrix} \begin{pmatrix} \mathbf{x}_1 \\ \mathbf{x}_2 \end{pmatrix} = \begin{pmatrix} \mathbf{A}_1^T \mathbf{l} \\ \mathbf{A}_2^T \mathbf{l} \end{pmatrix}$$

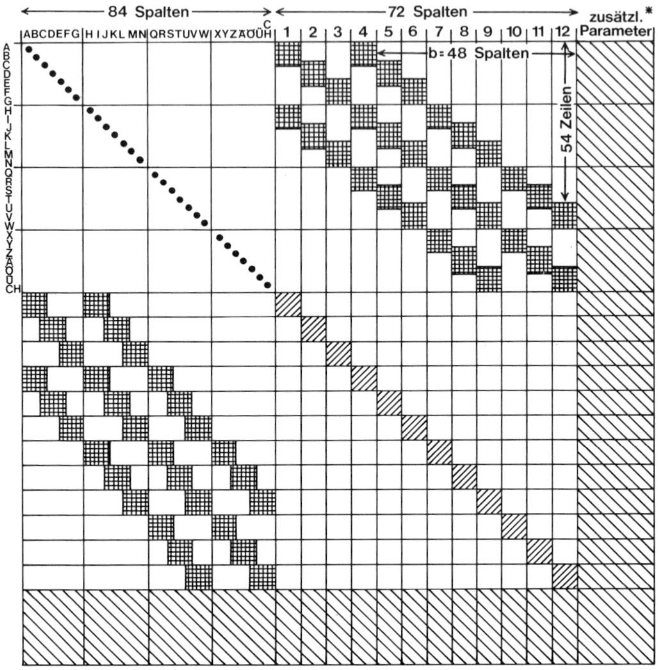

* siehe Kap. 4.5.3

Abb. 4.15: $\mathbf{A}^T\mathbf{A}$ der Normalgleichungen der Bündelblockausgleichung in Anordnung Punktparameter-Orientierungsparameter

28 Punkte × 3 Koordinaten = 84 Koordinatenparameter

oder verkürzt:

$$\begin{pmatrix} \mathbf{N}_{11} & \mathbf{N}_{12} \\ \mathbf{N}_{21} & \mathbf{N}_{22} \end{pmatrix} \begin{pmatrix} \mathbf{x}_1 \\ \mathbf{x}_2 \end{pmatrix} = \begin{pmatrix} \mathbf{b}_1 \\ \mathbf{b}_2 \end{pmatrix}.$$

Es fällt auf, daß $\mathbf{N}_{11}$ aus o unabhängigen Diagonalmatrizen der Dimension 6×6 besteht und $\mathbf{N}_{22}$ aus p unabhängigen Diagonalmatrizen der Dimension 3×3.

Die partitionierte Auflösung ist identisch mit dem aus der geodätischen Literatur bekannten Boltzschen Entwicklungsverfahren:

$$\mathbf{N}_{11}\mathbf{x}_1 + \mathbf{N}_{12}\mathbf{x}_2 = \mathbf{b}_1,$$

$$\mathbf{N}_{21}\mathbf{x}_1 + \mathbf{N}_{22}\mathbf{x}_2 = \mathbf{b}_2,$$

deshalb:

$$\mathbf{x}_1 = \mathbf{N}_{11}^{-1}(\mathbf{b}_1 - \mathbf{N}_{12}\mathbf{x}_2),$$

$$\mathbf{N}_{21}\mathbf{N}_{11}^{-1}(\mathbf{b}_1 - \mathbf{N}_{12}\mathbf{x}_2) + \mathbf{N}_{22}\mathbf{x}_2 = \mathbf{b}_2,$$

$$\mathbf{x}_2 = (\mathbf{N}_{22} - \mathbf{N}_{21}\mathbf{N}_{11}^{-1}\mathbf{N}_{12})^{-1}(\mathbf{b}_2 - \mathbf{N}_{21}\mathbf{N}_{11}^{-1}\mathbf{b}_1).$$

Die zu invertierende Matrix $\mathbf{N}_{11}$ besteht aus o unabhängigen Teilinversionen der Größe 6×6. Die Matrix $(\mathbf{N}_{22} - \mathbf{N}_{21}\mathbf{N}_{11}^{-1}\mathbf{N}_{12}) = \mathbf{M}$ hat nurmehr die Dimension 84×84. Die Matrix $\mathbf{M}$ ist günstig aufzustellen, wenn man bedenkt, daß $\mathbf{N}_{11}$ eine Diagonalstruktur hat und daher das Produkt $\mathbf{N}_{21}\mathbf{N}_{11}{}^{-1}\mathbf{N}_{12}$ getrennt für jeden Punkt berechnet werden kann.

Bei Umstellung nach Abb. 4.15 hat $\mathbf{N}_{11}$ die Dimension 3×3 und $\mathbf{M}$ die Dimension 72×72.

Da die Matrizen symmetrisch zur Diagonalen sind, braucht nur eine Dreiecksmatrix und die Diagonale gespeichert zu werden.

Die Matrix $\mathbf{M}$ hat weiterhin eine Bandstruktur, die viele Nullelemente enthält. Auf eine bandstrukturierte Matrix kann die rekursive Partitionierung angewandt werden. Hierzu muß $\mathbf{M}$ in Teilmatrizen aufgespalten werden und zwar so, daß die Teilmatrizen außerhalb der Bandstruktur null sind.

Wird $(\mathbf{b}_2 - \mathbf{N}_{21}\mathbf{N}_{11}^{-1}\mathbf{b}_1)$ mit $\mathbf{c}$ bezeichnet und $\mathbf{c}^T = (\mathbf{c}_1, \mathbf{c}_2, \mathbf{c}_3, \mathbf{c}_n)$ sowie $\mathbf{x}_2^T = (\mathbf{y}_1, \mathbf{y}_2, \mathbf{y}_3, \mathbf{y}_n)$ dann gilt:

$$\begin{pmatrix} \mathbf{M}_{11} & \mathbf{M}_{12} & 0 & 0 \\ \mathbf{M}_{21} & \mathbf{M}_{22} & \mathbf{M}_{23} & 0 \\ 0 & \mathbf{M}_{32} & \mathbf{M}_{33} & \mathbf{M}_{3n} \\ 0 & 0 & \mathbf{M}_{n3} & \mathbf{M}_{nn} \end{pmatrix} \begin{pmatrix} \mathbf{y}_1 \\ \mathbf{y}_2 \\ \mathbf{y}_3 \\ \mathbf{y}_n \end{pmatrix} = \begin{pmatrix} \mathbf{c}_1 \\ \mathbf{c}_2 \\ \mathbf{c}_3 \\ \mathbf{c}_n \end{pmatrix}.$$

Die Auflösung mit Matrizen und Vektoren erfolgt wie mit algebraischen Zahlen:

$$\begin{aligned}
\mathbf{y}_1 &= \mathbf{M}_{11}^{-1}(\mathbf{c}_1 - \mathbf{M}_{12}\mathbf{y}_2), \\
\mathbf{y}_2 &= (\mathbf{M}_{22} - \mathbf{M}_{21}\mathbf{M}_{11}^{-1}\mathbf{M}_{12})^{-1}(\mathbf{c}_2 - \mathbf{M}_{21}\mathbf{M}_{11}^{-1}\mathbf{c}_2 - \mathbf{M}_{23}\mathbf{y}_3), \\
\mathbf{y}_3 &= (\mathbf{M}_{33} - \mathbf{M}_{32}(\mathbf{M}_{22} - \mathbf{M}_{21}\mathbf{M}_{11}^{-1}\mathbf{M}_{12})^{-1}\mathbf{M}_{23})^{-1} \cdot \\
&\quad [\mathbf{c}_3 - \mathbf{M}_{32}(\mathbf{M}_{22} - \mathbf{M}_{21}\mathbf{M}_{11}^{-1}\mathbf{M}_{12})^{-1}\mathbf{c}_2 + \\
&\quad + \mathbf{M}_{32}(\mathbf{M}_{22} - \mathbf{M}_{21}\mathbf{M}_{11}^{-1}\mathbf{M}_{12})^{-1} \cdot \mathbf{M}_{21} \cdot \mathbf{M}_{11}^{-1}\mathbf{c}_1 - \mathbf{M}_{3n}\mathbf{y}_n],
\end{aligned}$$

$$\begin{aligned}
\mathbf{y}_n &= (\mathbf{M}_{nn} - \mathbf{M}_{n3}(\mathbf{M}_{33} - \mathbf{M}_{32}(\mathbf{M}_{22} - \mathbf{M}_{21}\mathbf{M}_{11}^{-1}\mathbf{M}_{12})^{-1}\mathbf{M}_{23})^{-1}\mathbf{M}_{3n})^{-1} \cdot \\
&\quad \cdot [(\mathbf{c}_n - \mathbf{M}_{n3}(\mathbf{M}_{33} - \mathbf{M}_{32}(\mathbf{M}_{22}\mathbf{M}_{21}\mathbf{M}_{11}^{-1}\mathbf{M}_{12})^{-1}\mathbf{M}_{23})^{-1}) \cdot \mathbf{c}_3 + \\
&\quad + [\mathbf{M}_{n3}(\mathbf{M}_{33} - \mathbf{M}_{32}(\mathbf{M}_{22} - \mathbf{M}_{21}\mathbf{M}_{11}^{-1}\mathbf{M}_{12})^{-1}\mathbf{M}_{23})^{-1}] \cdot \\
&\quad [\mathbf{M}_{32}(\mathbf{M}_{22} - \mathbf{M}_{21} \cdot \mathbf{M}_{11}^{-1}\mathbf{M}_{12})^{-1}]\mathbf{c}_2 - \\
&\quad - [\mathbf{M}_{n3}(\mathbf{M}_{33} - \mathbf{M}_{32}(\mathbf{M}_{22} - \mathbf{M}_{21}\mathbf{M}_{11}^{-1}\mathbf{M}_{12})^{-1}\mathbf{M}_{23})^{-1}] \cdot \\
&\quad [\mathbf{M}_{32}(\mathbf{M}_{22} - \mathbf{M}_{21}\mathbf{M}_{11}^{-1}\mathbf{M}_{12})^{-1}\mathbf{M}_{21} \cdot \mathbf{M}_{11}^{-1}] \cdot \mathbf{c}_1.
\end{aligned}$$

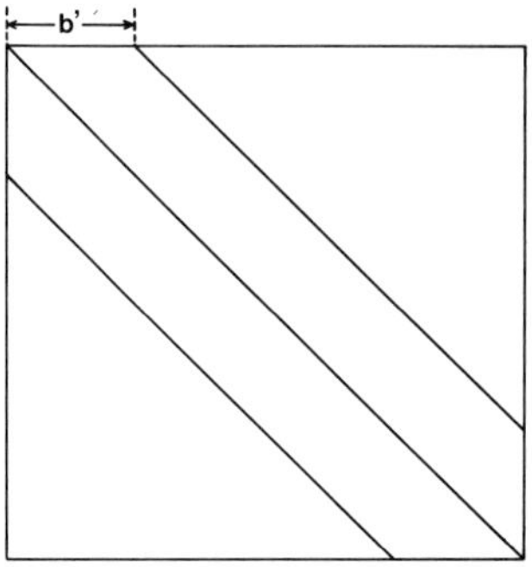

Abb. 4.16: Bandbreite der reduzierten Normalgleichungsmatrix

Damit können die Teilinversionen oder Teilauflösungen auf die Größe der Bandbreite b' reduziert werden (siehe Abb. 4.16).

Für den günstigsten Fall, daß die Punktparameter zuerst angeschrieben werden und n die Anzahl der Streifen im Block bedeutet, wird:

$$b' = 6(2n+2) = \text{im Beispiel gleich } 48.$$

4.5.3 Paßpunkte

Das in Kap. 4.5.2 dargestellte Beispiel führt zu einer Normalgleichungsmatrix $\mathbf{A}^T\mathbf{A}$, welche einen Rangdefekt hat (Datumsdefekt). Er kann optimal durch Minimierung der Spur behoben werden [Höpcke 1980]. In der Praxis der Photogrammetrie ist es jedoch üblich, die Orientierung des Bildverbandes zur Erdoberfläche durch Paßpunkte zu bestimmen.

Zwei Bildern sind 12 Orientierungsparameter zugeordnet. Da jedes Bild einen projektiven Raum kennzeichnet, der durch Strahlen zu je 5 gemeinsamen (aber nicht notwendigerweise bekannten) Geländepunkten zueinander zugeordnet werden kann, so daß 5 Strahlenschnitte entstehen, die durch 5 Parameter bestimmt sind, verbleiben 7 weitere Parameter, die in einem Stereomodell festgelegt werden müssen (siehe Kap. 4.9). Innerhalb eines Streifens ist die Orientierung allein durch Strahlenschnitte übertragbar. Nur von Streifen zu Streifen muß ein weiterer Parameter für die Höhenübertragung definiert werden.

Im allgemeinen wird es zur Stabilisierung der Absolutgenauigkeit eines Blockes jedoch vorteilhaft sein, den Blockrand oder zumindest die Blockecken mit Lagepaßpunkten zu versehen und Höhenpaßpunkte über die gesamte Blockfläche zu verteilen.

Für die Berücksichtigung von Paßpunkten in der Blockausgleichung gibt es zwei Möglichkeiten:

(1) Auslassen der Parameter $\mathbf{x}_i$ für die Paßpunkte; dabei bleiben die Fehlergleichungen für die Bildkoordinaten der Paßpunkte erhalten, aber die Zahl der Unbekannten wird reduziert.

(2) Eine zweite, übersichtlichere Möglichkeit besteht darin, die Paßpunktkoordinaten als zusätzliche Fehlergleichungen

$$\mathbf{v}_i = \mathbf{A}\mathbf{x}_i - \mathbf{l}_i$$

mit Gewichten p_i einzuführen. $p_i = \infty$ bedeutet dasselbe wie (1). Gewichte haben den Vorteil, die Paßpunkte nicht nur starr, sondern auch mit kleinerem Gewicht (z. B. $p_i = 1$) einführen zu können, was zur Analyse des Ausgleichungsergebnisses im Hinblick auf die Genauigkeit der Paßpunktunterlagen nützlich ist.

4.5.4 Zusätzliche Parameter

Die Zentralprojektion stellt nur ein unzureichendes funktionales Modell für die Geometrie der Abbildung dar. Auch die in der Kammerkalibrierung bestimmte Verzeichnung beschreibt die Differenz zwischen Zentralprojektion und Meßbildgeometrie noch nicht hinreichend. Bei höchsten Genauigkeitsanforderungen dürfen auch die Änderungen der Bildgeometrie durch Temperatureinflüsse auf die Kammer, mechanische Einwirkungen auf den Film, Refraktion und Differentialrefraktion am Flugzeugrumpf nicht vernachlässigt werden. Diese Fehler des funktionalen Modells der Bildgeometrie werden allgemein als systematische Bildfehler bezeichnet. Sie sind nicht konstant, ändern sich jedoch während eines Bildflugs nur unerheblich.

Empirische Blockausgleichungstests haben ergeben, daß die Absolutgenauigkeit von durch Blockausgleichung bestimmten Punktkoordinaten wesentlich (um den Faktor 1,5 bis 3) verbessert werden kann, wenn zur Erfassung dieser nicht bekannten systematischen Bildfehler zusätzliche Parameter eingeführt werden.

Als zusätzliche Parameter kommen Bildkorrekturen der radialsymmetrischen Verzeichnung $\Delta v_i'$, der asymmetrischen radialen Verzeichnung $\Delta r_a'$,

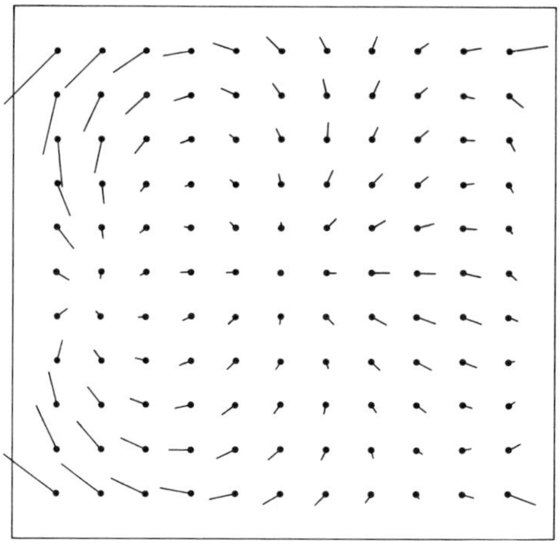

Abb. 4.17: Verbesserung der Bildkoordinaten durch zusätzliche Parameter [Jacobsen 1980]

der tangentialen Verzeichnung $\Delta t'_a$ sowie der Affinität und Scherung des Filmes in Frage, wie sie durch die Werte a_1 bis a_{10} des Kap. 4.2.3 (4) ausgedrückt werden.

Diese Werte können mit ihren Koeffizienten als Zusätze zu den Fehlergleichungen verwendet werden:

$$\begin{aligned} v'_{x_i} = \ldots & + a_1 x'_i (r'_i - r'_0) + a_2 x'_i ({r'}_i^3 - {r'_0}^3) + a_3 x'_i ({r'}_i^5 - {r'_0}^5) \\ & + a_4 x'_i ({r'}_i^7 - {r'_0}^7) + a_5 x'_i \cos 2\alpha_i + a_6 x'_i \sin 2\alpha_i \\ & - a_7 y'_i \cos 2\alpha_i - a_8 y'_i \sin 2\alpha - a_9 x'_i - (x'_i - (x'_i)_0), \end{aligned}$$

$$\begin{aligned} v'_{y_i} = \ldots & + a_1 y'_i (r'_i - r'_0) + a_2 y'_i ({r'}_i^3 - {r'_0}^3) + a_3 y'_i ({r'}_i^5 - {r'_0}^5) \\ & + a_4 y'_i ({r'}_i^7 - {r'_0}^7) + a_5 y'_i \cos 2\alpha_i + a_6 y'_i \sin 2\alpha_i \\ & + a_7 x'_i \cos 2\alpha_i + a_8 x'_i \sin 2\alpha_i + a_9 y'_i + a_{10} x'_i - (y_i - (y'_i)_0). \end{aligned}$$

Die Reduktion oder Erweiterung dieser angegebenen Koeffizienten z. B. mit Ausdrücken, die $\sin 4\alpha$ und $\cos 4\alpha$ enthalten, oder mit $x'_i y'_i$, $x'_i {y'}_i^2$, ${x'}_i^2 y'_i$ ansteigen, ist möglich. Die Wahl der Parameter hängt von der Größe des Blocks, den Überdeckungsverhältnissen ($p = 60\%$, 80% oder 90%, $q = 20\%$, 60% oder Mehrfachbefliegung) und der Anzahl und Verteilung der Bildpunkte ab.

Die zusätzlichen Parameter $\mathbf{x}_3$ können als volle Teilmatrix am Ende der rekursiven Partitionierung mitreduziert werden. Da es sich nur um wenige Parameter handelt, bereitet dies keinen großen Aufwand.

$$\mathbf{v}_i' = (\mathbf{A}_1, \mathbf{A}_2, \mathbf{A}_3) \begin{pmatrix} \mathbf{x}_1 \\ \mathbf{x}_2 \\ \mathbf{x}_3 \end{pmatrix} - \mathbf{l},$$

$$\begin{pmatrix} \mathbf{A}_1^T\mathbf{A}_1 & \mathbf{A}_1^T\mathbf{A}_2 & \mathbf{A}_1^T\mathbf{A}_3 \\ \mathbf{A}_2^T\mathbf{A}_1 & \mathbf{A}_2^T\mathbf{A}_2 & \mathbf{A}_2^T\mathbf{A}_3 \\ \mathbf{A}_3^T\mathbf{A}_1 & \mathbf{A}_3^T\mathbf{A}_2 & \mathbf{A}_3^T\mathbf{A}_3 \end{pmatrix} \begin{pmatrix} \mathbf{x}_1 \\ \mathbf{x}_2 \\ \mathbf{x}_3 \end{pmatrix} \begin{pmatrix} \mathbf{A}_1^T\mathbf{l} \\ \mathbf{A}_2^T\mathbf{l} \\ \mathbf{A}_3^T\mathbf{l} \end{pmatrix}.$$

Die eingeführten zusätzlichen Parameter müssen mit statistischen Tests überprüft werden und die Blockausgleichung muß nur mit den erforderlichen zusätzlichen Parametern wiederholt werden um eine optimale Genauigkeit der zu berechnenden Objektpunkte zu erhalten [Jacobsen 1982].

4.5.5 Blockausgleichung mit zusätzlichen Bedingungen

Nach Kap. 4.1.2 (4) können zusätzliche Bedingungen zwischen den Unbekannten in die Ausgleichung eingeführt werden. Es ist jedoch einfacher, die Berücksichtigung nach Kap. 4.5.3 als zusätzliche Fehlergleichungen mit bestimmtem Gewicht vorzunehmen.

Das Gewicht sollte abgeschätzt werden mit

$$p_i = \frac{1}{\sigma_i^2},$$

wobei σ_i für die jeweilige einzelne Beobachtung eingeführt werden sollte.

Wählt man aber für Bildkoordinaten, die den mittleren Punktfehler $\sigma_{x',y'}$ besitzen, $p_i = 1$, dann müssen die zusätzlichen Bedingungen mit dem Faktor $p_B = \frac{(\sigma_{x',y'})^2}{\sigma_B^2}$ eingeführt werden mit σ_B als dem mittleren Fehler dieser Beobachtung. Zur Stabilisierung einer geometrisch schwachen Konfiguration ist eine solche Vorgehensweise selbst mit Pseudobeobachtungen (Beobachtungswert = 0) möglich.

Für die Art der Bedingungen oder der zusätzlichen Orientierungsgrößen gibt es folgende Beispiele:

(1) Beobachtungen des Aufnahmeortes

$$v'_{x_0} = x'_0 - (x'_0)_B,$$

$$v'_{y_0} = y'_0 - (y'_0)_B,$$

$$v'_{z_0} = z'_0 - (z'_0)_B,$$

wobei z. B. x'_0 die Unbekannte und $(x'_0)_B$ die Beobachtung bedeutet.

(2) Orientierungswinkel

$$v'_{\omega} = \omega'_0 - (\omega'_0)_B,$$

$$v'_{\varphi} = \varphi'_0 - (\varphi'_0)_B,$$

$$v'_{\kappa} = \kappa'_0 - (\kappa'_0)_B.$$

Dabei ist dafür zu sorgen, daß die gemessenen Orientierungswinkel dem Achsensystem des Ausgleichungsprogramms entsprechen. Ansonsten sind sie nach Kap. 4.2.1 (5 d) umzurechnen oder als korrelierte Beobachtungen einzuführen.

(3) Dasselbe gilt für Differenzen der Orientierungselemente, z. B. für die Horizontkamera:

Parameter Beobachtung

$$v'_{\Delta\varphi} = \varphi'' - \varphi' - (\varphi'' - \varphi')_B,$$

$$v'_{\Delta\omega} = \omega'' - \omega' - (\omega'' - \omega')_B,$$

$$v'_{\Delta z_0} = z''_0 - z''_0 - (z''_0 - z'_0)_B.$$

(4) Für die in Kap. 4.1.2 (4) besprochenen Paßpunkte:

$$v_{x_i} = x_i - (x_i)_B,$$

$$v_{y_i} = y_i - (y_i)_B,$$

$$v_{z_i} = z_i - (z_i)_B.$$

(5) Für Koordinatendifferenzen, z. B., verschiedene Punkte am Ufer eines Sees:

$$v_{\Delta z_{ij}} = z_j - z_i - (0)_B$$

oder Höhendifferenzen:

$$v_{\Delta z_{ij}} = z_j - z_i - (z_j - z_i)_B$$

oder Horizontalstrecken (z. B. kurze Strecken im Kataster):

$$\Delta d_{12} = \sqrt{(x_2 - x_1)^2 + (y_2 - y_1)^2},$$

$$v_{\Delta d} = \frac{\partial d}{\partial x_1} \cdot dx_1 + \frac{\partial d}{\partial y_1} dy_1 + \frac{\partial d}{\partial x_2} dx_2 + \frac{\partial d}{\partial y_2} dy_2 - (\underbrace{\Delta d}_{\text{gemessen}} - \underbrace{(\Delta d)_0}_{\text{gerechnet aus Näherungen}}).$$

Bildet $\mathbf{v}_i = \mathbf{A}'\mathbf{x} - \mathbf{l}_i'$ die Fehlergleichungen der Bildkoordinaten mit $p_i' = 1$ und $\mathbf{v}_B = \mathbf{B}\mathbf{x} - \mathbf{l}_B$ die Fehlergleichungen der zusätzlichen Beobachtungen mit

$$p_B = \frac{(\sigma_{x'y'}{}^2)}{\sigma_B^2},$$

$$\begin{pmatrix} \mathbf{v}_i \\ \mathbf{v}_B \end{pmatrix} = \begin{pmatrix} \mathbf{A}' \\ \mathbf{B} \end{pmatrix} \mathbf{x} - \begin{pmatrix} \mathbf{l}_i' \\ \mathbf{l}_B' \end{pmatrix} \text{ mit } \begin{pmatrix} \mathbf{p}_i' \\ \mathbf{p}_B \end{pmatrix}$$

oder $\mathbf{v}_i = \mathbf{A}\mathbf{x} = \mathbf{l}_i$ mit $\mathbf{p}_i$,

dann ist $\mathbf{x} = (\mathbf{A}^T\mathbf{P}\mathbf{A})^{-1}\mathbf{A}^T\mathbf{P}\mathbf{l}$

und $\sigma_{\mathbf{x}}^2 = (\mathbf{A}^T\mathbf{P}\mathbf{A})^{-1}\sigma_0^2$

mit $\sigma_0^2 = \dfrac{\mathbf{v}^T\mathbf{P}\mathbf{v}}{f}$

mit f = Anzahl der Freiheitsgrade (Beobachtungen minus Unbekannte).

Der Wert $\dfrac{\sigma_{x_i}^2 \text{ vor Ausgleichung}}{\sigma_{x_i}^2 \text{ nach Ausgleichung}}$ läßt sich zur Abschätzung der Richtigkeit der Gewichtsannahmen $\mathbf{p}_B$ statistisch testen.

Literatur zu 4.5.

Bauer, H., 1972; Bauer, H., Müller, J., 1972; Brown, D.C., 1955, 1958; Case, J.B., 1961; Ebner, H., 1976; Ebner, H., de Vegt, C., 1972; EL Assal, A.A., 1969; Förstner, R., 1978; Fritz, L.W., Schmid, H., 1974; Gotthardt, E., 1975; Halonen, R.S., 1971; Harris, P., Tewinkel, G.C., Whitten, C.A., 1962; Jacobsen, K., 1980, 1982a, b; Keller, 1967; Kilpelä, E., 1971; Kilpelä, E., Savolainen, A., 1972; Kilpelä, E., Helkilä, I., Inkelä, K., 1982; Kölbl, O., 1972; Kubik, K., 1967; Meixner, H., 1972; Müller, J., 1971; Rinner, K., 1957; Salmenperä, H., Anderson, J.M., Savolainen, A., 1975; Schenk, A., 1972; Wong, K.W., 1972; Schmid, H., 1958, 1965; Schut, G., 1975.

4.6 Gegenseitige Orientierung des Stereomodells

Die in Kap. 4.5 angegebene Lösung läßt sich auch auf die Orientierung eines einzigen aus zwei Bildern bestehenden Stereomodells anwenden. Der Nachteil der dort beschriebenen Lösung ist der, daß sowohl Orientierungsparameter als auch Punktkoordinaten berechnet werden müssen.

Diese Notwendigkeit entfällt bei der Benutzung von *Komplanaritätsbedingungen* (siehe Abb. 4.18) [G. Schut 1955].

Statt die in der Kollinearitätslösung übliche Beziehung

$$\mathbf{x}_i = \mathbf{x}_0' + \lambda_i' \mathbf{A}^{T'} \mathbf{p}_i' = \mathbf{x}_0'' + \lambda_i'' \mathbf{A}^{T''} \mathbf{p}_i'' = \mathbf{x}_0' + \lambda_i' \, \mathbf{p}^{*\prime}_i + x_0'' + \lambda_i'' \mathbf{p}^{*\prime\prime}_i$$

zu benutzen, kann das Tetraeder zwischen den Vektoren $\mathbf{b}$, $\mathbf{p}_i'$ und $\mathbf{p}_i''$ gebildet und dazu benutzt werden, die Schnittbedingung der beiden Bildstrahlen in p_i zu formulieren. Damit wird $0'0''P_i$ eine Ebene.

Das Volumen des Tetraeders muß für diese Ebene zu null werden:

$$\mathbf{b} \times \mathbf{p}_i^{*\prime} \cdot \mathbf{p}_i^{*\prime\prime} = 0$$

oder

$$\begin{pmatrix} bx \\ by \\ bz \end{pmatrix} \times \begin{pmatrix} u_i' \\ v_i' \\ w_i' \end{pmatrix} \cdot \begin{pmatrix} u_i'' \\ v_i'' \\ w_i'' \end{pmatrix} = 0$$

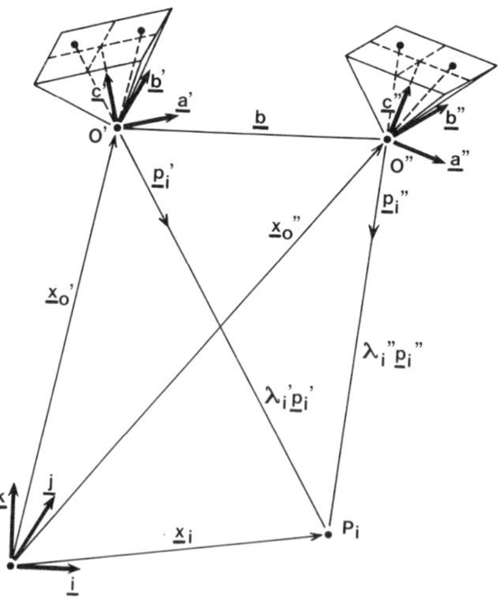

Abb. 4.18: Komplanaritätsbedingung

oder

$$\begin{vmatrix} bx & by & bz \\ u_i' & v_i' & w_i' \\ u_i'' & v_i'' & w_i'' \end{vmatrix} = 0$$

oder nach Rodriguez

$$(u_i'' v_i'' w_i'') \cdot \begin{pmatrix} 0 & -bz & by \\ bz & 0 & -bx \\ -by & bx & 0 \end{pmatrix} \cdot \begin{pmatrix} u_i' \\ v_i' \\ w_i' \end{pmatrix} = 0$$

oder mit der Substitution

$$\beta_x = 1, \ \beta_y = \frac{by}{bx}, \ \beta_z = \frac{bz}{bx}$$

$$(u_i'' v_i'' w_i'') \cdot \begin{pmatrix} 0 & -\beta_z & \beta_y \\ \beta_z & 0 & -1 \\ -\beta_y & 1 & 0 \end{pmatrix} \cdot \begin{pmatrix} u_i' \\ v_i' \\ w_i' \end{pmatrix} = 0$$

oder:

$$\begin{vmatrix} u_i' & v_i' & w_i' & 1 \\ x_0' & y_0' & z_0' & 1 \\ u_i'' & v_i'' & w_i'' & 1 \\ x_0'' & y_0'' & z_0'' & 1 \end{vmatrix} = 0.$$

Die gegenseitige Orientierung eines Stereomodells kann erreicht werden, wenn fünf entsprechende Bildstrahlen zum Schnitt gebracht werden. Die 5 Parameter sind wählbar. Es werden zwei praktische Fälle unterschieden:

(1) Gegenseitige Orientierung für abhängige Bildpaare; hier ist die Orientierung des ersten Bildes fest (abhängig von anderen Orientierungen). Es werden also nur fünf Orientierungselemente des zweiten Bildes benutzt: $dby, dbz, d\omega'', d\varphi'', d\kappa''$.

(2) Gegenseitige Orientierung für unabhängige Bildpaare; hier verwendet man zur Orientierung die Winkelbewegungen beider Bilder, also $d\varphi'$, $d\kappa'$, $d\varphi''$, $d\kappa''$, $d\omega''$.

Dementsprechend muß die Linearisierung der Bedingung erfolgen; z. B. für abhängige Bildpaare:

$$\begin{vmatrix} bx & by & bz \\ u_i' & v_i' & w_i' \\ u_i'' & v_i'' & w_i'' \end{vmatrix} = 0 = \begin{vmatrix} bx & by & bz \\ u_i' & v_i' & w_i' \\ u_i'' & v_i'' & w_i'' \end{vmatrix}_0 +$$

$$\begin{vmatrix} 0 & dby & dbz \\ u_i' & v_i' & w_i' \\ u_i'' & v_i'' & w_i'' \end{vmatrix} + \begin{vmatrix} bx & by & bz \\ u_i' & v_i' & w_i' \\ du_i'' & dv_i'' & dw_i'' \end{vmatrix} =$$

$$0 = \begin{vmatrix} bx & by & bz \\ u_i' & v_i' & w_i' \\ u_i'' & v_i'' & w_i'' \end{vmatrix}_0 + \begin{vmatrix} w_i' & u_i' \\ w_i'' & u_i'' \end{vmatrix} dby + \begin{vmatrix} u_i' & v_i' \\ u_i'' & v_i'' \end{vmatrix} dbz +$$

$$+ \begin{vmatrix} bx & by & bz \\ u_i' & v_i' & w_i' \\ \frac{\partial u_i''}{\partial w''} & \frac{\partial v_i''}{\partial w''} & \frac{\partial w_i''}{\partial w''} \end{vmatrix} d\omega'' + \begin{vmatrix} bx & by & bz \\ u_i' & v_i' & w_i' \\ \frac{\partial u_i''}{\partial \varphi''} & \frac{\partial v_i''}{\partial \varphi''} & \frac{\partial w_i''}{\partial \varphi''} \end{vmatrix}$$

$$d\varphi'' + \begin{vmatrix} bx & by & bz \\ u_i' & v_i' & w_i' \\ \frac{\partial u_i''}{\partial \kappa''} & \frac{\partial v_i''}{\partial \kappa''} & \frac{\partial w_i''}{\partial \kappa''} \end{vmatrix} d\kappa,$$

$$\mathbf{p}_i{}^{*\prime} = \mathbf{A}^T \mathbf{p}_i' = \mathbf{A}_\omega^T \cdot \mathbf{A}_\varphi^T \cdot \mathbf{A}_\kappa^T \cdot \mathbf{p}_i' = \mathbf{R} \cdot \mathbf{p}_i' = \mathbf{R}_\kappa \cdot \mathbf{R}_\varphi \cdot \mathbf{R}_\omega \cdot \mathbf{p}_i'.$$

Werden die Drehungen in Achsenfolge und Drehungsrichtung invers definiert, dann können die in Kap. 4.4 abgeleiteten Differentialquotienten direkt benutzt werden:

z. B.: $\frac{\partial \mathrm{u}_i''}{\partial \omega''} = \frac{\partial \mathbf{R}_1''}{\partial \omega''} \cdot \mathbf{p}_i''$ etc.

Die ermittelten Werte $d\omega''$ ergeben die Verbesserung der Näherungen, z. B. $(\omega'')_0$

$$\omega'' = (\omega'')_0 + d\omega'' \quad \text{etc.}$$

Auf die ausführliche Darstellung des wie beim räumlichen Rückwärtsschnitt angewandten Verfahrens soll hier zugunsten einer anderen von Schut angegebenen Lösung verzichtet werden:

Statt der räumlich festen Achsen, um welche ω'', φ'', κ'' definiert worden sind, können die Achsen bei jedem Berechnungsschritt mitgedreht werden.

Dies hat den Vorteil, daß sich die Koeffizienten der Drehmatrix im Verlauf der Rechnung nicht ändern und auf grobe Näherungen beschränkt bleiben können.

In erster Näherung gilt

$$\mathbf{p}_i{}^{*\prime\prime} = \begin{vmatrix} 1 & 0 & 0 \\ 0 & 1 & 0 \\ 0 & 0 & 1 \end{vmatrix} \cdot \mathbf{p}''_i.$$

In zweiter, verbesserter Näherung gilt

$$\mathbf{p}_i{}^{**\prime\prime} = A^T \cdot \mathbf{p}_i{}^{*\prime\prime}$$

$$= \begin{pmatrix} \cos\varphi''\cos\kappa'' & -\sin\kappa''\cos\varphi & -\sin\varphi'' \\ \begin{matrix}\sin\kappa''\cos\omega'' \\ -\cos\kappa''\sin\varphi''\sin\omega''\end{matrix} & \begin{matrix}\cos\kappa''\cos\omega'' \\ +\sin\kappa''\sin\varphi''\sin\omega''\end{matrix} & -\cos\varphi''\sin\omega'' \\ \begin{matrix}\sin\kappa''\sin\omega'' \\ +\cos\kappa''\sin\varphi''\cos\omega''\end{matrix} & \begin{matrix}\cos\kappa''\sin\omega'' \\ -\sin\kappa''\sin\varphi''\sin\omega''\end{matrix} & \cos\varphi''\cos\omega'' \end{pmatrix} \cdot \mathbf{p}''_i.$$

Mit $\cos\omega'' = \cos\varphi'' = \cos\kappa'' = 1$, $\sin\omega'' = d\omega''$, $\sin\varphi'' = d\varphi''$, $\sin\kappa'' = d\kappa''$ und mit allen gemischten Gliedern $= 0$ wird

$$\mathbf{p}^{**\prime\prime}_i = \begin{pmatrix} 1 & -d\kappa'' & -d\varphi'' \\ d\kappa'' & 1 & -d\omega'' \\ d\varphi'' & d\omega'' & 1 \end{pmatrix} \cdot \mathbf{p}^{*\prime\prime}_i,$$

$$d\mathbf{p}_i{}^{*\prime\prime} = \mathbf{p}_i{}^{**\prime\prime} - \mathbf{p}_i{}^{*\prime\prime} = \begin{pmatrix} 0 & -d\kappa'' & -d\varphi'' \\ d\kappa'' & 0 & -d\omega'' \\ \varphi'' & d\omega'' & 0 \end{pmatrix} \cdot \mathbf{p}''_i,$$

d.h.

$$\begin{aligned} du''_i &= \quad - \quad v''_i\, d\kappa'' - w''_i\, d\varphi \\ dv''_i &= \qquad\quad u''_i\, d\kappa'' - w''_i\, d\omega'' \\ dw''_i &= \qquad\quad u''_i\, d\varphi'' + v''_i\, d\omega'' \end{aligned}$$

oder

$$\begin{vmatrix} bx & by & bz \\ u'_i & v'_i & w'_i \\ du''_i & dv''_i & dw''_i \end{vmatrix} = \begin{vmatrix} bx & by & bz \\ u'_i & v'_i & w'_i \\ 0 & -v''_i & v''_i \end{vmatrix} d\omega'' +$$

$$\begin{vmatrix} bx & by & bz \\ u_i' & v_i' & w_i' \\ -w_i'' & 0 & u_i'' \end{vmatrix} d\varphi'' + \begin{vmatrix} bx & by & bz \\ u_i' & v_i' & w_i' \\ -v_i'' & u_i'' & 0 \end{vmatrix} d\kappa'';$$

die errechneten Verbesserungen der Drehwinkel müssen nun dazu benutzt werden, jeweils

$$A_{\text{neu}}^T = \begin{pmatrix} 1 & -d\kappa'' & -d\varphi'' \\ d\kappa'' & 1 & -d\omega'' \\ d\varphi'' & d\omega'' & 1 \end{pmatrix} \cdot A_{\text{alt}}^T \quad ; \quad \begin{array}{l} by_{\text{neu}} = by_{\text{alt}} + dby \\ bz_{\text{neu}} = bz_{\text{alt}} + dbz \end{array}$$

zu berechnen;

Als Beobachtungen werden die Bildkoordinaten $\mathbf{p}_i'$ und $\mathbf{p}_i''$ mit $\mathbf{A}^{T'}$ und $\mathbf{A}^{T''}$ als $\mathbf{p}_i^{*\prime}$ und $\mathbf{p}_i^{*\prime\prime}$ in die Berechnung eingeführt.

Liegen fünf Bedingungsgleichungen für fünf Schnittpunkte vor, dann erfolgt einfach die Lösung des Gleichungssystems.

Verwendet man, wie in der Photogrammetrie üblich, (mindestens) 6 symmetrisch verteilte Punkte, so muß die Ausgleichung der Aufgabe nach Bedingungsgleichungen mit Unbekannten erfolgen (siehe Kap. 4.1.2 (3)). Im speziellen Fall sei das Vorzeichen von $\mathbf{v}_i$ so definiert, daß unter Verwendung der in der Ausgleichungsrechnung üblichen Bezeichnungsweise gilt:

$$\mathbf{B}\mathbf{v}_i = \mathbf{A}\mathbf{x} - \mathbf{l}_i,$$

wobei **B** die Korrelationen unter den in einer Bedingung vorkommenden Beobachtungen ausdrückt:

$$Bv_i = \begin{vmatrix} bx & by & bz \\ \dfrac{\partial u_i'}{\partial x_i'} & \dfrac{\partial v_i'}{\partial x_i'} & \dfrac{\partial w_i'}{\partial x_i'} \\ u_i'' & v_i'' & w_i'' \end{vmatrix} v_{xi}' + \begin{vmatrix} bx & by & bz \\ \dfrac{\partial u_i'}{\partial y_i'} & \dfrac{\partial v_i'}{\partial y_i'} & \dfrac{\partial w_i'}{\partial y_i'} \\ u_i'' & v_i'' & w_i'' \end{vmatrix} v_{y_i}'$$

$$+ \begin{vmatrix} bx & by & bz \\ u_i' & v_i' & w_i' \\ \dfrac{\partial u_i''}{\partial x_i''} & \dfrac{\partial v_i''}{\partial x_i''} & \dfrac{\partial w_i''}{\partial x_i''} \end{vmatrix} v_{x_i}'' + \begin{vmatrix} bx & by & bz \\ u_i' & v_i' & w_i' \\ \dfrac{\partial u_i''}{\partial y_i''} & \dfrac{\partial v_i''}{\partial y_i''} & \dfrac{\partial w_i''}{\partial y_i''} \end{vmatrix} v_{y_i}''$$

Für Senkrechtaufnahmen wird genähert: $\omega = \varphi = \kappa = by = bz = 0$; $bx = b$

$$\mathbf{Bv} = \begin{vmatrix} b & 0 & 0 \\ 1 & 0 & 0 \\ x''_i & y''_i & -c \end{vmatrix} v'_{xi} + \begin{vmatrix} b & 0 & 0 \\ 0 & 1 & 0 \\ x''_i & y''_i & -c \end{vmatrix} v'_{y_i} +$$

$$\begin{vmatrix} b & 0 & 0 \\ x'_i & y'_i & -c \\ 1 & 0 & 0 \end{vmatrix} v''_{x_i} + \begin{vmatrix} b & 0 & 0 \\ x'_i & y'_i & -c \\ 0 & 1 & 0 \end{vmatrix} v''_{y_i}$$

$$= b \cdot c\,(v''_{y_i} - v'_{y_i}) = b \cdot c\,(py'_i).$$

Damit kann die Ausgleichung auf vermittelnde Beobachtungen zurückgeführt werden. Als Beobachtungen sind die Vertikalparallaxen in den Bildpunkten zu verwenden.

Das Gewicht jeder Gleichung beträgt, bezogen auf die Meßgenauigkeit der Bildkoordinaten:

$$\mathbf{P} = (\mathbf{B} \cdot \mathbf{B}^T)^{-1} = \frac{1}{2b^2c^2}.$$

Die Fehlergleichungen lauten (für mitgedrehte Achsen):

$$\begin{aligned} v'_{py_i} = {} & \frac{1}{bc}(w'_i u''_i - u'_i w''_i)dby + (u'_i v''_i - v'_i u''_i)dbz + \\ & [bx(v'_i \cdot v''_i + w'_i w''_i) - by(u'_i v''_i) - \\ & - bz(u'_i w''_i)] \cdot d\omega'' + [bx(v'_i u''_i) - by(w'_i w''_i + u' u''_i) + \\ & bz(w'_i w''_i)] \cdot d\varphi'' + \\ & + [-bx(w'_i u''_i) - by(w'_i v''_i) + bz(u'_i u''_i + v'_i v''_i)] \cdot dK] \\ & - \Big[py''_{i_{\text{gemessen}}} - \frac{1}{bc}\{bx[v'_i w''_i - w'_i v''_i] - by[u'_i w''_i - w'_i u''_i] \\ & + bz[u'_i v''_i - v'_i w''_i]\}\Big]. \end{aligned}$$

Die gegenseitige Orientierung für unabhängige Bildpaare kann in analoger Weise abgeleitet werden aus:

$$0 = \begin{vmatrix} bx & by & bz \\ u'_i & v'_i & w'_i \\ u''_i & v''_i & w''_i \end{vmatrix}_0 + \begin{vmatrix} bx & by & bz \\ du'_i & dv'_i & dw'_i \\ u''_i & v''_i & w''_i \end{vmatrix}$$

$$+ \begin{vmatrix} bx & by & bz \\ u'_i & v'_i & w'_i \\ du''_i & dv''_i & dw''_i \end{vmatrix}.$$

Sie ist für die analytische Lösung von untergeordneter Bedeutung. Dagegen kann die gegenseitige Orientierung für abhängige Bildpaare zur Lösung des Folgebildanschlusses im Bildstreifen verwendet werden, wenn ein drittes Bild an das zweite eines vorher orientierten Stereomodells angeschlossen werden soll.

Literatur zu 4.6.
Gotthardt, E., 1959; Rinner, K., 1942; Schut, G., 1956; Thompson, E. H., 1959, 1968

4.7 Folgebildanschluß

Zur Orientierung eines neuen Bildes an ein vorhergehendes im Raum orientiertes Bild (oder Modell) müssen 6 Parameter bestimmt werden. Aus der gegenseitigen Orientierung für abhängige Bildpaare werden 5 davon ermittelt. Es muß noch ein weiterer Parameter bestimmt werden, welcher den Maßstab vom vorherigen Stereomodell auf das neue überträgt (siehe Abb. 4.19).

$$\mathbf{x}_i = \mathbf{x}_0' + \lambda_i' \mathbf{p}_i^{*\prime} = \mathbf{x}_0'' + \lambda_i'' \mathbf{p}_i^{*\prime\prime} = \mathbf{x}_i''' + \lambda_i''' \mathbf{p}_i^{*\prime\prime\prime},$$

$$\begin{pmatrix} x_i \\ y_i \\ z_i \end{pmatrix} = \begin{pmatrix} x_0' \\ y_0' \\ z_0' \end{pmatrix} + \lambda_i' \begin{pmatrix} u_i' \\ v_i' \\ w_i' \end{pmatrix} = \begin{pmatrix} x_0'' \\ y_0'' \\ z_0'' \end{pmatrix} + \lambda_i'' \begin{pmatrix} u_i'' \\ v_i'' \\ w_i'' \end{pmatrix} =$$

$$\begin{pmatrix} x_0''' \\ y_0''' \\ z_0''' \end{pmatrix} + \lambda_i''' \begin{pmatrix} u_i''' \\ v_i''' \\ w_i''' \end{pmatrix}.$$

Daraus kann wie in Kap. 4.3 abgeleitet werden:

in Modell 1:

$$\lambda_i' = \frac{\begin{vmatrix} bx' & u_i'' \\ bz' & w_i'' \end{vmatrix}}{\begin{vmatrix} u_i' & u_i'' \\ w_i' & w_i'' \end{vmatrix}}, \quad (\lambda_i'')_{\text{Mod 1}} = \frac{\begin{vmatrix} u_i' & bx' \\ w_i' & bz' \end{vmatrix}}{\begin{vmatrix} u_i' - & u_i'' \\ w_i' - & w_i'' \end{vmatrix}};$$

in Modell 2:

$$(\lambda_i'')_{\text{Mod 2}} = \frac{\begin{vmatrix} bx'' & u_i''' \\ bz'' & w_i''' \end{vmatrix}}{\begin{vmatrix} u_i'' & u_i''' \\ w_i'' & w_i''' \end{vmatrix}}, \quad \lambda_i''' = \frac{\begin{vmatrix} u_i'' & bx'' \\ w_i'' & bz'' \end{vmatrix}}{\begin{vmatrix} u_i'' - & u_i''' \\ w_i'' - & w_i''' \end{vmatrix}}.$$

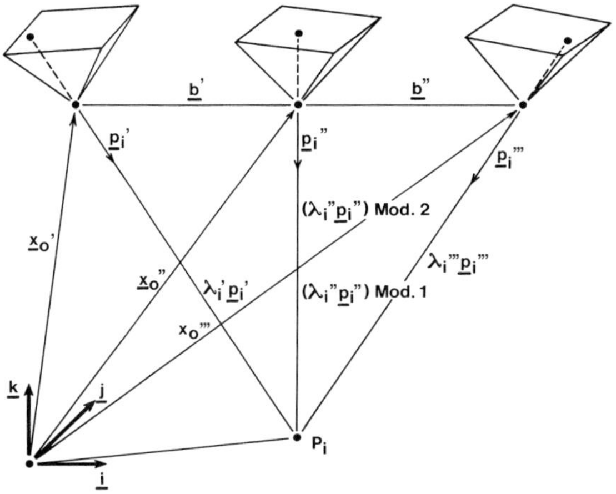

Abb. 4.19: Maßstabsanschluß

Ist nur der Maßstab des zweiten Modells zu bestimmen, weil die Orientierung des ersten Modells bereits festliegt, und weil die gegenseitige Orientierung des dritten Bildes zum zweiten bereits ausgeführt worden ist, so ist $(\lambda_i'')_{\text{Mod}\,1}$ bekannt; $(\lambda_i'')_{\text{Mod}\,2}$ muß aber verbessert werden um den Faktor μ. Dann gilt:

$$\mu = \frac{(\lambda_i'')_{\text{Mod}\,1}}{(\lambda_i'')_{\text{Mod}\,2}}.$$

Mit diesem Faktor sind die Basiskomponenten des dritten Bildes zu multiplizieren:

$$\mu \cdot (bx'')_0 = bx'',$$
$$\mu \cdot (by'')_0 = by'',$$
$$\mu \cdot (bz'')_0 = bz'',$$

wobei $(bx'')_0$ zur gegenseitigen Orientierung willkürlich gewählt war (z. B.) und $(by'')_0$ sowie $(bz'')_0$ aus der gegenseitigen Orientierung stammten, aber auf $(bx'')_0$ bezogen waren.

Der Folgebildanschluß kann jedoch auch so ausgeführt werden, daß gegenseitige Orientierung und Maßstabsanschluß gemeinsam erfolgen. Dann müssen die Bedingungsgleichungen der gegenseitigen Orientierung (Kollinearitätsbedingungen) auf die Bilder 2 und 3 angewandt und ergänzt werden um *Maßstabsbedingungen* von folgender Form:

$$(\lambda_i'')_{\text{Mod}\,2} - (\lambda_i'')_{\text{Mod}\,1} = 0$$

oder

$$\begin{vmatrix} bx'' & u_i''' \\ bz'' & w_i''' \end{vmatrix} \cdot \begin{vmatrix} u_i' - u_i'' \\ w_i' - w_i'' \end{vmatrix} - \begin{vmatrix} u_i' & bx' \\ w_i' & bz' \end{vmatrix} \begin{vmatrix} u_i'' & u_i''' \\ w_i'' & w_i''' \end{vmatrix} = 0.$$

Die Linearisierung ergibt:

$$0 = \left(\begin{vmatrix} bx'' & u_i''' \\ bz'' & w_i''' \end{vmatrix} \cdot \begin{vmatrix} u_i' & -u_i'' \\ w_i' & -w_i'' \end{vmatrix} - \begin{vmatrix} u_i' & bx' \\ w_i' & bz' \end{vmatrix} \cdot \begin{vmatrix} u_i'' & u_i''' \\ w_i'' & w_i''' \end{vmatrix} \right.$$

$$+ \left(\begin{vmatrix} dbx'' & u_i''' \\ dbz'' & w_i''' \end{vmatrix} \cdot \begin{vmatrix} u_i' & -u_i'' \\ w_i' & -w_i'' \end{vmatrix} - \begin{vmatrix} u_i' & bx' \\ w_i' & bz' \end{vmatrix} \begin{vmatrix} u_i'' & u_i''' \\ w_i'' & w_i''' \end{vmatrix} \right)$$

$$+ \left(\begin{matrix} bx'' & du_i''' \\ bz'' & dz_i''' \end{matrix} \right\| \begin{vmatrix} u_i' & -u_i''' \\ w_i' & -w_i''' \end{vmatrix} - \begin{vmatrix} u_i' & bx' \\ w_i' & bz' \end{vmatrix} \left\| \begin{matrix} u_i'' & du_i'' \\ w_i'' & dw_i'' \end{matrix} \right. -$$

Für die du_i'', dw_i'' können die in Kap. 4.6 abgeleiteten Größen eingesetzt werden. Somit lautet die Bedingung:

$$\begin{aligned}
& dbx''\,[w_i'''(u_i''\cdot w_i''-u_i'\cdot w_i'')]+dbz''[u_i'''(u_i'\cdot w_i''-u_i''\cdot w_i')] \\
& +d\kappa''[v_i''\,w_i''(bx'\cdot w_i'-bz'\cdot u_i')]+d\varphi''[(u_i''^2+v_i''^2)\,(bx'\cdot - w_i'-bz'\cdot u_i')] \\
& +d\omega''[u_i''\cdot v_i''\,(bx'\cdot w_i'-bz'\cdot u_i)]+d\kappa'''[bz''\cdot v_i'''(u_i'''\cdot w_i'-u_i'\cdot - w_i''')] \\
& +d\varphi'''[(bx''\cdot u_i'''-bz''\cdot w_i''')\,(u_i'''w_i'-u_i'w_i''')] \\
& +d\omega'''[bx''\cdot v_i'''(u_i'''\cdot w_i'-u_i\cdot w_i''')] \\
& +bx'\cdot w_i'(u_i'''\cdot w_i''-u_i''\cdot w_i''') \\
& +bz'\cdot u_i'(u_i'''\cdot w_i''-u_i''\cdot w_i''') \\
& +bx''\cdot w_i'''(u_i\cdot w_i'-u_i'\cdot w_i'') \\
& +bz''\cdot u_i'''(u_i'\cdot w_i'-u_i''\cdot w_i')=0
\end{aligned}$$

Die Korrelationsmatrix der Beobachtungen **Bv** kann wie folgt angesetzt werden:

$$\mathbf{Bv} = \left(\begin{vmatrix} bx'' & u_i''' \\ bz'' & w_i''' \end{vmatrix} \begin{vmatrix} \dfrac{\partial u_i'}{\partial x_i'} & -u_i'' \\ \dfrac{\partial w_i'}{\partial x_i'} & -w_i'' \end{vmatrix} - \begin{vmatrix} \dfrac{\partial u_i'}{\partial x_i'} & bx' \\ \dfrac{\partial w_i'}{\partial x_i'} & bz' \end{vmatrix} \begin{vmatrix} u_i'' & u_i''' \\ w_i'' & w_i''' \end{vmatrix} \right) \cdot v_{x_i'}$$

$$+ \left(\begin{vmatrix} bx'' & u_i''' \\ bz'' & w_i''' \end{vmatrix} \begin{vmatrix} \dfrac{\partial u_i'}{\partial y_i'} & -u_i'' \\ \dfrac{\partial w_i'}{\partial y_i'} & -w_i'' \end{vmatrix} - \begin{vmatrix} \dfrac{\partial u_i'}{\partial y_i'} & bx' \\ \dfrac{\partial w_i'}{\partial y_i'} & bz' \end{vmatrix} \begin{vmatrix} u_i'' & u_i''' \\ w_i'' & w_i''' \end{vmatrix} \right) \cdot v_{y_i'}$$

$$+ \left(\begin{vmatrix} bx'' & u_i''' \\ bz'' & w_i''' \end{vmatrix} \begin{vmatrix} u_i' & -\dfrac{\partial u_i''}{\partial x_i''} \\ w_i' & \dfrac{\partial w_i''}{\partial x_i''} \end{vmatrix} - \begin{vmatrix} u_i' & bx' \\ w_i' & bz' \end{vmatrix} \begin{vmatrix} \dfrac{\partial u_i''}{\partial x_i''} & u_i''' \\ \dfrac{\partial w_i''}{\partial x_i''} & w_i''' \end{vmatrix} \right) \cdot v_{x_i''}$$

$$+ \left(\begin{vmatrix} bx'' & u_i''' \\ bz'' & w_i''' \end{vmatrix} \begin{vmatrix} u_i' & -\dfrac{\partial u_i''}{\partial y_i''} \\ w_i' & -\dfrac{\partial w_i''}{\partial y_i''} \end{vmatrix} - \begin{vmatrix} u_i' & bx' \\ w_i' & bz' \end{vmatrix} \begin{vmatrix} \dfrac{\partial u_i''}{\partial y_i''} & u_i''' \\ \dfrac{\partial w_i''}{\partial y_i''} & w_i''' \end{vmatrix} \right) \cdot v_{y_i''}$$

$$+ \left(\begin{vmatrix} bx'' & \dfrac{\partial u_i'''}{x_i'''} \\ bz'' & \dfrac{\partial w_i'''}{\partial x_i'''} \end{vmatrix} \begin{vmatrix} u_i' & -u_i'' \\ w_i' & -w_i'' \end{vmatrix} - \begin{vmatrix} u_i' & bx' \\ w_i' & bz' \end{vmatrix} \begin{vmatrix} u_i'' & \dfrac{\partial u_i'''}{\partial x_i'''} \\ w_i'' & \dfrac{\partial w_i'''}{\partial x_i'''} \end{vmatrix} \right) \cdot v_{x_i'''}$$

$$+ \left(\begin{vmatrix} bx'' & \dfrac{\partial u_i'''}{\partial y_i'''} \\ bz'' & \dfrac{\partial w_i'''}{\partial y_i'''} \end{vmatrix} \begin{vmatrix} u_i' & -u_i'' \\ w_i' & -w_i'' \end{vmatrix} - \begin{vmatrix} u_i' & bx' \\ w_i' & bz' \end{vmatrix} \begin{vmatrix} u_i'' & \dfrac{\partial u_i'''}{y_i'''} \\ w_i' & \dfrac{\partial w_i'''}{\partial y_i'''} \end{vmatrix} \right) \cdot v_{y_i'''} \,.$$

Mit $\omega = \varphi = \kappa = by = bz = 0$ gilt für mitrotierte Achsen:

$$\mathbf{Bv} = bx'' \cdot c^2 \cdot v_{x_i} + (bx'' - bx') \cdot c^2 \cdot v_{x_i} - bx' \cdot c^2 \cdot v_{x_i}'''$$

Diese Gleichungen können für die mit Modell 1 gemeinsamen Punkte zusammen mit den Gleichungen für die gegenseitige Orientierung für Modell 2 für alle Schnittpunkte im Modell aufgestellt und nach Bedingungsgleichungen mit Unbekannten (Kap. 4.1.2 (3)) gelöst werden. Somit ist im Bildstreifen ein Stereomodell fortlaufend an das bereits vorher orientierte anschließbar.

Eine besondere Anwendung dieser Methode ist für die Orientierung eines Bildtripels (Triplet) möglich. Dabei werden zwei Modelle gemeinsam gegenseitig orientiert. Zur Beseitigung des Rangdefektes müssen von den $(3 \times 6 =)$ 18 Orientierungsparametern 7 vorgegeben werden, also z. B. x_0', y_0', z_0', ω', φ', κ' und x_0''. Die restlichen 11 Parameter ω'', φ'', κ'', ω''', φ''', κ''', by', bz', bx'', by'', bz'' können durch Anwendung von je einer Komplanaritätsbedingung für einen nur in Modell 1 oder Modell 2 enthaltenen Punkt und von je zwei Komplanaritätsbedingungen und je einer Maßstabsbedingung für einen sowohl in Modell 1 und Modell 2 gemessenen Punkt bestimmt werden. Diese Lösung des Folgebildanschlusses welche die Bilder 1, 2 und 3 gegenseitig orientiert, kann nun für weitere Bilder des Streifens fortgesetzt werden: Bild 2 behält die bereits ermittelte Orientierung. Die Werte von Bild 3 werden als Näherungen für eine Neuorientierung des Bildtripels 2, 3 und 4 verwendet. Die Methode kann so für den gesamten Bildstreifen fortgesetzt werden.

Sie hat den Vorteil, daß im Bildtripel sämtliche gemessenen Bildkoordinatenwerte $\mathbf{v}_i'$ bestimmt und verprobt werden können. Damit können schon während des Aerotriangulationsverfahrens grobe Meß- und Übertragungsfehler aufgedeckt werden.

Sollen die Maßstabsbedingungen für eine Verknüpfung von Streifen zu Streifen eingesetzt werden, so sind sie in folgender Form anzuwenden und in entsprechender Weise zu Linearisieren:

$$\begin{vmatrix} by'' & v_i''' \\ bz'' & w_i''' \end{vmatrix} \begin{vmatrix} v_i' & -v_i'' \\ w_i' & -w_i'' \end{vmatrix} - \begin{vmatrix} v_i' & by' \\ w_i' & bz' \end{vmatrix} \begin{vmatrix} v_i'' & v_i''' \\ w_i'' & w_i''' \end{vmatrix} = 0$$

Literatur zu 4.7.

Lehmann, G., 1963; Mikhail, E. M., 1962; Schut, G., 1959

4.8 Blockausgleichung mit Bedingungen

Die Blockausgleichung eines gesamten Bildverbandes ist auch mit Bedingungsgleichungen der Komplanarität und des Maßstabsanschlusses durchführbar. Während bei der Ausgleichung nach vermittelnden Beobachtungen die Punktkoordinaten aller Übertragungspunkte näherungsweise bekannt sein müssen und in der Ausgleichung mitbestimmt werden, lösen die Bedingungsgleichungen nur die Orientierungsparameter. Jeder Punkt in welchem n Aufnahmestrahlen von n Aufnahmestandorten vereinigt werden, führt zu $(n-1)$ Komplanaritätsbedingungen und zu $(n-2)$ Maßstabsbedingungen.

Im Block des Beispiels der Abb. 4.12 gibt es:

je 6 Schnittstrahlen in den 4 Punkten	*J, L, S, U*;
je 4 Schnittstrahlen in den 4 Punkten	*C, E, Z, Ö*;
je 3 Schnittstrahlen in den 10 Punkten	*H, I, K, M, N, Q, R, T, V, W*
und je 2 Schnittstrahlen in den restlichen 10 Punkten	*A, B, D, F, G, X, Y, Ü, CH.*

Damit beträgt die Zahl der Komplanaritätsbedingungen:

$$4\cdot(6-1)+4\cdot(4-1)+10\cdot(3-1)+10\cdot(2-1)=62$$

und der Maßstabsbedingungen:

$$4\cdot(6-2)+4\cdot(4-2)+10\cdot(3-2)+10\cdot(2-2)=34.$$

Die 96 Bedingungsgleichungen haben 48 Unbekannte, von welchen zur Beseitigung des Rangdefekts mindestens 8 zu definieren sind.

Nach Abschluß der Ausgleichung kann das räumlich orientierte Netz durch eine absolute Orientierung (siehe Kap. 4.9) auf ein Paßpunktnetz transformiert werden. Hierzu sind die Sollkoordinaten der Paßpunkte gegeben. Die Istkoordinaten der Paßpunkte können durch entsprechende Vorwärtsschnitte aus dem räumlichen Netz mit Näherungen bestimmt werden. Nach Abschluß der absoluten Orientierung können alle Punkte des Bildverbandes durch Vorwärtsschnitte berechnet werden. Es ist andererseits möglich, die Differenz der Soll- und Istkoordinaten der Paßpunkte schon als Bedingungen in die Gesamtlösung einzuführen (die Paßpunktkoordinaten treten als zusätzliche Parameter auf, wenn die Bedingungen als gewichtete Beobachtungen behandelt werden).

$$\frac{\partial x_i}{\partial x_0'} dx_0' + \frac{\partial x_i}{\partial y_0'} dy_0' + \ldots \frac{\partial x_i}{\partial \kappa''} d\kappa'' - (x_i - (x_i)_0) = 0,$$

$$\frac{\partial y_i}{\partial x_0'} dx_0' + \frac{\partial y_i}{\partial y_0'} dy_0' + \ldots \frac{\partial y_i}{\partial \kappa''} d\kappa'' - (y_i - (y_i)_0) = 0,$$

$$\frac{\partial z_i}{\partial x_0'} dx_0' + \frac{\partial z_i}{\partial y_0'} dy_0' + \ldots \frac{\partial z_i}{\partial \kappa''} d\kappa'' - (z_i - (z_i)_0) = 0.$$

Die Koeffizienten dieser Bedingungsgleichungen $\frac{\partial x_i}{\partial x_0'}$ bis $\frac{\partial z_i}{\partial \kappa''}$ können für das hier dargestellte Beispiel für einen durch 2 Strahlen bestimmten Paßpunkt aus den Gleichungen des räumlichen Vorwärtsschnitts für x_i, y_i und z_i abgeleitet werden.

Eine Anwendung dieses Ausgleichungsverfahrens erfolgte bei der Aerotriangulation von Mondaufnahmen, wo nur wenige Punkte in ausgewählten Bereichen (Landezonen) bestimmt werden mußten.

Literatur zu 4.8.

Ackermann, F., W. Schneider, 1983; Albertz, J., 1966, 1972; Dowideit, G., 1977; Kruck, E., 1982

4.9 Absolute Orientierung

Die Aufgabe, ein beliebig räumlich gegenseitig orientiertes Stereomodell in ein Geländekoordinatensystem zu transformieren wird als absolute Orientierung bezeichnet. Durch die absolute Orientierung wird der Rangdefekt des freien geometrischen Bildverbandes beseitigt. (Es ist im Prinzip gleichgültig, ob es sich dabei um ein Stereomodell oder einen Block von Bildern handelt.) Die gegenseitige Orientierung bestimmt die relativen Orientierungsparameter zweier Aufnahmen, welche zur Berechnung von Modellkoordinaten $\mathbf{x}_i$ mit dem räumlichen Vorwärtsschnitt herangezogen werden können. Diese Modellkoordinaten sind nun in Geländekoordinaten umzuwandeln (siehe Abb. 4.20):

$$\mathbf{x}_{G_i} = \lambda \cdot \mathbf{A} \cdot \mathbf{x}_i + \mathbf{x}_{G_0},$$

$$\begin{pmatrix} X_i \\ Y_i \\ Z_i \end{pmatrix} = \lambda \cdot \mathbf{A} \begin{pmatrix} x_i \\ y_i \\ z_i \end{pmatrix} + \begin{pmatrix} X_0 \\ Y_0 \\ Z_0 \end{pmatrix}$$

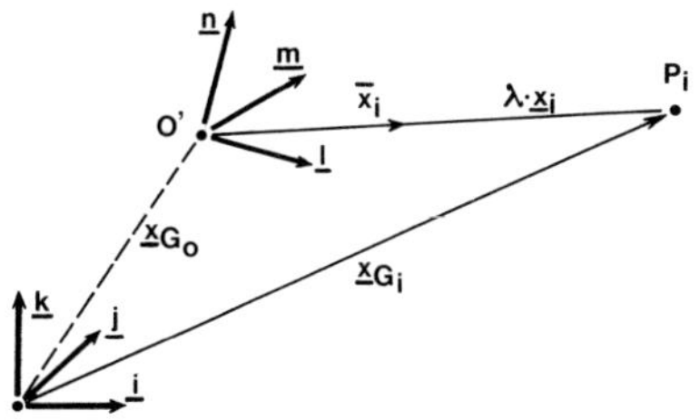

Abb. 4.20: Absolute Orientierung

mit $\mathbf{x}_{G_i}$ als Geländekoordinaten (X_i, Y_i, Z_i),

mit $\mathbf{x}_i$ als Modellkoordinaten (x_i, y_i, z_i),

mit $\mathbf{x}_{G_0}$ als Geländekoordinatenvektor des Modellkoordinatenursprungs (X_0, Y_0, Z_0),

mit λ als dem Modellmaßstabsfaktor und

mit $\mathbf{A}$ aus einer Rotationsmatrix, welche wie bisher, aber mit den Modelldrehungswinkeln Ω, φ, K definiert ist:

$$\mathbf{A}=\begin{pmatrix} \cos K\cos\Phi & \sin K\cos\Omega - \cos K\sin\Phi\sin\Omega & \sin K\sin\Omega + \cos K\sin\Phi\cos\Omega \\ -\sin K\cos\Phi & \cos K\cos\Omega + \sin K\sin\Phi\sin\Omega & \cos K\sin\Omega - \sin K\sin\Phi\sin\Omega \\ -\sin\Phi & -\cos\Phi\sin\Omega & \cos\Phi\cos\Omega \end{pmatrix}.$$

Die Beobachtungen sind die Modellkoordinaten $\mathbf{x}_i$. Die Parameter sind: X_0, Y_0, Z_0, Ω, Φ, K, λ.

Damit können Fehlergleichungen aus der inversen Beziehung hergeleitet und linearisiert werden:

$$\mathbf{x}_i = \frac{1}{\lambda}\mathbf{A}^T(\mathbf{x}_{G_i} - \mathbf{x}_{G_0}),$$

$$\begin{pmatrix} x_i \\ y_i \\ z_i \end{pmatrix} = \frac{1}{\lambda}\mathbf{A}^T \begin{pmatrix} X_i - X_0 \\ Y_i - Y_0 \\ Z_i - Z_0 \end{pmatrix},$$

$$\begin{pmatrix} v_{x_i} \\ v_{y_i} \\ v_{z_i} \end{pmatrix} = \begin{pmatrix} \frac{\partial x_i}{\partial \lambda} d\lambda + \frac{\partial x_i}{\partial X_0} dX_0 + \frac{\partial x_i}{\partial Y_0} dY_0 + \frac{\partial x_i}{\partial Z_0} dZ_0 + \frac{\partial x_i}{\partial \Omega} d\Omega + \frac{\partial x_i}{\partial \Phi} d\Phi + \frac{\partial x_i}{\partial K} dK \\ \frac{\partial y_i}{\partial \lambda} d\lambda + \frac{\partial y_i}{\partial X_0} dX_0 + \frac{\partial y_i}{\partial Y_0} dY_0 + \frac{\partial y_i}{\partial Z_0} dZ_0 + \frac{\partial y_i}{\partial \Omega} d\Omega + \frac{\partial y_i}{\partial \Phi} d\Phi + \frac{\partial y_i}{\partial K} dK \\ \frac{\partial z_i}{\partial \lambda} d\lambda + \frac{\partial z_i}{\partial X_0} dX_0 + \frac{\partial z_i}{\partial Y_0} dY_0 + \frac{\partial z_i}{\partial Z_0} dZ_0 + \frac{\partial z_i}{\partial \Omega} \partial\Omega + \frac{\partial z_i}{\partial \Phi} d\Phi + \frac{\partial z_i}{\partial K} dK \end{pmatrix}$$

$$- \begin{pmatrix} x_i - (x_i)_0 \\ y_i - (y_i)_0 \\ z_i - (z_i)_0 \end{pmatrix};$$

x_i, y_i und z_i sind die beobachteten Modellkoordinaten;
$(x_i)_0$, $(y_i)_0$, $(z_i)_0$ sind die aus Näherungen für die Parameter aus Geländekoordinaten errechneten Modellkoordinaten.

Mitgedrehte Modelldrehungen sind aber einfacher zu formulieren, deshalb kann man als erste Näherung ansetzen:

$$(\mathbf{A}^T)_0 = \begin{pmatrix} 1 & 0 & 0 \\ 0 & 1 & 0 \\ 0 & 0 & 1 \end{pmatrix}$$

und als zweite Näherung

$$(\mathbf{A}^T)_1 = \begin{pmatrix} 1 & -dK & -d\Phi \\ dK & 1 & -d\Omega \\ d\Phi & d\Omega & 1 \end{pmatrix},$$

somit

$$d\mathbf{A}^T = (\mathbf{A}^T)_1 - (\mathbf{A}^T)_0 = \begin{pmatrix} 0 & -dK & -d\Phi \\ dK & 0 & -d\Omega \\ d\Phi & d\Omega & 0 \end{pmatrix}.$$

Ferner:

$$\frac{1}{\lambda} = \lambda' = (\lambda')_0 + d\lambda',$$

$$\begin{pmatrix} v_{x_i} \\ v_{y_i} \\ v_{z_i} \end{pmatrix} = ((\lambda')_0 + d\lambda')\,((\mathbf{A}^T)_0 + d\mathbf{A}^T) \begin{pmatrix} X_i - X_0 - dX_0 \\ Y_i - Y_0 - dY_0 \\ Z_i - Z_0 - dZ_0 \end{pmatrix} - \begin{pmatrix} x_i \\ y_i \\ z_i \end{pmatrix}$$

$$
= \mathbf{A}^T \begin{pmatrix} X_i - X_0 \\ Y_i - Y_0 \\ Z_i - Z_0 \end{pmatrix} \cdot d\lambda' +
$$

$$
+ (\lambda')_0 \begin{pmatrix} -(Y_i - Y_0) \cdot dK - (Z_i - Z_0) \cdot d\Phi \\ +(X_i - X_0) \cdot dK - (Z_i - Z_0) \cdot d\Omega \\ +(X_i - X_0) \cdot d\Phi - (Y_i - Y_0) \cdot d\Omega \end{pmatrix}
$$

$$
-(\lambda')_0 \mathbf{A}^T \begin{pmatrix} dX_0 \\ dY_0 \\ dZ_0 \end{pmatrix} - \begin{pmatrix} x_i \\ y_i \\ z_i \end{pmatrix} +
$$

$$
+ (\lambda')_0 \mathbf{A}^T \begin{pmatrix} X_i - X_0 \\ Y_i - Y_0 \\ Z_i - Z_0 \end{pmatrix} .
$$

Setzt man nach Abb. 4.21

$$
\begin{pmatrix} u_i \\ v_i \\ w_i \end{pmatrix} = \lambda_0' \begin{pmatrix} X_i - X_0 \\ Y_i - Y_0 \\ Z_i - Z_0 \end{pmatrix}, A^T \begin{pmatrix} X_i - X_0 \\ Y_i - Y_0 \\ Z_i - Z_0 \end{pmatrix} = \begin{pmatrix} L_i \\ M_i \\ N_i \end{pmatrix},
$$

$$
\lambda_0' A^T \begin{pmatrix} dX_0 \\ dY_0 \\ dZ_0 \end{pmatrix} = \begin{pmatrix} dx_0 \\ dy_0 \\ dz_0 \end{pmatrix},
$$

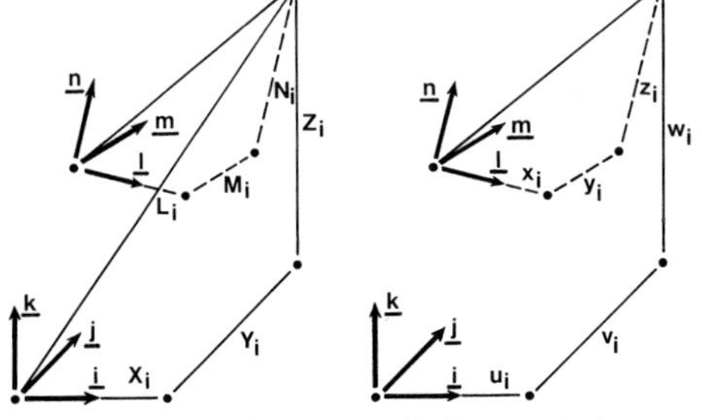

Abb. 4.21: Beziehungen zwischen gedrehten und nicht gedrehten Gelände- und Modellkoordinaten

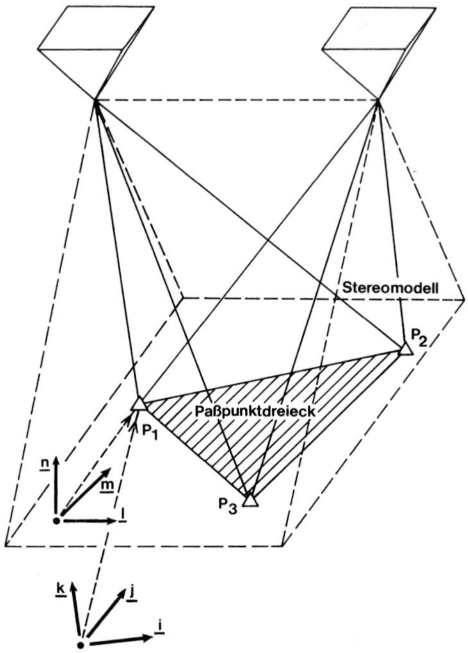

Abb. 4.22: Bestimmung der absoluten Orientierung durch Paßpunkte

dann gilt:

$$\begin{pmatrix} v_x \\ v_y \\ v_z \end{pmatrix} = \begin{pmatrix} L_i \\ M_i \\ N_i \end{pmatrix} d\lambda' + \begin{pmatrix} 0 \\ -w_i \\ v_i \end{pmatrix} d\Omega + \begin{pmatrix} -w_i \\ 0 \\ u_i \end{pmatrix} d\Phi +$$

$$\begin{pmatrix} -v_i \\ u_i \\ 0 \end{pmatrix} dK + \begin{pmatrix} 1 \\ 0 \\ 0 \end{pmatrix} dx_0 + \begin{pmatrix} 0 \\ 1 \\ 0 \end{pmatrix} dy_0 + \begin{pmatrix} 0 \\ 0 \\ 1 \end{pmatrix} dz_0 +$$

$$+ \begin{pmatrix} x_i \\ y_i \\ z_i \end{pmatrix} - \begin{pmatrix} (x_i)_0 \\ (y_i)_0 \\ (z_i)_0 \end{pmatrix} .$$

Zur einfachen Auflösung der absoluten Orientierung werden sieben bekannte Größen benötigt (siehe Abb. 4.22).

Dies können z.B. sein: die Paßpunktkoordinaten X_1, Y_1, Z_1, X_2, Y_2, Z_2, Z_3. Sind mehr als 7 Komponenten vorhanden (z.B. zusätzlich X_3, Y_3), dann erfolgt die Ausgleichung der obigen Fehlergleichungen in der Bezeichnungsweise der Ausgleichungsrechnung

$$\mathbf{v}_i = \mathbf{A}\mathbf{x} - \mathbf{l}_i$$

als

$$\mathbf{x} = (\mathbf{A}^T\mathbf{A})^{-1}(\mathbf{A}^T\mathbf{l}_i).$$

In der obigen Formulierung setzt das die Auflösung eines Gleichungssystems der Dimension 7×7 voraus.

Verschiebt man den Ursprung beider Koordinatensysteme $\mathbf{x}_{G_i}$, $\mathbf{x}_i$ in den Schwerpunkt der bei der absoluten Orientierung verwendeten Punkte, dann werden einige der Elemente der Normalgleichungsmatrix zu null. Man erhält 4 unabhängige Gleichungen für $d\lambda'$, dx_0, dy_0 und dz_0 und es verbleibt eine 3×3 Matrix, welche für $d\Omega$, $d\Phi$ und dK aufgelöst werden kann (räumliche Helmerttransformation):

$$\text{Für } \mathbf{A} = \begin{pmatrix} L_1 & 0 & -w_1 & -v_1 & 1 & 0 & 0 \\ M_1 & -w_1 & 0 & u_1 & 0 & 1 & 0 \\ N_1 & v_1 & u_1 & 0 & 0 & 0 & 1 \\ L_2 & 0 & -w_2 & -v_2 & 1 & 0 & 0 \\ \vdots & \vdots & \vdots & \vdots & \vdots & \vdots & \vdots \end{pmatrix}$$

wird $(\mathbf{A}^T\mathbf{A}) =$

$\underline{\Sigma(L_i^2 + M_i^2 + N_i^2)}$	$\Sigma(-M_i w_i + N_i v_i)$	$\Sigma(-L_i w_i + N_i u_i)$	$\Sigma(-L_i v_i + M_i u_i)$	ΣL_i	ΣM_i	ΣN_i
	$\underline{\Sigma(w_i^2 + v_i^2)}$	$\Sigma(v_i u_i)$	$\Sigma(-w_i u_i)$	0	$\Sigma - w_i$	Σv_i
		$\underline{\Sigma(w_i^2 + u_i^2)}$	$\Sigma(w_i v_i)$	$\Sigma - w_i$	0	Σu_i
			$\underline{\Sigma(v_i^2 + u_i^2)}$	$\Sigma - v_i$	Σu_i	0
				$\underline{n}$	0	0
					$\underline{n}$	0
						$\underline{n}$

wobei auf das Ausschreiben der symmetrischen Glieder verzichtet wurde.

Für Schwerpunktkoordinaten wird $\Sigma L_i = \Sigma M_i = \Sigma N_i = \Sigma u_i = \Sigma v_i = \Sigma w_i = 0$. Außerdem ist wegen Orthogonalität beider Systeme $\Sigma(-M_i w_i + N_i v_i) = \Sigma(-L_i w_i + N_i u_i) = \Sigma(-L_i v_i + M_i u_i) = 0$

Es verbleibt mit den Schwerpunktkoordinaten $\bar{x}_i$, $\bar{y}_i$, $\bar{z}_i$ und ihren Näherungen $(\bar{x}_i)_0$, $(\bar{y}_i)_0$, $(\bar{z}_i)_0$ und den entsprechenden Größen $\bar{L}_i$, $\bar{M}_i$, $\bar{N}_i$, $\bar{u}_i$, $\bar{v}_i$, $\bar{w}_i$:

$$dx_0 = \frac{\Sigma(\bar{x}_i - (\bar{x}_i)_0)}{n},$$

$$dy_0 = \frac{\Sigma(\bar{y}_i - (\bar{y}_i)_0)}{n},$$

$$dz_0 = \frac{\Sigma(\bar{z}_i - (\bar{z}_i)_0)}{n},$$

$$d\lambda' = \frac{\Sigma[\bar{L}_i(\bar{x}_i - (\bar{x}_i)_0) + \bar{M}_i(\bar{y}_i - (\bar{y}_i)_0) + \bar{N}_i(\bar{z}_i - (\bar{z}_i)_0)]}{\Sigma[\bar{L}_i^2 + \bar{M}_i^2 + \bar{N}_i^2]}$$

sowie das 3×3 System:

$$\Sigma(\bar{w}_i^2 + \bar{v}_i^2) \cdot d\Omega + \Sigma(\bar{u}_i \bar{v}_i) \cdot d\Phi - \Sigma(\bar{u}_i \cdot \bar{w}_i) dK = \Sigma[\bar{v}_i(\bar{z}_i - (\bar{z}_i)_0) - \bar{w}_i(\bar{y}_i - (\bar{y}_i)_0)],$$

$$\Sigma(\bar{u}_i \bar{v}_i) d\Omega + \Sigma(\bar{u}_i^2 + \bar{w}_i^2) \cdot d\Phi + \Sigma(\bar{v}_i \bar{w}_i) dK = \Sigma[\bar{u}_i(\bar{z}_i - (\bar{z}_i)_0) - \bar{w}_i(\bar{x}_i - (\bar{x}_i)_0)],$$

$$-\Sigma(u_i w_i)\, d\Omega + \Sigma(\bar{v}_i \bar{w}_i) \cdot d\Phi + \Sigma(\bar{u}_i^2 + \bar{v}_i^2) dK = \Sigma[\bar{u}_i(\bar{y}_i - (\bar{y}_i)_0) - \bar{v}_i(\bar{x}_i - (\bar{x}_i)_0)].$$

Die Ausgleichung der absoluten Orientierung nach vermittelnden Beobachtungen wird aus praktischen Gesichtspunkten so durchgeführt, daß die Beobachtungen als unkorreliert angenommen werden. Dies ist in Wirklichkeit nicht der Fall. Die Korrelationen können, auf Wunsch jedoch durch die Gewichtsmatrix $\mathbf{P} = [\mathbf{B}\mathbf{P}^{-1}\mathbf{B}^T]^{-1}$ berücksichtigt werden.

Dann lautet die Lösung:

$$\mathbf{x} = (\mathbf{A}^T[\mathbf{B}\mathbf{P}^{-1}\mathbf{B}^T]^{-1}\mathbf{A})^{-1}(\mathbf{A}^T[\mathbf{B}\mathbf{P}^{-1}\mathbf{B}^T]^{-1}\mathbf{l}_i).$$

Literatur zu 4.9.

Schut, G., 1960/61

4.10 Blockausgleichung mit Stereomodellen

Das Ausgleichungsmodell der absoluten Orientierung kann dazu benutzt werden, einen Block von Stereomodellen eines Bildverbandes auszugleichen. Dabei wird der Ansatz benutzt, jeweils zwei entsprechende Flächen aneinander anzuschließen (siehe Abb. 4.23).

Beim bereits besprochenen Fall der absoluten Orientierung wurde die Ebene $\mathfrak{M}_1$ auf die Ebene $\mathfrak{G}$ transformiert. Die unabhängige Zuordnung der Ebene $\mathfrak{M}_2$ des Modells 2 ist bei Vorhandensein von Paßpunkten gleichfalls möglich. Die Zusammenhänge zwischen den Stereomodellen müssen aber hergestellt werden, indem die Ebene $\mathfrak{N}_2$ auf $\mathfrak{N}_1$ transformiert wird. Dies setzt eine Umformulierung voraus:

(1) Jedes Modell besitzt 7 Parameter der absoluten Orientierung. Darunter sind die 3 Rotationen und die 3 Translationen sowie der Maßstabsfaktor zu verstehen, welche jede Modellebene $\mathfrak{M}_i$ der Geländeebene $\mathfrak{G}$ zuordnen. Diese Zuordnung kann direkt nur über Paßpunkte (oder im Absolutsystem gegebene Orientierungsdaten) erfolgen. Da nur wenige Modelle eines Blockes über solche direkte Zuordnungsmöglichkeiten verfügen, muß die Zuordnung indirekt erfolgen.

(2) Die Transformation der Parameter eines Modells auf ein anderes ist in der Lage möglich, indem die an den Modellrändern gelegenen Übertragungspunkte zu identischen Punkten deklariert werden, z. B. $P_{i1} = P_{i2}$ und $P_{j1} = P_{j2}$.

    Dies ist durch Einführung von je 3 Koordinatenunbekannten für P_i und P_j möglich.

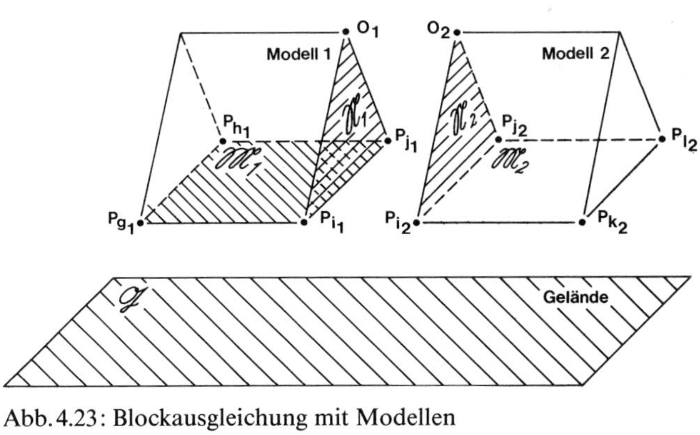

Abb. 4.23: Blockausgleichung mit Modellen

(3) Entlang des Bildstreifens kann von einem Modell zum anderen auch die Höhe übertragen werden. Hierzu wird die Ebene $\varkappa_2$ auf $\varkappa_1$ transformiert. Dies erfordert, daß nicht nur die Punktkoordinaten P_i und P_j in beiden Modellen als beobachtete Größen und als Parameter mitgeführt, sondern daß auch die Koordinaten der Projektionszentren 0_1 und 0_2 als beobachtete Größen und als Parameter mitberücksichtigt werden.

(4) Da alle Parameter gemeinsam gelöst werden müssen, ist die Benutzung räumlicher Helmerttransformationen (3×3) nicht möglich.

(5) Eine weitere Schwierigkeit ergibt sich dadurch, daß die Modellkoordinaten aller Übertragungspunkte als gemessene Werte leichter in die Koeffizienten der Ausgleichungsformulierung eingeführt werden können, als die immer wieder zu berechnenden Geländekoordinaten.

Deshalb ist die Formulierung nach Fehlergleichungen für die absolute Orientierung nicht geeignet. Es ist günstiger, Bedingungsgleichungen mit Unbekannten zu verwenden (nach der Schreibweise der Ausgleichungsrechnung):

$$\mathbf{B}\mathbf{v}_i = \mathbf{A}\mathbf{x} - \mathbf{l}_i .$$

Diese werden auf die Transformationsaufgabe (mit unterschiedlicher Bedeutung der Bezeichnungen!) angewandt und linearisiert:

$$\mathbf{x}_{G_i} = \lambda \cdot \mathbf{A} \cdot \mathbf{x}_i + \mathbf{x}_{G_0},$$

$$\begin{pmatrix} \frac{\partial X_i}{\partial x_i} v_{x_i} + \frac{\partial X_i}{\partial y_i} v_{y_i} + \frac{\partial X_i}{\partial z_i} v_{z_i} \\ \frac{\partial Y_i}{\partial x_i} v_{x_i} + \frac{\partial Y_i}{\partial y_i} v_{y_i} + \frac{\partial Y_i}{\partial z_i} v_{z_i} \\ \frac{\partial Z_i}{\partial x_i} v_{x_i} + \frac{\partial Z_i}{\partial y_i} v_{y_i} + \frac{\partial Z_i}{\partial z_i} v_{z_i} \end{pmatrix} =$$

$$\begin{pmatrix} \frac{\partial X_i}{\partial \lambda} d\lambda + \frac{\partial X_i}{\partial \Omega} d\Omega + \frac{\partial X_i}{\partial \Phi} d\Phi + \frac{\partial X_i}{\partial K} dK + \frac{\partial X_i}{\partial X_0} dX_0 + \frac{\partial X_i}{\partial Y_0} dY_0 + \frac{\partial X_i}{\partial Z_0} dZ_0 \\ \frac{\partial Y_i}{\partial \lambda} d\lambda + \frac{\partial Y_i}{\partial \Omega} d\Omega + \frac{\partial Y_i}{\partial \Phi} d\Phi + \frac{\partial Y_i}{\partial K} dK + \frac{\partial Y_i}{\partial X_0} dX_0 + \frac{\partial Y_i}{\partial Y_0} dY_0 + \frac{\partial Y_i}{\partial Z_0} dZ_0 \\ \frac{\partial Z_i}{\partial \lambda} d\lambda + \frac{\partial Z_i}{\partial \Omega} d\Omega + \frac{\partial Z_i}{\partial \Phi} d\Phi + \frac{\partial Z_i}{\partial K} dK + \frac{\partial Z_i}{\partial X_0} dX_0 + \frac{\partial Z_i}{\partial Y_0} dY_0 + \frac{\partial Z_i}{\partial Z_0} dZ_0 \end{pmatrix}$$

$$+\begin{pmatrix} dX_i \\ dY_i \\ dZ_i \end{pmatrix} - \lambda \cdot \mathbf{A} \begin{pmatrix} x_i \\ y_i \\ z_i \end{pmatrix} + \begin{pmatrix} (x_i)_0 \\ (y_i)_0 \\ (z_i)_0 \end{pmatrix}.$$

Setzt man

$$\mathbf{A} = \begin{pmatrix} \mathbf{a}_1^T \\ \mathbf{a}_2^T \\ \mathbf{a}_3^T \end{pmatrix}, \mathbf{c} = \begin{pmatrix} x_i \\ y_i \\ z_i \end{pmatrix},$$

dann wird:

$$\frac{\partial X_i}{\partial \lambda} = \mathbf{a}_1^T\mathbf{c}, \quad \frac{\partial Y_i}{\partial \lambda} = \mathbf{a}_2^T\mathbf{c}, \quad \frac{\partial Z_i}{\partial \lambda} = \mathbf{a}_3^T\mathbf{c},$$

$$\frac{\partial X_i}{\partial \Omega} = \lambda \left(\frac{\partial \mathbf{a}_1}{\partial \Omega}\right) \mathbf{c}, \quad \frac{\partial Y_i}{\partial \Omega} = \lambda \left(\frac{\partial \mathbf{a}_2}{\partial \Omega}\right) \mathbf{c}, \quad \frac{\partial Z_i}{\partial \Omega} = \lambda \left(\frac{\partial \mathbf{a}_3}{\partial \Omega}\right) \mathbf{c},$$

$$\frac{\partial X_i}{\partial \Phi} = \lambda \left(\frac{\partial \mathbf{a}_1}{\partial \Phi}\right) \mathbf{c}, \quad \frac{\partial Y_i}{\partial \Phi} = \lambda \left(\frac{\partial \mathbf{a}_2}{\partial \Phi}\right) \mathbf{c}, \quad \frac{\partial Z_i}{\partial \Phi} = \lambda \left(\frac{\partial \mathbf{a}_3}{\partial \Phi}\right) \mathbf{c},$$

$$\frac{\partial X_i}{\partial \mathrm{K}} = \lambda \left(\frac{\partial \mathbf{a}_1}{\partial K}\right) \mathbf{c}, \quad \frac{\partial Y_i}{\partial K} = \lambda \left(\frac{\partial \mathbf{a}_2}{\partial K}\right) \mathbf{c}, \quad \frac{\partial Z_i}{\partial K} = \lambda \left(\frac{\partial \mathbf{a}_3}{\partial K}\right) \mathbf{c},$$

$$\frac{\partial X_i}{\partial X_0} = 1, \quad \frac{\partial Y_i}{\partial X_0} = 0, \quad \frac{\partial Z_i}{\partial X_0} = 0,$$

$$\frac{\partial X_i}{\partial Y_0} = 0, \quad \frac{\partial Y_i}{\partial Y_0} = 1, \quad \frac{\partial Z_i}{\partial Y_0} = 0,$$

$$\frac{\partial X_i}{\partial Z_0} = 0, \quad \frac{\partial Y_i}{\partial Z_0} = 0, \quad \frac{\partial Z_i}{\partial Z_0} = 1;$$

wie beim räumlichen Rückwärtsschnitt wird

$$\frac{\partial \mathbf{A}}{\partial \Omega} = \begin{pmatrix} \dfrac{\partial \mathbf{a}_1}{\partial \Omega} \\ \dfrac{\partial \mathbf{a}_2}{\partial \Omega} \\ \dfrac{\partial \mathbf{a}_3}{\partial \Omega} \end{pmatrix} = \begin{pmatrix} 0 & -a_{13} & a_{12} \\ 0 & -a_{23} & a_{22} \\ 0 & -a_{33} & a_{32} \end{pmatrix},$$

$$\frac{\partial \mathbf{A}}{\partial \Phi} = \begin{pmatrix} \frac{\partial \mathbf{a}_1}{\partial \Phi} \\ \frac{\partial \mathbf{a}_2}{\partial \Phi} \\ \frac{\partial \mathbf{a}_3}{\partial \Phi} \end{pmatrix} =$$

$$\begin{pmatrix} -\cos K \sin \Phi & -\cos K \cos \Phi \sin \Omega & \cos K \cos \Phi \cos \Omega \\ -\sin K \sin \Phi & \sin K \cos \Phi \sin \Omega & -\sin K \cos \Phi \cos \Omega \\ -\cos \Phi & \sin \Phi \sin \Omega & -\sin \Phi \cos \Omega \end{pmatrix},$$

$$\frac{\partial \mathbf{A}}{\partial K} = \begin{pmatrix} \frac{\partial \mathbf{a}_1}{\partial K} \\ \frac{\partial \mathbf{a}_2}{\partial K} \\ \frac{\partial \mathbf{a}_3}{\partial K} \end{pmatrix} = \begin{pmatrix} a_{21} & a_{22} & a_{23} \\ -a_{11} & -a_{12} & -a_{13} \\ 0 & 0 & 0 \end{pmatrix}.$$

Für genäherte Senkrechtaufnahmen wird: $\cos\Omega = \cos\Phi = \cos K = 1$ $\sin\Omega = d\Omega$, $\sin\Phi = d\Phi$, $\sin K = dK$ und $d\Phi \cdot dK = d\Omega \cdot dK = d\Phi \cdot d\Omega = 0$ und damit:

$$v_{x_i} = \lambda \cdot x_i \cdot d\lambda + \lambda \cdot z_i \cdot d\Phi + \lambda \cdot y_i \cdot dK + dX_0 - \lambda \cdot x_i + (X_i)_0,$$

$$v_{y_i} = \lambda \cdot y_i \cdot d\lambda + \lambda \cdot z_i \cdot d\Omega - \lambda \cdot x_i \cdot dK + dY_0 - \lambda \cdot y_i + (Y_i)_0,$$

$$v_{z_i} = \lambda \cdot z_i \cdot d\lambda - \lambda \cdot y_i \cdot d\Omega - \lambda \cdot x_i \cdot dK + dZ_0 - \lambda \cdot z_i + (Z_i)_0.$$

Durch Setzen von

$$\lambda \cdot d\lambda = \alpha,\ \lambda \cdot d\Omega = b,\ \lambda \cdot d\Phi = c,\ \lambda \cdot dK = d$$

erhält man:

$$v_{x_i} = a \cdot x_i + c \cdot z_i + d \cdot y_i + dX_0 + dX_i - \lambda_i x_i + (X_i)_0,$$

$$v_{y_i} = a \cdot y_i + b \cdot z_i - d \cdot x_i + dY_0 + dY_i - \lambda_i y_i + (Y_i)_0,$$

$$v_{z_i} = a \cdot z_i - b \cdot y_i - c \cdot z_i + dZ_0 + dZ_i - \lambda_i y_i + (Z_i)_0$$

oder

$$\begin{pmatrix} v_{x_i} \\ v_{y_i} \\ v_{z_i} \end{pmatrix} = \begin{pmatrix} x_i & 0 & z_i & y_i & 1 & 0 & 0 \\ y_i & z_i & 0 & -x_i & 0 & 1 & 0 \\ z_i & -y_i & -z_i & 0 & 0 & 0 & 1 \end{pmatrix} \begin{pmatrix} a \\ b \\ c \\ d \\ dX_0 \\ dY_0 \\ dZ_0 \end{pmatrix}$$

$$+ \begin{pmatrix} dX_i \\ dY_i \\ dZ_i \end{pmatrix} - \begin{pmatrix} \lambda_i x_i - (X_i)_0 \\ \lambda_i y_i - (Y_i)_0 \\ \lambda_i z_i - (Z_i)_0 \end{pmatrix}.$$

Die Beobachtungen v_{x_i}, v_{y_i}, v_{z_i} im Modell werden als unkorreliert betrachtet. Ihre Kovarianzmatrix beträgt:

$$[\mathbf{\Sigma}_x] = [\mathbf{P}^{-1}] = \begin{pmatrix} \sigma_x^2 & 0 & 0 \\ 0 & \sigma_y^2 & 0 \\ 0 & 0 & \sigma_z^2 \end{pmatrix}.$$

Für Senkrechtaufnahmen wird **B** genähert:

$$\mathbf{B} = \begin{pmatrix} \lambda & 0 & 0 \\ 0 & \lambda & 0 \\ 0 & 0 & \lambda \end{pmatrix}.$$

Die Kovarianzmatrix der abgeleiteten („Quasi"-)Beobachtungen beträgt für Modellpunkte

$$\mathbf{B}(\mathbf{\Sigma}_x)\mathbf{B}^T = \begin{pmatrix} \lambda^2\sigma_x^2 & 0 & 0 \\ 0 & \lambda^2\sigma_y^2 & 0 \\ 0 & 0 & \lambda^2\sigma_z^2 \end{pmatrix}.$$

Ist der Punkt ein Paßpunkt, so setzt sich die Gesamtkovarianz zusammen aus:

$$[\mathbf{\Sigma}_G] = [\mathbf{\Sigma}_P] + \mathbf{B}(\mathbf{\Sigma}_x)\mathbf{B}^T.$$

Für eine Annahme:

$$[\mathbf{\Sigma}_P] = \begin{pmatrix} \sigma_{x_G}{}^2 & 0 & 0 \\ 0 & \sigma_{y_G}{}^2 & 0 \\ 0 & 0 & \sigma_{z_G}{}^2 \end{pmatrix}$$

wird

$$[\mathbf{\Sigma}_G] = \begin{pmatrix} \sigma_{x_G}^2 + \lambda^2 \sigma_x^2 & 0 & 0 \\ 0 & \sigma_{y_G}^2 + \lambda^2 \sigma_x^2 & 0 \\ 0 & 0 & \sigma_{z_G}^2 + \lambda^2 \sigma_z^2 \end{pmatrix}.$$

Damit reduziert sich das Ausgleichungsproblem auf vermittelnde Beobachtungen mit folgenden Gewichtsannahmen:

Paßpunkte:

$$(P_G) = (\Sigma_G)^{-1} = \begin{pmatrix} \dfrac{1}{\sigma_{x_G}^2 + \lambda^2 \sigma_x{}^2} & 0 & 0 \\ 0 & \dfrac{1}{\sigma_{y_G}^2 + \lambda^2 \sigma_y{}^2} & 0 \\ 0 & 0 & \dfrac{1}{\sigma_{z_G}{}^2 + \lambda^2 \sigma_z^2} \end{pmatrix},$$

Übertragungspunkte:

$$(P_P) = (\Sigma_P)^{-1} = \begin{pmatrix} \dfrac{1}{\lambda \sigma_x^2} & 0 & 0 \\ 0 & \dfrac{1}{\lambda^2 \sigma_y^2} & 0 \\ 0 & 0 & \dfrac{1}{\lambda^2 \sigma_z^2} \end{pmatrix},$$

Projektionszentren:

$$(P_0) = \begin{pmatrix} \dfrac{1}{\lambda^2 \sigma_{x_0}^2} & 0 & 0 \\ 0 & \dfrac{1}{\lambda^2 \sigma_{y_0}^2} & 0 \\ 0 & 0 & \dfrac{1}{\lambda^2 \sigma_{z_0}^2} \end{pmatrix},$$

wobei üblicherweise $\sigma_{x_G} = \sigma_{Y_G} = \sigma_{Z_G} = \sigma_G$
und $\sigma_x = \sigma_y = \sigma_z = \sigma_P$
sowie $\sigma_{x_0} = \sigma_{y_0} = \sigma_{z_0} = \sigma_{P_0}$

gesetzt wird.

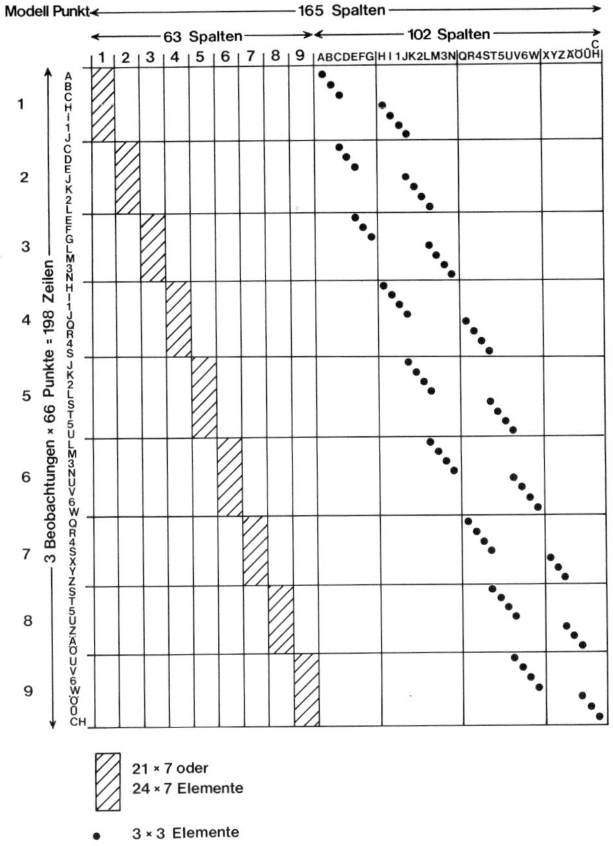

Abb. 4.24: Fehlergleichungen für das Beispiel der Modellblockausgleichung

Für das in Abb. 4.12 angegebene Beispiel haben die Fehlergleichungen die in Abb. 4.24 angegebene Form.

Es sind vorhanden:

9 Modelle mit je 7 Parametern $= 9 \times 7 = 63$ Orientierungsparameter
28 Übertragungspunkte $\times$ 3 Koordinaten $= 84$ Koordinatenparameter
6 gemeinsame Projektionszentren $\times$ 3 Koordinaten $= 18$ Koordinatenparameter.

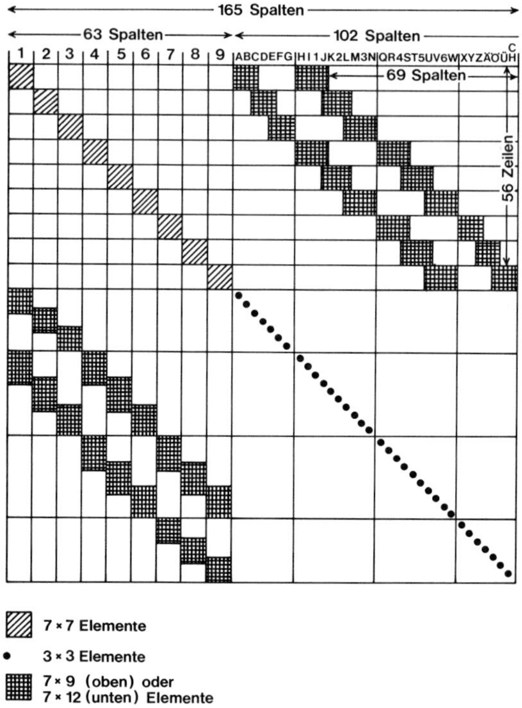

Abb. 4.25: Normalgleichungen für das Beispiel der Modellblockausgleichung

Es sind also bei der Modellösung 165 Parameter zu bestimmen im Vergleich zur Bündellösung mit 156 Parametern. Von diesen sind jeweils mindestens 8 zur Beseitigung des Rangdefekts in der beschriebenen Weise zu definieren. Abb. 4.25 stellt die Normalgleichungen des Systems dar.

Dabei ergibt sich wie bei der Bündellösung eine Bandstruktur, die ebenso reduziert werden kann. Werden die Orientierungsparameter der Modelle zuerst angeschrieben, ist die Bandbreite 69; werden die Punktparameter zuerst angebracht, ist die Bandbreite 56. Dies ist allgemein:

$$b' = 7(2n+2).$$

Eine Vereinfachung der Modellblockausgleichung zur Reduzierung der Normalgleichungsmatrix ist dadurch möglich, daß die Aufgabe der räumlichen Modellblockausgleichung zerlegt wird erstens in eine getrennte Lageblockausgleichung, welche nur die Lagebeobachtungen ausgleicht und sowohl die Beobachtungen als auch die Parameter der Projektionszentren nicht benötigt (Anblockverfahren), und zweitens in eine Höhenblockausgleichung, welche nur die Beobachtungen der Höhen verwendet und die Projektionszentren als Beobachtungen und als Parameter mitführt.

Die Lageblockausgleichung enthält dann nur 4 Orientierungsparameter pro Modell und 2 Koordinatenparameter pro Punkt.

Die Höhenblockausgleichung enthält 3 Orientierungsparameter pro Modell und 81 Koordinatenparameter pro Modellpunkt sowie 3 Koordinatenparameter für die gemeinsamen Projektionszentren.

Die Lageblockausgleichung liefert mit den Parametern a, d, dX_0, dY_0, dx_i und dy_i die Fehlergleichungen:

$$\begin{pmatrix} v_{x_i} \\ \\ v_{y_i} \end{pmatrix} = \begin{pmatrix} x_i & y_i & 1 & 0 \\ \\ y_i & -x_i & 0 & 1 \end{pmatrix} \begin{pmatrix} a \\ d \\ dX_0 \\ dY_0 \end{pmatrix} + \begin{pmatrix} dX_i \\ \\ dY_i \end{pmatrix} - \begin{pmatrix} \lambda_i x_i - (X_i)_0 \\ \\ \lambda_i y_i - (Y_i)_0 \end{pmatrix}.$$

Die Höhenblockausgleichung liefert mit den Parametern b, c, dz_0, dz_i und dX_p, dY_p, dZ_p (für die Projektionszentren) die Fehlergleichungen für Modellpunkte:

$$(v_{Z_i}) = (-y_i \quad -z_i \quad 1) \begin{pmatrix} b \\ c \\ dZ_0 \end{pmatrix} + dZ_i - (\lambda_i z_i - (Z_i)_0)$$

und für die Projektionszentren:

$$\begin{pmatrix} v_{X_P} \\ v_{Y_P} \\ v_{Z_P} \end{pmatrix} = \begin{pmatrix} 0 & +z_i & 0 \\ z_i & 0 & 0 \\ -y_i & -z_i & 1 \end{pmatrix} \begin{pmatrix} b \\ c \\ dZ_0 \end{pmatrix} + \begin{pmatrix} dX_P \\ dY_P \\ dZ_P \end{pmatrix} - \begin{pmatrix} \lambda_i x_P - (X_P)_0 \\ \lambda_i y_P - (Y_P)_0 \\ \lambda_i z_P - (Z_P)_0 \end{pmatrix}.$$

Für das Beispiel der Abb. 4.12 sind die Normalgleichungen der Anblockmethode in Abb. 4.26 und der nachfolgenden Höhenblockmethode in Abb. 4.27 dargestellt.

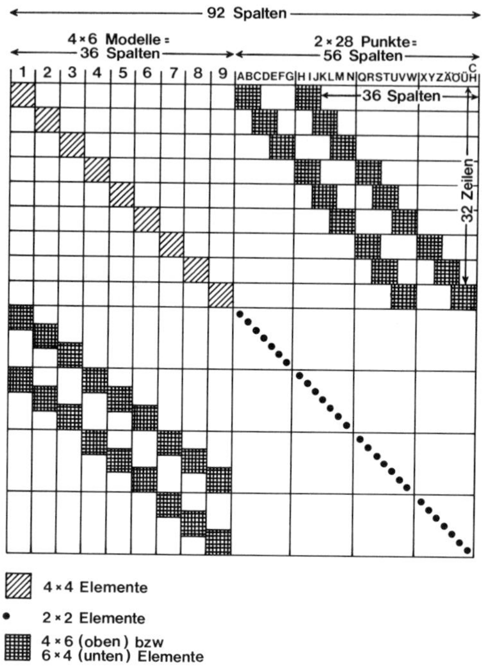

Abb. 4.26: Normalgleichungen für das Beispiel mit der Anblockausgleichung

Die Lageblockausgleichung enthält 92 Parameter und hat eine minimale Bandbreite von

$$b' = 4(2n+2) = 32.$$

Die Höhenblockausgleichung enthält 72 Parameter mit einer minimalen Bandbreite von

$$b' = 3(2n+2) = 24.$$

Lage- und Höhenblockausgleichung können abwechselnd iteriert werden. Die im funktionalen Modell vernachlässigten Korrelationen zwischen Lage und Höhe in $d\lambda$, $d\Omega$ und $d\Phi$ werden durch die Iteration genähert berücksichtigt.

Die besprochenen Verfahren zur Reduzierung der Normalgleichungssysteme gewinnen bei Bündel- wie bei Modellausgleichungen zunehmend an Bedeutung. Dabei bleibt es jedoch schwierig, zusätzliche (z. B. geodätische) Beobachtungen in die Ausgleichung einzubeziehen, weil sonst die Bandstruktur verloren geht.

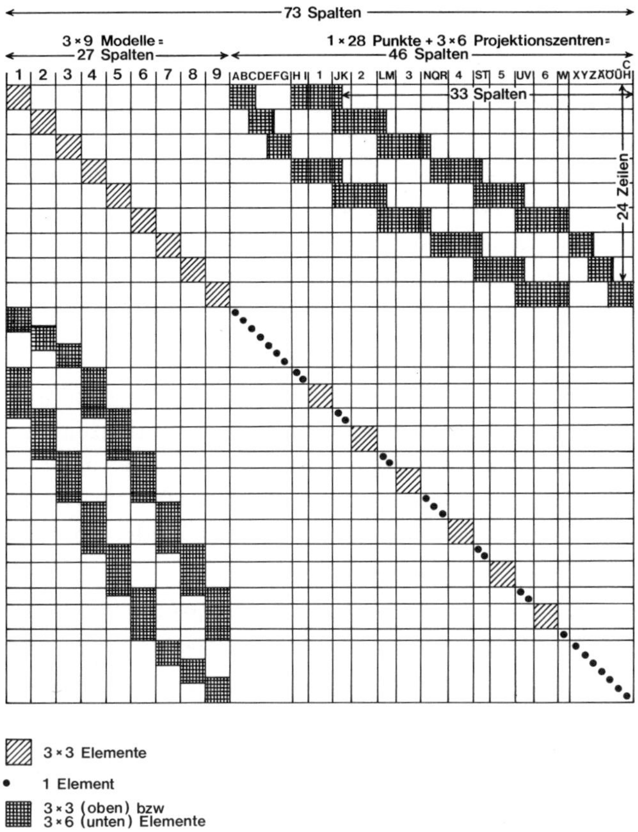

Abb. 4.27: Normalgleichungen für das Beispiel mit der Höhenblockausgleichung im Anschluß an die Anblockausgleichung

Andererseits weisen die Fortschritte in der Rechentechnik neue Wege. Wird z. B. die Profilspeichertechnik eingesetzt, die von jeder Spalte nur den Teil vom ersten Nichtnullelement bis zur Diagonale speichert, können die Orientierungsdaten der Bilder und ihre zugehörigen Punkte nicht getrennt, sondern hintereinander abgespeichert werden ohne an Recheneffizienz zu verlieren [E. Kruck 1982].

Literatur zu 4.10.

Ackermann, F., 1967, 1968, 1973; Ackermann, F., Ebner, H., Klein, H., 1970, 1972; Ebner, H., 1970, 1971 a, b, 1972; Ebner, H., Schneider, W., 1975; Eckhart, D., 1967; van den Hout, C. M. A., 1966; Jerie, H. G., 1957/58, 1967; Kupfer, G., 1960; Maarek, A., 1973; Masson d'Autume, 1961; Müller, S., 1968

4.11 Streifeninterpolation

Die Verfahren des räumlichen Rückwärtsschnittes im ersten Bild, der gegenseitigen Orientierung des ersten Modells (mit nachfolgender absoluter Orientierung statt des Rückwärtsschnittes) und der fortlaufenden Anwendung des Folgebildanschlusses für die Nachbarmodelle machen es möglich, die Ausgangskoordinaten des ersten Modells bis in das letzte Modell eines Bildstreifens zu übertragen. Allerdings ist dort mit erheblichen Diskrepanzen zwischen etwaigen Paßpunktkoordinaten und den im Streifen ermittelten Koordinaten zu rechnen, weil die Meß- und Bildfehler sich nach den Regeln stochastischer Prozesse aufsummiert haben.

In Anlehnung an die in den Fünfzigerjahren entwickelten graphischen Interpolationsverfahren im Bildstreifen können die Diskrepanzen durch einen Polynomansatz genähert korrigiert werden. Das in seiner allgemeinen Bedeutung nur historisch zu wertende Verfahren kann aber zur Ermittlung von Näherungskoordinaten für die nachfolgende Bündel- oder Modellblockausgleichung gute Dienste leisten (siehe Abb. 4.28).

Die in den Paßpunkten festgestellten Koordinatendifferenzen ΔX_i, ΔY_i, ΔZ_i zwischen gegebenen Werten und den auf Geländemaßstab umgerechneten akkumulierten Modellkoordinaten im Bildstreifen können zur Ableitung dreier unabhängiger Korrekturpolynome für die Modellkoordinaten der Übertragungspunkte verwendet werden. Die Polynome haben z. B. die Form:

$$\Delta x_i = a_0 + a_1 x_i + a_2 y_i + a_3 x_i^2 + a_4 x_i y_i,$$

$$\Delta y_i = b_0 + b_1 x_i + b_2 y_i + b_3 x_i^2 + b_4 x_i y_i,$$

$$\Delta z_i = c_0 + c_1 x_i + c_2 y_i + c_3 x_i^2 + c_4 x_i y_i.$$

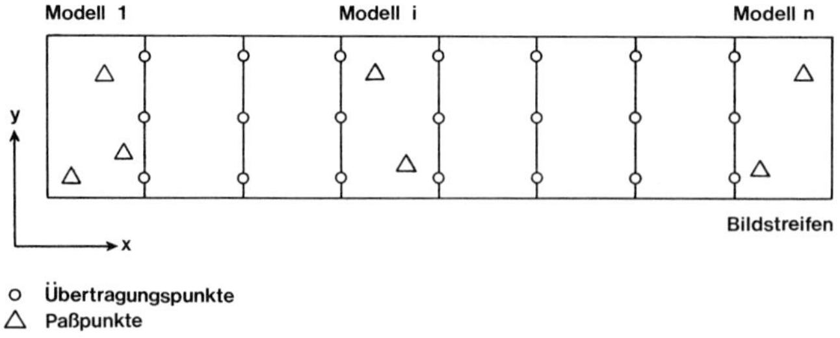

Abb. 4.28: Streifeninterpolation

Die Koeffizienten $a_0 \ldots c_4$ werden aus den Koordinatendifferenzen der Paßpunkte durch eine Ausgleichung bestimmt. Sie ist wegen des unzureichenden funktionalen und stochastischen Modells zwar nicht gerechtfertigt, aber sie kann bequem durchgeführt werden. Danach werden die Korrekturen für die Übertragungspunkte aus den Polynomen berechnet.

Literatur zu 4.11.

Ackermann, F., 1961, 1965, 1966; Amer, F., 1962; Brandenberger, A., 1951; Brucklacher, W., 1959; Gotthardt, E., 1944; von Gruber, O., 1935; Leberl, F., 1975; Proctor, D. W., 1962; Schermerhorn, W., 1940; Schut, G., 1957, 1964, 1967; Togliatti, G., 1964; Zarzycki, J. M., 1949, 1963

5. Ausmessung von Stereomodellen

In Kapitel 4 wurden die Grundzüge der Analytischen Photogrammetrie abgehandelt, die sich im letzten Jahrzehnt für die Auswertung von Punkten durchgesetzt hat.

Die Auswertung des linienhaften Bildinhalts erfolgt traditionsgemäß im räumlichen Auswertegerät. Die stereoskopische Betrachtung einer Meßmarke im Stereomodell erlaubt dem Operateur nicht nur Punkte einzustellen, sondern auch Linien im Gelände oder Kurven gleicher Höhe (Höhenschichtlinien) abzufahren. Dabei wird die Bewegung der Meßmarke maßstabsgerecht auf den Bleistift eines Zeichentisches übertragen, der die Situation automatisch mitzeichnet. Vorher muß dazu im Gerät die geometrische Aufgabe der Modellbildung (gegenseitige Orientierung) und der absoluten Orientierung gelöst werden. Hierfür kommen entweder analoge oder analytisch-digitale Realisierungen in Frage.

Eine Einteilung der Geräte ist nach folgenden Gesichtspunkten möglich:

(1) Nach der Art der Berechnung dieser Transformationen teilt man die Stereoauswertegeräte in optische, optisch-mechanische, mechanische und analytische Geräte ein.

(2) Eine andere Art der Einteilung ist nach dem Grad der Universalität möglich, mit welchem die Geräte die Aufgaben der Modellauswertung und des Folgebildanschlusses realisieren können. So unterschied man früher zwischen den Universalgeräten, welche für die analoge Aerotriangulation geeignet waren und den Kartiergeräten, welche vornehmlich der graphischen Modellauswertung dienten.
Da heute die Modellzusammenschlüsse bequemer rechnerisch ausgeführt werden, entfällt die Notwendigkeit eines analogen Universalgeräts.

(3) Schließlich können die Geräte nach ihrer Punktbestimmungsgenauigkeit (und ihrer optischen Vergrößerung) eingeteilt werden in Geräte erster Ordnung für die großmaßstäbige (auch numerische) Auswertung (mit der Genauigkeit für Gitterpunkte von etwa ± 5 µm im Bildmaßstab) und

in Geräte zweiter Ordnung für die kleinmaßstäbige (ausschließlich graphische) Kartierung (mit einer Gitterpunktgenauigkeit von etwa $\pm 10\,\mu m$ im Bildmaßstab).

Es gibt eine Vielzahl von Gerätetypen. Es können deshalb hier nur die wichtigsten mit ihren spezifischen Unterschieden erklärt werden.

Da viele historische Gerätetypen sich noch im Einsatz bewähren, ist die Auswahl der neuesten Geräte nicht immer für die Praxis der Photogrammetrie charakteristisch.

5.1 Analogauswertegeräte

5.1.1 Optische Auswertegeräte

Bei den optischen Geräten entsteht das Stereomodell durch optische Projektion.

(1) Das einfachste Gerät dieser Art ist der 1933 ursprünglich von Zeiss gebaute und auf Gasser (1915) zurückgehende (Aeroprojektor) *Multiplex*, welcher in vielen weiteren Versionen (von Bausch & Lomb, USA; von Williamson, England; von Jenoptik, DDR) als Kartiergerät 2. Ordnung gebaut und als Schulungsgerät verwendet wird, weil an ihm alle wesentlichen photogrammetrischen Operationen erklärt werden können.
Er hat zudem historische Bedeutung, weil mit ihm während des zweiten Weltkriegs weite strategisch wichtige Teile der Erde kartiert worden sind. An einem Trägerrahmen sind verschiebbar in x_0', y_0' und z_0' zwei identische Projektoren (siehe Abb. 5.1) angeordnet. Jeder Projektor ist im Raum um ω', φ' und κ' drehbar; damit besitzt er, wie eine Kamera, 6 Freiheitsgrade. Zur Projektion des Gesamtmodells auf eine Zeichenebene muß das gesamte Diapositiv gleichmäßig ausgeleuchtet werden. Das Licht einer hellen Glühlampe fällt hierzu über einen Kondensor auf das im Bildträger eingelegte Diapositiv. Um den Kondensor klein zu halten, werden Diapositive in fünffacher Verkleinerung verwendet. Diese werden in einem besonderen Reduktionsgerät in senkrechter optischer Projektion hergestellt, wobei eine Bildweitenkorrektur entsprechend der Bildweite der verwendeten Kamera erfolgt, so daß die Projektion mit einer konstanten Projektorbildweite (für Weitwinkelprojektoren $c' = 30$ mm) erfolgen kann.

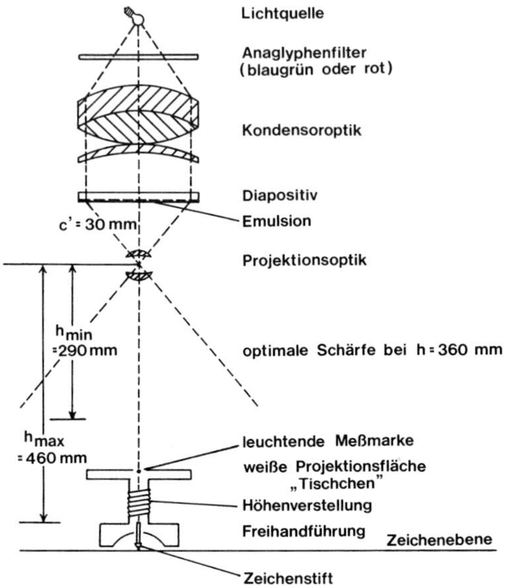

Abb. 5.1: Prinzipskizze des Multiplex (für Weitwinkelaufnahmen)

Die Scharfabbildung wurde für den Projektor nach der Linsengleichung für eine optimale Schärfe in der Entfernung von $h = 360$ mm festgelegt. Deshalb erfolgt die Projektion auf eine höhenmäßig verstellbare Projektionsfläche („Tischchen") in diesem mittleren Abstand.
In allen anderen Entfernungen $h_i = h + \Delta h_i$ wird das Bild eines Punktes in der Bildebene als Zerstreuungskreis z definiert, welcher durch den Blendendurchmesser der Optik d bestimmt wird:

$$\Delta h_i = z \cdot \frac{h_i}{d}.$$

Liegt z innerhalb der Auflösung des menschlichen Auges bei den Betrachtungsbedingungen (Vergrößerung, Helligkeit), dann wird damit ein Schärfentiefebereich definiert. Deshalb kann der Multiplex durch Verstellung der Tischchenhöhe und durch Variationen der Rahmenhöhe innerhalb des Bereiches $h_{min} = 290$ mm und $h_{max} = 460$ mm „scharf" abbilden.
Das Tischchen trägt einen Leuchtpunkt als Meßmarke. In ihrer senkrechten Projektion auf den Zeichentisch befindet sich ein Zeichenstift, der die mit Freihandführung vom Tischchen eingestellten Punkte und Linien am Zeichenblatt mitkartieren kann.

Die Betrachtung des Stereomodells wird durch komplementäre Anaglyphenfilter für die beiden Projektoren und durch Betrachtung mit entsprechenden Filterbrillen erreicht.
Die Translationen und Rotationen der Projektoren müssen zur Auswertung denen der Aufnahmekamera im Modellmaßstab entsprechen. Zumindest müssen die Vertikalparallaxen für die stereoskopische Betrachtungsmöglichkeit beseitigt sein. Dies geschieht mit den Orientierungsverfahren nach Kap. 5.3, bei denen die Einstellschrauben für die betreffenden Orientierungselemente entsprechend gedreht werden.
Abwandlungen des Multiplex-Gerätetyps sind:

(2) Der *Balplex* (von Bausch & Lomb, USA) welcher aus dem Jahre 1951 stammt, eine Bildweite c' von 55 mm und eine optimale Projektionsweite von $h = 525$ mm besitzt. Die nur etwa dreifach verkleinerten Diapositive können durch Verwendung ellipsoidischer Reflektoren, in deren beiden Brennpunkten sich Lichtquelle und Projektionszentrum befinden, ausgeleuchtet werden. Der in den Fünfzigerjahren entwickelte Balplex wird in den USA noch immer zur kleinmaßstäbigen Kartierung eingesetzt.

(3) Der *Kelsh Plotter* (Kelsh, USA) aus dem Jahre 1947, welcher Diapositive im Originalformat mit einer Bildweite c' von 152 mm und einer optimalen Projektionsweite $h = 760$ mm verwendet. Die Diapositive werden nur teilweise ausgeleuchtet. Die Projektionslampen werden dabei in ihrer Lage und Richtung durch Gestänge gesteuert, welche mit dem Projektionszentrum und dem Tischchen durch Gelenke verbunden sind. Die Verzeichnung der einfachen Projektionsoptik wird beseitigt, indem die Diapositive für eine Projektion durch das Glas (Emulsion oben) angefertigt werden. Die vorgeschriebene Dicke der Glasplatte von 6 mm kompensiert die Verzeichnung durch die Brechung des Strahls. Zur Verwendung dünnerer Glasplatten wurden später mechanische Verzeichnungskompensationsvorrichtungen konstruiert (siehe Abb. 5.2) welche die Bildweite in Abhängigkeit des Bildwinkels τ verändert, der durch das Beleuchtungsgestänge eingestellt wird.
Der Kelsh Plotter ist ein in den USA sehr beliebtes Gerät für die Auswertung in großen Maßstäben für Kartierung und Straßenbau (5fache Vergrößerung des Bildmaßstabs).

(4) Der *Doppelprojektor* DP1 von Zeiss aus dem Jahre 1967, welcher für $c' = 152$ mm und $h = 360$ mm konstruiert ist. Statt der Glasdiapositive werden Filmdiapositive verwendet, welche nur im etwa halben Bildbe-

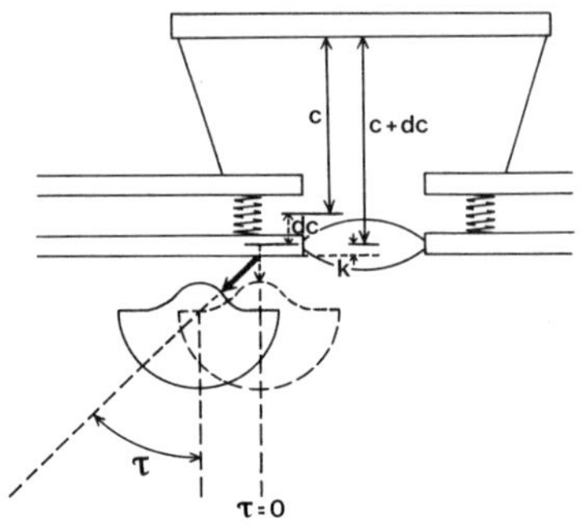

Abb. 5.2: Mechanische Verzeichnungskompensation

reich flach im Projektor eingelegt zu werden brauchen. Nur dieser Bildbereich wird von einem Kondensor ausgeleuchtet. Die Freihandführung des Tischchens kann im DP2 durch Handräder mit Spindelführung ersetzt werden. Die Spindeldrehungen können zur Erreichung variabler Vergrößerungsverhältnisse zwischen Modell und Auswertung auf einen Externzeichentisch übertragen werden. Optische Geräte mit Internzeichentisch sind im Rahmen ihrer Scharfabbildungsmöglichkeiten auf enge Vergrößerungsverhältnisse Modellmaßstab : Bildmaßstab $= \frac{h}{c}$ mit festem c ausgelegt. Der Doppelprojektor dient vornehmlich als Schulungsgerät.

(5) Die Geräte (1) bis (4) liefern eine direkt wahrnehmbare optische Projektion. Eine nur subjektiv wahrnehmbare optische Projektion wird im *Stereoplanigraphen C8* von Zeiss (1952) erreicht (Abb. 5.3). Der Originaltyp des Geräts wurde 1921 in Jena konstruiert. Nachfolgetypen wurden auch von Jenoptik gebaut (C-6, 1955). Dieses historische Gerät 1. Ordnung der Fünfzigerjahre enthält viele gerätetechnische Verbesserungen:

(a) Die optische Projektion erfolgt nach dem „Porro-Koppe“-Prinzip, welches besagt, daß die Verzeichnung eines bestimmten Objektivs bei der Abbildung dann voll kompensiert werden kann, wenn das Bild mit dem gleichen Objektiv (oder Objektivtyp) wieder in den Dingraum projiziert wird.
In der Praxis werden zwar nicht mehr die Originalobjektive zur Auswertung verwendet, wie dies früher für Kammern vom Typ eines Phototheodolits möglich war, allerdings erfolgt die Projektion mit Objektiven gleicher Brennweite, welche das Bild mit parallelen

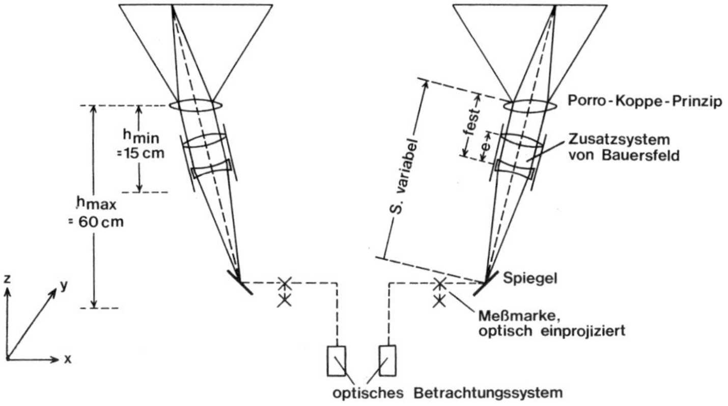

Abb. 5.3: Stereoplanigraph C8 von Zeiss

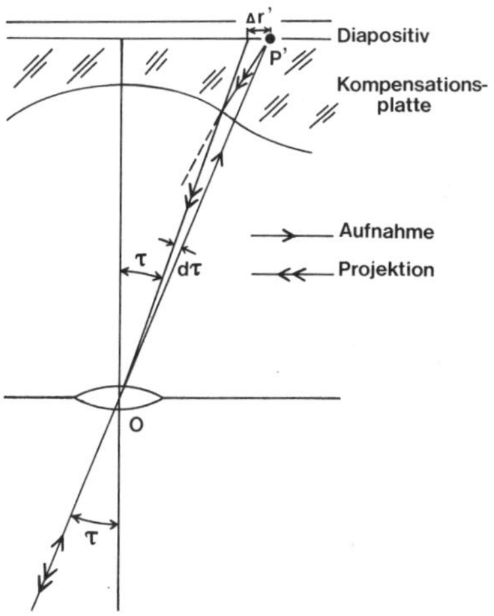

Abb. 5.4: Verzeichnungskorrektur beim Stereoplanigraphen

Strahlen ins Unendliche projizieren. Die Verzeichnung eines bestimmten Objektivtyps kann durch Kompensationsplatten (nach Abb. 4.4) korrigiert werden.
Die Projektoren können um die Winkel ω, φ und κ räumlich gedreht werden.

(b) Die Scharfabbildung erfolgt auf eine Projektionsfläche mit variabler Entfernung. Im Stereoplanigraphen wird ein Spiegel verwendet, in welchen die Meßmarke einprojiziert wird. Die im Spiegel definierte Scharfabbildungsebene wird vom Betrachtungssystem aus beobachtet. Die Scharfabbildung bei veränderlicher Entfernung erfolgt durch das Zusatzsystem nach Bauersfeld, welches den parallelen Strahlengang auf den Spiegel fokussiert. Besteht das Zusatzsystem aus einer Sammellinse und einer Zerstreuungslinse je mit den Brennweiten f, dann wird der Linsenabstand $e=\frac{f^2}{s}$ durch einen Inversor mechanisch berechnet und verstellt.

(c) Die Projektion jedes der beiden Projektoren geschieht auf einen getrennten Spiegel. Zur Veränderung der x-Bewegung können beide Spiegel entlang der x-Achse gemeinsam bewegt werden.
Zur Veränderung der y-Bewegung werden beide Projektoren relativ zu den y-Spiegeln verschoben. Zur Veränderung der z-Bewegung erfolgt die Änderung der Höhe der Projektoren. Bei den Bewegungen werden die Spiegel jeweils senkrecht zum halben Raumwinkel zwischen Projektionsstrahl und x-Achse (die zur optischen Betrachtung benutzt wird) nachgedreht. Damit entsteht für die Auswertung ein „Zeiss'sches Parallelogramm" (siehe Abb. 5.5).
Die Projektoren 1 und 2 haben zueinander jeweils einen festen Abstand k. In die gegenseitige Entfernung der beiden Spiegel geht die Auswertebasis $\mathbf{b}$ (bx, by, bz) ein. Bei Basis null haben die Spiegel den Abstand k.
Werden die beiden Spiegel jeweils zur Hälfte $\left(\text{um } \frac{b}{2}\right)$ nach innen verschoben, so daß sie eine gegenseitige Entfernung von $(k-b)$ besitzen, dann entspricht die Auswertestellung des Geräts bei Basis innen dem normalen Fall der direkten optischen Projektion der Bilder von den Standorten 1 und 2.
Zwischen den Spiegeln und den Projektionszentren 2 und 2′ erstreckt sich das Zeiss'sche Parallelogramm.
Der Spiegelabstand kann aber auch nach außen $\left(\text{um je } \frac{b}{2}\right)$ eingestellt werden. In der Auswertestellung bei Basis außen wird ein Parallelogramm mit der gegenseitigen Spiegelentfernung $(k+b)$ gebildet. Diese Auswertestellung erlaubt eine Auswertung mit vertauschten Bildern. Dabei entstünde bei der Betrachtung allerdings statt des normalen Stereoeffektes der pseudoskopische Effekt.

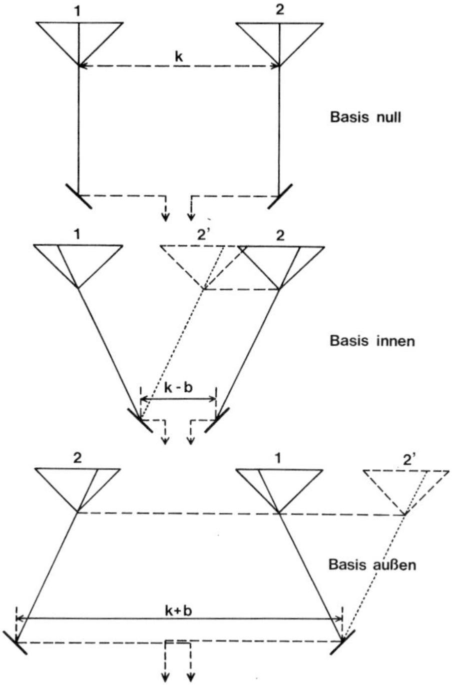

Abb. 5.5: Zeiss'sches Parallelogramm

Durch Prismendrehungen können jedoch den Augen die entsprechenden Bilder zur orthoskopischen Betrachtung zugeführt werden. Die Verwendung des Zeiss'schen Parallelogramms ist für den Folgebildanschluß wichtig. Vor Einführung analytischer Methoden in der Aerotriangulation war der analoge Bildanschluß in den Geräten erforderlich. Während z. B. der Multiplex hierzu eine Reihe von Projektoren verwendete, konnten die Bilder in Geräten mit Zeiss'schem Parallelogramm abwechselnd mit Basis innen – Basis außen – Basis innen usw. orientiert, angeschlossen und ausgemessen werden.

(d) Die *x*-, *y*- und *z*-Bewegungen der Spiegel oder Kammern können über Zählwerke oder digitale Rotationsgeber an den Spindeln als Modellkoordinaten angezeigt und registriert werden.

(e) Zwei Spindeln der Koordinatenachsen *x, y* oder *x, z* können mit den Spindeln eines externen Zeichentisches gekoppelt werden. Die

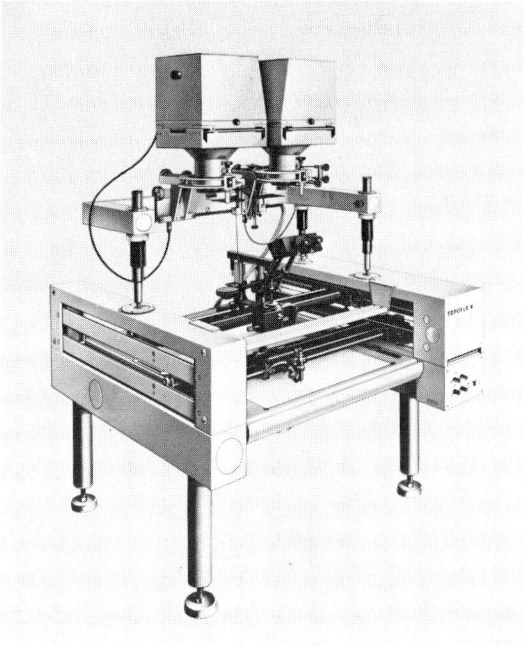

Abb. 5.6: Topoflex von Jenoptik

Übertragung der Bewegung durch auswechselbare Zahnräder läßt bis zu 30 verschiedene Übersetzungsverhältnisse zu.
Wird der Bildmaßstab im Modell 3fach vergrößert, so sind weitere Vergrößerungen (oder Verkleinerungen) des Zeichentischmaßstabs möglich. Die *x*-*z*-Umschaltung eignet sich zum graphischen Auftrag von Profilmessungen und zur Auswertung terrestrischer Aufnahmen (bei denen die Aufnahmerichtung in z und die Höhenrichtung in y verläuft); Schichtlinien können in terrestrischen Aufnahmen somit mit $y=$ const. abgefahren werden.

(f) Eine beim Stereoplanigraphen besonders auffallende Eigenart aller optischen Geräte ist die Bildbetrachtung entlang von Kernstrahlen. Durch die Projektion der Bilder aus ihrer geneigten Lage in eine waagerechte Projektionsfläche ist es möglich, auch stark konvergente Aufnahmen stereoskopisch zu betrachten. Beim Stereoplanigraphen kommt allerdings hinzu, daß die Betrachtung der Bilder so erfolgt, wie man das Gelände von den Projektionszentren der Aufnahme aus betrachten würde.

(6) Der *Topoflex* von Jenoptik ist ein kleinmaßstäbiges Auswertegerät. Die Bilder im Originalformat werden in gewöhnlichem Licht auf zwei getrennte Tischchen projiziert, welche durch ein Stereoskop betrachtet werden.

Literatur zu 5.1.1.
Ahrend, M., Dreyer, G., 1968

5.1.2 Optisch-mechanische Auswertegeräte

(1) Die Eigenschaften der Geräte mit subjektiv wahrnehmbarer optischer Projektion besitzen auch die heute nurmehr historischen optisch-mechanischen Auswertegeräte, welche am einfachsten am Beispiel des *Photostereographen* Nistri Beta 2 von O. M. I. (Ottico Meccanica Italiana, Italien) aus dem Jahre 1952 erklärt werden können (siehe Abb. 5.7).

(a) Die Projektion des um ω, φ und κ rotierbaren Bildes erfolgt wie beim Stereoplanigraphen nach dem Porro-Koppe-Prinzip auf eine Ebene, welche durch Spiegel definiert wird. Dorthin wird ebenso die Meßmarke einprojiziert. Das gemeinsame Bild wird ebenfalls einem optischen Betrachtungssystem zugeleitet. Allerdings befinden sich die Spiegel nicht im Modellraum, sondern sie sind kardanisch gelagert und um das Projektionszentrum drehbar.

(b) Während die Bildbetrachtung nach optischen Prinzipien erfolgt (Betrachtung nach Kernstrahlen vom Projektionszentrum), wird der Modellraum durch eine mechanische Analogie repräsentiert. Die Spiegel sind fest verbunden mit mechanischen Raumlenkern, welche sich mit den Spiegeln frei im Raum um das Projektionszentrum drehen lassen.

(c) Die Lenker sind kardanisch gelagert mit dem Basiswagen verbunden. Projektionszentren und Lenkerschnittpunkte bestimmen wiederum ein Zeiss'sches Parallelogramm, in welchem die Basiskomponenten verändert werden können.

(d) Die Bewegungen des Basiswagens können als x, y und z-Koordinaten registriert und auf einen Zeichentisch übertragen werden.

(2) Andere, mechanisch wesentlich kompliziertere optisch-mechanische Geräte sind

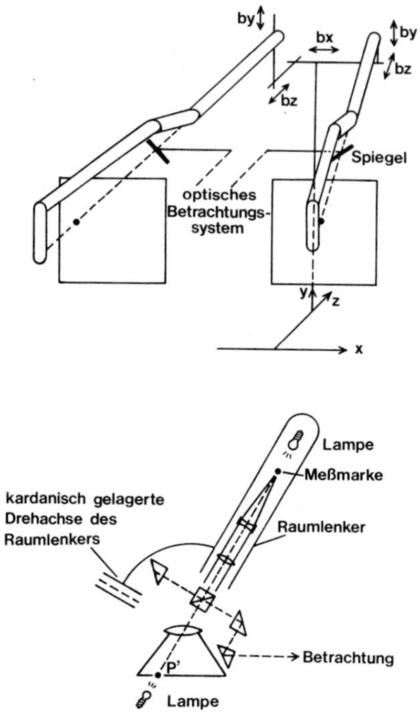

Abb. 5.7: Photostereograph Nistri-Beta 2 von O. M. I.

(a) der historische *Stereotopograph B von Poivilliers* der ehemaligen Firma S. O. M., Paris aus dem Jahre 1937, welcher die mechanische Raumlösung in zwei Ebenen aufteilt und dadurch statt Raumlenkern für die Verbindung zwischen Projektionszentrum und Modellpunkt Lineale verwenden kann;

(b) der ebenfalls historische *Thompson-Watts-Plotter* der Firma Hilger & Watts, London aus dem Jahre 1952, welcher die Höhenmessung ersetzt durch eine Schrägentfernungsmessung entlang des Betrachtungsstrahles. Die Betrachtungsrichtung kann als Raumwinkel durch Drehung beider Kammern um die Basis eingestellt werden. Statt der Raumlenker lassen sich so Lineale verwenden, welche gerätetechnisch leichter herstellbar sind.

(c) Die optisch-mechanischen Geräte wurden 1919 eingeführt durch den *Aerokartographen von Hugershoff,* von der ehemaligen Firma Heyde, Dresden und 1926 durch den *Autographen A2 und A4 von*

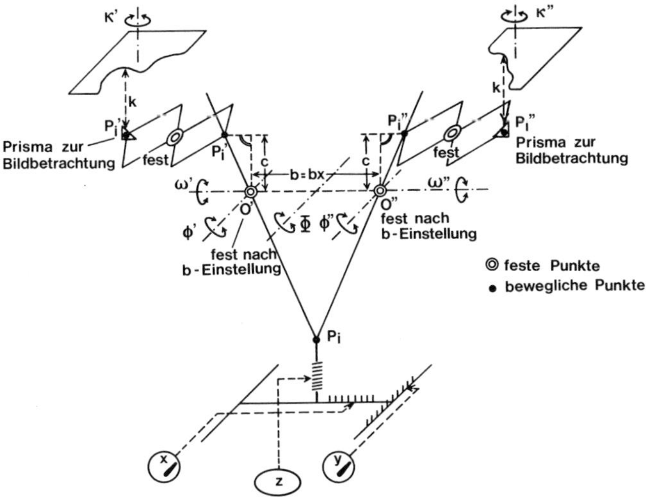

Abb. 5.8: Prinzipskizze des Stereoautographen Wild A8

Wild, welche die Raumwinkel des Zielstrahls wie beim Bildmeßtheodolit in zwei Ebenen zerlegen.

Heute werden optisch-mechanische Geräte nicht mehr gebaut. Auch die optischen Geräte sind nurmehr marginal von Interesse. Ihre Hauptnachteile bestehen darin, daß für bestimmte Kammertypen (z. B. Weitwinkel) bestimmte Projektoren verwendet werden müssen. Auch in neueren Geräten ist die Bildweitenverstellung nur sehr begrenzt möglich. Ihr Vorteil liegt aber nach wie vor in der Betrachtungsmöglichkeit nach Kernstrahlen.

5.1.3 Mechanische Auswertegeräte

Die mechanischen Auswertegeräte realisieren den Zielstrahlverlauf auch im Bildraum durch den Raumlenker.

(1) Zur Beschreibung der mechanischen Konstruktionsprinzipien ist der in der Welt weit verbreitete *Stereoautograph Wild A8* aus dem Jahre 1950 wegen seiner Übersichtlichkeit gut geeignet (siehe Abb. 5.8).

(a) Der Modellpunkt P_i wird durch einen kardanischen Lenkerschnittpunkt bestimmt. Er ist in Lage und Höhe mit Handrädern und Fußscheibe über Spindeln verstellbar.

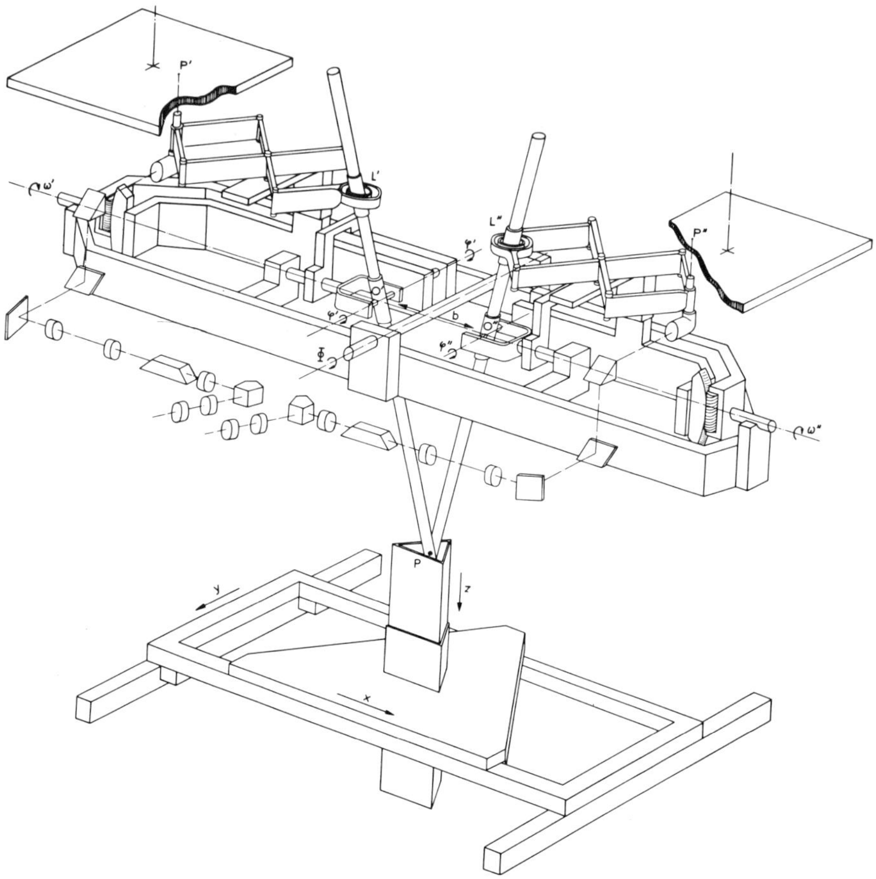

Abb. 5.9: Schema des Stereoautographen Wild A8

(b) Die Projektionszentren 0′, 0″ werden durch Kardangelenke realisiert, durch welche die sich im Punkt P_i schneidenden Raumlenker geführt werden. Die Lenker verkörpern die Bildstrahlen mechanisch. Der Abstand der Projektionszentren ist als Modellbasis b in x-Richtung verstellbar.

(c) Mit den Projektionszentren verbunden sind die um sie in ω', φ' und κ' drehbaren Bildträger, die aus mehreren Komponenten bestehen: Der durch die Einstellung von P_i vorgegebene mechanische Bildpunkt P_i' wird in einer Ebene im über weite Bereiche verstellbaren Abstand c zum Projektionszentrum geführt. Diese Ebene stellt die

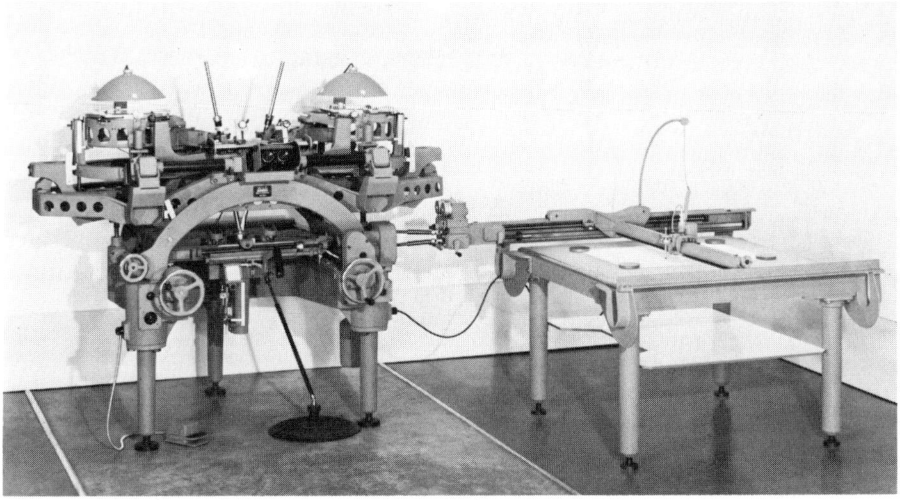

Abb. 5.10: Stereoautograph Wild A8

mechanische Bildebene dar. Die Bildbetrachtungseinrichtung (ein Prisma) liegt in derselben Ebene. Sie wird durch Nürnberger Scheren entsprechend den Werten x_i' und y_i' zur Bildbetrachtung des um 180° drehbaren Bildes verschoben.

(d) Das Bild selbst befindet sich in konstantem Abstand k von der Bildebene. Der optische Strahlengang, welcher die Meßmarke mit dem Bild vereinigt, trifft frontal auf das Diapositiv auf. Die Bildbetrachtung erfolgt deshalb nicht nach Kernstrahlen. Sie ist folglich auf (genäherte) Senkrechtaufnahmen begrenzt.

(e) Das Gerät erlaubt keine Verstellung der Basiskomponenten by und bz. Die gegenseitige Orientierung ist deshalb nur für unabhängige Bildpaare möglich. Zur Ausführung der absoluten Orientierung können beide Drehungen ω' und ω'' verwendet werden. In der anderen Richtung müßte für Projektoreinzeldrehungen φ', φ'' und bz verwendet werden. Da eine bz-Verstellung an der Basis nicht möglich ist, muß eine gemeinsame Φ-Bewegung vorgesehen werden, welche bz auf indirektem Weg einführt.

(f) Das Gerät wurde als reines Kartiergerät für großmaßstäbige Auswertungen konzipiert. Seitdem es möglich ist, die Modellkoordinaten digital zu registrieren, ersetzt es aber auch ein Universalgerät,

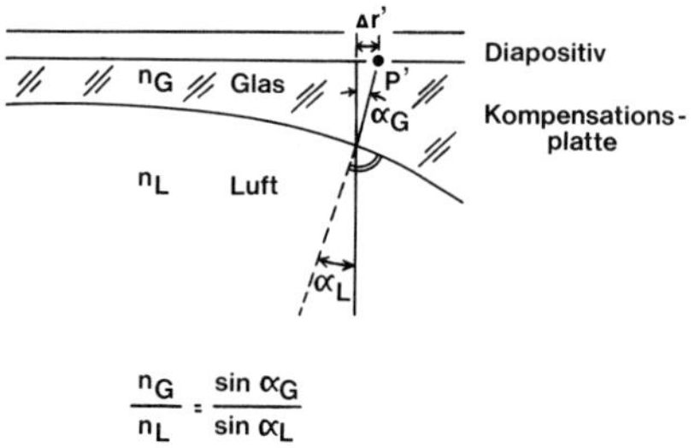

Abb. 5.11: Verzeichnungskorrektur durch Kompensationsplatten bei Frontalbetrachtung

weil die Aerotriangulation mit unabhängigen Modellen analytisch berechnet werden kann.

(g) Die Bewegungen der x- und y-Spindeln können mit wählbaren Übersetzungsverhältnissen auf einen Externzeichentisch übertragen werden.

(h) Verzeichnungsfehler des Kameraobjektivs können durch Kompensationsplatten nach Abb. 5.11 beseitigt werden.

(2) Die Firma *Wild* hat viele Typen mechanischer Auswertegeräte konzipiert, deren Eigenheiten für die wichtigsten Geräte kurz erwähnt werden sollen:

(a) Das erste mechanische Auswertegerät der Firma ist der Stereoautograph *Wild A5* von 1936. Sein Nachfolgemodell ist der Stereoautograph *Wild A7* von 1949. Im Gegensatz zum Wild A8 sind beide Geräte Universalgeräte. Sie besitzen ein Zeiss'sches Parallelogramm. Ihre Raumlenker werden nicht in einem Punkt P' vereinigt, sondern durch getrennte Lenkerhülsen repräsentiert, welche, wie beim Stereoplanigraph C8, um $k-b$ oder $k+b$ zur Einführung der Basis nach innen oder außen verstellt werden können. Folglich sind auch by- und bz-Komponenten an beiden Lenkerhülsen einstellbar. Wegen der genügend weit entfernten konstanten Entfernung k der beiden Projektionszentren können die Prismen direkt am mechanischen Bildpunkt P' angesetzt werden, so daß eine mechanische Übertragung der Bildkoordinaten durch Nürnberger Scheren entfällt. Die y- und z-Bewegungen können wie im C8 vertauscht werden.

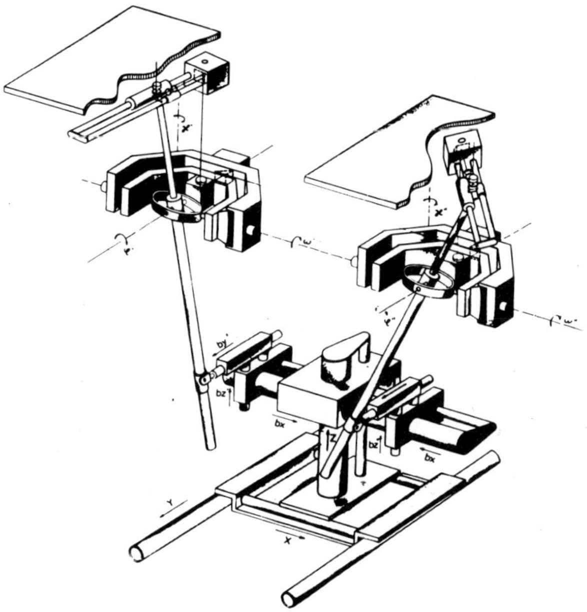

Abb. 5.12: Prinzipskizze des Stereoautographen Wild A7

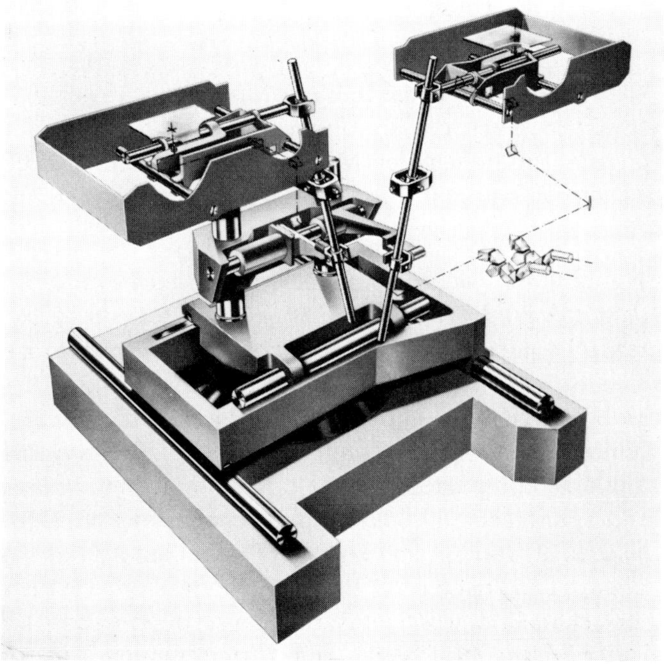

Abb. 5.13: Schema des Stereoautographen Wild A10

Abb. 5.14: Stereoautograph Wild A10

Der A5 wurde noch für das alte Bildformat 18×18 gebaut und hatte zusätzlich zu einer gemeinsamen Φ-Achse eine gemeinsame K-Achse zum Eindrehen der Modellkoordinaten in ein Geländesystem. Dagegen entfielen beim A7 die gemeinsamen Drehungen (siehe Abb. 5.12).

(b) Das kombinierte Nachfolgemodell vom A8 und vom A7 ist der *Stereoautograph Wild A10* von 1968 (siehe Abb. 5.13 und 5.14).
Beim A10 ist auf das große Zeiss'sche Parallelogramm zur Einstellung von Basis innen und außen verzichtet worden, da der Modellanschluß inzwischen rechnerisch bevorzugt wurde. Dagegen wurde der Lenkerschnitt nicht vereinigt, sondern in y-Richtung seitlich versetzt um eine kompaktere Geräteform zu erreichen. bz kann am linken und by am rechten Lenkerschnitt verstellt werden. Der c-Bereich ist zwischen 30 und 8,8 cm variierbar (vorher am A8 nur zwischen 11 und 21 cm). Die Prismen zur Bildbetrachtung sind, wie beim A8 vom mechanischen Bildpunkt aus parallelversetzt, und zwar durch einfache Lenker. Das Gerät besitzt eine Erdkrümmungskorrektur: die z-

Abb. 5.15: Wild B8 S

Spindel wird durch Abgriff einer für den Modellmaßstab verformbaren Kugelkalotte verschoben.

(c) Das dem A8 entsprechende kleinmaßstäbige Kartiergerät ist der *Aviograph B8* von 1958 oder *B8 S* (bereichserweitert). Der Lenkerschnitt ist aus konstruktiven Gründen um eine kleine Distanz parallelversetzt. Es sind keine *by* und *bz*-Bewegungen möglich, dafür hat das Gerät ein gemeinsames Φ.
Die Bilder sind kardanisch in einer Ebene durch das Projektionszentrum in ω und φ drehbar. Die mechanische Bildebene ist in den Modellraum parallel zu den Bildern umgeklappt (P' liegt zwischen P und 0, bezeichnet als einarmiger Lenker). Das Gerät hat Freihandführung, und die Übertragung zum Zeichentisch erfolgt durch einen Stabpantographen.

(d) Auch kürzlich sind von Wild mechanische Geräte entwickelt worden: Der *Aviomap AM* von 1976 ist das Folgemodell des B8. Die Bildträger liegen in der mechanischen Bildebene, welche oberhalb

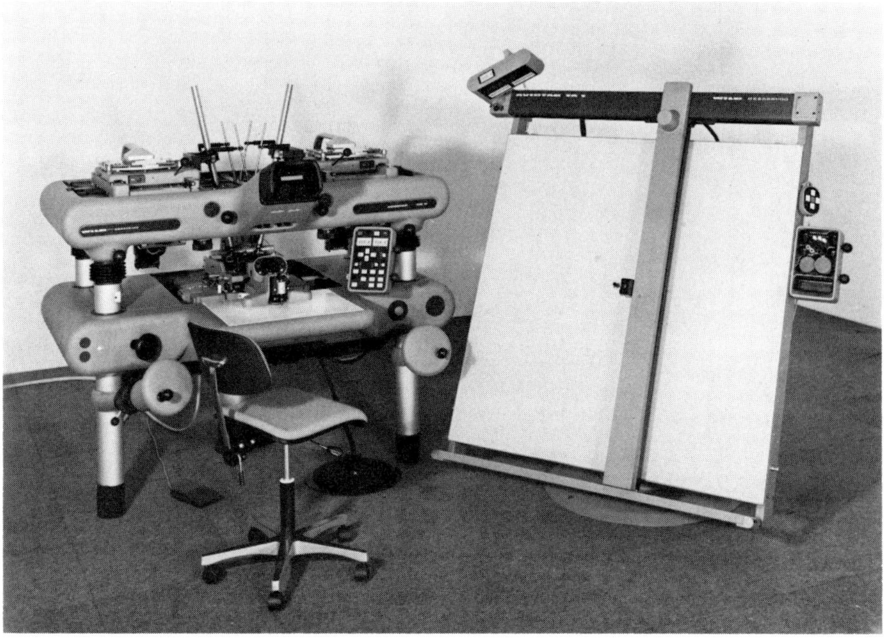

Abb. 5.16: Wild Aviomap AMH mit Digital-Zeichentisch Aviotab TA1

des Projektionszentrums angeordnet ist. Die Bilder verschieben sich im Vergleich zu den festen Betrachtungsprismen im Abstand *k*. Das Gerät hat eine luftgelagerte Freihandführung über einen Internzeichentisch. Die Version AMH hat zusätzlich Handräder und einen digitalen Datenabgriff zum Beispiel eines durch Mikroprozessoren steuerbaren Digitalzeichentisches Aviotab TA2. Die Version AMU besitzt zusätzlich eine digitale Ansteuerungsmöglichkeit von Modellkoordinaten.
Der *Aviograph AG1* von 1980 ist eine Kompaktversion des AM mit digitalen Gebern für den TA2 und einer direkten Zeichenmöglichkeit mittels eines Pantographen.

(3) Seit 1967 werden auch bei *Zeiss* mechanische Geräte hergestellt.

(a) Der *Planimat D2* (von 1967) oder *D3* ist ein Gerät für Präzisionsauswertungen. Es besitzt einarmige Lenker, welche die Bilder in der unterhalb des Projektionszentrums gelegenen mechanischen Bildebene gegenüber einer festen Optik verschieben. Die Bilder werden um ex-

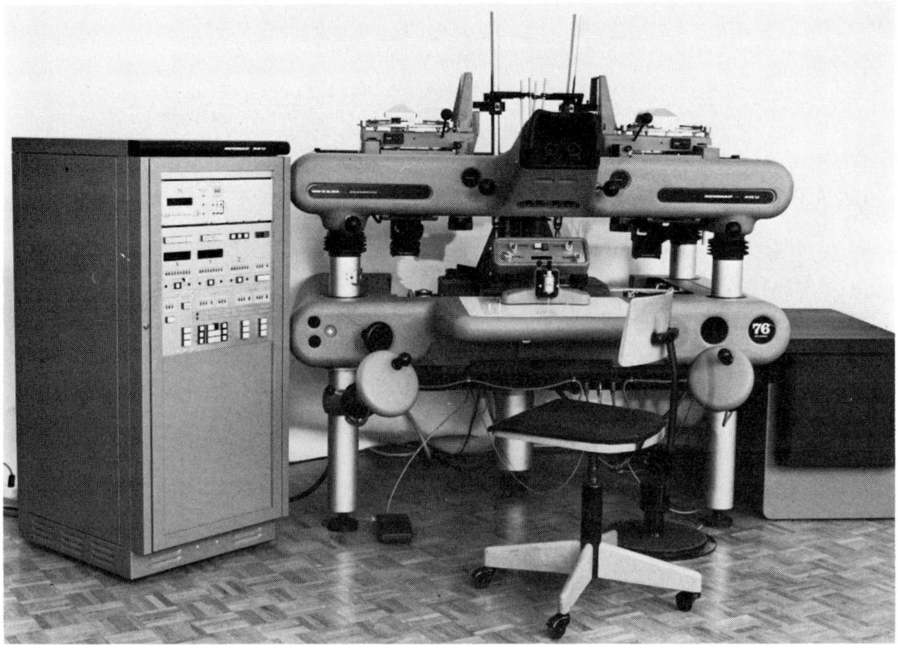

Abb. 5.17: Wild Aviomap AMU

zentrische Achsen in φ und ω geneigt (dies ergibt besondere Maßnahmen bei der Modellorientierung und der Bestimmung der Projektionszentren). Das Zeiss'sche Parallelogramm erlaubt bereichsmäßig nur eine Einstellung für Basis innen und ermöglicht Verstellungen von bz am linken und von by am rechten Lenkerschnittpunkt mit dem Basiswagen.
Das Gerät ist mit einem Internzeichentisch zur Kontrolle einer digitalen Kartierung ausgestattet. Es ist, wie alle mechanischen Zeissgeräte, für die Auswertung von Aufnahmen mit Brennweiten von 85 mm bis 305 mm geeignet.

(b) Der im Aufwand etwas reduzierte *Planicart E2* von 1972 ist bei ähnlicher Konstruktion kompakter als der D2. Dafür besitzt er einen größeren Internzeichentisch und ist als großmaßstäbiges Kartiergerät vorgesehen.

(c) Das *Planitop F2* von 1973 hat im Gegensatz zum D2 und E2 Freihandführung und dient als kleinmaßstäbiges Kartierungsgerät. Die

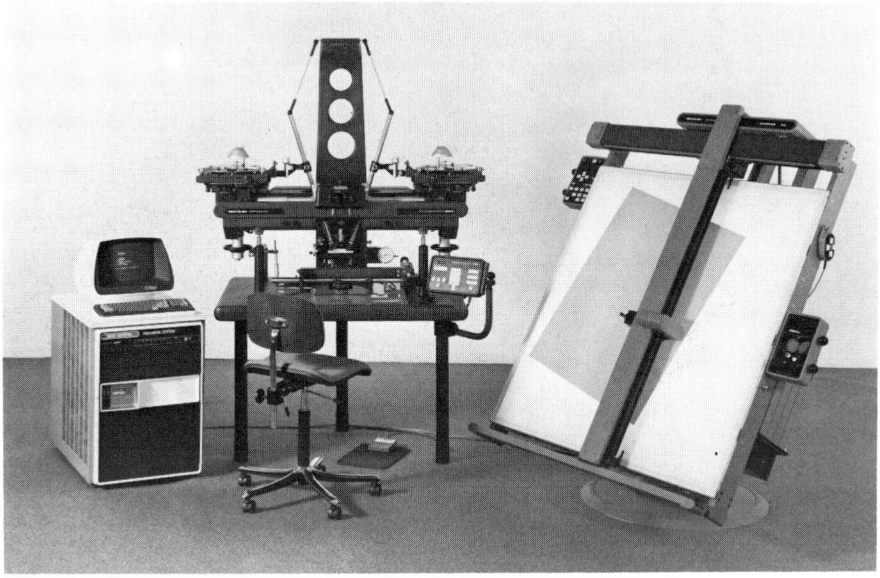

Abb. 5.18: Wild Aviograph AG1

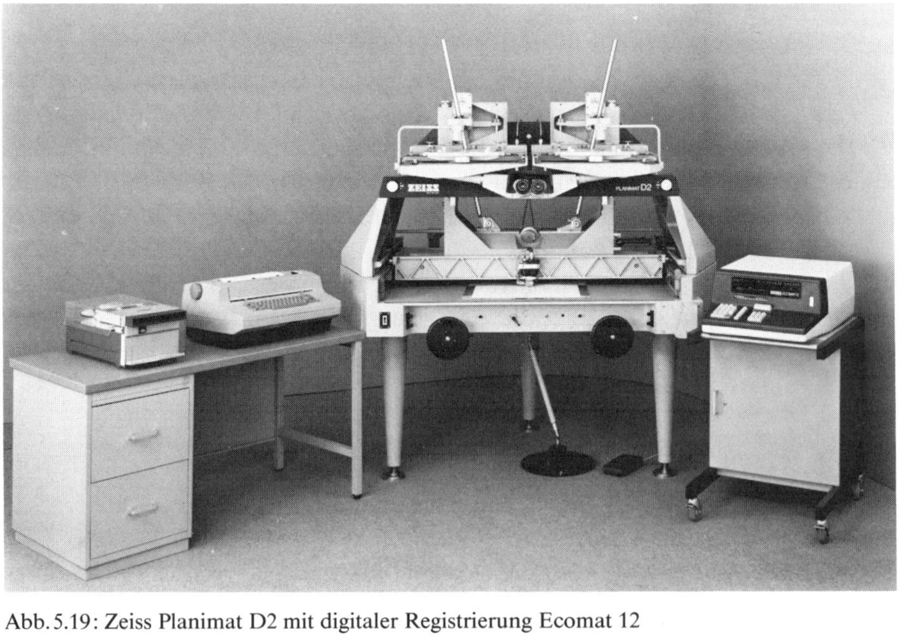

Abb. 5.19: Zeiss Planimat D2 mit digitaler Registrierung Ecomat 12

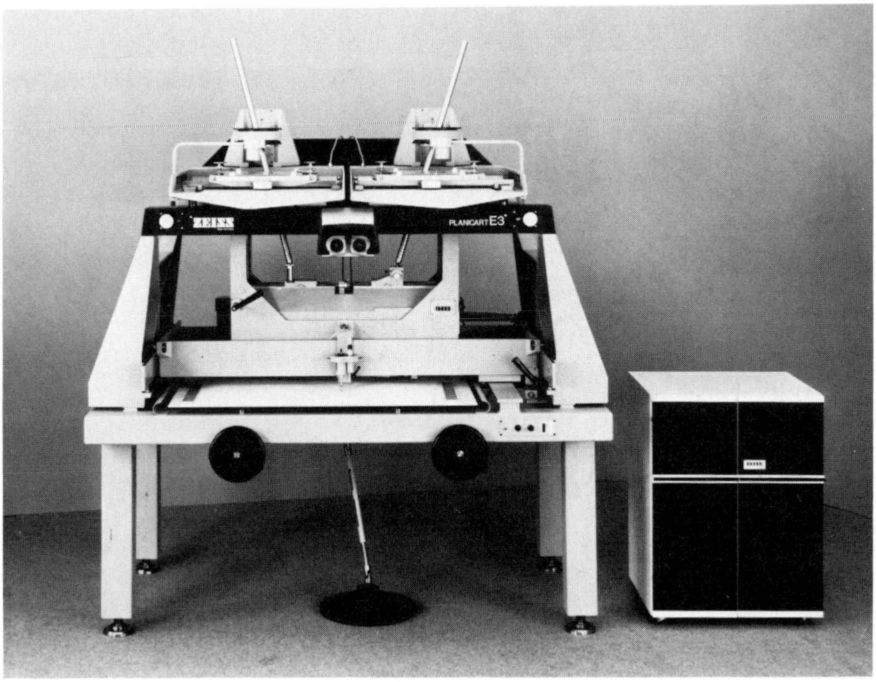

Abb. 5.20: Zeiss Planicart E3

Bildweitenverstellung ist nicht kontinuierlich, sondern nur für bestimmte Bereiche (ÜWW, WW) verstellbar. Bei Einstellung der Bildträger für $c = 85$ mm liegt die bewegliche Bildebene unterhalb des Projektionszentrums. Bei Einstellung für $c = 152$ mm ist sie darüber angeordnet. Der Basiswagen erlaubt links und rechts eine Verstellung von *bz*. Dagegen ist kein *by* vorhanden. Die Internzeichentischkartierung kann mittels eines Stabpantographen auf einen Externzeichentisch übertragen werden.

(4) Die Firma *Kern* hat 1960 das *PG2* konstruiert. Es besitzt Freihandführung und zur Basiseinstellung nach innen ein Zeiss'sches Parallelogramm, welches nur *bx* und rechts ein *bz* zuläßt. Im Bildraum oberhalb des Projektionszentrums werden die Raumlenkerverlängerungen als Projektionen des Bildvektors in die $x'z'$- und in die $y'z'$-Ebene aufgespalten. Diese Projektionen werden durch Lineale realisiert. Sie ermöglichen die getrennte Berücksichtigung von Bildweiten c'_x und c'_y und dadurch eine affine Bildkorrektur. In den entsprechenden Bildebenen für

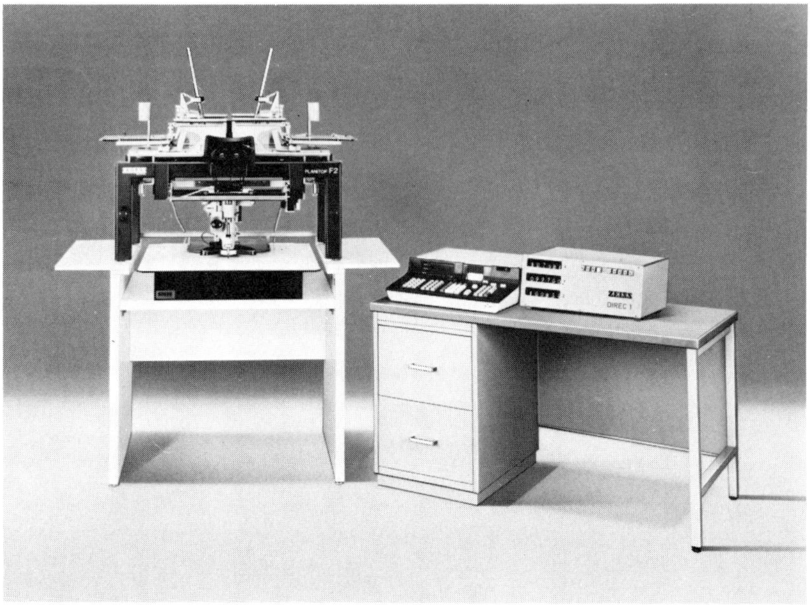

Abb. 5.21: Zeiss Planitop F2 mit digitalem Koordinatenabgriff DIREC 1 und Tischrechner von Hewlett-Packard

x' und y' befinden sich die Anschlußpunkte für die parallele Steuerung der Prismen für die Betrachtungsoptik. Zur absoluten Orientierung sind gemeinsame Drehungen Ω und Φ vorhanden.
Die Kartierung erfolgt mit einem Pantographen.
Während das PG2 ein Kartiergerät für mittlere Maßstäbe darstellt, ist das *PG3* von 1968 für große Maßstäbe bei höherer Präzision eingerichtet.
Der Basiswagen des Zeiss'schen Parallelogramms ist oben angeordnet. Darunter die Projektionszentren und die mechanischen Bildpunkte. Die Bilder werden eben angeordnet, dafür wird das Meßsystem gedreht. Statt der Basiskomponenten *by* und *bz* kann der Basiswagen in K und Φ geneigt werden.

(5) *Jenoptik* baut seit 1960 mechanische Geräte.

(a) Der *Stereometrograph G* ist ein Präzisionsauswertegerät mit einer dem Wild A7 entsprechenden Anordnung. Allerdings ist die Basis-

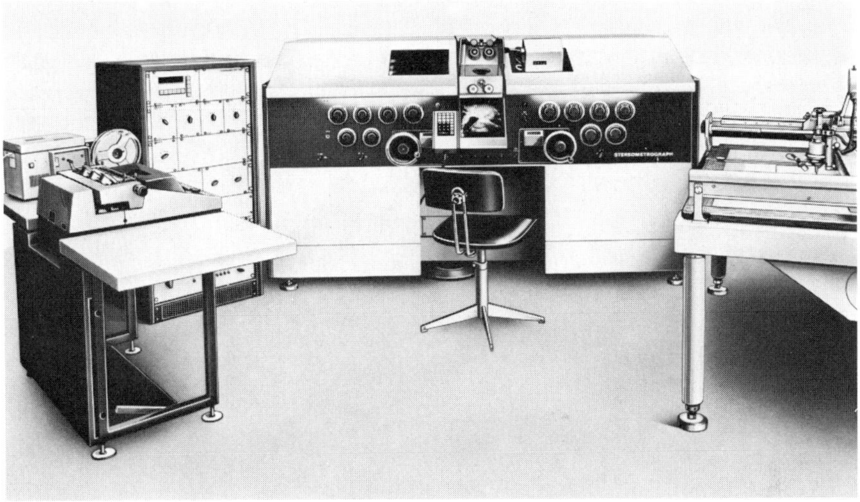

Abb. 5.22: Stereometrograph von Jenoptik

verstellung nur nach innen möglich. *bz* kann nur links und *by* nur rechts verstellt werden.

(b) Der *Topocart C* von 1966 ist für die graphische Auswertung in mittleren Maßstäben geeignet. Die Bilder werden horizontal eingelegt. Zunächst werden die Aufnahmen durch Lineale mechanisch in Nadiraufnahmen entzerrt. Dann erfolgt die Auswertung in zwei Ebenen *x-z* und *y-z* getrennt ebenfalls durch Lineale nach dem Prinzip des Stereoautographen von Zeiß-Orel für terrestrische Photogrammetrie (siehe Kap. 9.3).

(6) *Santoni* hat in Italien im Jahre 1921 zuerst ein mechanisches Auswertegerät für Luftbilder entwickelt.

(a) Nach diesen Prinzipien wurde von der Firma Galileo, Florenz, der *Stereokartograph IV* von 1947 gebaut. Es ist ein Universalgerät wie der Wild A7. Die mechanischen Lenker besitzen im (ausgesparten) Projektionszentrum senkrechte zur Bildebene gerichtete Spiegel. Die Bilder werden in der mechanischen Bildebene durch die Lenker bewegt. Die mechanische Verzeichnungskorrektur ist durch Heben oder Senken der Bildebene ähnlich wie beim Kelsh Plotter möglich.

(b) Der *Stereokartograph V* von 1963, ein Präzisionsauswertegerät, ordnet die Bilder in einer Ebene senkrecht zum horizontal blickenden

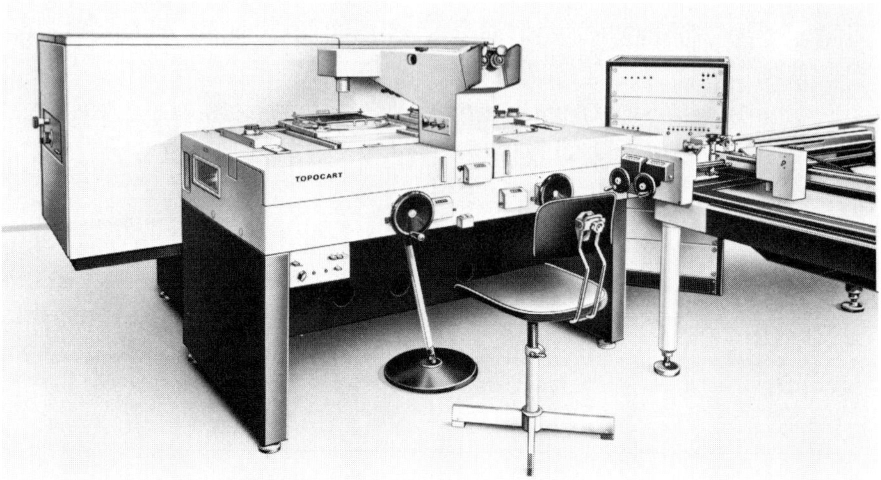

Abb. 5.23: Topocart von Jenoptik

Betrachter an. Die x'-Richtung zeigt dabei nach unten. Das Zeiss'sche Parallelogramm wird in einer Vertikalebene realisiert, wobei die beiden Lenker um den Bildabstand seitlich verschoben sind. Eine Bildfehlerkorrektur kann erreicht werden, indem eine Planglasfläche durch mechanischen Abgriff einer einstellbaren Korrekturfläche im Raum zwischen Bild und Meßmarke gedreht wird. Dadurch wird der Bildstrahl in der eingestellten Richtung verschoben.

(c) Die *Stereosimplex III* und *II* von 1952 und 1960 sind vereinfachte Kartiergeräte nach dem Prinzip des Stereokartograph IV, wobei die den Meßpunkt definierenden Lenkerschnitte einen konstanten Abstand haben und durch Neigung nur in *bz* verändert werden können. *bx* und *by* wird an den Projektionszentren eingestellt.

(d) Der *Stereosimplex G6* von 1980 ersetzt die früheren Geräte. Das Prinzip ist ähnlich dem Modell III. Allerdings werden die Bilder durch einarmige Lenker (unterhalb der Projektionszentren) bewegt. Die Zeichentischübertragung erfolgt ebenfalls über einen Pantographen.

(7) In der *Sowjetunion* sind Geräte gebaut worden, welche die Möglichkeit zur Auswertung affiner Modelle von Überweitwinkelaufnahmen ermöglichen. Auf eine direkte Einstellung der Bildweite für Überweitwinkel-

aufnahmen wurde wegen der mechanischen Konstruktionsschwierigkeiten verzichtet.
Ein dafür typisches Gerät ist der *Stereoprojektor SPR-2* von Romanowski von 1955. Es besitzt ein UdSSR-Format von 18 × 18 cm und hat einen Bildweitenbereich zwischen 15 und 30 cm. Die UdSSR-Überweitwinkelkammern haben aber Bildweiten von 55 mm. Eine affine Auswertung dieser Aufnahmen ist nach projektiven Grundsätzen der Entzerrung (siehe Kap. 7.2) möglich. Hierzu müssen vom Bildpunkt abhängige Verschiebungen der Hauptpunktskoordinaten ausgeführt werden; es finden also während der Auswertung gesteuerte Bildverschiebungen statt. Diese Bildverschiebungen werden beim Romanowskigerät als Verschiebungen der Meßmarke im Betrachtungssystem angebracht. Deshalb entspricht die übrige Gerätelösung einem normalen mechanischen Auswertegerät, bei welchem die Bilder im mechanischen Bildpunkt oberhalb der festen Projektionszentren verschoben werden. Die Korrektur der Meßmarkenverschiebungen erfolgt mechanisch nach den Gleichungen der Fluchtpunktbedingung der Entzerrung.

Literatur zu 5.1.3.
Ahrend, M., 1967; Drobyschew, F. M., 1963; Finsterwalder, Rü, 1962; Schwebel, R., 1972

5.1.4 Stereometergeräte

Nach dem Prinzip des einfachen Zeichenstereometers (siehe Kap. 3.5), welches nur Höhendifferenzen in Papierabzügen zweier Stereobilder mißt, können Geräte konstruiert werden, welche eine allein auf Horizontalparallaxen (Modelldeformationen) beruhende Höhenauswertung von Stereomodellen erlauben. Andererseits kann auch die Lage dabei graphisch entzerrt werden. Im Gegensatz zu den sonstigen Analogauswertegeräten, welche Modellkoordinaten einstellen und die zu betrachtenden Bildpunkte berechnen lassen, gehen sie von Koordinatenmessungen im Bildsystem aus und bestimmen dazu die Ausgabekoordinaten.

(1) Ein für diese Geräteart typisches Modell ist das *Stereotop von Zeiss* aus dem Jahre 1952 für die Auswertung von Papierabzügen kleinen Maßstabs. Das Betrachtungsstereoskop ist fest am Geräterahmen befestigt. Ebenfalls fest sind die über der Bildebene auf Plastikplättchen gelegenen Meßmarken. Relativ dazu können die Bilder gemeinsam auf einem Bildwagen in x' und y' verschoben werden. Das rechte Bild kann außer-

dem auf einem eigenen Bildträger in px' und py' bewegt werden. Eine dpx'-Messung kann so in dh-Werte umgerechnet werden.
Wird die Höhenmessung auf den rechten Nadirpunkt bezogen, so gilt für ihn:

$$h_0 = \frac{b \cdot c}{px} \text{ mit } px_0 = b'' \text{ (die im rechten Bild gemessene Bildbasis).}$$

Ein anderer beliebiger Punkt h_i hat:

$$h_i = \frac{b \cdot c}{px_i}.$$

Folglich wird:

$$dh_i = h_i - h_0 = -\frac{b \cdot c}{px_0 \cdot px_i}(px_i - px_0);$$

mit $(px_i - px_0) = dpx_i$:

$$dh_i = -\frac{h_0}{px_0 + dpx_i} \cdot dpx_i = -\frac{h_0}{b'' + dpx_i} \cdot dpx_i$$

und in ähnlicher Weise:

$$dpx_i = -\frac{b''}{h_0 + dh_i} dh_i.$$

Da die Bildneigungen Modelldeformationen im Stereomodell verursachen (siehe Kap. 5.3.4), müssen die dpx' für eine auf eine hyperboloidische Korrekturfläche bezogene Höhenauswertung in mindestens 4 Modellpunkten *A, B, C, D* korrigiert werden (siehe Abb. 5.24).

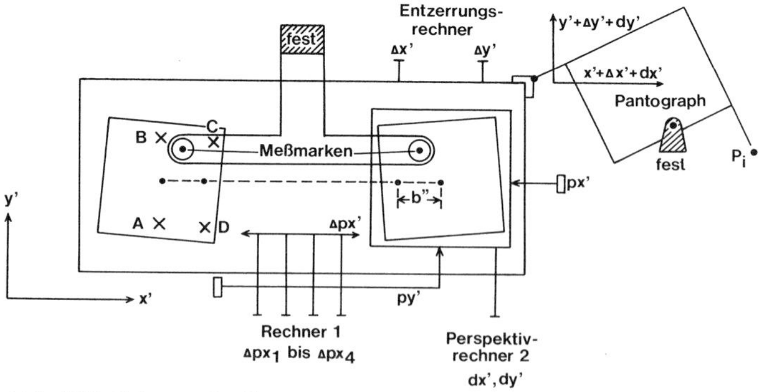

Abb. 5.24: Schema des Stereotops

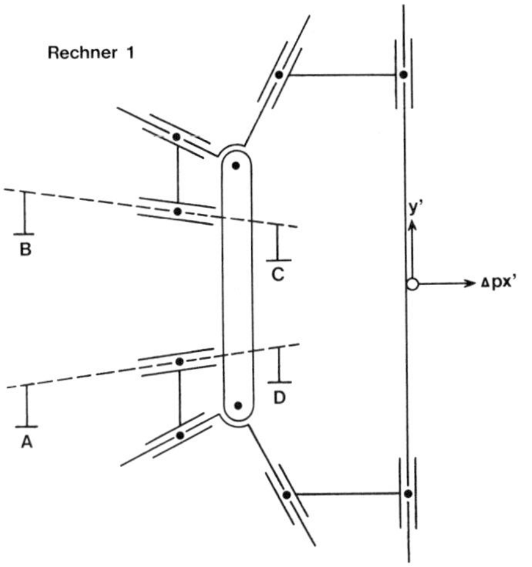

Abb. 5.25: Funktionsweise des Rechners 1

Dabei werden die px'-Sollwerte der Paßpunkthöhen A bis D nacheinander an der px'-Schraube eingestellt, wobei die Meßmarke an den Bildpunkten durch die Schrauben des Rechners 1 auf das Gelände aufgesetzt wird. Die px'-Ablesung ist dann für alle Punkte des Modells auf ein Hyperboloid der Form

$$\Delta px' = a_0 + a_1 x' + a_2 y' + a_3 x' y'$$

korrigiert (siehe Abb. 5.25).

Der Grundriß muß durch zwei weitere Rechner von x', y' auf $x = x' + \Delta x' + dx'$, $y = y' + \Delta y' + dy'$ korrigiert werden.

Der Rechner 2 berechnet die perspektivischen Höhenversetzungen (siehe Kap. 2.4.2) aus:

$$dx_i' = \frac{x_i'}{c} \cdot dh_i', \quad dy_i' = \frac{y_i'}{c} \cdot dh_i'$$

über Lineale.

Dabei ist $dh_i' = -\frac{c}{h_0} \cdot \frac{h_0}{b'' 3 + dpx_i} dpx_i;$

also:

$$dx_i' = x_i' \cdot \frac{dpx_i}{b'' + dpx_i}, \quad dy_i' = y_i' \cdot \frac{dpx_i}{b'' + dpx_i}.$$

Dabei kann b'' eingestellt werden. dpx_i und x_i' (bzw. dpy_i und y_i') werden laufend nachgeführt. Somit kann dx_i' und dy_i' laufend auf die Pantographenführung übertragen werden.

Die Entzerrung durch Neigung wird durch eine zusätzliche Parallaxenverbesserung $\Delta x'$ und $\Delta y'$ erreicht, welche aus 4 kartierten Paßpunkten empirisch bestimmt wird. Dafür werden Konstante m und n an den Schrauben des Entzerrungsrechners eingestellt, welche die Lagekartierung des Bildes bezogen auf den linken Nadirpunkt um die Auswirkungen von Φ und Ω korrigieren, so daß

$$\Delta x' = m \cdot x' + n \cdot x'y',$$
$$\Delta y' = n \cdot x'y'$$

wird.

(2) Ein in der *UdSSR* entwickeltes Gerät ist das *Stereometer von Drobyschew*. Die Kartierung erfolgt direkt im rechten Bild. Die Parallaxenmessung geschieht im linken Bild. Als Meßmarken dienen zwei in y'-Richtung verlaufende Fäden. Der rechte Bildfaden ist zur Beseitigung von Modellkorrekturen der Höhe aus der y'-Richtung drehbar. Dies ermöglicht eine Höhenkorrektur nach

$$\Delta h_1 = a_1 y' + a_2 x'y'.$$

Zusätzlich ist der rechte Bildwagen durch Steuerungen in x' verschiebbar, so daß eine Höhenkorrektur nach Δh_2 erfolgen kann:

$$\Delta h_2 = a_3 + a_4 x' + a_5 x'^2.$$

Außerdem kann jeweils die y'-Parallaxe beseitigt werden.

Am Gerät selbst ist keine Entzerrung vorgesehen. Die direkt auf das Bild gezeichneten Schichtlinien können im Entzerrungsgerät (mit der dazwischenliegenden Situation) zonal, d. h. für jede Schichtlinienzone mit entsprechendem Maßstab auf die Paßpunktgrundlage entzerrt werden.

Literatur zu 5.1.4.

Deker, H., 1956

5.2 Analytische Auswertegeräte

Unter den analogen Auswertegeräten sind zwar die mechanischen Geräte die flexibelsten und genauesten, sie unterliegen aber immer noch vielen Bereichsbegrenzungen und Beschränkungen für die Korrektur von Bildfehlern.

Analytische Auswertegeräte eröffnen dagegen neue Möglichkeiten der Bildkorrektur und der automationsfreundlichen Auswertung. Sie ersetzen die analogen Verfahren in der Transformation der Koordinatensysteme durch die digitale Rechnung und Steuerung.

5.2.1 Analytische Plotter

Der 1957 von U. Helava patentierte Gerätetyp hat die in Abb. 5.26 angegebenen Komponenten.

Die Handräder und die Fußscheibe generieren mit Hilfe von Rotationsgebern digitale Impulse *x, y, z* (siehe Abb. 5.27).

Diese werden vorzeichenentsprechend in einem Pufferspeicher zu *x, y, z* aufsummiert. Zu bestimmten Taktzeiten wird der Inhalt des Pufferspeichers dem Digitalrechner übergeben, wobei eine Löschung des Pufferspeichers erfolgt. Der Rechner bildet in Abhängigkeit vorher gespeicherter oder zu null gemachter Werte $x_{i-1}, y_{i-1}, z_{i-1}$ die Koordinaten:

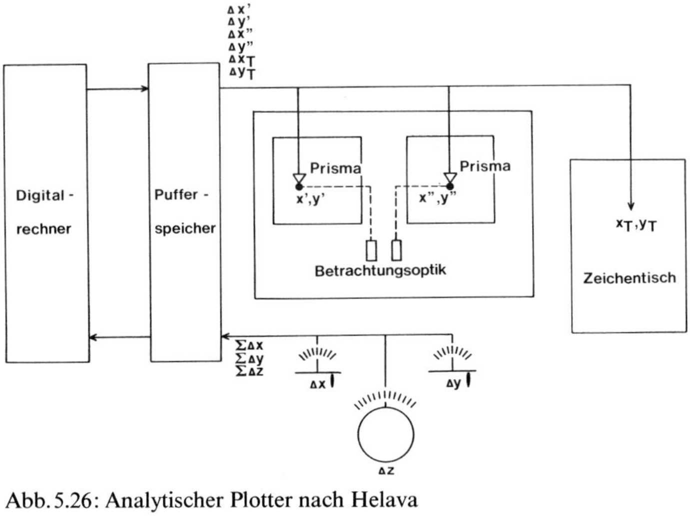

Abb. 5.26: Analytischer Plotter nach Helava

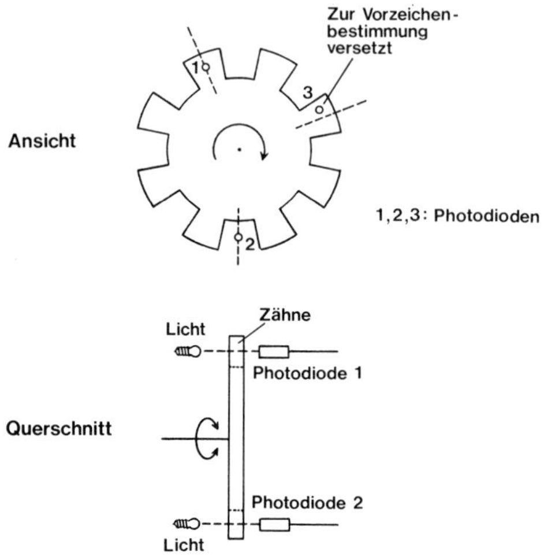

Abb. 5.27: Rotationsgeber

$$x_i = x_{i-1} + \Sigma\Delta x,$$
$$y_i = y_{i-1} + \Sigma\Delta y,$$
$$z_i = z_{i-1} + \Sigma\Delta z$$

und berechnet x_i', y_i', x_i'', y_i'' nach den Kollinearitätsgleichungen mit vorher eingegebenen Konstanten für c, a_{11}' bis a_{33}'' sowie für bekannte Hauptpunktverschiebungen x_c' bis y_c''. Ebenso werden Zeichentischkoordinaten x_T, y_T berechnet:

$$x_i' = -c\,\frac{a_{11}'(x_i - x_0') + a_{12}'(y_i - y_0') + a_{13}'(z_i - z_0')}{a_{31}'(x_i - x_0') + a_{32}'(y_i - y_0') + a_{33}'(z_i - z_0')} + x_c',$$

$$y_i' = -c\,\frac{a_{21}'(x_i - x_0') + a_{22}'(y_i - y_0') + a_{23}'(z_i - z_0')}{a_{31}'(x_i - x_0') + a_{32}'(y_i - y_0') + a_{33}'(z_i - z_0')} + y_c',$$

$$x_i'' = -c\,\frac{a_{11}''(x_i - x_0'') + a_{12}''(y_i - x_0') + a_{13}''(z_i - z_0')}{a_{31}''(x_i - x_0'') + a_{32}''(y_i - y_0'') + a_{33}''(z_i - z_0'')} + x_c'',$$

$$y_i'' = -c\,\frac{a_{21}''(x_i - x_0'') + a_{22}''(y_i - y_0'') + a_{23}''(z_i - z_0'')}{a_{31}''(x_i - x_0'') + a_{32}''(y_i - y_0'') + a_{33}''(z_i - z_0'')} + y_c'',$$

$$x_T = \lambda\,(x_i \cos\alpha + y_i \sin\alpha) + x_{T_0},$$

$$y_T = \lambda\,(-x_i \sin\alpha + y_i \cos\alpha) + y_{T_0}.$$

Die berechneten Werte werden mit ihren vorher gespeicherten verglichen:

$$\Delta x_i' = x_i' - x_{i-1}', \qquad \Delta y_i' = y_i' - y_{i-1}',$$
$$\Delta x_i'' = x_i'' - x_{i-1}'', \qquad \Delta y_i'' = y_i'' - y_{i-1}'',$$
$$\Delta x_{T_i} = x_{T_i} - x_{T_{i-1}}, \qquad \Delta y_{T_i} = y_{T_i} - y_{T_{i-1}}.$$

Die Differenzen werden im Takt an den Pufferspeicher weitergegeben. In einem offenen Schleifensystem werden sie als Impulsfolge Schrittschaltmotoren zugeführt, welche die Prismen zur Bildbetrachtung in x', y', x'' und y'' sowie den Zeichenstift zur Kartierung in x_T und y_T über Spindeln steuern.

Bei den bevorzugten geschlossenen Schleifensystemen werden die Impulsfolgen (analog oder digital) entsprechenden Servomotoren zugeleitet, welche die Prismen oder den Zeichenstift über Spindelantrieb in die richtige Richtung bewegen. Die ausgeführten Impulsschritte werden durch Rotationsgeber (oder durch genauere lineare Geber) kontrolliert.

Sie senden Impulse dx', dy', dx'', dy'', dx_T, dy_T an den Pufferspeicher zurück. Diese Impulse werden vom gespeicherten Wert subtrahiert, so daß er die neuen Werte erhält:

$$d\Delta x_i' = \Delta x_i' - \Sigma dx', \qquad d\Delta y_i' = \Delta y_i' - \Sigma dy',$$
$$d\Delta x_i'' = \Delta x_i'' - \Sigma dx'', \qquad d\Delta y_i'' = \Delta y_i'' - \Sigma dy'',$$
$$d\Delta x_{i_T} = \Delta x_{T_i} - \Sigma dx_T, \qquad d\Delta y_{i_T} = \Delta y_{T_i} - \Sigma dy_T.$$

Diese Differenzen werden während der Servobewegung verkleinert, bis sie zu null werden. Kann die Differenz bis zur nächsten Ladung des Pufferspeichers mit Korrekturwerten im Takt des Rechners nicht abgearbeitet werden, weil dies die maximale Beschleunigung und Geschwindigkeit des Servos nicht zuläßt, werden die verbleibenden Differenzen den neuen Korrekturwerten hinzuaddiert:

$$d\Delta x_i' + \Delta x_{i+1} \text{ etc.}$$

Dies bewirkt, daß z. B. Punktkoordinaten, welche nicht vom Handrad verändert werden, sondern dem Rechner zum Anfahren eingegeben werden, mit Maximalgeschwindigkeit angefahren werden können.

Der Handbetrieb des Geräts erfolgt in Echtzeit. Dies bedeutet, daß der Auswerter die durch Rechnung und Servoeinstellung verflossene Zeit nicht bemerkt.

Dies ist möglich bei der Verwendung von sehr kurzen Echtzeitzykluszeiten. Sie betragen gewöhnlich 30, 20 oder 10 msek (30, 50 oder 100 Berechnungsfolgen pro Sekunde für die Koordinatentransformation und die Servoeinstellung zwischen zwei Taktzeiten für den Pufferspeicheraustausch).

Die Genauigkeit eines analytischen Auswertegeräts ist von den codierten Längenmessungen x' y' x'' y'' und von der Geradheit und Rechtwinkligkeit der Führungen abhängig. Die codierten Impulse können 1 µm oder 2 µm registrieren. Von der Spindelmeßgenauigkeit und ihrer Temperaturausdehnung abhängige Geräte erreichen Gittermeßgenauigkeiten von $\pm 2{,}5$ bis 3 µm und Linearimpulsgebergeräte von $\pm 1{,}5$ bis 2 µm bei Verwendung des Abbeschen Prinzips.

Der effiziente Betrieb eines analytischen Auswertegerätes wird aber vor allem durch die Anwenderprogramme gewährleistet.

Die Programmstruktur eines analytischen Plotters ist in Abb. 5.28 beschrieben.

Durch das Rechnerterminal wird das Echtzeitprogramm durch das Betriebssystem vom Massenspeicher (Magnetplatte) in den Arbeitsspeicher (Kernspeicher) geladen und initialisiert. Dabei werden die üblichen Konstanten geladen und die Koordinatenzählung wird auf null gebracht. Das Programm beginnt dann mit der Echtzeitberechnung: Die Pufferspeicher werden gelesen, es erfolgt die räumliche Koordinatentransformation; Bildkorrekturen werden gerechnet und das Ergebnis der Berechnung wird an die Servomotoren abgegeben. Danach beginnt im Programm eine Entscheidungsphase. Bei Eingabe eines Code vom Rechnerterminal oder von entsprechenden Schaltpulttasten ist die Unterbrechung des Programms möglich. Liegt keine Unterbrechung vor, kehrt das Programm in die Echtzeitschleife zurück. Mögliche Programmunterbrechungen betreffen eine Dialoganfrage an das Terminal, das Anfahren eines im Dialog oder durch Tastendruck angegebenen Punktes in Gelände-, Modell-, Bild- oder Zeichentischkoordinaten, z. B. während eines Orientierungsschritts, das Laden eines bestimmten Anwenderprogramms, das Speichern von Meßwerten oder die Ausführung einfacher Berechnungen, wie z. B. der inneren Orientierung, bei welcher der Bildkoordinatenursprung auf den Hauptpunkt bezogen wird. Nach der Ausführung der Unterbrechung kehrt das Programm an den Anfang des Echtzeitprogramms zurück.

Die Anwenderprogramme betreffen die Berechnung der Orientierung, eine bestimmte Messungs- und Registrierungsart, die automatische Zeichnung von Punkten, Linien und Kurven sowie von Symbolen und damit verbundene Folgeberechnungen.

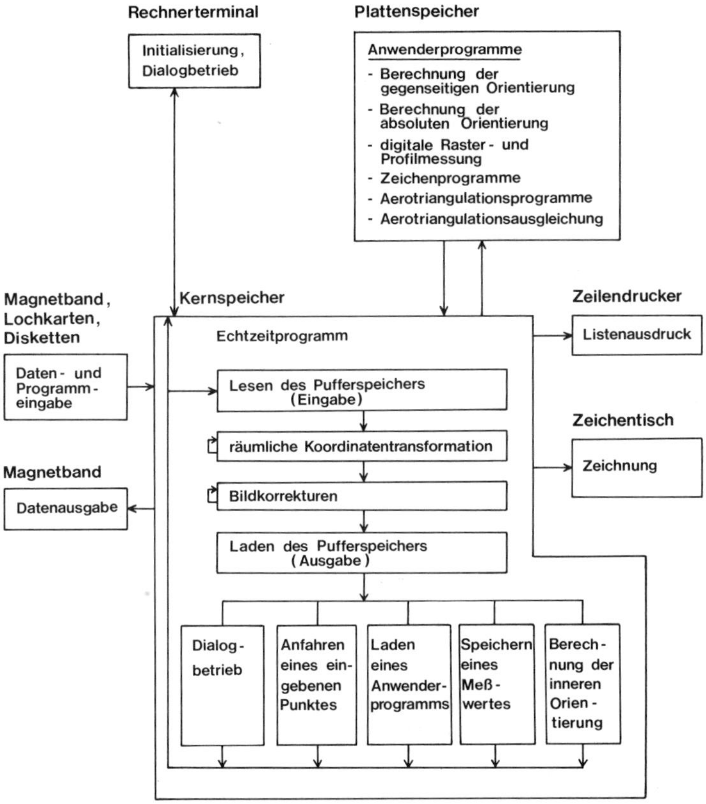

Abb. 5.28: Programmstruktur eines analytischen Plotters

(1) Nach dem Bau eines ersten Prototypen des Analytischen Plotters am National Research Council in Kanada zwischen 1961 und 1963 wurden die ersten Bautypen in Kooperation zwischen den Firmen O. M. I., Rom und Bendix, USA hergestellt:

(a) der für das amerikanische Militär konzipierte *AS-11-A* von 1963, welcher 1968 als *AS-11-A1* mit einem leistungsfähigen Rechner mit Kernspeicher gekoppelt wurde. Er wurde für die Auswertung konvergenter panoramischer Aufnahmen von Hochflugzeugen und Satelliten zusätzlich mit einer Schrittschaltsteuerung für die rechnergesteuerte Einstellung des Vergrößerungsverhältnisses und der Kernstrahlrichtung ausgerüstet.

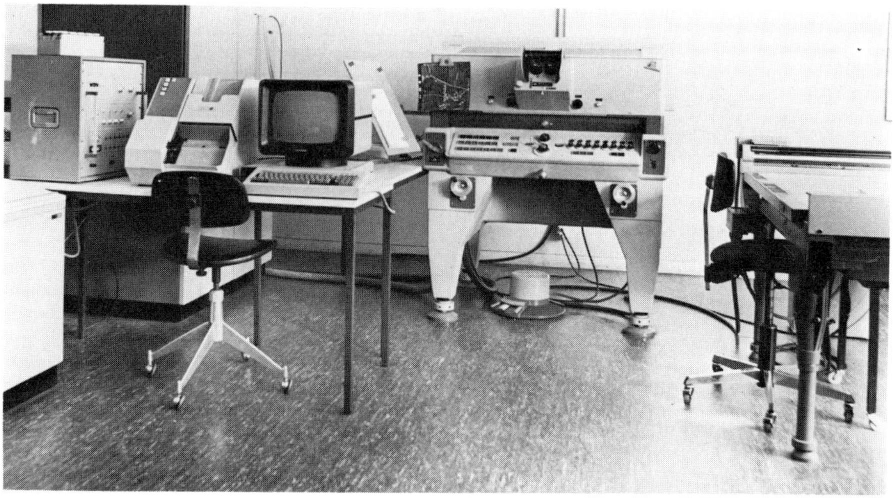

Abb. 5.29: Analytischer Plotter AP/C-3 von O. M. I.

(b) 1964 erschien auch das Modell *AP/C* für zivile Belange mit einem Bendixrechner ohne Fortrancompiler. Es wurde 1972 mit einem Kernspeicherrechner vom Typ *IBM 1130* kombiniert. Dieses Gerät *AP/C-3* konnte als erster Typ im zivilen Bereich die neuen Möglichkeiten der analytischen Plotteranwendung demonstrieren. Es besitzt einen Kernspeicher von 8 bis 32 K 16-Bit-Worten und einen Plattenspeicher von 512 K 16-Bit-Worten. Der Rechner hat eine Zykluszeit von 3,6 μsek. Der Echtzeitzyklus ist 22 msek (siehe Abb. 5.29). Das Inkrement der Digitalisierung ist 2 μm über Spindeln. Der Dialog wird über ein Schaltpult ausgeführt.
Spätere Versionen des AP/C sind der AP/C-3T von 1975 mit Anschluß eines PDP 11/35 Rechners und der AP/C-4 von 1976 mit PDP 11/03 Rechner von Digital Equipment. Der AP/C-4 hat zusätzlich zu den Handrädern Freihandführung über lineare Impulsgeber mit verstellbarer Geschwindigkeit.

(2) Auch die automatischen Bildkorrelatorsysteme Unamace von Bunker-Ramo, USA (1968), AS-11-B1 von Bendix, USA (1968) und Gestalt von Hobrough, Kanada (1972) benutzen zur Steuerung das Prinzip eines analytischen Plotters (siehe Kap. 7.3).

(3) Der *Planicomp C100* von Zeiss von 1976 ist ein inzwischen weit verbreitetes analytisches Auswertegerät (Abb. 5.30).

Abb. 5.30: Planicomp C100 von Zeiss

Er ist an einen Rechner HP1000 von Hewlett-Packard angeschlossen, welcher mit 32 K bis 512 K Worten Festkörperspeicher und 4,9 bis 100 Mbyte Magnetplattenspeicher ausgerüstet werden kann. Der Rechner hat eine Zykluszeit von 650 nsek und besitzt ein sogenanntes „Multi-Level Interrupt" bei welchem mehrere Programme bis zur zeitlich vollen Auslastung des Rechners innerhalb von Grenzen gleichzeitig betrieben werden können.

Das Digitalisierungsinkrement ist 1 μm über Spindeln. Der Dialogbetrieb ist sowohl über ein Schaltpult als auch über den Bildschirm möglich. Der Echtzeitzyklus beträgt 20 msek.

Der anschließbare Zeichentisch ist der Digitalzeichentisch DZ7. Unabhängig vom Planicomp besitzt er bequeme Mikroprozessorsteuerungen für das Zeichnen nach eingegebenen Befehlen für Linien, Buchstaben, Ziffern und Symbole sowie für die Digitalisierung der Position des Zeichenstiftes.

Anwenderprogramme erlauben die Datenerfassung von digitalen Geländemodellen, die Interpolation und das automatische Zeichnen von Schichtlinien digital erfaßter Punktdaten sowie die Datenerfassung und

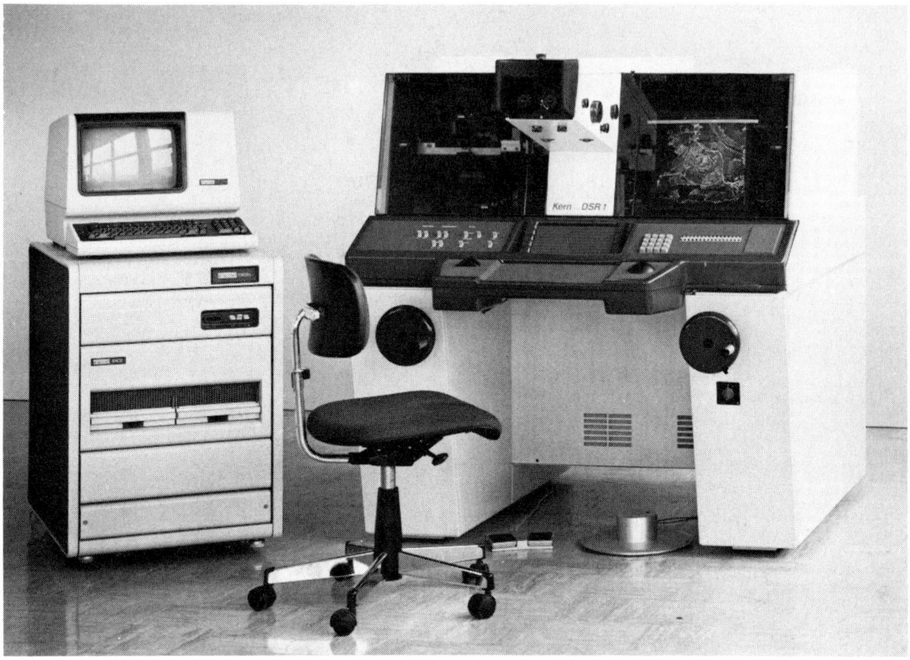

Abb. 5.31: DSR1 von Kern

die Ausgleichung von Aerotriangulationsblöcken nach Bündeln und Modellen [Jacobsen 1980].
Im Jahre 1983 wurde der Planicomp C120 vorgestellt, in welchem ein kostengünstiger HP-Rechner vom Typ HP 1000/A600 verwendet wird.

(4) Die Firma *Matra*, Paris stellt seit 1976 das Gerät *TRASTER* her. Die Betrachtung der Bilder erfolgt in 10- bis 27facher Vergrößerung durch Projektion auf eine Mattscheibe mit Polarisationsfiltern. Die Betrachtung findet also mit entsprechenden Polarisationsbrillen statt. Die Lineargeber der Bildwagen lösen auf 0,5 μm auf. Der Betrieb der x-y-Bewegungen geschieht über eine Rollkugel. Der Dialogbetrieb erfolgt über ein Schaltpult und einen Bildschirm. Der ursprüngliche Rechner ist französischer Bauart (Telemechanique Solar, 32K 16-Bit-Wort Kernspeicher, 5 MByte Platte, Zykluszeit 750 nsek).

(5) *Kern*, Aarau stellte 1980 den DSR1 vor. Der Betrieb erfolgt über den Bildschirm eines Digital Equipment PDP 11/23 Rechners oder eines 11/

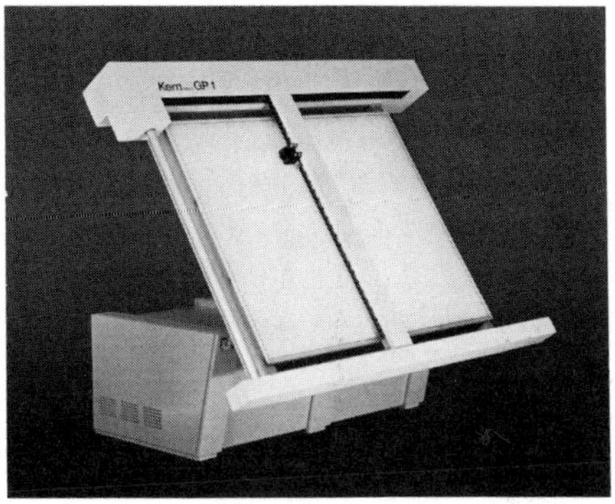

Abb. 5.32: Digitalzeichentisch GP1 zum DSR1 von Kern

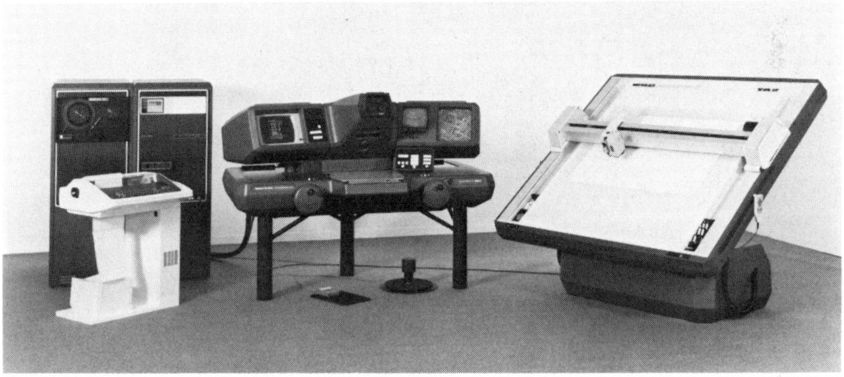

Abb. 5.33: Aviolyt AC1 von Wild mit Digitalzeichentisch Aviotab TA2

03 Rechners mit mindestens 32 K 16-Bit-Worten und einer Platte von 1,0 Mbyte. Die Speicherkapazität kann klein sein und steht zum überwiegenden Teil für Anwenderprogramme zur Verfügung, weil die Echtzeitberechnung über einen digitalen Spezialprozessor (Digital Equipment LSI 11) ausgeführt wird. Zwei weitere Spezialprozessoren (LSI 11 und ein Mikroprozessor Intel 8085) übernehmen die Gleitkommaarithmetik und die Steuerung des Echtzeitprozessors. Dadurch wird die Anwenderprogrammierung sehr einfach. Im Betrachtungssystem ist die in der Größe und Helligkeit verstellbare Leuchtmeßmarke eine Besonderheit. Die Auflösung ist 1 µm über Spindeln. Für die Zeichnung steht ein durch die Software mit Mikroprozessorunterstützung betriebener neigbarer Digitalzeichentisch GP1 zur Verfügung (Abb. 5.31 und 5.32).

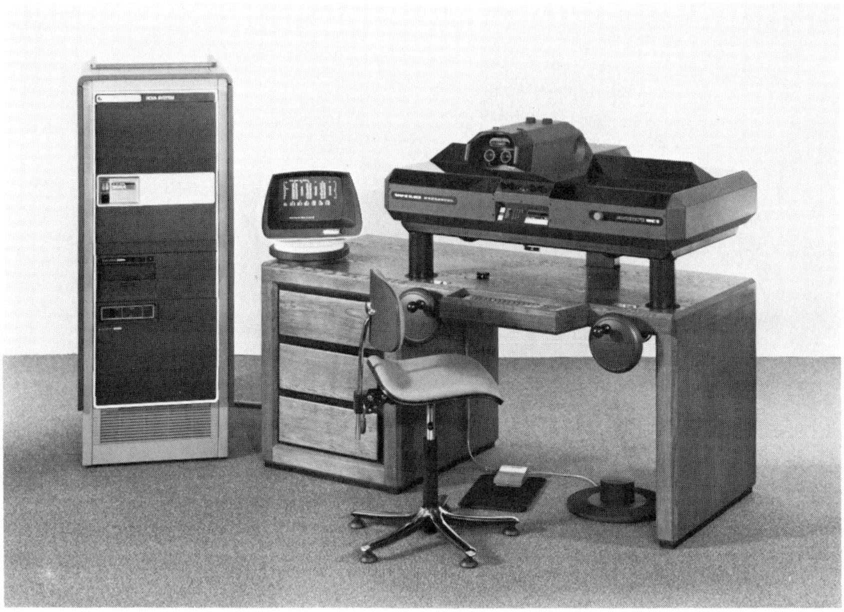

Abb. 5.34: Aviolyt BC1 von Wild

(6) Der *Aviolyt AC1* von Wild (1980) ist ein mit Lineargebern auf 1 μm registrierendes Gerät, welches über einen Data General Nova 4/x 16-Bit-Rechner betrieben wird. Er besitzt gewöhnlich 128 bis 256 Kbyte Intern- und bis zu 12,5 Mbyte Platten- und 1,2 Mbyte Disketten-Externspeicher. Die Zeichnung erfolgt über den Digitalzeichentisch Aviotab TA2, welcher auch die üblichen Mikroprozessorsteuerungen besitzt. Der AC1 ist wegen seiner aufwendig genauen Führungen nach dem Abbeprinzip als Präzisionsgerät gedacht (Abb. 5.33).

Der *Aviolyt BC1* von 1982 hat eine mechanisch nicht so aufwendige Konstruktion, besitzt aber die gleiche Rechner-Hardware und Softwarekonfiguration (Abb. 5.34).

Die Software schließt Programme ein zur Kontrolle und Justierung der Auswertefunktionen, zur Messung von Einzelpunkten, Linien und Profilen, zum automatischen Kartieren und Beschriften von Gittern und Punkten, zur Berechnung von Höhenlinien aus digitalen Daten, zur Steuerung von Profilen im Orthophotogerät und zur Ausgleichung von Aerotriangulationsblöcken.

(7) In den USA baut *Helava Associates Inc.* seit 1980 den aus dem Bendix US-1 (1976) hervorgegangenen *US-2*. Im Gegensatz zum US-1 verwendet er aber eine mikroprozessorgesteuerte Servosteuerung im sogenannten „Digitalen Projektor", welcher an jeden Rechner anschließbar ist. Der US-2 kann Rechnertypen von einer PDP 11/23 bis zur PDP 11/60 von Digital Equipment verwenden. Die Messung erfolgt über lineare Geber mit 1 μm Auflösung. In der üblichen Software sind speziell enthalten: Modellorientierung in einem Guß (12 Parameter) und Korrektur der konstanten Gerätefehler nach Gitterplatten.

(8) In Kanada wird von *Canadian Marconi* der Anaplot II (1980) mit Lineargebern (1 μm) als Präzisionsgerät mit großer Rechnerleistung hergestellt.

(9) Außerdem stellen *Systemhouse* (Autoplot, 1980, Kanada) und *Keuffel & Esser* (DSC-3, 1980, USA) analytische Geräte her.

Der Vorteil analytischer Auswertegeräte liegt in ihren Möglichkeiten:

(1) zur Steigerung der Auswertegenauigkeit durch Beseitigung konstanter Bild- und Gerätefehler,
(2) zur Auswertung von Aufnahmen ohne Rücksicht auf Bereichsbegrenzungen der Bildweite oder der Neigung,
(3) zur Auswertung von Aufnahmen einer Kamera mit unbestimmter innerer Orientierung (Nicht-Meßbilder),
(4) zur Auswertung nichtkonventioneller Bilder der Fernerkundungssysteme (Seitwärtsradar, Multispektralabtaster, Panoramakammer),
(5) zur Teilautomation des Auswertevorgangs bei
    (a) der Orientierung von Modellen,
    (b) der Messung der Aerotriangulation (halbautomatische Punktübertragung),
    (c) der Messung digitaler Geländemodelle (Anfahren eines regelmäßigen Rasters, rechnergesteuerte selektive Auswahl der Rasterweite),
    (d) der digitalen Datenerfassung der Lage,
(6) zur Auswertung terrestrischer Aufnahmen ohne die üblichen Aufnahmekonfigurationszwänge.

Literatur zu 5.2.1.
Helava, U.V., 1957, 1958, 1978; Konecny, G., 1976, 1977; Kreiling, W., Hasler, A., 1980

5.2.2 Analytische Komparatorplotter

Als analytische Komparatorplotter (oder als analytische Bildraumplotter) können Geräte bezeichnet werden, welche die direkt in den Bildern eingestellten Punkte bei automatischer Wegstellung der Vertikalparallaxen und bei automatisch möglicher Korrektur der Horizontalparallaxen verwerten. Diese Geräte besitzen nicht alle Vorteile der Analytischen Plotter. Insbesondere gehen ihnen die Möglichkeiten der Teilautomation der Auswertevorgänge verloren, weil sie keine Kontrollvorrichtungen zum automatischen Anfahren von Punkten besitzen.

(1) Der *Digitale Stereocartograph DS* nach Inghilleri, gebaut von *Galileo,* Florenz ist ein analytischer Komparatorplotter (siehe Abb. 5.35).

Die Handräder und die Fußscheibe bewegen die x'-, y''- und px'-Wagen mechanisch über Spindeln, welche diese Bewegungen über Rotationsgeber an den Digitalrechner weiterleiten. Auch py'_0, welches von Hand eingestellt werden kann, wird digitalisiert. Der Digitalrechner bestimmt hieraus jeweils in Echtzeit die Modell- oder Geländekoordinaten mit Hilfe der Gleichungen des räumlichen Vorwärtsschnitts. Mit den Formeln aus Kap. 4.3 wird

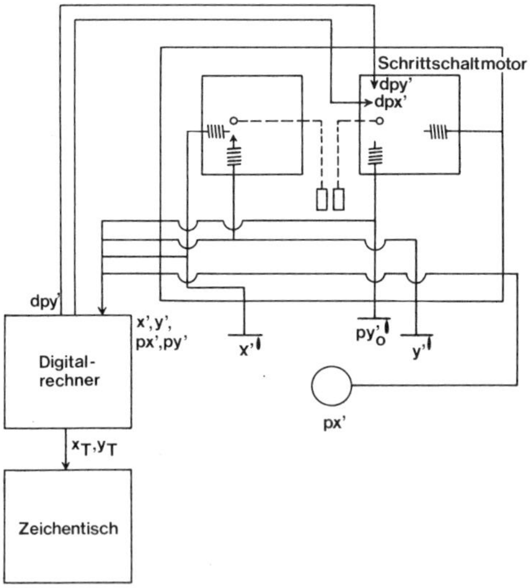

Abb. 5.35: Digitaler Stereocartograph von Galileo

$$x_i = x'_0 + \lambda'_i(a'_{11}x'_i + a'_{21}y'_i - a'_{31}\,c),$$

$$y_i = y'_0 + \lambda'_i(a'_{12}x'_i + a'_{22}y'_i - a'_{32}\,c),$$

$$z_i = z'_0 + \lambda'_i(a'_{13}x'_i + a'_{23}y'_i - a'_{33}\,c)$$

mit

$$\lambda'_i = \frac{bx(a''_{12}x''_i + a''_{22}y''_i - a''_{32}c)}{(a'_{11}x'_i + a'_{21}y'_i - a'_{31}c)(a''_{12}x''_i + a''_{22}y''_i - a''_{32}c)} -$$

$$- \frac{by(a''_{11}x''_i + a''_{21}y''_i - a''_{31}c)}{(a'_{12}x'_i + a'_{22}y'_i - a'_{32}c)(a''_{11}x''_i + a''_{21}y''_i - a''_{31}c)}$$

und

$$x''_i = x'_i + px',$$

$$y''_i = y'_i + py'.$$

Diese Koordinatenwerte können angezeigt und mit einem Maßstabsfaktor versehen, über Schrittschaltmotoren an den Zeichentisch weitergegeben werden:

$$x_{T_i} = \lambda \cdot x_i,$$

$$y_{T_i} = \lambda \cdot y_i.$$

Die Vertikalparallaxe kann (nach bekannten oder ermittelten Orientierungsdaten) automatisch über einen Schrittschaltmotor nachgesteuert werden:

$$dpy'_i + py'_i - py'_0 = y''_i - y'_i - py'_0;$$

py'_0 und y'_i sind durch die Einstellungen kodiert worden. y''_i muß berechnet werden nach der Kollinearitätsgleichung (Kap. 4.4.):

$$y''_i = -c\,\frac{a''_{21}(x_i - x''_0) + a''_{22}(y_i - y''_0) + a''_{23}(z_i - z''_0)}{a''_{31}(x_i - x''_0) + a''_{32}(y_i - y''_0) + a''_{33}(z_i - z''_0)}$$

mit x_i, y_i und z_i nunmehr bekannt und

$$x''_0 = bx,$$

$$y''_0 = by,$$

$$z''_0 = bz.$$

Diese Berechnungsweise ist zur Messung von Punktkoordinaten ausreichend. Sollen aber Schichtlinien im Absatz $z_i = \text{const.}$ abgefahren werden, dann ergibt sich die Notwendigkeit, auch dpx' nachzusteuern:

$$dpx_i' = px_i' - px_0' = x_i'' - x_i' - px_0',$$

wobei x_i' und px_0' codierte Werte sind und x_i'' nach Kollinearitätsgleichungen zu rechnen ist:

$$x_i'' = -c\,\frac{a_{11}''(x_i - x_0'') + a_{12}''(y_i - y_0'') + a_{13}''(z_i - z_0'')}{a_{31}''(x_i - x_0'') + a_{32}''(y_i - y_0'') + a_{33}''(z_i - z_0'')}.$$

Der DS verwendet ein Digitalinkrement von 1 µm über Spindeln. Die x_T, y_T, dpx' und dpy'-Bewegungen werden im Gegensatz zu analytischen Plottern in einem offenen Schleifensystem ausgeführt. Das Gerät ist mit einem Rechner der PDP 11-Serie ausgestattet (11/05). Der Echtzeitzyklus beträgt 20 msek. Als Koordinatograph ist ein digitaler Zeichentisch anschließbar.

(2) Ein kompaktes Gerät dieses Typs ist das Analytical Point Positioning System *APPS-IV* von *Autometric, Inc.*, USA. Es besitzt lineare Geber, welche auf 1 µm auflösen. Die x_T, y_T, dpx' und dpy'-Ausgabe erfolgt über Servomotoren über ein geschlossenes Schleifensystem. Die Berechnung erfolgt durch ein Mikroprozessorsystem. Die Systemgenauigkeit liegt bei 10 µm. Die Betrachtung erfolgt durch eine Zoom-Optik; die Bewegungen in x' und y' werden durch eine Rollkugel gesteuert.

(3) Der *Qasco Stereodigitiser SD-4* ist ein *australisches* Gerät ähnlicher Präzision und Bauart, welches durch einen Digital Equipment Spezialprozessor LSI-11 programmiert ist.

(4) Auch aus der *Volksrepublik China* sind Prototypen nach der Art des Digital Stereocartograph bekannt geworden.

5.2.3 Analytische Stereometergeräte

Geräte, welche die Bildkoordinaten wie die Komparatorplotter digital abgreifen und in Gelände- oder Zeichentischkoordinaten umrechnen, aber auf die automatische Nachführung der Vertikal- und Horizontalparallaxe verzichten, können als analytische Stereometergeräte bezeichnet werden (Abb. 5.36).

(1) Eine Variante dieser Bauart ist das Zeiss Stereocord G2 von 1975 (Abb. 5.37). Es besitzt ein festes Spiegelstereoskop mit einer festen Meßmarkenbrücke und einen verschiebbaren Bildwagen von der Art eines Stereopret oder Stereotop, der freihandgeführt ist.

Die Bildkoordinatenmessung erfolgt durch Lineargeber für x' und y' und durch Rotationsgeber für px' in 10 µm Inkrementen. Die Impulse werden an einen Tischrechner über das Interface DIREC 1 an einen Tischrechner HP 9810 oder HP 9830 von Hewlett-Packard geleitet. Dort kann die Berechnung von x, y, und z wie für die Punktmessung beim analytischen Komparatorplotter nach Kap. 5.2.2 erfolgen; die graphische Ausgabe ist auf einem zur Rechnerperipherie gehörenden HP 9872 x/y-Plotter möglich.

(2) Das Modell *Stereocord G 3* von Zeiss (1981) verwendet den Tischrechner HP 9835 mit Bildschirm und läßt sich mit einer py'-Nachführung zum Komparatorplotter ausbauen.

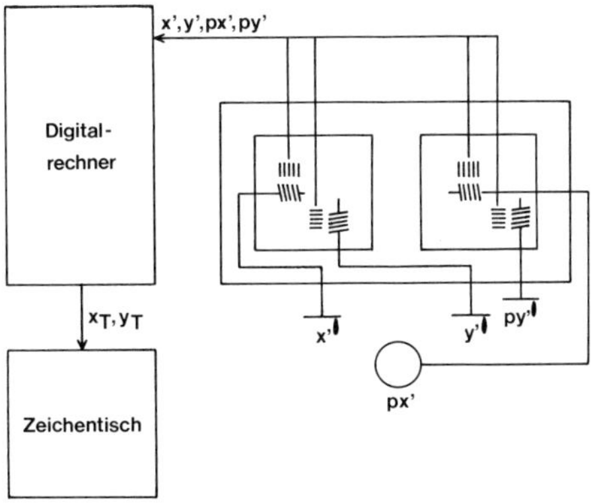

Abb. 5.36: Analytisches Stereometer

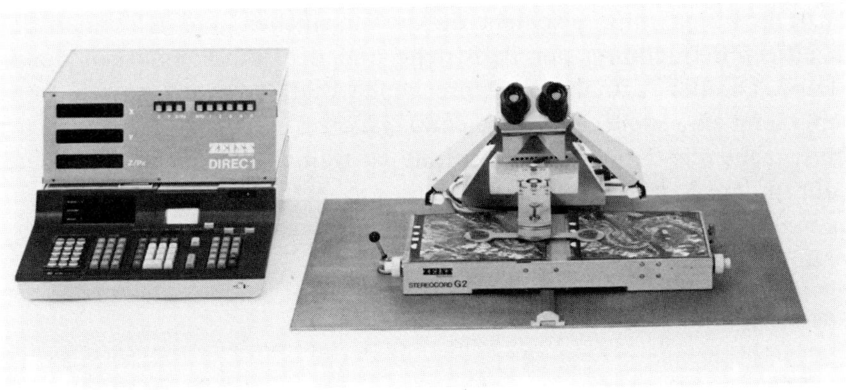

Abb. 5.37: Stereocord G 2 von Zeiss

Die Software beinhaltet außer den Orientierungsberechnungen auch Meßprogramme zur Bestimmung von Strecken, Winkeln, Flächen und Volumina. Das Gerät ist auch für die Auswertung von Luftbildern nach Einstelldaten einer Aerotriangulation (ohne Paßpunkte) einsetzbar. Terrestrische Aufnahmen können ebenfalls ausgewertet werden.

Literatur zu 5.2.3.
Mohl, H., 1982

5.3 Orientierung an Analoggeräten

Die stereoskopische Auswertung und Punktfolgen und linienhaften Details ist an allen beschriebenen Geräten nur nach einem Orientierungsvorgang möglich. Die Orientierung stützt sich auf die in Kap. 4 dargestellten analytischen Prinzipien.

5.3.1 Innere Orientierung

Zur Erfüllung der Kollinearitätsbedingung der perspektiven Zentralprojektion muß der Bildhauptpunkt in die Aufnahmerichtung, welche senkrecht zur Bildebene liegt und durch das Projektionszentrum führt, gebracht werden. Hierzu sind die abhebbaren, aber fest im Gerät gelagerten Bildträger der optischen, optisch-mechanischen und mechanischen Auswertegeräte mit Einpaßstrichen auf ihrer Glasplatte mit Strichmarken versehen, welche es erlauben, das Bild über die Rahmenmarken der Diapositive zentrisch einzupassen. Die Einpassung geschieht durch Verschieben und Klemmen bei gleichzeitiger Betrachtung der Paßstriche und der Rahmenmarken durch eine Lupe. Die der Aufnahme entsprechende Bildweite wird, soweit möglich, am Gerät eingestellt. Zur Verzeichnungskorrektur ist z. B. ein Bildträger mit entsprechender Kompensationsplatte zu wählen. Soweit möglich sind auch für andere Korrekturen (Erdkrümmung) die Einstellungen vorzunehmen.

Literatur zu 5.3.1.
Brandenberger, A., 1947

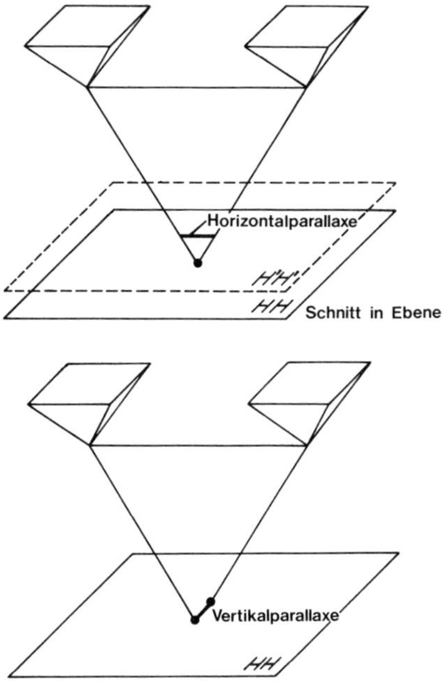

Abb. 5.38: Horizontal- und Vertikalparallaxen

5.3.2 Gegenseitige Orientierung

Die gegenseitige Orientierung erfordert, daß von den 12 möglichen Orientierungselementen der beiden Projektoren 5 bestimmt werden, so daß sich die je zwei zugehörigen Bildstrahlen in 5 Modellpunkten schneiden.

Die beiden zugehörigen Kernstrahlen müssen in einer Kernebene liegen. Folglich müssen die Vertikalparallaxen (welche die stereoskopische Betrachtung im Modell stören) in diesen 5 Punkten beseitigt werden, dann ist Vertikalparallaxenfreiheit auch bei allen anderen Punkten gewährleistet, wenn keine Bildfehler vorliegen. Die Punkte haben gewöhnlich verschiedene Höhen. Diese sind mit unterschiedlichen Horizontalparallaxen verbunden. Deshalb werden die Vertikalparallaxen unter gleichzeitigem Wegstellen der Horizontalparallaxen (Höhenverstellung) eliminiert (Abb. 5.38).

Das Wegstellen der Parallaxen erfolgt am besten systematisch nach Otto von Gruber.

(1) Zur *Ableitung der Beziehungen* können die linearisierten Kollinearitätsgleichungen des räumlichen Rückwärtsschnitts (Kap. 4.4) verwendet

werden. Man vereinfacht die y'-Gleichung für Senkrechtaufnahmen mit:

$$\cos\omega = \cos\varphi = \cos\kappa = 1,$$

$$\sin\omega = \sin\varphi = \sin\kappa = 0,$$

$$x_0' = y_0' = y_0'' = 0,$$

$$z_0' = z_0'' = h;\ x_0'' = b;\ dx_0' = dbx',\ dy_0' = dby',\ dz_0' = dbz',\ dx_0'' = dbx'',$$

$$dy_0'' = dby'',\ dz_0'' = dbz'';\ y_{rechts} - y_{links} = py_i.$$

Gleichzeitig transformiert man die Bildkoordinaten mit

$$x = \frac{h}{c}x', \quad y = \frac{h}{c}y'$$

sowie

$$v_x = \frac{h}{c}v_x', \quad v_y' = \frac{h}{c}v_y'$$

in Modellkoordinaten.

Somit erhält man für das Stereomodell:

$$v_{py_i} = v_{y_i rechts} - v_{y_i links} = dy'' + \frac{y_i}{h}dbz'' + h\left(1 + \frac{y_i^2}{h^2}\right)d\omega'' +$$

$$+ \frac{(x_i - b)y_i}{h}d\varphi'' + (x_i - b)d\kappa''$$

$$- dy' - \frac{y_i}{h}dz' - h\left(1 + \frac{y_i^2}{h^2}\right)d\omega' - \frac{x_i y_i}{h}d\varphi' - x_i d\kappa' - \mathrm{py}_i.$$

Dieselbe „Parallaxengleichung“ ist erhältlich, wenn man die linearisierte Komplanaritätsbedingung (Kap. 4.6) mit den gleichen Voraussetzungen und mit $h = \dfrac{x'' - x'}{b \cdot c}$ vereinfacht.

Hier sind die Vorzeichen in den Ableitungen jeweils für Rechtssysteme und entsprechend definierte Drehwinkel von ($+x$ gegen $+y$, von $+x$ gegen $+z$, von $+y$ gegen $+z$ bei der Aufnahme) gewählt worden. Die Vorzeichendefinition ist in den verschiedenen Geräten unterschiedlich vorgenommen worden. Sie kann mit Hilfe eines Vergleichs der Koeffizien-

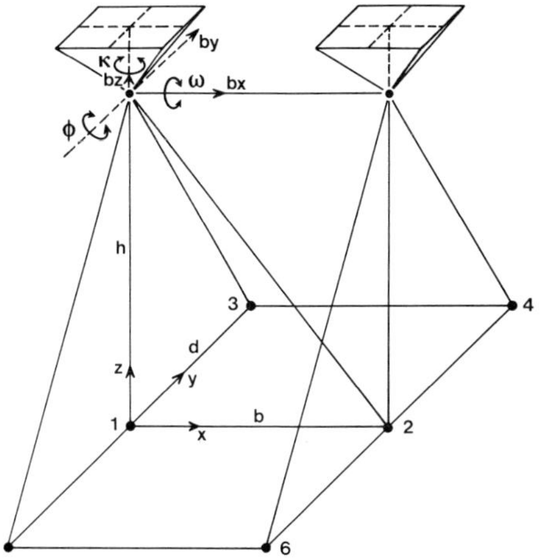

Abb. 5.39: Modellorientierung

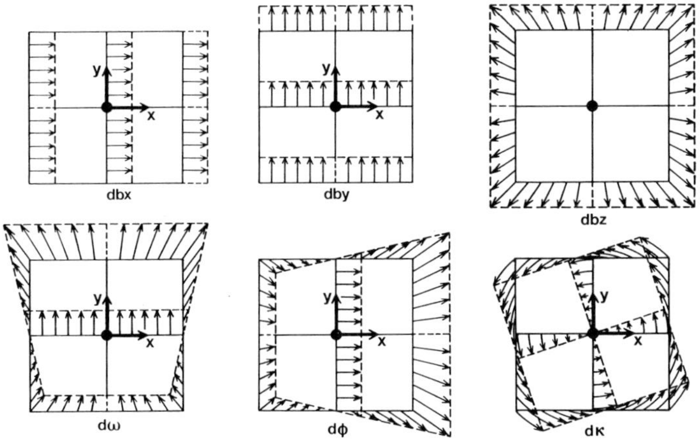

Abb. 5.40: Auswirkungen der Veränderungen der Orientierungselemente für ein Bild

ten der Orientierungsmatrix (Kap. 4.2.1) leicht überprüft und verändert werden (siehe Abb. 5.39).

Für die später zu verwendende *px*-Gleichung vereinfacht man die linearisierte x'-Gleichung aus Kap. 4.4 in gleicher Weise und erhält mit $x_{rechts} - x_{links} = px_i$

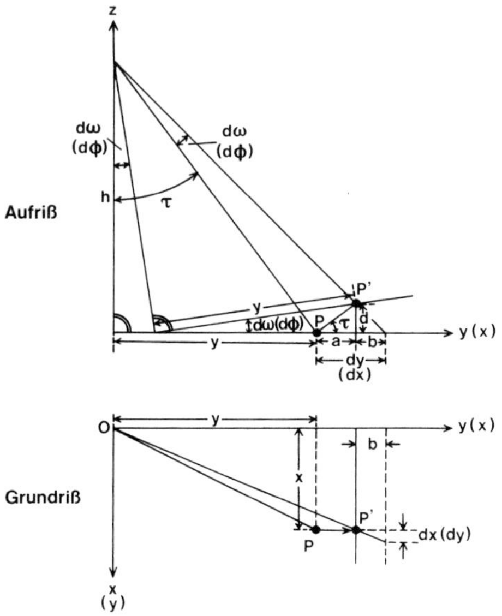

Abb. 5.41: $d\omega$-Veränderung ($d\varphi$-Veränderung)

$$v_{px_i} = v_{px_{i_{rechts}}} - v_{x_{i_{links}}} = dbx'' + \frac{(x_i - b)}{h} dbz'' + \frac{(x_i - b)y_i}{h} d\omega'' +$$

$$+ h\left(1 + \frac{(x_i - b)^2}{h^2}\right) d\varphi'' + y_i d\kappa'' - dbx' - \frac{x_i}{h} db_z' - \frac{x_i y_i}{h} d\omega'$$

$$- h\left(1 + \frac{x_i^2}{h^2}\right) d\varphi' - y_i d\kappa' - px_i.$$

Die Auswirkungen der einzelnen Orientierungselemente auf die Modellkoordinaten sind in Abb. 5.40 dargestellt.

(2) Die Koeffizientengleichungen sind aber auch aus der Anschauung herleitbar (siehe Abb. 5.41–43).

Für $d\omega$ gilt aus dem Aufriß von Abb. 5.41 in Ebene yz:

$$tg\tau = \frac{y}{h} = \frac{d}{a}, \quad d = y \cdot d\omega,$$

$$tg\tau \approx \frac{b}{d}, \quad dy = a + b = hd\omega + \frac{y^2}{h} d\omega = h\left(1 + \frac{y^2}{h^2}\right) d\omega.$$

Aus dem Grundriß ist die Ableitung von dx möglich:

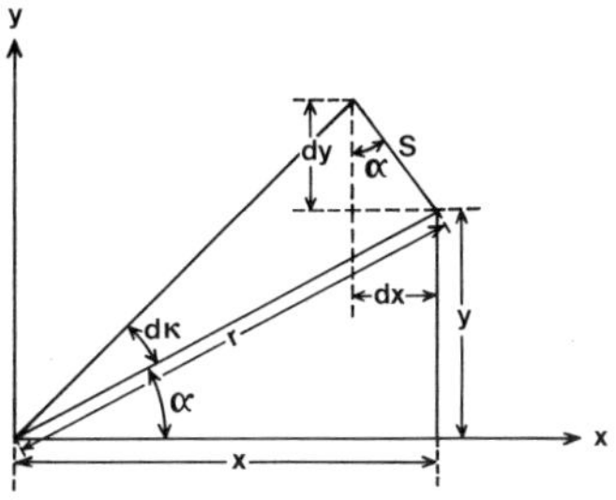

Abb. 5.42: *dK*-Veränderung

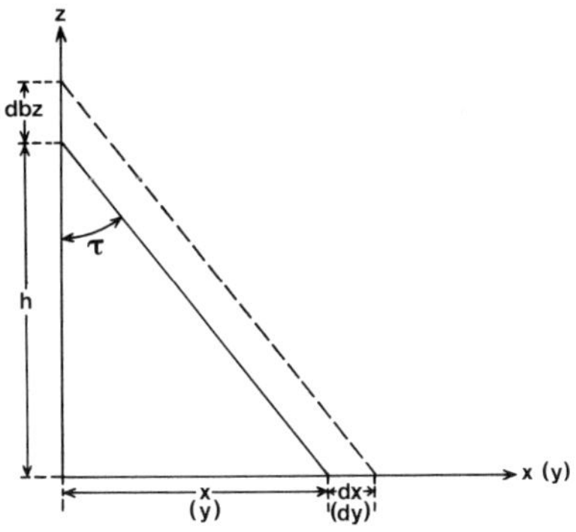

Abb. 5.43: *dbz*-Veränderung

Da x und y der Zeichnung in einer von P nach P' gekippten Ebene liegen, b aber in der Ebene $0P$ verbleibt, gilt streng:

$$b = dx \cdot \frac{y}{x} = \frac{y^2}{h} - d\omega;$$

somit:

$$dx = \frac{xy}{h} d\omega.$$

Da die Ableitung auch für die Ebene xz für φ gilt, wird dann

$$(dx) = \left(1 + \frac{x^2}{h^2}\right) d\varphi,$$

$$(dy) = \frac{xy}{h} d\varphi.$$

Für $d\kappa$ folgt aus Abb. 5.42: $s = r \cdot d\kappa$

$$dx = s \cdot \cos\alpha = s \cdot \frac{x}{r} = x \cdot d\kappa,$$

$$dy = s \cdot \sin\alpha = s \cdot \frac{y}{r} = y \cdot d\kappa.$$

Für dbz gilt nach Abb. 5.43:

$$dx = \frac{x}{h} dbz,$$

$$dy = \frac{y}{h} dbz.$$

Zur Ableitung eines Orientierungsverfahrens können die 6 symmetrisch gelegenen Punkte 1 (linker Nadirpunkt), 2 (rechter Nadirpunkt) 3, 4, 5 und 6 (normal zu den Hauptpunkten im Abstand d zur Basis), die sogenannten „Von Gruberschen Punkte" herangezogen werden. Für ihre Koordinaten gelten die in Tab. 5/1 angegebenen Auswirkungen der Orientierungselemente auf py.

(3) Für die Wahl der 5 zu bestimmenden Parameter kommt bei Kartiergeräten ohne Basiskomponenten nur die *gegenseitige Orientierung für unabhängige Bildpaare* in Frage ($d\omega''$, $d\varphi'$, $d\varphi''$, $d\kappa'$, $d\kappa''$).

(3 a) Die Orientierung kann ohne Rechnung durch ein empirisch-iteratives *optisch-mechanisches Verfahren* nach von Gruber ausgeführt werden. Dabei werden von Orientierungsschritt zu Orientierungsschritt die Vertikalparallaxen in den Punkten weggestellt, in welchen die noch folgenden Orientierungsschritte keine oder wenigstens vorauskalkulierbare Auswirkungen haben. Dies ist der Fall, wenn folgende Vorstellungen gemacht werden:

1) mit $d\kappa''$ in 1,
2) mit $d\kappa'$ in 2,
3) mit $d\varphi''$ in 3,
4) mit $d\varphi'$ in 4.

Tab. 5/1: Werte der Auswirkungen der Orientierungselemente in den Von Gruberschen Punkten

Punkt	x	y	Parallaxe	dby'	dbz'	$d\omega'$	$d\varphi'$	$d\kappa''$	dby''	dbz''	$d\omega''$	$d\varphi''$
1	0	0	py_1	-1	0	$-h$	0	0	1	0	h	0
2	b	0	py_2	-1	0	$-h$	0	$-b$	1	0	h	0
3	0	d	py_3	-1	$\frac{d}{h}$	$-h\left(1+\frac{d^2}{h^2}\right)$	0	0	1	$\frac{d}{h}$	$h\left(1+\frac{d^2}{h^2}\right)$	$-\frac{bd}{h}$
4	b	d	py_4	-1	$-\frac{d}{h}$	$-h\left(1+\frac{d^2}{h^2}\right)$	$-\frac{bd}{h}$	$-b$	1	$\frac{d}{h}$	$h\left(1+\frac{d^2}{h^2}\right)$	0
5	0	$-d$	py_5	-1	$\frac{d}{h}$	$-h\left(1+\frac{d^2}{h^2}\right)$	0	0	1	$-\frac{d}{h}$	$h\left(1+\frac{d^2}{h^2}\right)$	$\frac{bd}{h}$
6	b	$-d$	py_6	-1	$\frac{d}{h}$	$-h\left(1+\frac{d^2}{h^2}\right)$	$+\frac{bd}{h}$	$-b$	1	$-\frac{d}{h}$	$h\left(1+\frac{d^2}{h^2}\right)$	0

Vorzeichen gültig für $py = y_{rechts} - y_{links}$; (konsequentes Rechtssystem)

Werden die Parallaxen nicht genau in den Punkten beseitigt, sondern nur in ihrer Nähe oder ist $z_i + h'$ nicht konstant, so muß jeweils zwischen den Schritten 1) und 2) sowie zwischen 3) und 4) iteriert werden.

Aus Tab. 5/1 ist ersichtlich, daß durch diese Orientierungsschritte in 1, 2, 3 und 4 auch $d\omega''$ hätte korrigiert werden müssen.

Stattdessen wurde korrigiert:

in 1: $hd\omega'' - bd\kappa''$ durch $b\overline{d\kappa}''$,

in 2: $hd\omega'' - bd\kappa'$ durch $b\overline{d\kappa}'$.

Da sich $\overline{d\kappa}''$ auch in 3 und 5 sowie $\overline{d\kappa}'$ in 4 und 6 gleichermaßen auswirken, wurde auch dort um diesen Betrag korrigiert.

Die verbleibende Parallaxe war:

in 3: $\frac{d^2}{h} d\omega'' - \frac{bd}{h} d\varphi''$; diese wurde durch $-\frac{bd}{h} d\varphi''$ beseitigt; analog dazu

in 4: $\frac{d^2}{\mathrm{h}} \mathrm{d}\omega'' - \frac{bd}{h} d\varphi'$ durch $-\frac{bd}{h} d\varphi'$.

Die Auswirkung von $\overline{d\varphi}'$ in Punkt 5 ist aber entgegengesetzt; ebenso ist dies für $\overline{d\varphi}'$ in 6.

Deshalb hat die verbleibende Parallaxe den Betrag in 5 oder 6 von:

$$2\frac{d^2}{h} d\omega'' = py.$$

Es muß jedoch $h\left(1 + \frac{d^2}{h^2}\right) d\omega'' = p_y$ weggestellt werden.

Das Verhältnis wegzustellende Parallaxe zu wegstellbare Parallaxe beträgt *n:*

$$n = \frac{p_y}{p_y^*} = \frac{\left(h + \frac{d^2}{h}\right)}{2\frac{d^2}{h}} = \frac{h^2 + d^2}{2d^2} = \frac{1}{2}\left(1 + \frac{h^2}{d^2}\right).$$

Der Überstellungskoeffizient

$$\ddot{U} = (n-1) = \frac{1}{2}\left(\frac{h^2}{d^2} - 1\right).$$

Um diesem Wert ist der Betrag der weggestellten Parallaxe überzukorrigieren.

Der Überstellungskoeffizient kann auch in Bildkoordinaten ausgedrückt werden (d' ist die d entsprechende Bildentfernung):

$$\ddot{u} = \frac{1}{2}\left(\frac{c^2}{d'^2} - 1\right).$$

Für $c = 15$ cm und $d' = 9$ cm ergibt $n = 1{,}85$ und $\ddot{u} = 0{,}85$.

Durch die Überstellung werden wiederum Parallaxen in 1 bis 4 erzeugt. Sie können durch die Orientierungsschritte (1) bis (4) endgültig beseitigt werden, wenn der Überstellungskoeffizient genau genug bestimmt worden ist. Ansonsten wird das Gesamtverfahren iteriert.

(3b) Zieht man eine Berechnung vor, so kann ein *numerisches Orientierungsverfahren* nach Hallert angewandt werden, wenn das Gerät mit Zählwerken für die Orientierungsverstellungen ausgerüstet ist.

Hierzu werden die Parallaxen der 6 Punkte mit by' oder by'' nacheinander weggestellt und registriert (py_i mißt man als Verbesserung: Sollwert minus Istwert, oder als Fehler Istwert − Sollwert).

Ist am Gerät kein by vorhanden, dann kann auch $d\omega$ als Meßgröße verwendet werden, da $h \cdot d\omega$ einem by entspricht.

Aus Tab. 5/1 ist ersichtlich:

$$py_5 - py_3 = \frac{2bd}{h} \frac{d\varphi^{c\,\prime\prime}}{\rho^c}$$

$$py_6 - py_4 = \frac{2bd}{h} \frac{d\varphi^{c\,\prime}}{\rho^c}$$

$$2py_1 + 2py_2 - py_3 - py_4 - py_5 - py_6 = -\frac{4d^2}{h^2} \frac{d\omega^{c\,\prime\prime}}{\rho^c}$$

woraus $d\varphi''$, $d\varphi'$ und $d\omega''$ in cg, in welchen die Einheiten der Geräteskalen geteilt sind, bestimmt werden können. Es verbleibt:

$$py_1 = \frac{h \cdot d\omega^{c\,\prime\prime}}{\rho^c} - b \cdot d\kappa'' \text{; und}$$

$$py_2 = \frac{h \cdot d\omega^{c\,\prime\prime}}{\rho^c} - b \cdot d\kappa'$$

$d\kappa'$ und $d\kappa''$ sind aber auch noch in py_3, py_5 bzw. py_4, py_6 enthalten.

$$py_3 = h\left(1 + \frac{d^2}{h^2}\right)\frac{d\omega^{c\,\prime\prime}}{\rho^c} - b \cdot d\kappa''$$

$$py_5 = h\left(1 + \frac{d^2}{h^2}\right)\frac{d\omega^{c\,\prime\prime}}{\rho^c} - b \cdot d\kappa''$$

$$py_4 = h\left(1 + \frac{d^2}{h^2}\right)\frac{d\omega^{c\,\prime\prime}}{\rho^c} - b \cdot d\kappa'$$

$$py_6 = h\left(1 + \frac{d^2}{h^2}\right)\frac{d\omega^{c\,\prime\prime}}{\rho^c} - b \cdot d\kappa'$$

Folglich muß gelten:

$$(py_1 + py_3 + py_5) = \left(3h + \frac{2d^2}{h}\right)\frac{d\omega^{c\,\prime\prime}}{\rho^c} - 3b\; d\kappa''$$

$$(py_2 + py_4 + py_6) = \left(3h + \frac{2d^2}{h}\right)\frac{d\omega^{c\,\prime\prime}}{\rho^c} - 3b\; d\kappa'$$

oder

$$d\varphi^{c\,\prime\prime} = (py_5 - py_3)\frac{\rho^c}{2bd}$$

$$d\varphi^{c\,\prime} = (py_6 - py_4)\frac{\rho^c}{2bd}$$

$$d\omega^{c\,\prime\prime} = (py_3 + py_4 + py_5 + py_6 - 2py_1 - 2py_2)\frac{h^2 \cdot \rho^c}{4d^2}$$

$$d\kappa^{c\,\prime\prime} = -\frac{\rho^c}{3b}\left[(py_1 + py_3 + py_5) - \left(3h + \frac{2d^2}{h}\right)\frac{d\omega^{\prime\prime c}}{\rho^c}\right]$$

$$d\kappa^{c\,\prime} = -\frac{\rho^c}{3b}\left[(py_2 + py_4 + py_6) - \left(3h + \frac{2d^2}{h}\right)\frac{d\omega^{\prime\prime c}}{c}\right]$$

(3 c) Ein *numerisches Orientierungsverfahren* für *bergiges Gelände* nach Jerie ist anwendbar, wenn die Orientierungsgrößen mit z_i statt mit h = const berechnet werden. Zur Vereinfachung der Berechnung wird die Parallaxe in einem konstanten Abstand d' von der Basis gemessen. Für diese Punkte, welche auf dem Bildträger mit einem eingeritzten Kreuz markiert sind, wird statt $y_i = \text{const} = d$ nunmehr $y_i' = d' = \frac{d}{h} = \frac{y_i}{z_i} = k = \text{const.}$; setzt man $K = 1 + k^2$, dann wird nach 3 b):

$$d\varphi^{c''} = (py_5 - py_3)\frac{\rho^c}{2bk}$$

$$d\varphi^{c'} = (py_6 - py_4)\frac{\rho^c}{2bk}$$

$$d\omega^{c''} = \frac{(2py_1 + 2py_2 - py_3 - py_4 - py_5 - py_6)}{(2z_1 + 2z_2 - z_3 K - z_4 K - z_5 K - z_6 K)} \cdot \rho^c$$

$$d\kappa^{c''} = \frac{1}{3b}(z_1 + z_3 K + z_5 K)\, d\omega^{c''} - \frac{\rho^c}{3b}(py_1 + py_3 + py_5)$$

$$d\kappa^{c'} = \frac{1}{3b}(z_2 + z_4 K + z_6 K)\, d\omega^{c''} - \frac{\rho^c}{3b}(py_2 + py_4 + py_6)$$

Die Formeln für 3 b) und 3 c) können heute leicht an einem programmierbaren Taschenrechner berechnet werden.

(4) Soll ein Folgebildanschluß bestimmt werden, so ist die Ableitung in analoger Weise für $d\omega''$, $d\varphi''$, $d\kappa''$, dby'', dbz'' nach Tab. 5/1 möglich.

(4 a) Das *optisch-mechanische Verfahren* besteht aus folgenden py-Verstellungen:

1) mit dby'' in 2
2) mit $d\kappa''$ in 1
3) mit dbz'' in 4
4) mit $d\varphi''$ in 3

Man beginnt mit dby'' in 2 weil sowohl 1 und 2 beeinflußt werden; auch dbz'' beeinflußt 3 und 4.

5) Überstellung der Parallaxe in den Punkten 5 und 6 mit dem Faktor

$$\ddot{u} = \frac{1}{2}\left(\frac{c}{d'^2} - 1\right)$$

(4b) Das *numerische Orientierungsverfahren* nach Hallert ergibt:

$$py_6 - py_4 = -\frac{2d}{h} dbz''$$

$$py_5 - py_3 = -\frac{2d}{h} dbz'' + \frac{2bd}{h} d\varphi'' = py_6 - py_4 + \frac{2bd}{h} d\varphi''$$

$$2py_1 + 2py_2 - py_3 - py_4 - py_5 - py_6 = -\frac{4d^2}{h} d\omega''$$

$$\sum_{i=1}^{6} py_i - 2(py_1 + py_3 + py_5) = 3bd\kappa''$$

$$\sum_{i=1}^{6} py_i = 6dby'' + 6hd\omega'' + \frac{4d^2}{h} d\omega'' - 3b\, d\kappa''$$

daraus:

$$dbz'' = -\frac{h}{2d}(py_6 - py_4)$$

$$d\varphi'' = \frac{h}{2bd}[(py_5 - py_3) - (py_6 - py_4)]$$

$$d\omega'' = -\frac{h}{4d^2}(2py_1 + 2py_2 - py_3 - py_4 - py_5 - py_6)$$

$$d\kappa'' = \frac{1}{3b}[(py_2 - py_1) + (py_4 - py_3) + (py_6 - py_5)]$$

$$dby'' = \frac{1}{6}(py_1 + py_2 + py_3 + py_4 + py_5 + py_6) + \left(h + \frac{2}{3}\frac{d^2}{h}\right) d\omega'' - \frac{b}{2} d\kappa''$$

Auf die analoge Ableitung für gebirgiges Gelände wird hier verzichtet.

(5) Dasselbe Resultat ist erhältlich, falls man die Parallaxengleichung in Matrizenform

$$\mathbf{v}_{py} = \mathbf{A} \cdot \mathbf{x} - \mathbf{py}$$

schreibt, in welcher $\mathbf{x}$ die fünf Orientierungsunbekannten, $\mathbf{A}$ die Koeffizientenmatrix der Tab. 5/1 mit den entsprechenden Elementen und $\mathbf{py}$ den Vektor der 6 beobachteten py-Parallaxen bedeutet.

$$\mathbf{x} = (\mathbf{A}^T\mathbf{A})^{-1} \cdot (\mathbf{A}^T\mathbf{l}) = \mathbf{B} \cdot \mathbf{l}$$

gibt das bereits bekannte Resultat.

Dabei ist bemerkenswert, daß alle Orientierungselemente lineare Funktionen der Parallaxen py_i sind. Für diesen Fall kann $(\mathbf{A}^T\mathbf{A})^{-1} \cdot \mathbf{A}^T$ durch eine Matrix **B** ersetzt werden, für welche gelten muß

$$\mathbf{B}\mathbf{B}^T = (\mathbf{A}^T\mathbf{A})^{-1}\mathbf{A}^T\mathbf{A} \cdot [(\mathbf{A}^T\mathbf{A})^{-1}]^T = (\mathbf{A}^T\mathbf{A})^{-1}$$

Damit kann die *Kovarianzmatrix* der Lösung, welche zur Berechnung des mittleren Fehlers der Orientierungselemente benötigt wird, in allgemeiner Form berechnet werden.

$$\sigma_x{}^2 = \sigma_0{}^2\,(\mathbf{B}\mathbf{B}^T)$$

Die Matrix **B** ist in Tab. 5/2 für den Fall der gegenseitigen Orientierung für abhängige Bildpaare angegeben. Tab. 5/3 zeigt die Kovarianzmatrix. Damit können die mittleren Fehler der Orientierungselemente bestimmt werden:

Abb. 5.48: Innere Orientierung an analytischen Au

$$\sigma_{dbz} = \pm\sqrt{\frac{h^2}{2d^2}} \cdot \sigma_0 = \pm\frac{h}{\sqrt{2} \cdot d} \cdot \sigma_0,$$

Tab. 5/2: Koeffizienten der Orientierungselemente als Funktion der Vertikalparallaxen bei der gegenseitigen Orientierung für abhängige Bildpaare

Orientierungs-element	py_1	py_2	py_3	py_4	py_5	py_6
dbz''	0	0	0	$\frac{h}{2d}$	0	$-\frac{h}{2d}$
$d\varphi''$	0	0	$-\frac{h}{2bd}$	$\frac{h}{2bd}$	$\frac{h}{2bd}$	$-\frac{h}{2bd}$
$d\omega''$	$-\frac{h}{2d^2}$	$-\frac{h}{2d^2}$	$\frac{h}{4d^2}$	$\frac{h}{4d^2}$	$\frac{h}{4d^2}$	$\frac{h}{4d^2}$
$d\kappa''$	$-\frac{1}{3b}$	$\frac{1}{3b}$	$-\frac{1}{3b}$	$\frac{1}{3b}$	$-\frac{1}{3b}$	$\frac{1}{3b}$
dby''	$\frac{2}{3}-\frac{h^2}{2d^2}$	$\frac{1}{3}-\frac{h^2}{2d^2}$	$\frac{1}{6}+\frac{h^2}{4d^2}$	$-\frac{1}{6}+\frac{h^2}{4\,d^2}$	$\frac{1}{6}+\frac{h^2}{4d^2}$	$-\frac{1}{6}+\frac{h^2}{4d^2}$

Tab. 5/3: Kovarianzmatrix der gegenseitigen Orientierung für abhängige Bildpaare

	dbz''	$d\varphi''$	$d\omega''$	$d\kappa''$	dby''
dbz''	$\frac{h^2}{2d^2}$	$\frac{h}{2bd^2}$	0	0	0
$d\varphi''$	$\frac{h}{2bd^2}$	$\frac{h^2}{b^2d^2}$	0	0	0
$d\omega''$	0	0	$\frac{3h^2}{4d^4}$	0	$\frac{3h^3-2hd^2}{4d^4}$
$d\kappa''$	0	0	0	$\frac{2}{3b^2}$	$-\frac{1}{3b}$
dby''	0	0	$\frac{3h^3-2hd^2}{4d^4}$	$-\frac{1}{3b}$	$\frac{2}{3}-\frac{h^2}{d^2}+\frac{3h^4}{4d^4}$

$$\sigma_{dbz} = \pm\sqrt{\frac{h^2}{2d^2}}\cdot\sigma_0 = \pm\frac{h}{\sqrt{2}\cdot d}\cdot\sigma_0,$$

$$\sigma^c_{d\omega''} = \pm\frac{\sqrt{h}\cdot\rho^c}{bd}\cdot\sigma_0,$$

$$\sigma^c_{d\omega''} = \pm\frac{\sqrt{3}}{2}\cdot\frac{h\cdot\rho^c}{d^2}\cdot\sigma_0,$$

$$\sigma^c_{d\kappa''} = \pm\sqrt{\frac{2}{3}}\cdot\frac{\rho^c}{b}\cdot\sigma_0,$$

$$\sigma_{dby} = \pm\sqrt{\frac{2}{3}-\frac{h^2}{d^2}+\frac{3h^4}{4d^4}}\cdot\sigma_0,$$

$$\sigma_0 = \pm\sqrt{\frac{\mathbf{v}^{\mathrm{T}}\mathbf{v}}{n-u}} = \pm\sqrt{\frac{\sum v^2_{pyi}}{6-5}} = \pm py_i\sum v^2_{pyi}$$

wobei

$$\sum v^2_{py_i} = (-2p_1+2p_2+p_3-p_4+p_5-p_6)^2.$$

Literatur zu 5.3.1.

Gotthardt, E., 1940; von Gruber, O., 1930; Hallert, B., 1944; Jerie, H.G., 1953; Kasper, H., 1956

5.3.3 Kritische Flächen

Die Lösung wird nicht möglich, wenn die Determinante von **A** gegen Null geht. Dann werden die Korrelationen zwischen bestimmten Unbekannten gleich 1. Ein in der Praxis möglicher Fall ist gegeben, wenn

$$h_i\left(1+\frac{y_i^2}{h_i^2}\right)d\omega''$$

auf alle Punkte den gleichen Effekt hat wie dby''.

$$\text{const} = dby = h_i\left(1+\frac{y_i^2}{h_i^2}\right)d\omega''.$$

Dies gibt die Gleichung eines Kreises in der x-z-Ebene, welcher für x-Werte als Zylinder gilt.

$$y_i^2 = h_i\frac{dby}{d\omega''} - h_i^2 = h_i h_0 - h_i^2.$$

Ein Querschnitt dieses „gefährlichen Zylinders" ist in Abb. 5.44 gegeben.

Die Möglichkeit für das Auftreten dieser kritischen Fläche ist beim Bildflug entlang der Längsachse eines Tales gegeben. Die eindeutige Orientierung eines solchen parallaxenfreien Modells muß mit Hilfe von Höhenpaßpunkten erfolgen, welche die Modelldeformationen der einzelnen Orientierungselemente mit px_i beseitigen lassen.

Literatur zu 5.3.3.

Dorrer E., 1974; Hofmann W., 1953

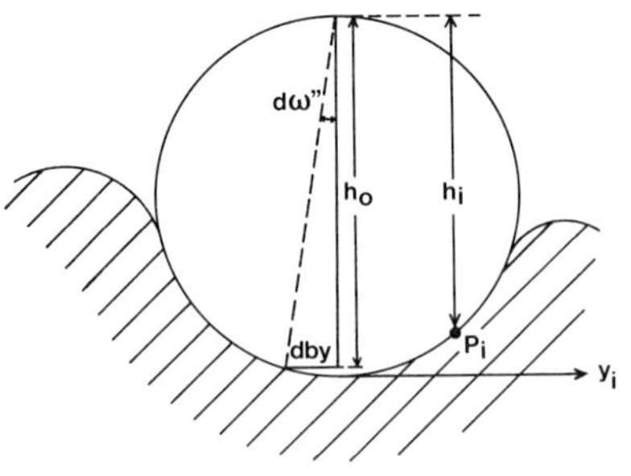

Abb. 5.44: „Gefährlicher" Zylinder

5.3.4 Modelldeformationen

Zur Berechnung des Einflusses der Orientierungselemente auf die Höhen (Modelldeformationen) verwendet man die in Kap. 5.3.2, Abschnitt (1) abgeleitete *px''_i-Gleichung. Zusätzlich gilt:*

$$h_i = -\frac{b \cdot c}{px'_i}; \text{ folglich}$$

$$dh_i = -\frac{h^2}{b \cdot c} dpx'_i = -\frac{h}{b} px_i,$$

wobei px_i die x-Parallaxe im Stereomodell bedeutet.

Folglich lautet die Modelldeformationsgleichung:

$$dh_i = -\frac{h}{b} dbx'' - \frac{(x_i - b)}{b} dbz'' - \frac{(x_i - b)y_i}{b} d\omega'' - \frac{h^2 + (x_i - b)^2}{b}$$
$$d\varphi'' - \frac{h\ y_i}{b} d\kappa'' + \frac{h}{b} dbx' + \frac{x_i}{b} dbz' + \frac{x_i y_i}{b} d\omega' + \frac{h^2 + b^2}{b} d\varphi' + \frac{h\ y_i}{b} d\kappa'$$

Die Modelldeformationen sind für die Elemente der rechten Kammer in Abb. 5.45 dargestellt.

Da die Orientierungsgenauigkeit beschränkt ist, können Modelldeformationen nach der gegenseitigen Orientierung auftreten.

Die für die Modellhöhen auftretende Gesamtkovarianz ergibt sich zu:

$$[\mathbf{\Sigma_H}] = [\mathbf{\Sigma_h}] + \mathbf{B}(\mathbf{\Sigma_x})\mathbf{B}^{\mathrm{T}},$$

wobei $\mathbf{\Sigma_h}$ die Diagonalmatrix der Varianzen der Höhenmessung im Modell und $\mathbf{\Sigma_x}$ die in Tab. 5/3 enthaltene Kovarianzmatrix der Orientierungselemente darstellt. **B** ist eine Diagonalmatrix mit den Werten $-\frac{h}{b}$ und somit wird

$$\mathbf{B}(\mathbf{\Sigma_x})\mathbf{B}^{T} = \frac{h^2}{b^2}(\mathbf{\Sigma_x}).$$

Bei den Modelldeformationen ist zu berücksichtigen, daß im Anschluß eine absolute Orientierung folgt. Durch sie werden die Deformationen von dbx'', dbz'' und $d\kappa''$ völlig und von $d\varphi =$ zum Teil unschädlich gemacht.

Es verbleibt der zylindrische Anteil von $d\varphi'$ und die hyperbolische Verbiegung von $d\omega''$, welche besonders dann kritisch werden kann, wenn nur

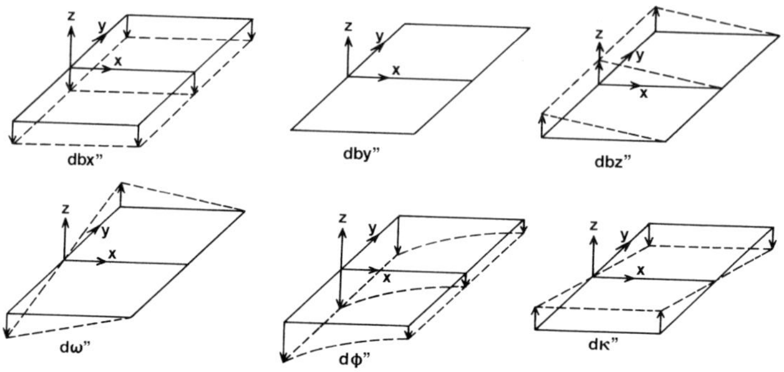

Abb. 5.45: Modelldeformationen

3 Paßpunkte für die absolute Orientierung vorhanden sind, und wenn sie sich in den Modellecken befinden.

Literatur zu 5.3.4.
Hallert, B., 1944

5.3.5 Absolute Orientierung

(1) Die linearen differentiellen *Beziehungen* zwischen *Gelände-und Modellkoordinaten* sind in Kap. 4.9 abgeleitet worden. Für genäherte Senkrechtaufnahmen wird:

$$X_i = \lambda \cdot x_i \cdot d\lambda \qquad + \lambda \cdot z_i \cdot d\Phi + \lambda \cdot y_i \cdot dK + X_0$$

$$Y_i = \lambda \cdot y_i \cdot d\lambda + \lambda \cdot z_i \cdot d\Omega \qquad - \lambda \cdot x_i \cdot dK + Y_0$$

$$Z_i = \lambda \cdot z_i \cdot d\lambda - \lambda \cdot y_i \cdot d\Omega - \lambda \cdot x_i \cdot d\Phi \qquad + Z_0$$

oder falls ein runder Modellmaßstab $1/\lambda_R$ mit den entsprechend transformierten Modellkoordinaten x_{i_R}, y_{i_R}, z_{i_R} verwendet werden soll:

$$x_{i_R} = x_i \cdot d\lambda \qquad + z_i \cdot d\Phi + y_i \cdot dK + x_0$$

$$y_{i_R} = y_i \cdot d\lambda + z_i \cdot d\Omega \qquad - x_i \cdot dK + y_0$$

$$z_{i_R} = z_i \cdot d\lambda - y_i \cdot d\Omega - x_i \cdot d\Phi \qquad + z_0$$

In der Annahme, daß die Paßpunktkonfiguration P_1, P_2, P_3 das in Abb. 5.46 dargestellte Dreieck bildet, können die Orientierungselemente aus den obigen Gleichungen ermittelt werden.

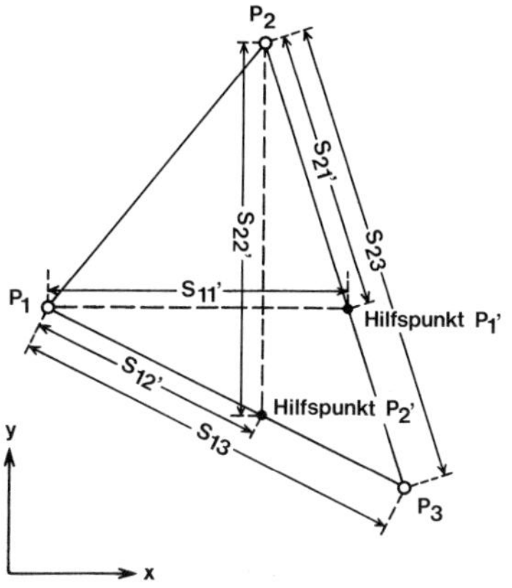

Abb. 5.46: Paßpunkte für die absolute Orientierung

2) In der *Praxis* geht man in folgender Weise vor:

2a) Zunächst wird an zwei Punkten die notwendige Anpassung an den gewünschten Modellmaßstab bestimmt:

$$= \frac{\sqrt{(X_2-X_1)^2+(Y_2-Y_1)^2+(Z_2-Z_1)^2}}{\sqrt{(x_2-x_1)^2+(y_2-y_1)^2+(z_2-z_1)^2}} = \frac{S_{12}}{s_{12}}$$

wobei S_{12} eine Raumstrecke im Gelände und s_{12} eine Raumstrecke im Modell darstellt.

Mit der Wahl eines runden Maßstabsfaktors λ_R können die Basiskomponenten um den Faktor λ_R/λ verbessert werden:

$$d\lambda = \frac{\lambda_R}{\lambda} = \frac{bx_R}{bx} = \frac{\Delta by_R}{\Delta by} = \frac{\Delta bz_R}{\Delta bz},$$

wobei $\Delta by = by'' - by'$,

$\Delta bz = bz'' - bz''$

und $\Delta by_R = by''_R - by'$,

$\Delta bz_R = bz''_R - bz'$.

(2b) Eine azimutale Drehung dK kann ermittelt werden, wenn man für die Punkte P_1 und P_2 in der x–y Ebene ansetzt:

$$tg\alpha_{12} = \frac{Y_2 - Y_1}{X_2 - X_1},$$

$$tg\alpha'_{12} = \frac{y_2 - y_1}{x_2 - x_1},$$

$$dK = \alpha_{12} - \alpha'_{12}.$$

Sie braucht nicht berechnet zu werden, weil man ohnedies nur das Auswertemanuskript zu verdrehen braucht. Das gleiche gilt für die Verschiebung auf die kartierten Paßpunkte in x_0 und y_0; z_0 ist lediglich die Verstellung der Modellhöhe auf eine Paßpunkthöhe.

(2c) Die Modelldrehungen $d\Omega$ und $d\Phi$ können aus folgenden Daten und Meßwerten berechnet werden:

$$Z_1, Z_2, Z_3, z_1 \cdot \lambda_R, z_2 \cdot \lambda_R, z_3 \cdot \lambda_R$$

(da die Höhen im Auswertegerät mit dem gewählten λ_R über Zahnradgetriebe auf Geländehöhen umgerechnet werden).

$$\Delta Z_1 = Z_1 - z_1\lambda_R,$$

$$\Delta Z_2 = Z_2 - z_2\lambda_R,$$

$$\Delta Z_3 = Z_3 - z_3\lambda_R.$$

Diese Differenzen können für die Hilfspunkte P'_1 und P'_2 interpoliert werden, z. B.:

$$\Delta Z'_2 = \frac{(\Delta Z'_3 - \Delta Z'_1)}{s'_{13}} s'_{12} + \Delta Z_1$$

$$\Delta Z'_1 = \frac{(\Delta Z'_3 - \Delta Z'_2)}{s'_{23}} s'_{21} + \Delta Z_2$$

Dabei werden die entsprechenden Strecken s'_{ij} in der Kartierung gemessen.

$$tg\Omega = -\frac{\Delta Z'_2 - \Delta Z'_1}{s'_{11}}$$

$$tg\Phi = \frac{\Delta Z_2 - \Delta Z'_2}{s'_{22}}$$

Die Werte Φ und Ω sind nun an den gemeinsamen Drehungen einstellbar.

3) Sind gemeinsame Drehungen am Gerät nicht vorhanden, so muß Ω durch die *Teildrehungen* ω' und ω'' *der Einzelprojektoren* ersetzt werden. Das gleiche gilt für Φ durch φ' und φ''. Dabei müssen allerdings die Basiskomponenten nachgestellt werden, da sonst Vertikalparallaxen entstehen.

Hierfür können die entsprechenden Rotationsmatrizen $\mathbf{A}_\omega$, $\mathbf{A}_\varphi$, $\mathbf{A}_\kappa$ verwendet werden; wenn bx'_ω, dby'_ω, dbz'_ω die Basiskomponente nach Einführung von ω bedeutet, dann gilt:

$$\begin{pmatrix} bx_\omega \\ dby_\omega \\ dbz_\omega \end{pmatrix} = \begin{pmatrix} 1 & 0 & 0 \\ 0 & \cos\omega & \sin\omega \\ 0 & -\sin\omega & \cos\omega \end{pmatrix} \begin{pmatrix} bx \\ dby \\ dbz \end{pmatrix}.$$

Basiskomponentenverbesserungen treten also nur auf, wenn das Modell nach unabhängigen Bildpaaren orientiert wurde.

Für φ gilt mit analogen Bezeichnungen entsprechend:

$$\begin{pmatrix} bx_\varphi \\ dby_\varphi \\ dbz_\varphi \end{pmatrix} = \begin{pmatrix} \cos\varphi & 0 & \sin\varphi \\ 0 & 1 & 0 \\ -\sin\varphi & 0 & \cos\varphi \end{pmatrix} \begin{pmatrix} bx \\ dby \\ dbz \end{pmatrix}.$$

Hier ist eine Maßstabsverstellung ($bx_\varphi = bx \cdot \cos\varphi$) und eine Nachstellung ($dbz_\varphi = -bx \cdot \sin\varphi$) auch dann erforderlich, wenn die Basiskomponenten *dby, dbz* vorher null waren.

Schließlich kann nach einer wahlweisen, heute nicht mehr üblichen azimutalen Eindrehung der Modellkoordinaten in das Geländekoordinatensystem K durch $\kappa' \kappa''$ verändert werden, wobei:

$$\begin{pmatrix} bx_\kappa \\ dby_\kappa \\ dbz_\kappa \end{pmatrix} = \begin{pmatrix} \cos\kappa & \sin\kappa & 0 \\ -\sin\kappa & \cos\kappa & 0 \\ 0 & 0 & 1 \end{pmatrix} \begin{pmatrix} bx \\ by \\ bz \end{pmatrix}.$$

Literatur zu 5.3.5.

Corten, F. L., 1959

5.3.6 Gerätejustierung

Die Überprüfung des Justierzustandes und der inneren Meßgenauigkeit eines photogrammetrischen Auswertegerätes kann gleichzeitig mit der Bestimmung der Indexmarken für die Ablesung der Orientierungselemente (Nullstellungen) durch Gittermessungen erfolgen. Hierzu wird ein Glasgitter mit konstanten Abständen (z. B. 0,5 cm oder 1 cm) in die Bildträger eingepaßt; danach wird eine bestimmte Anzahl ausgewählter symmetrisch verteilter Gitterschnittpunkte (z. B. 9 oder 25) vom Auswerter eingestellt und gemessen.

Als funktionales Modell für die Lösung der Aufgabe dient der räumliche Rückwärtsschritt (siehe Kap. 4.4), der für jeden Bildträger um die Elemente der inneren Orientierung dx'_H, dy'_H und dc erweitert worden ist:

Die Fehlergleichungen lauten dann mit

$$\frac{\partial x'_i}{\partial x'_H} = \frac{\partial y'_i}{\partial y'_H} = 1 \quad \text{und} \quad \frac{\partial x'_i}{\partial y'_H} = \frac{\partial y'_i}{\partial x'_H} = 0:$$

$$vx'_i = \frac{\partial x'_i}{\partial x'_0} dx'_0 + \frac{\partial x'_i}{\partial y'_0} dy'_0 + \frac{\partial x'_i}{\partial z'_0} dz'_0 + \frac{\partial x'_i}{\partial \omega'} d\omega' + \frac{\partial x'_i}{\partial \varphi'} d\varphi' + \frac{\partial x'_i}{\partial \kappa'} d\kappa' +$$

$$+ dx'_H + \frac{\partial x'_i}{\partial c} dc - (x'_i - (x'_i)_0)$$

$$v'_y = \frac{\partial y'_i}{\partial x'_0} dx'_0 + \frac{\partial y'_i}{\partial y'_0} dy'_0 + \frac{\partial y'_i}{\partial z'_0} dz'_0 + \frac{\partial y'_i}{\partial \omega'} d\omega' + \frac{\partial y'_i}{\partial \varphi'} d\varphi' + \frac{\partial y'_i}{\partial \kappa'} d\kappa' +$$

$$+ dy'_H + \frac{\partial y'_i}{\partial c} dc - (y'_i - (y'_0)_0).$$

Darin bedeuten dx'_0, dy'_0, dz'_0 die Verbesserungen für die Projektionszentren im Modellraum, $d\omega'$, $d\varphi'$, $d\kappa'$ die Verbesserungen der Projektordrehungen zur Erreichung der Nullstellen und dx'_H, dy'_H, dc die Verbesserungen der inneren Orientierung. Die Differentialquotienten wurden in Kap. 4.4 abgeleitet; x'_i, y'_i sind die gemessenen, in den Bildraum transformierten Modellkoordinaten x_i, y_i

$$x'_i = \frac{c}{z_i - z'_0} \cdot x_i,$$

$$y'_i = \frac{c}{z_i - z'_0} \cdot y_i.$$

$(z_i - z'_0)$ entspricht dem fest eingestellten Projektionsabstand, in welchem die Koordinatenmessung erfolgt; c ist die eingestellte Bildweite des Bildträgers.

$(x_i')_0$, $(y_i')_0$ sind die bekannten Koordinaten des Gitters bezogen auf den Hauptpunkt.

Die Lösung der Aufgabe nach

$$\mathbf{x} = (\mathbf{A}^T\mathbf{A})^{-1}\mathbf{A}^T\mathbf{l},$$

$$\mathbf{v} = \mathbf{A}\,\mathbf{x} - \mathbf{l}$$

für die 9 Unbekannten ist nur dann möglich, wenn $|\mathbf{A}^T\mathbf{A}| \neq 0$.

Dies kann nur erreicht werden, indem das Gitter in zwei verschiedenen Höhen ausgemessen wird. Sollen z. B. je neun Gitterpunkte a bis i im Bildträger eine Bildweiteneinstellung von $c = 15$ cm verwendet werden, dann müssen z. B. Gitterpunkte A bis I in einem Abstand $(z_i - z_0') = 15$ cm und dieselben 9 Gitterpunkte A bis I im Abstand $(z_i - z_0') = 30$ im Modell gemessen werden. Abb. 5.47 zeigt die Meßanordnung für ein Gerät, bei welchem die Einzelprojektoren in Basis = null ausgemessen werden können. Kann bei bestimmten Geräten die Basis nicht zu null gemacht werden, so müssen die Punkte im ausmeßbaren Modellraum symmetrisch angeordnet werden.

Die Residuen in den Punkten a bis i und die daraus ermittelte Standardabweichung $\sigma_{x',y'}$ ergeben ein Maß für die statische innere Gerätegenauigkeit. Mechanische Auswertegeräte erreichen in gutem Justierzustand ein $\sigma_{x',y'}$ von ± 5 µm, analytische Auswertegeräte etwa ± 3 µm.

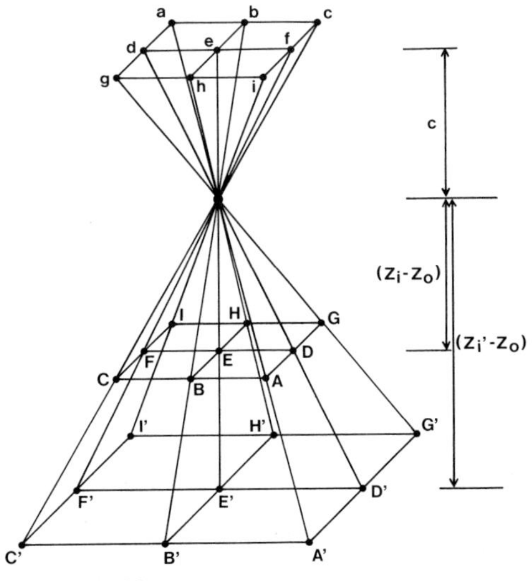

Abb. 5.47: Gittermessung

Anschließend kann das dynamische Verhalten der Geräte überprüft werden, indem regelmäßige Figuren (Halbkreise mit unterschiedlichen Radien) abgefahren und auf ihre Wiedergabe graphisch überprüft werden.

Die an den beiden Projektoren eines Auswertegerätes ermittelten Justier- und Meßgenauigkeiten können stereoskopisch überprüft werden. Hierzu werden die ermittelten Nullstellungen für die Orientierungselemente für die genaue Horizontierung der Kammern verwendet. Die sich überlappenden Gitterpunkte beider Projektoren können nur in einem genäherten Projektionsabstand (z. B. $(z_i - z_0') = 2\,c$) für eine entsprechend eingestellte Basis in der Höhe gemessen werden. Somit können bei schlechtem Justierzustand Modelldeformationen (siehe Kap. 5.2.3) festgestellt werden.

Ist das aus den Residuen ermittelte $\sigma_z < 0{,}1‰\ (z_i - z_0')$, dann kann der Justierzustand akzeptiert werden. Ansonsten muß die Ursache der Modelldeformationen beseitigt werden (z. B. Justierung der Achsen der Kardangelenke).

Gittermessungen sind auch zur Überprüfung der Genauigkeit von Komparatoren anwendbar. Dabei brauchen die Orientierungselemente dx_0', dy_0', dz_0', $d\omega'$ und $d\varphi'$ nicht berücksichtigt werden. Die Fehlergleichungen lauten demnach:

$$v_{x_i'} = \frac{\partial x_i'}{\partial \kappa'} d\kappa' + dx_H' + \frac{\partial x_i'}{\partial c} dc - (x_i' - (x_0')_0),$$

$$v_{y_i'} = \frac{\partial y_i'}{\partial \kappa'} d\kappa' + dy_H' + \frac{\partial y_i'}{\partial c} dc - (y_i' - (y_0')_0).$$

Die aus Residuen ermittelte Standardabweichung $\sigma_{x',\,y'}$ liegt bei Komparatoren im Bereich von ± 1 bis 2 µm.

Literatur zu 5.3.6.

Burkhardt, R. u. a., 1969; Döhler, M., Wolferts, K., 1968; Fereday, D. L., 1973; Schwidefsky, K., 1967; Szangolies, K., 1976

5.4 Orientierung an analytischen Auswertegeräten

Analytische Auswertegeräte besitzen die Möglichkeit, Bild- und Modellpunkte programmgesteuert anzufahren. Für den Operateur ergibt sich daher ein vereinfachter Betrieb in Orientierungsschritten, wenn die entsprechenden Unterprogramme für diese Schritte aufgerufen werden (siehe Abb. 5.28).

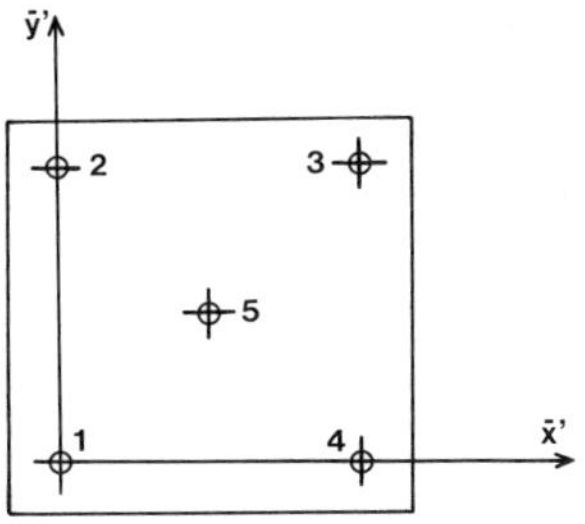

5.4.1 Innere Orientierung

Im *Schritt 1* des Programms „Innere Orientierung" wird das Echtzeitprogramm zur Berechnung von Bildkoordinaten nach den Kollinearitätsgleichungen durch ein Komparatorprogramm ersetzt:

$$x' = x, \ y' = y.$$

Danach wird bei den meisten Geräten (z. B. Kern DSR-1) der in der linken unteren Ecke gelegene Nullpunkt des Bildträgersystems angefahren.

Im Dialog der auf andere Weise wird festgelegt, welches Rahmenmarkensystem (Bildrandmitten oder Bildecken) verwendet werden soll. Dabei werden die Näherungskoordinaten der Rahmenmarken bezogen auf den Nullpunkt des Bildträgersystems durch das Betriebssystem oder von Hand eingegeben. Für das in Abb. 5.48 dargestellte Rahmenmarkensystem gilt als Näherung:

Rahmenmarke Nr.	$x = x'$	$y = y'$
1	0	0
2	0	230,000 mm
3	230,000 mm	230,000 mm
4	230,000 mm	0

Dann wird die Feineinstellung der ersten Rahmenmarke mit den Handrädern vorgenommen.

Im *Schritt 2* werden die eingestellten Koordinaten $\bar{x}_1'$, $\bar{y}_1'$ für die erste Rahmenmarke gespeichert. Daraufhin werden die Näherungskoordinaten der zweiten Rahmenmarke angefahren. Mit den Handrädern erfolgt die Feineinstellung der zweiten Rahmenmarke.

Im *Schritt 3* wird in analoger Weise $\bar{x}_2', \bar{y}_2'$ registriert und die Rahmenmarke 3 genähert angefahren und von Hand eingestellt.

Im *Schritt 4* wiederholt sich dies für die Registrierung von $\bar{x}_3', \bar{y}_3'$ und die Einstellung der Rahmenmarke 4.

Im *Schritt 5* werden die Koordinaten $\bar{x}_4', \bar{y}_4'$ gespeichert. Daraufhin werden die Hauptpunktskoordinaten (Punkt 5, Abb. 5.48) für symmetrische Anordnung der Rahmenmarken als Mittel der gespeicherten Werte für $\bar{x}_i'$ bzw. $\bar{y}_i'$ berechnet und automatisch als $\bar{x}_c, \bar{y}_c$ eingestellt. Dabei ist auch die Berechnung und Berücksichtigung des regelmäßigen Filmschrumpfes nach Kap. 4.2.3 möglich.

Für Punkt 5 werden schließlich die Bildkoordinaten x_c', y_c' und die entsprechenden Modellkoordinaten auf null gesetzt. Damit ist die innere Orientierung abgeschlossen und das Programm kehrt zur Echtzeitschleife $x' = f(x,y,z)$, $y' = f(x,y,z)$ zurück.

Die innere Orientierung kann je nach Programm entweder für jedes Bild einzeln durchgeführt werden, oder es werden die Punkte $\bar{x}_1', \bar{y}_1'$ und $\bar{x}_1'', \bar{y}_1''$ etc. jeweils hintereinander angemessen. Damit kann die Orientierung für beide Bilder in einem Schritt berechnet werden.

Die Einstellung der Kammerkonstante reduziert sich auf eine digitale Eingabe in den Rechner!

5.4.2 Gegenseitige Orientierung

Im *Schritt 1* des Unterprogramms wird der erste Orientierungspunkt des Stereomodells genähert angefahren. Hierfür wurden die Näherungswerte der Modellkoordinaten der Orientierungspunkte (siehe Abb. 5.49) gespeichert zu:

Orientierungspunkt	x	y
1	0	$+d$
2	0	0
3	0	$-d$
4	b	$+d$
5	b	0
6	b	$-d$

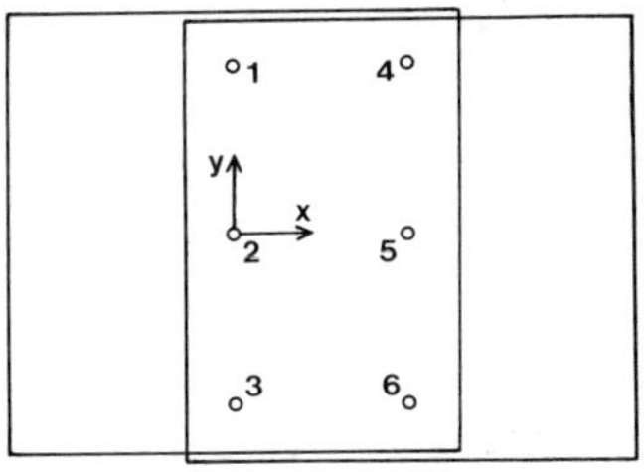

Abb. 5.49: Punkte für die gegenseitige Orientierung an analytischen Auswertegeräten

Bezeichnet m_M die gewünschte Modellmaßstabszahl, die z. B. auch als 1 gewählt werden kann, so gilt genähert:

$$b = 0{,}4 \cdot a' \cdot \frac{h}{c} = 92\,\text{mm} \cdot m_M,$$

$$d = 0{,}35 \cdot a' \cdot \frac{h}{c} = 80{,}5\,\text{mm} \cdot m_M.$$

Der Auswerter kann die Einstellung des angefahrenen Punktes mit den Handrädern in x, y und mit der Fußscheibe in z verändern, weil das Programm nach Ausführung des Orientierungsschrittes 1 an das Echtzeitprogramm zurückgegeben wird. Somit können die x- und y-Parallaxen an einem dafür günstigen Ort in unmittelbarer Nähe des angefahrenen Punktes mit der Fußscheibe in px (d. h. z) und mit einem Inkrementalschalter in py weggestellt werden. Ist am Gerät kein Inkrementalschalter vorhanden, so kann eine Taste gedrückt werden, welche bewirkt, daß das rechte Handrad bis zur Einleitung des nächsten Orientierungsschrittes nur y'' verändert und das linke Handrad nur x''. Wahlweise können zur Steigerung der Genauigkeit der gegenseitigen Orientierung Messungen weiterer korrespondierender Punkte erfolgen.

Im *Schritt 2* der Orientierung werden die eingestellten Werte $px_i = x_i'' - x_i'$ und $py_i = y_i'' - y_i'$ des ersten Orientierungspunktes mit den Koordinaten x_i, y_i, z_i gespeichert. Zur Bildung der Koeffizienten der Fehlergleichungen für die gegenseitige Orientierung kann man in einem Echtzeitrechner zweckmäßigerweise die numerische Differentiation verwenden. Die Differenzenkoeffizienten

$$\frac{\Delta x_i''}{\Delta x_0''}, \frac{\Delta x_i''}{\Delta y_0''}, \ldots, \frac{\Delta y_i''}{\Delta \varphi''}, \frac{\Delta y_i''}{\Delta \kappa''}$$

erhält man sehr leicht, wenn am Orientierungspunkt die Echtzeitberechnung mehrmals wiederholt wird indem die Orientierungswerte $\Delta x_0''$, $\Delta y_0''$, $\Delta z_0''$, $\Delta\omega''$, $\Delta\varphi''$, $\Delta\kappa''$ nur konstante Werte z. B. 1 mm, bzw. 0,1^g verändert werden und jeweils das zugehörige $\Delta x_i''$ bzw. $\Delta y_i''$ berechnet wird. Somit sind die Differenzenkoeffizienten für die Fehlergleichung des ersten Orientierungspunktes bestimmt und können ebenfalls gespeichert werden. Nun wird wie in Schritt 1 Punkt 2 genähert angefahren, und der Vorgang der Punktauswahl und der Parallaxenwegstellung wiederholt sich entsprechend.

Schritt 3, 4, 5, 6 oder 7 verfährt in der gleichen Weise für die Speicherung der Daten von Punkt 2, 3, 4, 5 oder 6 und für die Einstellung und Messung an Punkt 3, 4, 5 und 6.

Im Schritt 8 werden die Unbekannten der gegenseitigen Orientierung durch Ausgleichung ermittelt. Dabei kann die Formulierung des Folgebildanschlusses mit 6 zu bestimmenden Orientierungsparametern verwendet werden, wenn sowohl die *py*-Gleichungen als auch die *px*-Gleichungen mit Differenzenkoeffizienten oder mit Differentialquotienten benutzt werden:

$$v_{py_i} = \frac{\Delta y_i''}{\Delta x_0''} dx_0'' + \frac{\Delta y_i''}{\Delta y_0''} dy_0'' + \frac{\Delta y_i'}{\Delta z_0''} dz_0'' + \frac{\Delta y_i''}{\Delta\omega''} d\omega'' + \frac{\Delta y_i''}{\Delta\varphi''} d\varphi'' + \frac{\Delta y_i''}{\Delta\kappa''} d\kappa'' - py_i,$$

$$v_{px_i} = \frac{\Delta x_i''}{\Delta x_0''} dx_0'' + \frac{\Delta x_i''}{\Delta y_0''} dy_0'' + \frac{\Delta x_i''}{\Delta z_0''} dz_0'' + \frac{\Delta x_i''}{\Delta\omega''} d\omega'' + \frac{\Delta x_i''}{\Delta\varphi''} d\varphi'' + \frac{\Delta x_i''}{\Delta\kappa''} d\kappa'' - px_i.$$

Nach Beendigung der Berechnung werden die gespeicherten genäherten Orientierungswerte um die Verbesserungen korrigiert. Da es sich um die Auflösung nichtlinearer Gleichungen handelt, wird die Berechnung automatisch iteriert. Darauf werden die Residuen auf Überschreitung eines Grenzwertes untersucht. Gegebenenfalls können die als schlecht erkannten Messungen wiederholt werden. Nach Abschluß des Vorgangs wird das Stereomodell ohne iterative Messung automatisch parallaxenfrei.

5.4.3 Absolute Orientierung

Bei der absoluten Orientierung müssen die Paßpunktkoordinaten mit Punktnummern eingegeben und abgespeichert werden. Die Paßpunkte werden einzeln mit Handrädern und Fußscheibe eingestellt und ihre Punktnummer eingegeben sowie ihre Art gekennzeichnet (z. B. Vollpaßpunkt, bzw. nur Lage- oder nur Höhenpaßpunkt). Auf Knopfdruck werden die Modellkoordinaten dieser eingestellten Punkte registriert. Nach Beendigung der Messungen wird die Berechnung durch Ausgleichung nach den vereinfachten Formulierungen von Kap. 4.9 ausgeführt. Nach Verbesserung der genäherten Anfangswerte für die Orientierung um die berechnete Größen ist das Stereomodell automatisch absolut orientiert.

Literatur zu 5.4.

Jaksic, Z., 1974; Kratky, V., 1982; Makarovic, B., 1974

6. Linienweise Auswertung

Photogrammetrische Auswertegeräte erlauben die Einstellung und Ausmessung von Punkten, welche dem Auswerter stereoskopisch erkannt worden sind. Darüber hinaus ermöglichen sie das Verfolgen von Linien im Modellraum und insbesondere die topographische Wiedergabe des stereoskopisch betrachteten Geländes in Form von Schichtlinien.

6.1 Analogauswertung

Durch die Länge der Basis im Auswertegerät ist der Modellmaßstab der Auswertung festgelegt.

Die Bereichsbegrenzungen der Modellkoordinaten eines Auswertegerätes bestimmen die Wahl eines zweckmäßigerweise runden Modellmaßstabs. Bei mechanischen Auswertegeräten wird gewöhnlich eine 1,5 bis 3fache Vergrößerung des genäherten Bildmaßstabs gewählt. Bestimmte optische Geräte (Kelsh Plotter) erlauben eine 5fache Vergrößerung.

Der gewählte Modellmaßstab hat für den Maßstab der Auswertung Bedeutung. Insbesondere müssen die auszuwählenden Höhenschichtlinienintervalle in diesem Maßstab festgelegt werden. Zur einfacheren Umrechnung besitzen die Auswertegeräte gewöhnlich auswechselbare, für bestimmte Auswertemaßstäbe geteilte Ableseskalen für die Höhenablesung.

Besitzt das Auswertegerät einen Externzeichentisch, so kann der Modellmaßstab des Auswertegeräts über auswechselbare Zahnradgetriebe (oder über feste Pantographeneinstellungen) nochmals um feste Verhältnisse vergrößert (oder verkleinert) werden. Damit lassen sich je nach Gerät und Kammerkonstante Gesamtvergrößerungen zwischen genähertem Bildmaßstab und Auswertemaßstab von 0,5 bis 10 erreichen.

6.1.1 Graphische Lageauswertung

Der Auswerter kartiert auf dem Zeichentisch das Koordinatengitter und die Paßpunkte vor. Schon bei der absoluten Orientierung überprüft er ihre richtige Lage im Auswertemanuskript. Nach der Überprüfung der Paßpunkthöhen an den Zählwerken im Modellmaßstab beginnt die Lageauswertung, welche am besten für die darzustellenden Objektklassen sequentiell durchgeführt wird:

(a) Für *Gebäude* werden die Gebäudeecken punktweise kartiert und die Gebäudegrenzen manuell nachgezogen.
(b) *Verkehrswege* (Straßen, Schienenwege) werden am besten linienweise verfolgt und manuell am Zeichentisch geglättet und gekennzeichnet.
(c) Ähnliches gilt für *Nutzungsgrenzen, Vegetationsumrisse* und *Böschungen,* welche am Zeichenblatt zusätzlich mit einer Signatur versehen werden.
(d) *Gewässergrenzen* und *Gräben* werden ebenso linienweise kartiert.
(e) Hinzu kommen die punktweisen Darstellungen von *Leitungsmasten, Beleuchtungseinrichtungen, Leitungsschachtdeckeln, Brunnen* usw. durch Symbole.
(f) Die Auswertung wird manuell ergänzt, etwa durch bekannte *Orts-* und *Flurnamen.*

Die Lagegenauigkeit analoger Auswertegeräte ist von der optisch-mechanischen Präzision des Instruments, aber auch von der kontrastabhängigen Einstellgenauigkeit eines bestimmten Objekts abhängig.

Die optisch-mechanische Präzision eines Auswertegeräts ist je nach Typ $\pm 5\ \mu m$ bis $\pm 10\ \mu m$ bezogen auf den Bildmaßstab. Die Einstellgenauigkeit im Bildmaßstab beträgt für symmetrisch signalisierte Punkte (weiße Signale im Durchmesser von 30 bis 60 μm auf dunklem Hintergrund) $\pm 2\ \mu m$. Nicht symmetrische, kontrastarme Objekte sind nur auf etwa $\pm 20\ \mu m$ einstellbar.

Doch selbst bei einer Vergrößerung Bildmaßstab zu Auswertemaßstab von 1:5 und mehr läßt sich die geforderte graphische Genauigkeit der Auswertung von $\pm 200\ \mu m$ einhalten, wenn entsprechend langsam ausgewertet wird.

6.1.2 Höhenauswertung

Die topographische Erfassung und Darstellung des Geländes erfolgt bei der photogrammetrischen Auswertung durch das direkte Abfahren von Höhenschichtlinien. Dabei führt der Auswerter die stereoskopisch betrachtete Meßmarke so im Modell entlang, daß sie auf dem Gelände aufsitzt, während der Stift des Zeichentisches die Bewegung als Höhenschichtlinie mitzeichnet.

Die Höhenauswertung kann ergänzt werden durch das Ziehen von Böschungsbruchkanten, um die Unstetigkeiten des Schichtlinienverlaufs besonders zu kennzeichnen. Ist das Gelände in bestimmten Modellteilen durch dichte Vegetation oder durch Gebäude, Gebäudeschatten und Felspartien so verdeckt, daß die Schichtlinien dort nicht fehlerfrei gezogen werden können, dann können die Schichtlinien dort als interpoliert statt als gemessen in einer besonderen Signatur (z. B. gestrichelt) dargestellt werden. Eine besondere Signatur empfiehlt sich auch für Formlinien unterhalb der Schichtliniengenauigkeit, welche lokal in Zwischenlinien (halbes Schichtlinienintervall) dargestellt werden können. Die Höhenauswertung sollte an Extrempunkten des Geländes (Kuppen, Wannen, Gräben, Straßenkreuzungen, Gewässeroberflächen) durch Höhenkoten ergänzt werden.

Die Höhengenauigkeit eines Punktes enspricht nach Kap. 2.4.2

$$\sigma_z = \pm \frac{h}{c} \cdot \frac{h}{b} \cdot \sigma_{px_i}.$$

Bei statischer Messung eines Punktes in kontrastreichem Gelände kann σ_{px} mit $\pm 6\ \mu m$ angenommen werden (siehe Tab. 2/9). Für Weitwinkelaufnahmen wird

$$\sigma_z = \pm h \cdot \frac{1{,}65 \cdot 6}{152\,000} = \pm 0{,}065‰\ h.$$

Für kontrastarme Punkte kann $\sigma_z = \pm 0{,}1‰\ h$ gesetzt werden.

Schichtlinien werden aber dynamisch gemessen, deshalb ist ihre Genauigkeit herabgesetzt auf etwa:

$$\sigma_{z_{\text{Schichtlinie}}} = \pm 0{,}2‰\ h.$$

Die Toleranz entspricht aber gewöhnlich dem dreifachen mittleren Fehler. Deshalb ist das kleinste auswertbare Schichtlinienintervall Δz festgesetzt auf

$$\Delta z = 3\ \sigma_{z_{\text{Schichtlinie}}} = 0{,}6‰\ h.$$

In Nordamerika wird zur Bestimmung des kleinsten auswertbaren Schichtlinienintervalls der sogenannte „C-Faktor“ verwendet. Er ist definiert als:

$$\text{C-Faktor} = \frac{h}{\Delta z}.$$

Obige Genauigkeitsannahmen würden zu einem C-Faktor von 1667 führen. Bei Weitwinkelaufnahmen und mechanischen Auswertegeräten verwendet man in den USA gewöhnlich ein Δz welches einem C-Faktor von 1600 entspricht. Geräte vom Typ eines Multiplex legen einen C-Faktor von 600 bis 1000 zugrunde.

Literatur zu 6.1.2.
Finsterwalder, Ri., 1957

6.2 Digitalauswertung

Bei der Digitalauswertung wird das Auswerteergebnis nicht durch die Genauigkeit der graphischen Ausgabe begrenzt, sondern mit der Genauigkeit der punktuell registrierten Modell- oder Bildkoordinaten bestimmt. Die Übertragung der Modell- oder Bildkoordinaten in die spätere automatische Reinzeichnung kann damit digital ohne mechanischen Genauigkeitsverlust erfolgen.

Der Hauptvorteil der digitalen Auswertung liegt darin, daß die Zeichenarbeit für die Reinzeichnung und die Weiterverarbeitung der Auswertung dem Automaten übertragen werden können. Damit ist allerdings der Nachteil verbunden, daß die Zeicheninstruktionen vollständig und widerspruchsfrei gegeben werden müssen. Dies bedeutet einen zusätzlichen Aufwand für den Operateur, welcher mit interaktiven Kontroll- und Korrekturmöglichkeiten ausgestattet werden muß, um nicht überfordert zu werden.

Die Ausgabevorrichtung der digitalen Auswertung ist das Magnetband oder die Magnetplatte. Als interaktive Kontrollmöglichkeit stehen in der einfachsten Form zur Verfügung:

(1) ein alphanumerisches Tastenschreibgerät, welches die Eingabe von Codes ermöglicht;
(2) ein interner Zeichentisch, welcher es erlaubt, die erfaßten Details zu verfolgen.

Eine verbesserte Ausführung benutzt dagegen

(3) einen alphanumerischen Bildschirm zur Codeeingabe und zum Dialog für die Programmschritte der digitalen Erfassung;

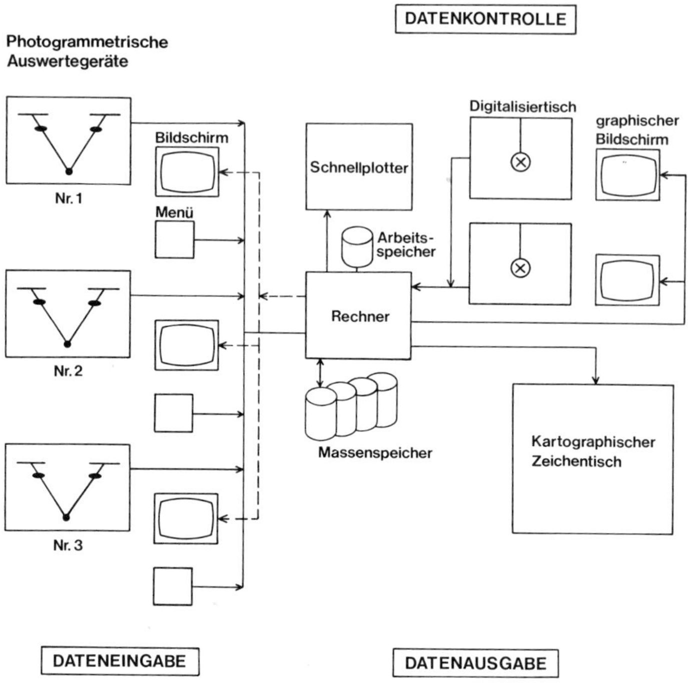

Abb. 6.1: Hardwarekomponenten eines digitalen photogrammetrischen Datensystems

(4) einen mikroprozessor- oder rechnerunterstützten Externzeichentisch, welcher die spätere automatische Reinzeichnung probeweise mit einfachen Mitteln ausführt.

Eine in ihrer Effektivität noch durchaus ungeklärte weitere Verbesserung betrifft

(5) die zusätzliche Verwendung eines Cursors auf einem Menütablett zum Anfahren der Codes;
(6) die Eingabe von Codeworten in ein Spracheingabesystem;
(7) die interaktive Korrekturmöglichkeit über einen graphischen Bildschirm über Cursor und Digitalisiertablett oder über Lichtgriffel.

Die Hardwarekomponenten der interaktiven Datenerfassung, Kontrolle, Bereinigung und Nachführung können zu einem aus mehreren Komponenten bestehenden Verbundsystem zusammengeschlossen werden.

Die Komponenten eines solchen Systems sind in Abb. 6.1 dargestellt.

Für die Dateneingabe können mehrere photogrammetrische Arbeitsplätze (bestehend aus Auswertegerät, Menüfeld, alphanumerischem oder graphischem Bildschirm) an einen Rechner gekoppelt werden. Dieser kontrolliert die codierte Eingabe der Daten und speichert sie in einem Arbeitsspeicher.

Die Daten werden modellweise über einen Schnellplotter zur Kontrolle ausgegeben. An einem oder mehreren Arbeitsplätzen der Datenkontrolle (graphischer Bildschirm, Digitalisiertisch oder Menüfeld) werden die graphischen Daten auf ihre Richtigkeit hin überprüft. Insbesondere wird die Randanpassung benachbarter Blätter durchgeführt.

Dann können die Daten im Massenspeicher, geordnet durch ein Datenbanksystem, abgelegt werden. Schließlich kann die bereinigte kartographische Reinzeichnung als Original oder als Druckvorlage an einem kartographischen Zeichentisch ausgegeben werden. Der Softwareaufwand des Systems bestimmt, ob noch zusätzliche kartographische Arbeiten (wie Schriftsatz) manuell erforderlich sind.

Das Hardwaresystem besteht aus den drei Hauptkomponenten Eingabe, Kontrolle und Ausgabe verbunden durch einen leistungsfähigen zentralen Rechner. Mit Hilfe von weiteren Kleinrechnern kann der Zusammenschluß der Hauptkomponenten auch für den Off-line Betrieb dezentralisiert werden.

Die Datenverwaltung des Gesamtsystems muß durch ein entsprechend konzipiertes Softwaresystem geregelt werden. Wegen der Komplexität der Systeme sind einige photogrammetrische staatliche Institutionen in Kooperation mit Softwarefirmen eigene Wege gegangen (z. B. die australische Armee mit Firma Systemhouse aus Kanada, kanadischer Vermessungsdienst mit Firma Intergraph, USA). Die photogrammetrische Industrie hat sich hauptsächlich auf die Datenerfassung für die graphische Ausgabe konzentriert (Off-Line System COGRA der Firma Hansa Luftbild, System WILDMAP von Wild, System MAPS 200 von Kern). Für die digitale Datenverwaltung als Mehrzweckaufgabe haben insbesondere die Firmen Intergraph, Wild-Synercom (Informap), Contraves, MBB-Kongsberg Spezialsysteme für die Datenerfassung und deren interaktive Kontrolle und Nachführung entwickelt.

(8) Eine vom Standpunkt der photogrammetrischen Datenerfassung noch weiter vorangetriebene Entwicklungsstufe eines digitalen interaktiven Datenerfassungssystems überlagert das Bild der auf einer Kathodenstrahlröhre rekonstruierten digitalen graphischen Linieninformation mit

dem betrachteten Bild im Auswertegerät. Hierzu muß die digitale Datenbasis im Bereich des Gesichtsfeldes in Abhängigkeit von Bildneigung und Kantung und der registrierten Geländehöhe in das Bildkoordinatensystem in Echtzeit transformiert und in die Betrachtungsoptik des Geräts eingespiegelt werden. Intergraph Inc., USA hat im Jahre 1982 einen derartigen Anschluß an beliebige Auswertegeräte entwickelt und für die Geräte Zeiss Planicart E3 und Zeiss Planicomp C120 demonstriert.

Die digitale Datenerfassung ist nicht nur von Interesse, um die graphische Reinzeichnung des Auswerteergebnisses rationeller zu gewinnen um damit Einzelschritte des photogrammetrisch-kartographischen Produktionsprozesses zu vereinfachen. Sie hat zudem Bedeutung für die zukünftigen Möglichkeiten eines Landinformationssystems, welches die Gesamtheit der über einem Gebiet vorhandenen geometrischen und nichtgeometrischen Daten vereinigen soll, damit für die Zwecke der Planung und Verwaltung die Korrelation dieser Daten möglichst erleichtert werden kann. Dies ist ohne Einsatz digitaler Methoden nicht rationell möglich. Die Photogrammetrie kann einen Teil der benötigten Daten, welche luftsichtbar und meist topographischer Natur sind, in digitaler Form liefern und nachführen. Die Integration dieser topographischen Daten mit anderen geometrischen Daten wie z. B. Flurstücksgrenzen und Versorgungsleistungen sowie mit den von der Verwaltung benötigten nichtgeometrischen Daten (Grundstückseigentum, Baubestand, Landnutzung, Planungsinformationen, statistische und rechtliche Angaben über Bewohner) welche als geometrisch bezogene, sogenannte Attribute gespeichert und verwaltet werden können, stellt eine große technisch und organisatorisch zu leistende Aufgabe und eine Herausforderung für die nächsten Jahrzehnte dar.

6.2.1 Codierte Lageauswertung

Zur Erfüllung der Anforderungen an die fehlerfreie Reinzeichnung und umsomehr für die Anforderungen an eine digitale topographische Datenbasis (oder Datenbank) müssen die auszuwertenden Objekte unterschiedlich codiert werden:

(a) Bei *Gebäuden* brauchen zur genauen und möglichst effektiven Erfassung nur die Ecken angemessen zu werden. Der eingegebene Gebäudecode sorgt in der Verarbeitungssoftware dafür, daß alle angemessenen Eckpunkte miteinander verbunden werden. Nach dem Code kann die ent-

sprechende Schraffur eines so bezeichneten Gebäudetyps ausgeführt werden.
Ein besonderer Code erlaubt es z. B., die vier gemessenen Gebäudeecken rechnerisch so zu verändern, daß die Restabweichungen zu einem eingepaßten Rechteck ein Minimum werden.

(b) Bei *Verkehrswegen* sorgen unterschiedliche Codes für die verschiedene Behandlung der graphisch erfaßten Informationen. Eine Linie kann als Folge einzeln angemessener Punkte in einer bestimmten Signatur wiedergegeben werden; oder sie wird kontinuierlich während des Abfahrens als Punktfolge registriert. Dabei können als Registrierintervalle gleiche Zeitfolgen, gleiche Streckendifferenzen oder gleiche Koordinatenunterschiede Δx oder Δy in Frage kommen.
Es besteht die Wahl einer geraden Verbindung zwischen den Punkten oder der Interpolation nach einer Splinefunktion zweiter oder dritter Ordnung, welche jeweils für ein Punktintervall aus den vier nächsten Punktkoordinaten berechnet wird.

(c) Ähnliches gilt für die Codes von *Nutzungsgrenzen.*

(d) Auch *Gewässergrenzen* und *Gräben* lassen sich durch entsprechend bezeichnete Liniencodes erfassen.

(e) Symbole für *Leitungsmasten, Beleuchtungseinrichtungen, Leitungsschachtdeckel, Brunnen* und *Einzelbäume* können durch einen Code am registrierten Ort festgelegt werden.

(f) Symbole für *Vegetationstypen* (Laubwald, Nadelwald, Mischwald, Busch, Obstgarten) können vom Auswerter lokalisiert werden. Dabei kann die Software prüfen, ob die Mindestabstände des Symbols zu anderen Registrierungen vorliegen. Gegebenenfalls kann das Symbol in seiner Lage automatisch verschoben werden.

(g) Schriftbilder von *Ortsnamen* und anderen *alphanumerischen Bezeichnungen* werden am besten interaktiv in die Auswertung eingegeben.

Literatur zu 6.2.1.

Dietrich, A., 1981; Gibbons, G., 1982; Höhle, J., 1979; Kröll, F.S., 1983; Leatherdale, J.D., Keir, K.M., 1979; Zarzycki, J.M., 1978

6.2.2 Datenerfassung für digitale Geländemodelle

Die topographische Geländeform wird in der Photogrammetrie traditionell durch *Höhenschichtlinien* erfaßt. Sie geben die Geländeform anschaulich wieder, und sie können analog direkt gezeichnet werden, oder sie werden, wie alle digital erfaßten Linienzüge kontinuierlich über eine zeitlich, entfernungsmäßig oder koordinatenmäßig bestimmte Folge von Punkten koordinatenmäßig oder als Vektorfolgen registriert. Dabei kann auch eine Glättung durch Splinefunktionen erfolgen.

Statt dieser im allgemeinen zeitaufwendigen direkten Messung können Schichtlinien mit Hilfe der Rechentechnik aber auch aus anderweitig erfaßten Höhendaten interpoliert werden:

In ebenen Gebieten, wo die genaue Festlegung einer Schichtlinie weder möglich noch sinnvoll erscheint, empfiehlt sich die Messung von *Einzelpunkten,* welche nach topographischen Gesichtspunkten verteilt werden.

Die Orthophototechnik (siehe Kap. 7.2.1) verlangt die Messung oder die Eingabe von *Höhenprofilen.* Sie können entweder aus Schichtlinien oder aus Einzelpunktmessungen interpoliert, oder zweckmäßigerweise direkt gemessen werden. Die Profilmessung geschieht in eigens dafür ausgerüsteten Analogauswertegeräten, welche eine automatisch servogesteuerte x-y-Bewegung im Profil ermöglichen, wobei der Operateur z mit einem Handrad kontinuierlich nachstellt. So können die Profile durch Koordinatenregistrierungen in Zeit-, Entfernungs- oder Koordinatenintervallen registriert werden.

Analytische Auswertegeräte erlauben neben den dargestellten Möglichkeiten außerdem noch die Messung in einem *regelmäßigen Punktgitter* mit wählbarer Maschenweite. Die Gitterpunkte werden rechnergesteuert angefahren. Die z-Einstellung erfolgt statisch mit Handrad oder Fußscheibe. Nach der Registrierung auf Knopfdruck wird der nächste Punkt angefahren.

Der Zeitverbrauch für die unterschiedlichen Erfassungsarten ist in Abb. 6.2 dargestellt.

Gegenübergestellt ist in Abb. 6.3 die erreichbare Höhengenauigkeit nach der Interpolation.

Demnach liefern nur Schichtlinien und Messungen von topographisch oder im Raster verteilten Einzelpunkten akzeptable Genauigkeiten. Die Messung von topographischen Einzelpunkten ist wegen des Auswahlvorgangs am zeitaufwendigsten. Die Registrierung von Schichtlinien ist allerdings auch

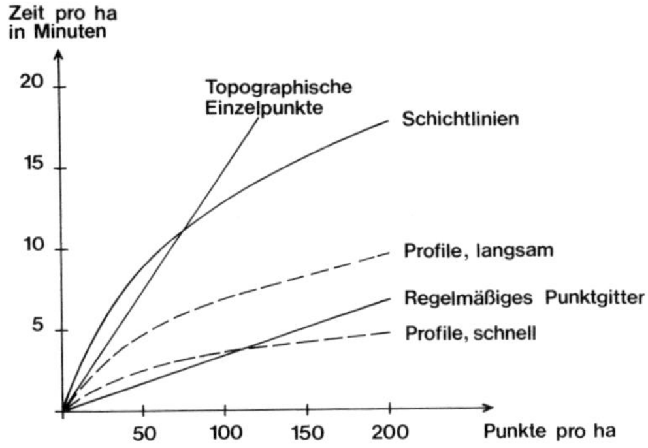

Abb. 6.2: Zeitverbrauch digitaler Höhenerfassungsverfahren; Bildmaßstab 1:4000

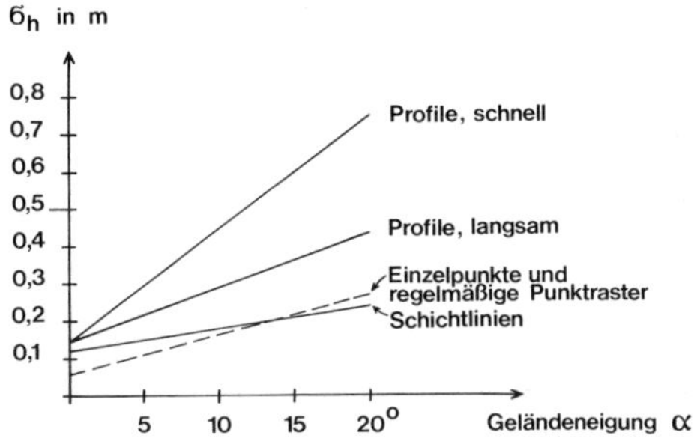

Abb. 6.3: Höhengenauigkeit digitaler Höhenerfassungsverfahren; Bildmaßstab 1:4000

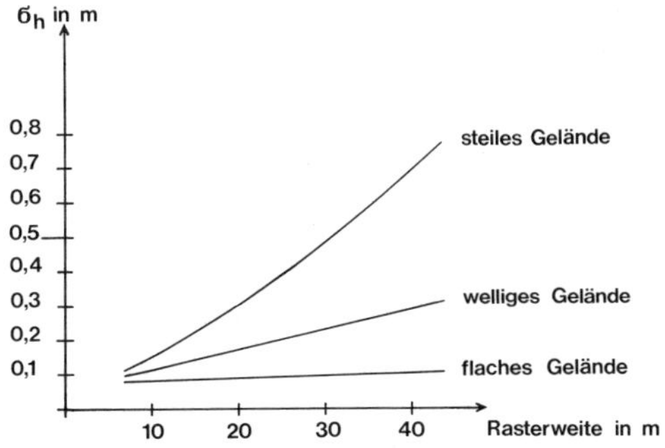

Abb. 6.4: Höhengenauigkeit in Abhängigkeit von Rasterweite und Geländeneigung; Bildmaßstab 1:4000

zeitaufwendig. Dagegen ist die Messung im regelmäßigen Punktraster am rationellsten. Die Rasterweite des regelmäßigen Rasters muß allerdings zur Einhaltung der erforderlichen Genauigkeit dem Geländetyp angepaßt werden. Abb. 6.4 zeigt diese Abhängigkeit.

Ein Maß zur Beurteilung der Notwendigkeit zur Verdichtung eines Punktgitters ist die Geländekrümmung in benachbarten Gitterpunkten

$$K = \sqrt{\left(\frac{\partial^2 z}{\partial x^2}\right)^2 + \left(\frac{\partial^2 z}{\partial y^2}\right)^2}.$$

Erfolgt die Messung eines Stereomodells in einem analytischen Auswertegerät nach einem regelmäßigen Punktgitter, so sollte zunächst eine große Rasterweite (z. B. 10 oder 5 mm im Bildmaßstab) für die Messung gewählt werden. Anschließend werden alle Bruchkanten als Formlinien registriert, in das Gitter interpoliert und als zusätzlicher Gitterpunkt verwendet.

Überschreitet die Krümmung benachbarter Gitterpunkte ein durch die Genauigkeit vorgegebenes Krümmungsmaß, so wird das Gitter in diesem Bereich durch zusätzliche Messungen (in einem 5 oder 2,5 mm weiten Raster) verdichtet. Das Verfahren ist in der Literatur als *„Progressive Sampling"* bekannt geworden [Rüdenauer 1980].

Aus den digital erfaßten Daten (Schichtlinien, Profilen, topographischen Einzelpunkten, regelmäßigen Rasterpunkten, Bruchlinien) wird ein digitales Geländemodell interpoliert, welches die erfaßten Primärdaten auf ein engmaschigeres regelmäßiges Punktraster interpoliert. Die Weite dieses Rasters entspricht etwa einem Drittel der Weite der erfaßten Daten. Dieses Sekundärdatenraster wird auch als *digitales Geländemodell* (oder als digitales Höhenmodell) bezeichnet. Im digitalen Geländemodell (D. G. M.) können Schnittpunkte der ausgewählten Schichtlinien linear interpoliert und durch Splinefunktionen für die automatische Zeichenausgabe repräsentiert werden.

Im D. G. M. sind aber auch weitere Berechnungen möglich, wie sie z. B. im Straßenbau benötigt werden: die Ermittlung und Auszeichnung von Längs und Querprofilen bei vorgegebener Trassenführung und die Massenberechnung. Das D. G. M. wird deshalb in die automatisierte Planung von Verkehrswegen als Bestandteil integriert.

Die Datenerfassung für ein D. G. M. ist außer mit photogrammetrischen Methoden auch terrestrisch (z. B. durch elektronische Tachymetrie) oder gra-

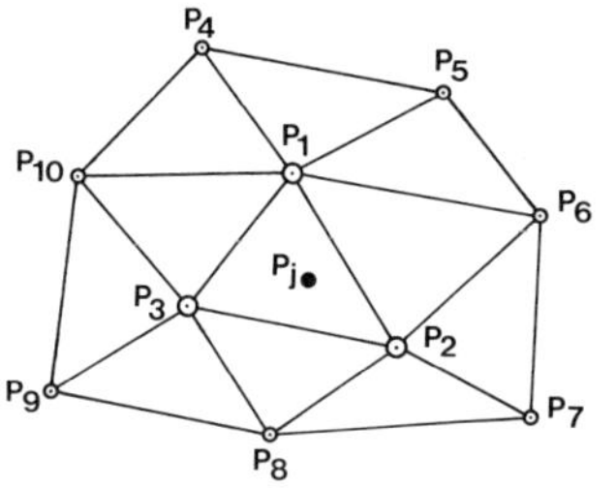

Abb. 6.5: Dreiecksinterpolation eines D. G. M.

phisch (durch Digitalisierung der Schichtlinien bereits vorhandener Karten) möglich. Allen Erfassungsmethoden gemeinsam ist die Wahl eines geeigneten Interpolationsverfahrens für das Sekundärdatenraster. Hierfür kommen folgende Methoden in Frage:

(1) Dreiecke

Die Interpolation für Sekundärdatenpunkt P_j erfolgt innerhalb eines Dreiecks der drei nächsten Primärdatenpunkte P_1, P_2, P_3 (siehe Abb. 6.5). Das zugehörige Dreieck wird durch Dreiecksvermaschungsalgorithmen gebildet und zugeordnet.

Durch Auflösung der Gleichungen

$$\begin{pmatrix} 1 & x_1 & y_1 \\ 1 & x_2 & y_2 \\ 1 & x_3 & y_3 \end{pmatrix} \cdot \begin{pmatrix} a_0 \\ a_1 \\ a_2 \end{pmatrix} = \begin{pmatrix} z_1 \\ z_2 \\ z_3 \end{pmatrix}$$

können für dieses Dreieck die Unbekannten a_j ermittelt werden; dann gilt

$$z_j = a_0 + a_1 x_j + a_2 y_j.$$

Der Nachteil dieser Interpolation ist die Unstetigkeit an den Dreiecksseiten zwischen benachbarten Dreiecken.

Werden aber die benachbarten Dreiecke mit einbezogen, können mehr als 3 Unbekannte a_j nach einem Polynommodell ermittelt werden:

$$z_j = a_0 + a_1 x_j + a_2 x_j^2 + a_3 x_j^3 + a_4 y_j + a_5 y_j^2 + a_6 y_j^3 + a_7 x_j y_j + a_8 x_j^2 y_j + a_9 x_j y_j^2.$$

Dies beseitigt jedoch nicht die Unstetigkeiten an benachbarten Dreiecksseiten.

Hierzu müssen die Interpolationskoeffizienten a_{0_k}, $a_1 \ldots a_{9_k}$ aller Dreiecke k gemeinsam gelöst werden. Für jedes Dreieck k werden Beobachtungsgleichungen aufgestellt für die Höhen:

$$z_1 = a_{0k} + a_{1k} x_1 + \ldots + a_{9k} x_1 y_1^2$$

$$z_2 = a_{0k} + a_{1k} x_2 + \ldots + a_{9k} x_2 y_2^2$$

$$z_3 = a_{0k} + a_{1k} x_2 + \ldots + a_{9k} x_3 y_3^2$$

Ebenso folgende Bedingungen für die Flächenneigung:

$$\frac{\partial z_1}{\partial x_1} = a_{1k} + 2a_{2k} x_1 + 3a_{3k} x_1^2 + a_{7k} y_1 + 2a_{8k} x_1 y_1 + a_{9k} y_1^2$$

$$\frac{\partial z_1}{\partial y_1} = a_{4k} + 2a_{5k} y_1 + 3a_{6k} y_1^2 + a_{7k} x_1 + a_{8k} x_1^2 + 2a_{9k} x_1 y_1,$$

ebenso $\frac{\partial z_2}{\partial x_2}, \frac{\partial z_2}{\partial y_2}, \frac{\partial z_3}{\partial x_3}, \frac{\partial z_3}{\partial y_3}$.

Zusätzlich folgende Bedingungen für die Flächenkrümmung:

$$\frac{\partial^2 z_1}{\partial x_1^2} = 2a_{2k} + 6a_{3k} x_1 + 2a_{8k} y_1,$$

$$\frac{\partial^2 z_1}{\partial y_1^2} = 2a_{5k} + 6a_{6k} y_1 + 2a_{9k} x_1,$$

$$\frac{\partial^2 z_1}{\partial x_1 \cdot \partial y_1} = a_{1k} \cdot a_{4k} + 2a_{2k} \cdot a_{4k} x_1 + 2a_{1k} a_{5k} y_1 + \ldots$$

Die letzte Bedingung muß linearisiert werden.

Ebenso müssen aufgestellt werden

$$\frac{\partial^2 z_2}{\partial x_2^2}, \frac{\partial^2 z_2}{\partial y_2^2}, \ldots \frac{\partial^2 z_3}{\partial x_3 \cdot \partial y_3}.$$

Ein entsprechendes Dreiecksinterpolationsverfahren wird von MBB angeboten. Bruchlinien können dadurch berücksichtigt werden, daß die Neigungs- und Krümmungsbedingungen entlang der Verbindungslinien nicht in die Lösung einbezogen werden.

(2) *Interpolation nach stochastischen Verfahren*

Wird das Gelände als stetige Funktion beschrieben, so kann die Interpolation unter dieser Annahme auch nach folgenden Verfahren erfolgen (siehe Abb. 6.6):

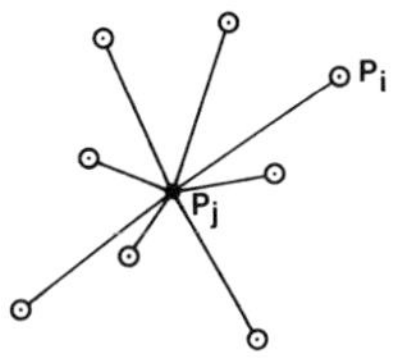

Abb. 6.6: Interpolation im stochastischen Feld

(a) *Gleitender Mittelwert*

Die Entfernung zwischen den Primärpunkten P_i und dem Sekundärpunkt P_j geht als richtungsunabhängige Gewichtsfunktion in die Interpolation ein, z. B.

$$p_{ij} = \frac{1}{\sqrt{(x_j - x_i)^2 + (y_j - y_i)^2}}$$

oder

$$p_{ij} = \frac{1}{(x_j - x_i)^2 + (y_j - y_i)^2}$$

und

$$z_j = \frac{1}{\Sigma p_{ij}} \sum_{i=1}^{n} p_{ij} z_i.$$

Das Programmsystem TASH [Kruse 1979] berücksichtigt eine solche Gewichtung nach vorheriger Trennung der Stützwerte in Sektoren. Dies hat bei einer nichtisotropen Punktverteilung der Primärdaten Vorteile.

(b) *Gleitende Schrägebene*

Die Berechnung einer richtungsabhängigen Trendfunktion ist gegeben durch die Berechnung einer gleitenden Schrägebene im Sekundärpunkt:

$$z_j = a_0 + a_1 x_j + a_2 y_j.$$

Die Koeffizienten a_0, a_1 und a_2 können wiederum aus den Beobachtungen der nächsten Stützpunkte P_i mit Hilfe der vorher definierten Gewichtsfunktion p_{ij} ausgeglichen werden.

(c) *Interpolation nach der Methode der kleinsten Quadrate*
Die Interpolation nach der Methode der kleinsten Quadrate (auch lineare Prädiktion oder Kollokation genannt) wird im allgemeinen verwendet, wenn eine Trendfläche als schwach bestimmtes funktionales Modell vorliegt, welche durch ein zusätzliches, stochastisches Korrelationsmodell lokal verbessert werden soll.

Aus den gemessenen Höhen z_i der Stützpunkte P_i läßt sich für den Sekundärpunkt P_j eine Trendfunktion für die Sollhöhe h_j aufstellen, welcher ein vereinfachtes funktionales Modell (z.B. gleitende Schrägebene oder Polynom 2. Grades) zugrunde liegt.

In den n Stützpunkten lassen sich die Differenzen zwischen Soll- und Isthöhen als Verbesserungen berechnen:

$$\mathbf{v}_i = \mathbf{h}_i - \mathbf{z}_i.$$

Für die Interpolationspunkte P_j können die Verbesserungen v_j aus den v_i linear interpoliert werden; für P_j

$$v_j = b_1 v_1 + b_2 v_2 + b_3 v_3 + \ldots b_n v_n = \mathbf{b}_i^T \mathbf{v}_i.$$

v_j wird aufgespalten in einen Signalanteil s_j zur Verbesserung des funktionalen Modells und in einen Rauschanteil r_j (siehe Abb. 6.7).

für P_j:

$$v_j = s_j + r_j.$$

Zur Bestimmung der Koeffizienten $\mathbf{b}_i^T$ müssen die Fehlerquadratsummen der Rauschanteile minimiert werden:

$$r_j = -s_j + v_j = -s_j + \mathbf{b}_i^T \mathbf{v}_i,$$

$$\Sigma \frac{r_j r_j}{n} = \Sigma \frac{s_j s_j}{n} - 2\mathbf{b}_i^T \begin{pmatrix} \Sigma \frac{s_j v_1}{n} \\ \vdots \\ \Sigma \frac{s_j v_n}{n} \end{pmatrix} + \mathbf{b}_i^T \begin{pmatrix} \Sigma \frac{v_1 v_1}{n} & \cdots & \Sigma \frac{v_1 v_n}{n} \\ \vdots & \ddots & \vdots \\ \Sigma \frac{v_n v_1}{n} & \cdots & \Sigma \frac{v_n v_n}{n} \end{pmatrix} \mathbf{b}_i,$$

$$\Sigma \frac{r_j r_j}{n} = \sigma_{sj}^2 - 2\, \mathbf{b}_i^T \mathbf{c}_j + \mathbf{b}_i^T \mathbf{C}_{ii} \mathbf{b}_i,$$

$$\frac{\partial \Sigma r_j r_j}{\partial \mathbf{b}^T} = 0 = -2 \cdot \mathbf{c}_j + \mathbf{C}_{ii} \mathbf{b}_i.$$

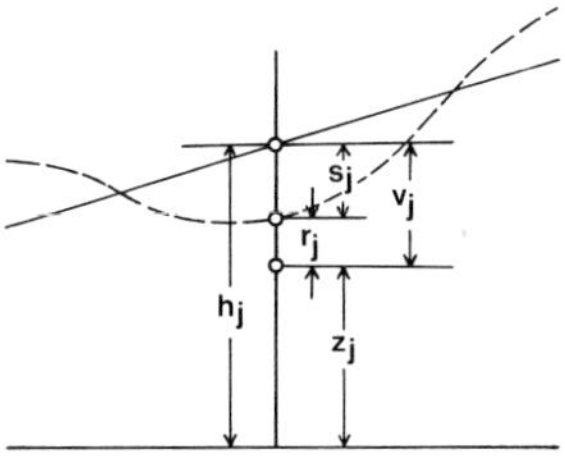

Abb. 6.7: Interpolation nach der Methode der kleinsten Quadrate

Daraus folgt:

$$\mathbf{b}_i^T = \mathbf{c}_j^T \cdot \mathbf{C}_{ii}^{-1}.$$

Damit wird:

$$h_{j_{(1,1)}} = v_j - z_j = \mathbf{c}_{j\,(1,n)}^T \cdot \mathbf{C}_{ii_{(n,n)}}^{-1} \cdot \mathbf{z}_{i_{(n,1)}}.$$

Sollen die Stützwerte gefiltert werden, dann kann h_j gesetzt werden als:

$$h_j = h_{j_{\text{zufällig}}} - \Delta h_{j_{\text{systematisch}}},$$

wobei

$$\Delta h_{j_{(1,1)\text{systemat.}}} = \mathbf{c}_{j\,(1,n)}^T \cdot \mathbf{C}_{ii_{(n,n)}}^{-1} \cdot \mathbf{v}_{i_{(n,1)}}.$$

Damit wird:

$$h_{j(1,1)} = \mathbf{c}_{j\,(1,n)}^T \cdot \mathbf{C}_{ii_{(n,n)}}^{-1} \cdot \mathbf{z}_{i_{(n,1)}} - \mathbf{c}_{j\,(1,n)}^T \cdot \mathbf{C}_{ii_{(n,n)}}^{-1} \cdot \mathbf{v}_{i_{(n,1)}}.$$

Die Matrix C_{ii} kann aus der Kovarianzmatrix R_{ii} bestimmt oder abgeschätzt werden, indem ihre Elemente aus Korrelationsfunktionen berechnet werden:

$$C_{ii} = \sigma_0^2 R_{ii} = \sigma_0^2 \begin{pmatrix} 1 & r_{13} & r_{13} & \dots \\ r_{12} & 1 & r_{23} & \dots \\ r_{13} & r_{23} & 1 & \\ \vdots & \vdots & & \ddots \; 1 \end{pmatrix}$$

Interpolationsprogramme nach der Methode der kleinsten Quadrate sind von Kraus-Ackermann und von Koch erstellt worden. Die Berücksichtigung von Bruchkanten ist durch spezielle Gewichtung der Beobachtungen möglich.

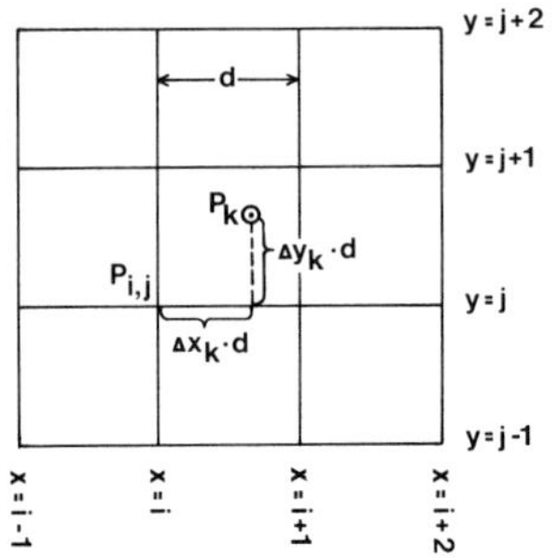

Abb. 6.8: Interpolation mit finiten Elementen

(3) *Höheninterpolation mit finiten Elementen*
Die Höheninterpolation mit finiten Elementen entspricht einer numerischen Lösung von Differentialgleichungen. Für jedes Rasterelement des Sekundärpunktrasters wird in der einfachsten Form eine bilineare Spline-Funktion angesetzt (siehe Abb. 6.8).

Als Randbedingungen müssen die Höhen der Stützpunkte und die zu bestimmenden Flächenkrümmungswerte in den rasterförmigen Interpolationspunkten angesetzt werden. Für die Berücksichtigung der Randbedingungen werden Näherungen benutzt [Ebner et al. 1980]:

Für P_K gilt:

$$x_k = x_{i,j} + \Delta x_k \cdot d, \; \Delta x_k = \frac{x_k - x_i}{d},$$

$$y_k = y_{i,j} + \Delta y_k \cdot d, \; \Delta y_k = \frac{y_k - y_i}{d},$$

$$d = x_{i+1} - x_i = y_{i+1} - y_i.$$

Jeder Stützpunkt P_k erhält die Beobachtungsgleichung für die Höhe z_K:

$$\begin{aligned} v_k = {} & (1 - \Delta x_k) \cdot (1 - \Delta y_k) \cdot z_{ij} \\ & + (\Delta x_k) \cdot (1 - \Delta y_k) \cdot z_{i+1,j} \\ & + (1 - \Delta x_k) \cdot (\Delta y_k) \cdot z_{i,j+1} \\ & + (\Delta x_k)(\Delta y_k) \cdot z_{i+1,j+1} \\ & - z_k. \end{aligned}$$

Jeder Rasterpunkt $P_{i,j}$ erhält die Beobachtungsgleichungen für die Krümmungen in x und y-Richtung:

$$v_{1,i,j} = z_{i-1,j} - 2z_{i,j} + z_{i+1,j},$$

$$v_{2,i,j} = z_{i,j-1} - 2z_{i,j} = z_{i,j+1}.$$

Die Bedingungen des gesamten Rasters führen in einer Ausgleichung nach bedingten Beobachtungen mit Unbekannten zur Auflösung der Stützpunkthöhen mittels einer bandstrukturierten Matrix.
Ein entsprechend aufgestelltes Programmsystem, welches durch Bruchkanten berücksichtigen kann (die Krümmungsgleichungen wurden wegen der Bruchkanten entsprechend modifiziert), ist das „HIFI" von Ebner.

Im allgemeinen ist die genügend dichte Datenerfassung der Primärdaten wichtiger als der Ansatz eines bestimmten Interpolationsverfahrens. Je dichter die Messung erfolgt, desto einfacher kann das Interpolationsverfahren sein. Die Erfassung von Bruchkanten, welche in bebauten Landschaften insbesondere bei Verkehrswegen, Gräben und Dämmen, aber auch im Gebirge auftreten, ist besonders bei Auswertungen in größeren Maßstäben erforderlich.

Literatur zu 6.2.2.
Ebner, H., 1979, 1983; Ebner, H., Hofmann-Wellenhof, B., Reiß, P., Steidler, F., 1980; Kraus, K., 1972; Kruse, I., 1979; Melykuti, G., 1982; Miller, C. L., Laflamme, R. A., 1958; Rüdenauer, H., 1980

7. Bildweise Auswertung

In Kap. 2.4.2 wurde nachgewiesen, daß es nicht möglich ist, das dreidimensionale Gelände aus einer einzigen Aufnahme zu rekonstruieren. Eine Rekonstruktion kann nur durchgeführt werden, wenn die Geländeform bekannt ist, entweder weil es sich um ebenes Gelände handelt, oder weil ein digitales Geländemodell vorliegt.

In den Anfängen der Photogrammetrie befaßte man sich insbesondere mit den Verfahren der *Entzerrung*. Mit den Mitteln der *Einbildphotogrammetrie* wurde die Geometrie ebener Objekte (ebenes Gelände, Hausfassaden) nach projektiven Grundsätzen entzerrt. Die in Kap. 2.4.1 abgeleiteten nichtlinearen Gleichungen für die Projektivität zwischen zwei Ebenen stellen die Grundlage für ein *numerisches* Entzerrungsverfahren dar:

$$x_i = \frac{a_1 x_i' + a_2 y_i' + a_3}{a_7 x_i' + a_8 y_i' + 1},$$

$$y_i = \frac{a_4 x_i' + a_5 y_i' + a_6}{a_7 x_i' + a_8 y_i' + 1}.$$

Ein *graphisches* Entzerrungsverfahren, die sogenannte *Papierstreifenmethode,* macht sich die Doppelverhältnisse auf zugehörigen Objektgeraden zunutze:

$$x_i = \frac{a_1 x_i' + a_2}{a_3 x_i' + 1}.$$

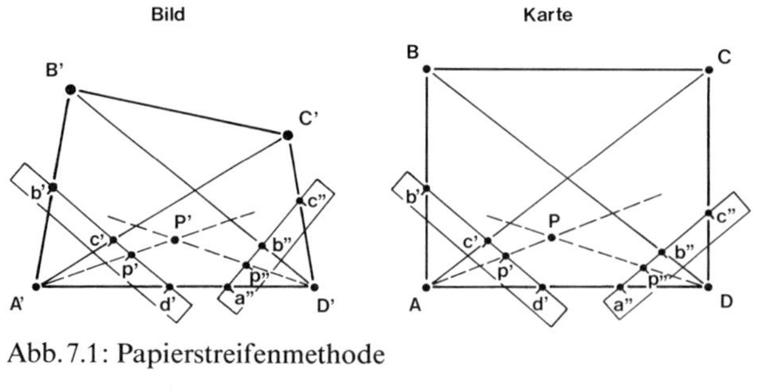

Abb. 7.1: Papierstreifenmethode

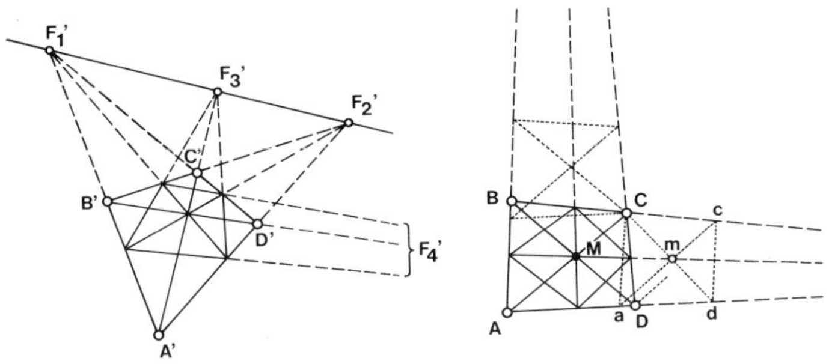

Abb. 7.2: Verfahren der projektiven Netze

Zunächst werden (siehe Abb. 7.1) die vier benötigten Lagepaßpunkte in Bild ($A'B'C'D'$) durch Geraden miteinander verbunden.

Ein beliebiger weiterer Bildpunkt P' (oder Geländepunkt P) kann nun mit Hilfe eines Papierstreifens in die Karte (oder das Bild) übertragen werden.

Die Strahlen $A'B'$, $A'C'$, $A'P'$ und $A'D'$ können mit einer beliebigen Geraden (dem Papierstreifen) geschnitten werden. Die Punkte b', c', p' und d' bestimmen ein Doppelverhältnis, welches in die Karte zur Konstruktion des Strahles AP übertragen werden kann. Hierzu wird der Papierstreifen so auf die Karte eingepaßt, daß er die Strahlen AB, AC und AD in b', c' und d' schneidet. p' ergibt dann einen Punkt zur Konstruktion des Strahls AP.

Das Verfahren kann mit einem zweiten Papierstreifen, z. B. über die Strahlen $A'D'$, $A'P'$, $D'B'$ und $D'C'$ und den Punkten a'', p'', b'', c'' wiederholt werden. Beim Einpassen auf die Strahlen AD, BD, CD mit a'', b'', c'' wird bei p'' der zweite geometrische Ort für P, der Strahl DP bestimmt.

Ein weiteres graphisches Verfahren, welches auf der Konstruktion von entsprechenden Diagonalvierecken beruht, benutzt das *Verfahren der projektiven Netze.* Die Verbindungslinien der Paßpunkte bilden ein Viereck. Ihre Verlängerungen schneiden sich in zwei Punkten. Man kann sie als Fluchtpunkte paralleler Geraden eines Schrägbildes betrachten. Dann bildet die Verbindungslinie der beiden Fluchtpunkte die Achse der perspektiven Homologie entlang welcher sich alle anderen parallelen Geraden schneiden. Diese Eigenschaft kann zur Konstruktion von Diagonalnetzen in Bild und Karte verwendet werden, nach welchen die Bilddetails durch Zeichnung flächenhaft in die Karte übertragen werden können (siehe Abb. 7.2). Ist eines der Netze quadratisch, dann wird das zugehörige Netz Möbiusnetz genannt.

Bei schleifenden Schnitten außerhalb der Zeichenfläche können die übrigen Schnittgeraden (z. B. *M-m*), welche durch denselben Fluchtpunkt gehen, über parallele ähnliche Vierecke konstruiert werden. Ein solches Viereck ist konstruierbar, indem man z. B. eine Parallele zu *AB* durch *C* zieht. Dies bestimmt *a*. Eine Parallele zu *AC* durch *a* ergibt *c*, und eine Parallele zu *CD* durch *c* definiert *d*.

Die bildhafte Übertragung einer Perspektive erfolgt jedoch zweckmäßiger durch optische Projektion.

7.1 Optische Entzerrung

7.1.1 Subjektive optische Projektion

Bei der optischen Entzerrung gibt es zunächst Verfahren, bei welchen Bild und Karte für den Betrachter optisch durch halbversilberte Spiegel oder Prismen zur Deckung gebracht werden (subjektive optische Projektion), damit dabei eine graphische Übertragung des Bildinhalts in die Karte ermög-

Abb. 7.3: Luftbildumzeichner von Zeiss

licht wird. Das Verfahren ist besonders zur Nachführung des Karteninhalts aus Luftbildern geeignet.

Ein Gerät für diese Aufgabe ist der Luftbildumzeichner LUZ von Zeiss (siehe Abb. 7.3 und 7.4).

Zur Einpassung von vier Bildpunkten auf vier entsprechende Kartenpunkte kann das Kartenblatt in x und y verschoben werden; das Bild kann um φ und ω geneigt werden, und es kann zusammen mit dem Prisma zur Festlegung des Maßstabs in der Höhe verstellt werden.

Eine Erweiterung dieses Entzerrungsprinzips wurde im Stereo Facet Plotter von O. M. I., Italien (siehe Abb. 7.5) und im Zoom-Transfer-Scope von Bausch & Lomb, USA (siehe Abb. 7.6) realisiert. In diesen Geräten können zwei sich überdeckende Luftbilder stereoskopisch betrachtet werden. Ein in die Betrachtung eines Bildes eingebrachter halbversilberter Spiegel erlaubt die gleichzeitige Betrachtung der Karte. Durch Umschaltung kann entweder das Stereobild, das Stereobild und die Karte, Einzelbild und Karte oder allein die Karte binokular betrachtet werden. Die Vergrößerung zwischen Bild und Karte wird durch eine Zoom-Optik geregelt. Die Einpassung der Karte auf die Bildbetrachtung erfolgt durch Verstellung von Prismen, welche auch affine Bildtransformationen ermöglichen.

Die optische Entzerrung wird vorzugsweise durch optische Umprojektion der Bilder in Senkrechtaufnahmen auf photographischem Weg durchgeführt. Hierzu dienen die Entzerrungsgeräte.

7.1.2 Entzerrungsgeräte (projektive Lösung)

Entzerrungsgeräte, welche zur Entzerrung eine projektive Lösung verwenden, besitzen einen Bildträger in welchen ein Bildnegativ beliebig eingelegt

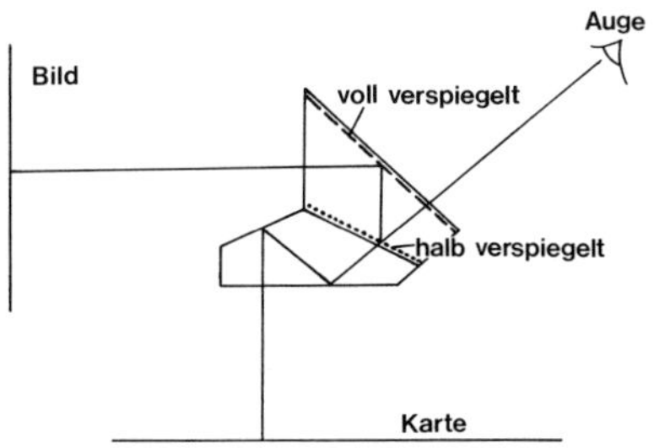

Abb. 7.4: Schema der subjektiven optischen Projektion

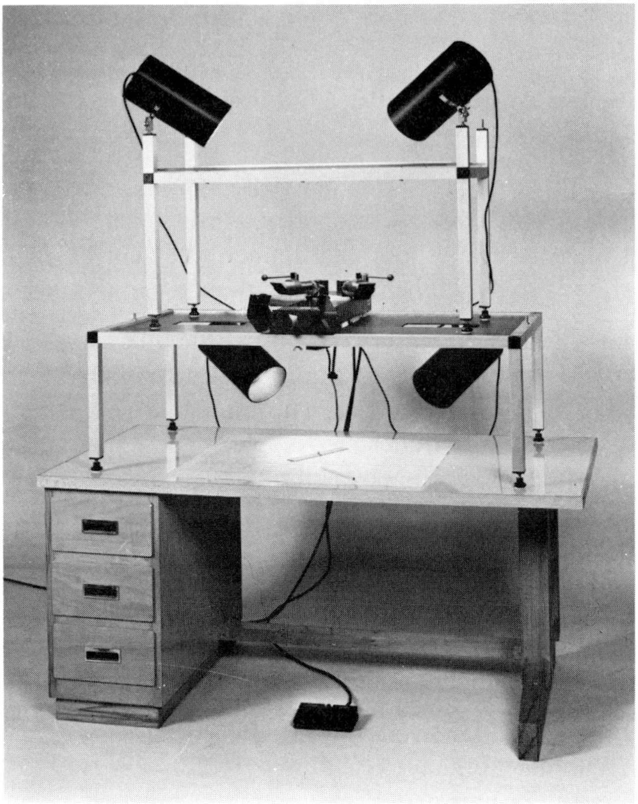

Abb. 7.5: Stereo Facet Plotter von O. M. I.

wird. Das Negativ wird durch einen Kondensor oder durch Fresnelsche Linsen (siehe Abb. 7.7) regelmäßig ausgeleuchtet.

Die Projektionsoptik hat eine feste Brennweite f, mit welcher Aufnahmen mit unterschiedlichen Aufnahmebrennweiten c entzerrt werden können (z. B. Zeiss SEG I, IV, V, VI: $f = 180$ mm; Jenoptik Rectimat: $f = 125$ mm; Wild E3, E4: $f = 152$ mm)

Zur Verbesserung der Bildqualität ist das Öffnungsverhältnis der Optik sehr klein (z. B. 1:8 bis 1:50).

Diese lichtschwache Optik projiziert das Bild mit einer kontinuierlich wählbaren Vergrößerung (z. B. von 0,5 bis 6,5 oder 0,8 bis 7) auf eine Projektions-

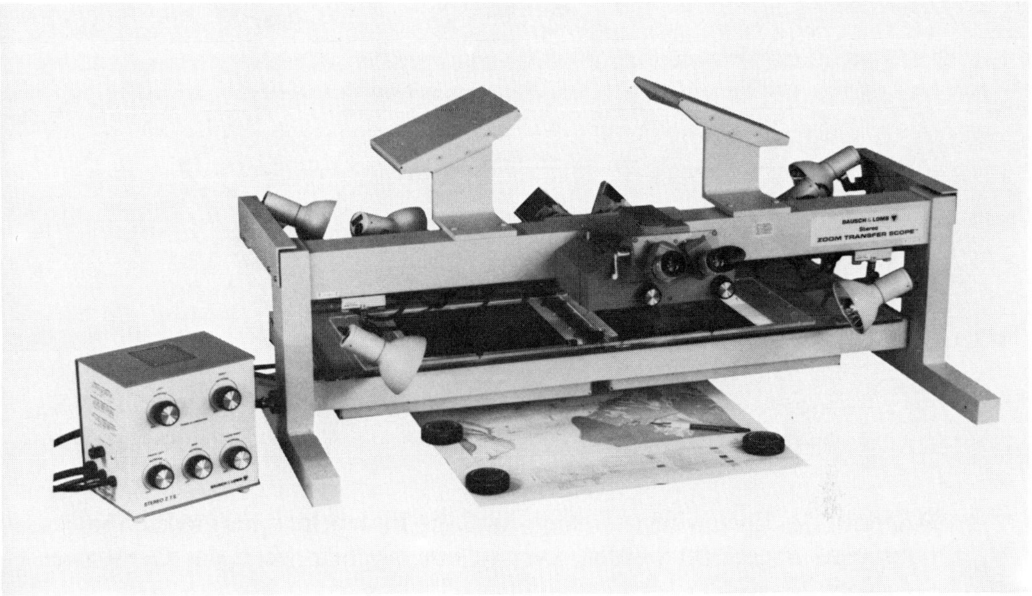

Abb. 7.6: Das Zoom Transfer Scope von Bausch & Lomb

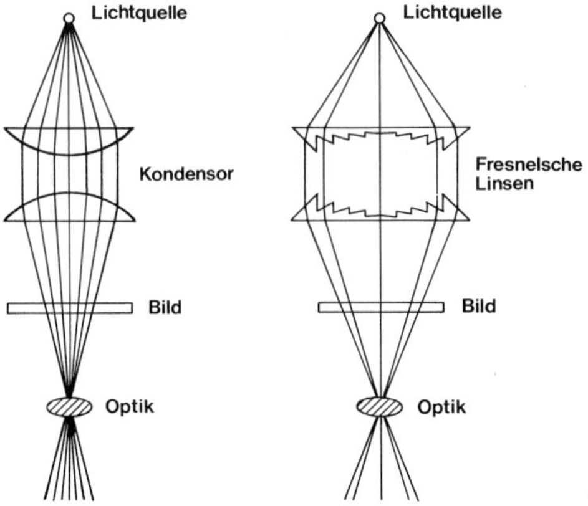

Abb. 7.7: Kondensor und Fresnelsche Linsen

fläche von 1 × 1 m. Auf die Projektionsfläche wird zur Entzerrung eine Kartierung der Paßpunkte aufgelegt. Sind die Entzerrungseinstellungen ermittelt, dann wird die Kartierung im Dunkeln (oder bei Rotlicht) durch panchromatisches (oder orthochromatisches) Kopier- oder Filmmaterial ersetzt, und die Belichtung kann bei kleiner Blende ausgeführt werden.

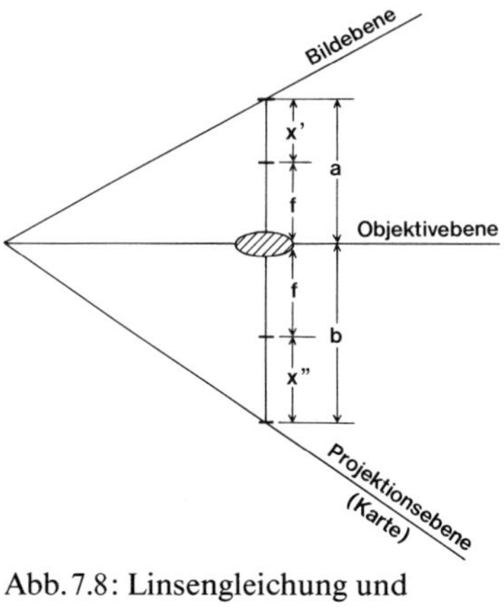

Abb. 7.8: Linsengleichung und Scheimpflugbedingung

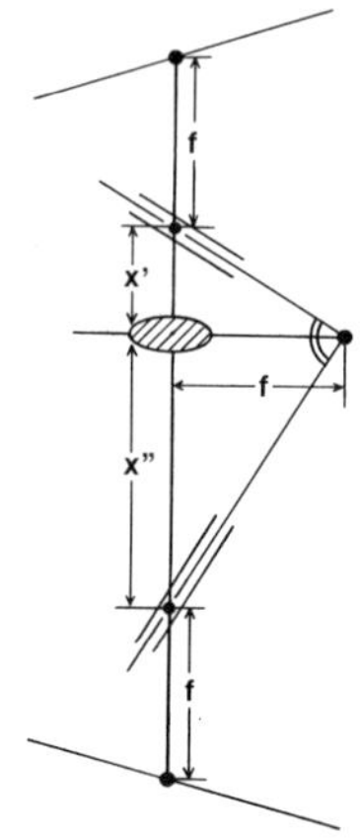

Abb. 7.9: Rechtwinkelinversor

Während des Entzerrungsvorgangs muß die Bildebene scharf in die Projektionsebene abgebildet werden. Dies ist nur möglich, wenn das Gerät zwei Scharfabbildungsgleichungen erfüllt:

(1) Die *Linsengleichung* lautet nach Kap. 2.2.1 und Abb. 7.8:

$$\frac{1}{a}+\frac{1}{b}=\frac{1}{f}.$$

Mit $a=f+x'$ und $b=f+x''$ kann die Gleichung auf den gleichen Nenner gebracht und auf ihre Newtonsche Form reduziert werden.

$$f^2=x'\cdot x''.$$

(2) Die *Scheimpflugbedingung* besagt, daß sich Bildebene, Objektivebene und Projektionsebene entlang einer Geraden im Raum schneiden müssen.

Die beiden Bedingungen können durch mechanische Steuerungen (Inversoren) in den Entzerrungsgeräten automatisch erfüllt werden.

Die Linsengleichung kann durch einen Rechtwinkelinversor gesteuert werden, wie er im Entzerrungsgerät SEG I von Zeiß (1934) realisiert worden ist (Abb. 7.9).

Die drei Abstände f bleiben bei allen Einstellungen konstant. Wird a verändert, bedeutet dies eine Veränderung von x'. Der Rechtwinkelinversor steuert x'' und damit b nach.

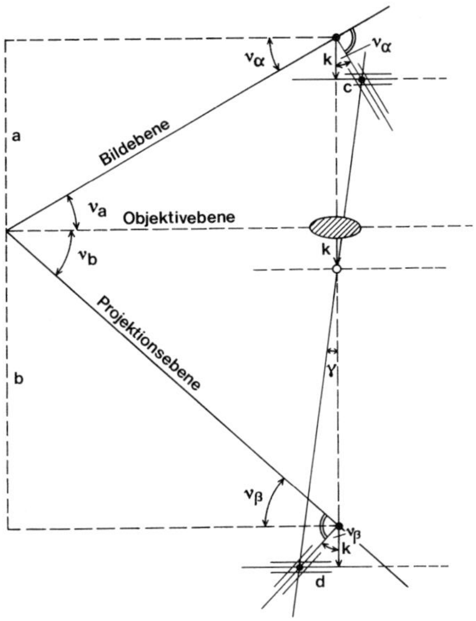

Abb. 7.10: Carpentier-Inversor

Die Scheimpflugbedingung kann durch einen Carpentier-Inversor erfüllt werden (Abb. 7.10).

Es gilt: $c \;= k \cdot tg\, v_a,$

$$d \;= k \cdot tg\, v_b,$$

$$tg\gamma = \frac{c}{a} = \frac{d}{b}.$$

Besitzt das Entzerrungsgerät statt der Neigung v, welche durch eine Bildkantung κ eingestellt wird, zwei Neigungskomponenten ω und φ, dann sind zwei Carpentierinversoren (für ω und φ getrennt) erforderlich.

Bei der Entzerrung nach projektiven Verfahren müssen vier projizierte Bildpunkte mit den vier entsprechenden Kartenpunkten zur Deckung gebracht werden. Dies ist durch fünf Freiheitsgrade möglich.

Hierzu sind die Entzerrungsgeräte mit folgenden Orientierungselementen ausgerüstet:

(1) Neigung v zwischen Bild und Projektionsebene; v_a und v_b werden automatisch gesteuert; statt v kann ω vorhanden sein; ω_a und ω_b werden dann gesteuert.

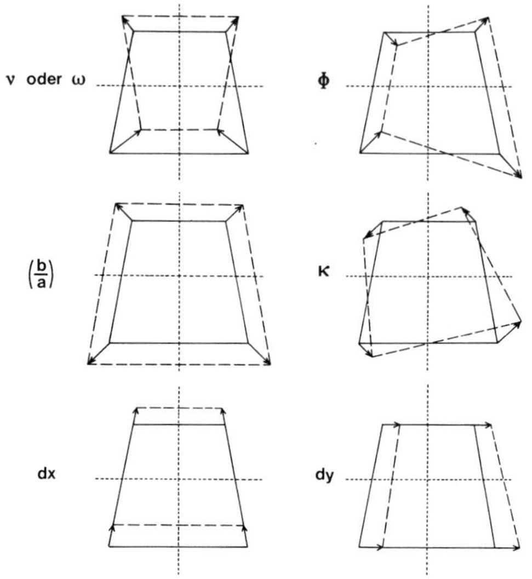

Abb. 7.11: Wirkung der Orientierungselemente bei Entzerrungsgeräten

(2) Kantung κ des Bildträgers; statt κ kann φ vorhanden sein (φ_a und φ_b werden dann gesteuert).

(3) Vergrößerung $\frac{b}{a}$; a und b werden automatisch gesteuert.

(4) Bildverschiebung dx in x.

(5) Bildverschiebung dy in y.

Ihre Auswirkungen sind in Abb. 7.11 dargestellt. Sie entsprechen den Darstellungen von Abb. 5.40 für Neigung null ($\nu = d\omega$, $\varphi = d\varphi$, $\kappa = d\kappa$, $b/a = dbz$; $dx = dbx$, $dy = dby$).

Bei der Entzerrung wird der erste Paßpunkt durch Verschieben der Kartierungsunterlage in x und y zum Passen gebracht. Dann wird die Strecke zwischen den Punkten 1 und 2 bei gleichzeitigem Verschieben und Drehen des Kartenblattes mit der Vergrößerung in Übereinstimmung gebracht. Die Restklaffungen an den Punkten 3 und 4 werden mit ν, κ (oder ω, φ), dx und dy beseitigt.

7.1.3 Entzerrungsgeräte für Einstellwerte und mit Fluchtpunktsteuerung

Setzt man die innere Orientierung eines Bildes als bekannt voraus (3 Parameter), dann braucht die Entzerrung nicht nach projektiven Grundsätzen

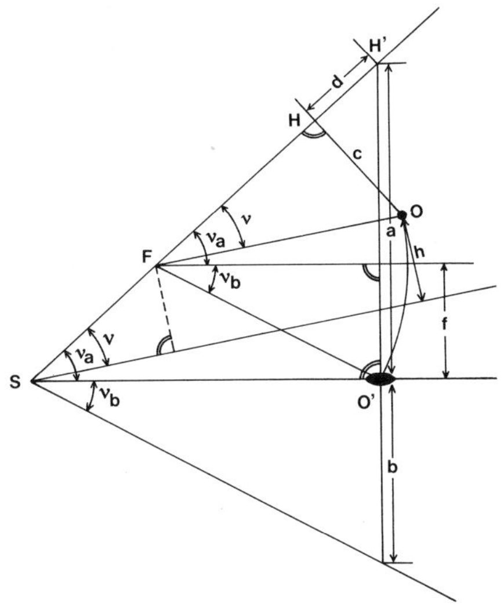

Abb. 7.12: Fluchtpunktbedingung und Bildverschiebung

ausgeführt zu werden. Sie entspricht bei Wiederherstellung der inneren Orientierung der Projektion eines optischen Auswertegeräts (z. B. Multiplex).

Zur Berechnung der 6 äußeren Orientierungsparameter kann der räumliche Rückwärtsschnitt verwendet werden (siehe Kap. 4.4). Hier genügen 3 Paßpunkte.

Die Einführung einer konstanten Brennweite des Entzerrungsgeräts würde zwar die Bildweite der Aufnahme rekonstruieren lassen. Damit wäre aber durch die Linsengleichung ein einziges Vergrößerungsverhältnis festgelegt. Da dies nicht erwünscht ist, muß man auf die Wiederherstellung der Bildweite verzichten. Bei Wiederherstellung des Hauptpunkts durch Einlegen der Bildnegativrahmenmarken auf die dafür notwendigen Paßkreuze des Bildträgers kann die Aufgabe durch Einführung einer berechenbaren und einstellbaren Bildverschiebung entlang der Neigungsrichtung auf den Fall der wiederhergestellten inneren Orientierung zurückgeführt werden. Die Bildverschiebung d kann durch die Fluchtpunktbedingung bestimmt werden.

Für Geräte mit Neigungskomponenten ω und φ können die Komponenten $d\omega = dy$ und $d\varphi = dx$ getrennt berechnet werden.

Die Bestimmung von d und der Werte v_a, v_b, b/a (Vergrößerung) geht aus Abb. 7.12 hervor.

$$SF = \frac{h}{\sin v},$$

$$F0 = F0' = \frac{c}{\sin v},$$

$$\sin v_a = \frac{f}{SF} = \frac{f \sin v}{h},$$

$$\sin v_b = \frac{f}{F0'} = \frac{f \sin v}{c},$$

$$\frac{b}{a} = \frac{tg v_b}{tg v_a},$$

$$FH' = SF\,\frac{a-f}{f} = SF\,\frac{a}{b} = \frac{h}{\sin v} \cdot \frac{a}{b} = \frac{f}{\sin v_a} \cdot \frac{a}{b},$$

$$FH = c \cdot ctg v,$$

$$d = FH' - FH = \frac{f}{\sin v_a} \cdot \frac{a}{b} - c \cdot ctg v$$

oder

$$dx = \frac{f}{\sin \varphi_a} \cdot \frac{a}{b} - c \cdot tg \varphi,$$

$$dy = \frac{f}{\sin \omega_a} \cdot \frac{a}{b} - ctg \omega.$$

Nach längeren Umformungen ergibt sich vereinfacht in Abhängigkeit von v_b:

$$d \approx \left(\frac{c^2}{f^2} - 1 + \frac{a^2}{b^2}\right) \frac{f}{2} \cdot tg v_b.$$

Danach kann eine automatische Steuerungseinrichtung konzipiert werden, welche die Werte $\frac{b}{a}$ und v_b (als ω_b, φ_b) elektrisch abgreift, die Hauptpunktsverschiebung d (dx, dy) durch einen elektro-mechanischen oder elektronischen Analogrechner berechnet und durch ein Servosystem einführt. Die

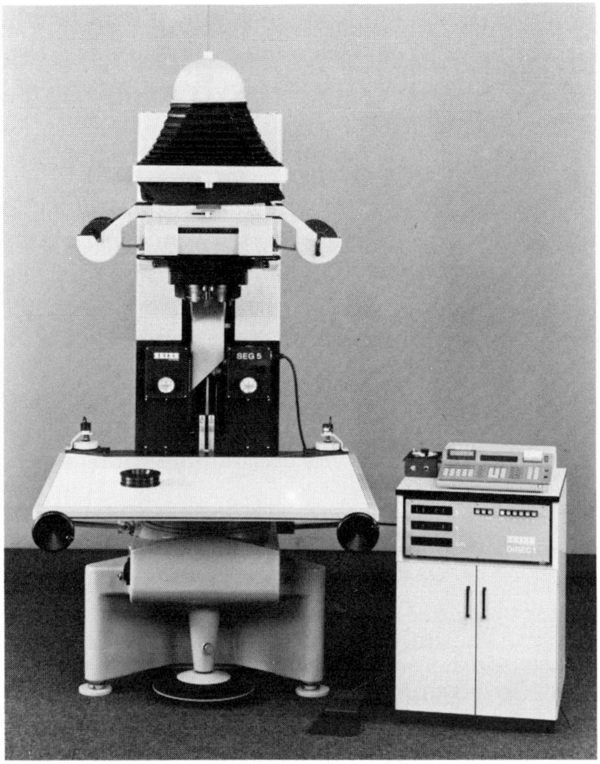

Abb. 7.13: Entzerrungsgerät SEG 5 von Zeiss für Eingabe von Einstellwerten und mit Fluchtpunktsteuerung

Entzerrungsgeräte SEG 5 und 6 von Zeiss besitzen eine solche Einrichtung (siehe Abb. 7.13).

Der Vorteil eines Entzerrungsgeräts mit Fluchtpunktsteuerung besteht darin, daß zur Einpassung von drei Bild- und Kartenpunkten nur drei Arbeitsgänge erforderlich sind:

(1) die Einpassung der längsten Seite mit der Vergrößerung b/a
(2) und (3) die Beseitigung der Restklaffung mit ω und φ während die längste Seite durch Verschiebung der Paßpunktunterlage eingepaßt bleibt.

Auch ein Gerät ohne Fluchtpunktsteuerung kann das Verfahren benutzen, falls es Einstellmöglichkeiten von d (dx, dy), ν und κ (ω und φ) oder ihren Komponenten, sowie von b/a besitzt. Die Einstellwerte werden dann aus gegebenen Orientierungsdaten (welche von einem räumlichen Rückwärtsschnitt oder einer Bündelblockausgleichung stammen) berechnet und ohne die Notwendigkeit einer weiteren Orientierung eingeführt. Die Hauptpunktsverschiebungen dx und dy sind die Grundlage für die in der Sowjetunion eingeführte Auswertung affiner Modelle in Stereoauswertegeräten, welche in Kap. 5.1.3 unter Punkt (7) beschrieben worden ist.

Zur Einführung berechneter Einstellwerte für die Entzerrung muß zunächst die für die Bestimmung der Orientierung verwendete Rotationsmatrix $\mathbf{A}^T = \mathbf{A}_\omega{}^T \cdot \mathbf{A}_\varphi{}^T \cdot \mathbf{A}_\kappa{}^T$ verglichen werden mit der für das Entzerrungsgerät gültigen Matrix $\mathbf{A}^T = \mathbf{A}_\nu{}^T \cdot \mathbf{A}_\kappa{}^T \cdot \mathbf{A}_\alpha{}^T$. Durch Koeffizientenvergleich ergeben sich die Umrechnungen von ω, φ, κ in die Neigungsrichtung α, die Neigung ν und die Kantung κ. Gegeben sind ferner f und c.

Auch b/a ist als gewünschtes Maßstabsverhältnis zwischen Bildmaßstabszahl m_B und Entzerrungsmaßstabszahl m_K bestimmt. Es braucht deshalb nur

$$\sin \nu_b = \frac{f}{c} \sin \nu$$

und

$$b = a \cdot \frac{m_B}{m_K}, \text{ sowie } d = \frac{f}{\sin \nu_a} \cdot \frac{a}{b} - c \cdot ctg\nu, \text{ mit } tg\nu_a = \frac{a}{b} \cdot tg\nu_b$$

berechnet und eingestellt zu werden.

Dies gilt auch, wenn ν in zwei Neigungsrichtungen ω und φ zerlegt wird. Dann muß ω_b, φ_b, dx, dy und b entsprechend berechnet werden.

In Kap. 2.4.2 wurde gezeigt, daß eine Höhendifferenz Δz_i von z_i radiale Versetzungen von

$$\Delta x_i' = \frac{x_i'}{h} \cdot \Delta z_i$$

und

$$\Delta y_i' = \frac{y_i'}{h} \cdot \Delta z_i$$

erzeugen, welche durch eine Entzerrung nur insoweit beseitigt werden, als die Δz_i auf eine vermittelnde Ebene durch die Paßpunkte in $\bar{z}_E$ projiziert werden können (siehe Abb. 7.14).

Für die Höhenabweichungen Δz_i (oder Δz_E) ergibt sich die Verzerrung $\Delta r_i'$ (oder $\Delta r_E'$):

$$\Delta r'_{i\,[\mathrm{mm}]} = \frac{1000}{m_K} \cdot \frac{r_i'}{c} \cdot \Delta z_{i[\mathrm{m}]}.$$

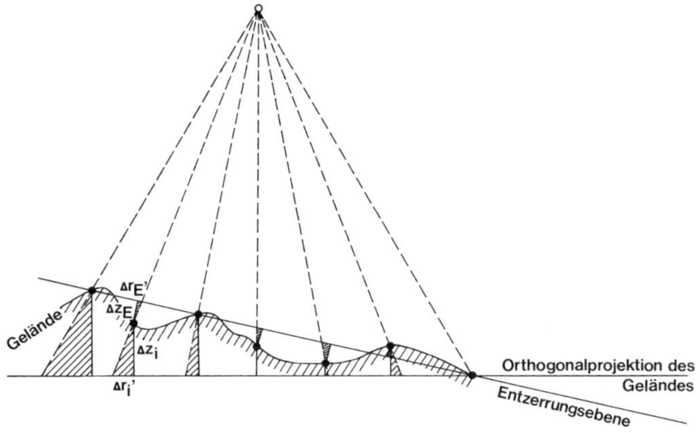

Abb. 7.14: Höhenverzerrungen bei senkrechten und entzerrten Aufnahmen

Dabei bedeutet m_K die Maßstabszahl der Entzerrung und c die Bildweite der verwendeten Kammer. Für Entzerrungen ist also ein schmaler Bildwinkel (z. B. $c = 305$ oder 610 mm) vorzuziehen. Für $\Delta r_i' = 1$ mm, $r_i' = 10$ cm und $c = 305$ mm beträgt das zulässige $\Delta z_{i_{[m]}} = \frac{m_K}{328}$.

Sind die lokalen Höhenunterschiede größer, so kann eine Entzerrung am Entzerrungsgerät nur dann durchgeführt werden, wenn sie für Facetten (angrenzende Bildbereiche, welche durch je 3 bzw. 4 Paßpunkte begrenzt sind und diese genähert je eine Ebene bilden) oder für Höhenzonen (begrenzt durch kartierte Schichtlinienintervalle) mit unterschiedlichen Bildmaßstäben und daher unterschiedlicher Vergrößerung b/a, getrennt ausgeführt wird.

Das Facettenentzerrungsverfahren war in Frankreich und das zonale Entzerrungsverfahren in der UdSSR in Gebrauch.

Literatur zu 7.1.
Schwidefsky, K., 1935

7.2 Differentialentzerrung

Eine automationsfreundliche Lösung wird erreicht, wenn das Bild differentiell in Linienelementen oder in Bildelementen (Punktflächen) in eine Orthogonalprojektion des Geländes übertragen wird.

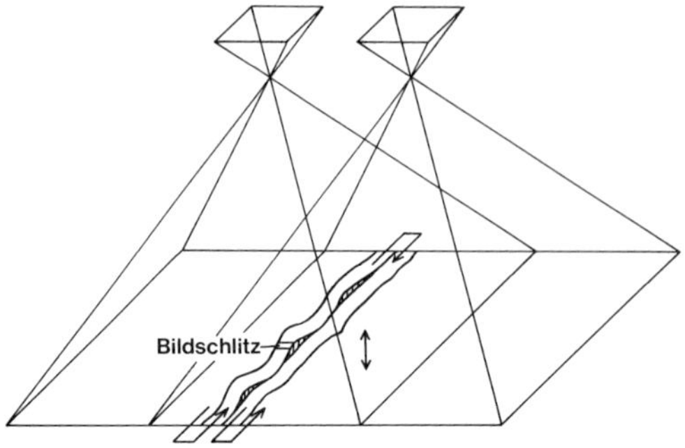

Abb. 7.15: Prinzip der Orthophotoherstellung

Dies ist mit Differentialentzerrungsgeräten möglich, welche schon 1929 von Lacmann (in Berlin) und 1933 von Ferber (in Paris) konzipiert worden sind.

7.2.1 Differentialentzerrung mit optischen Analoggeräten

Das erste in der Praxis benutzte Gerät war das Orthophotoscope von R. Bean (USA) aus dem Jahre 1955.

Im Prinzip besteht ein solches Differentialentzerrungsgerät aus einem mit Zusätzen ausgerüsteten optischen Analogauswertegerät. Als Projektionsfläche dient eine in der Höhe z verstellbare Tischplatte. Sich überdeckende Stereoaufnahmen werden in üblicher Weise im Gerät orientiert, indem die Elemente der inneren, der gegenseitigen und der absoluten Orientierung ermittelt werden.

Auf die Tischplatte wird ein blaulichtempfindlicher (orthochromatischer) Film aufgelegt. Die Tischplatte ist durch einen lichtundurchlässigen Vorhang verdeckt, welcher die Belichtung nur durch einen beweglichen Schlitz freigibt. Der Schlitz kann profilweise in y-Richtung über die Tischplatte bewegt werden. Er dient gleichzeitig als bewegliche Meßmarke im mit Anaglyphenbrillen betrachteten Stereomodell. Wird die Tischhöhe vom Auswerter während der Profilbewegung so gesteuert, daß die „Meßmarke" auf dem Gelände aufsitzt, dann kann das blaugrün projizierte Bild von Schlitzposition zu Schlitzposition als Orthogonalprojektion photographisch registriert werden.

Das Produkt ist ein Orthophoto, welches das Aussehen eines interpretationsfähigen Luftbildes, aber die geometrischen Eigenschaften einer Karte besitzt (siehe Abb. 7.15).

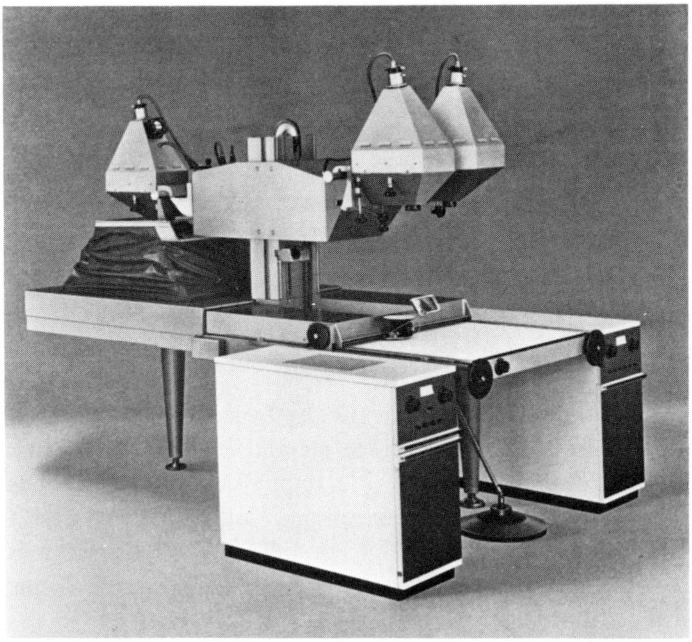

Abb. 7.16: Ortho-3-Projektor von Zeiss

Das Orthophotoskop von Bean (US Geological Survey) verwendete einen Balplex mit 3 Projektoren zur Herstellung eines Orthophotos aus zwei Modellen (der mittlere Projektor projizierte mit blaugrünem Licht).

Das *Orthoscan K-320* der Firma *Kelsh* (USA) benutzt als Grundgerät einen Kelsh Plotter mit 3 Projektoren.

Literatur zu 7.2.1.

Bean, R. K., 1955; Ferber, R., 1933; Lachmann, O., 1931; Schwidefsky, K., 1965

7.2.2 On-Line Differentialentzerrungsgeräte mit optischen Einzelprojektoren

Beginnend mit dem Orthoprojektor F. T. Schtsch (aus der Sowjetunion) aus dem Jahre 1959 wurden Geräte entwickelt, in welchen die Modellabtastung getrennt durch zwei Anaglyphenprojektoren ausgeführt wird. Gekoppelt mit diesen Projektoren ist ein dritter Projektor zur Belichtung des Orthophotos. Er projiziert ein Duplikat eines der beiden zur Modellbetrachtung verwendeten Bilder. Im dritten Projektor müssen die entsprechenden Orientierungselemente eingestellt werden; die Betrachtungstischhöhe relativ zu den Projektoren wird auf die Höhe des Projektionstisches übertragen. Nach diesem Prinzip arbeitet der *Ortho-3-Projektor von Zeiss* (siehe Abb. 7.16).

Der *Orthoprojektor OP2* von *Kern* besteht aus einem optischen Orthoprojektor zur Herstellung eines Orthophotos, bei welchem die Projektionshöhe mechanisch vom Auswertegerät PG2 übertragen wird.

Kennzeichnend für On-Linegeräte ist die Eigenschaft, daß die Orthophotoherstellung gleichzeitig mit der Modellabtastung erfolgt.

7.2.3 Off-Line Differentialentzerrungsgeräte mit optischen Einzelprojektoren

Beginnend mit dem Orthoprojektor (Gigas-Zeiss GZ-1 aus dem Jahre 1964) wurden Differentialentzerrungsgeräte gebaut, bei denen die (langsamere) vom Auswerter gesteuerte Modellabtastung von der (schnelleren) automatisch gesteuerten Orthophotoprojektion getrennt werden konnte. Der GZ-1 erlaubte zwar noch den On-Line-Betrieb, bei welchem die Höhensteuerung von einem Zeiss Stereoplanigraphen C8 oder einem Zeiss Planimat D1 übertragen werden konnte.

Die Off-Line-Anwendung wurde dadurch ermöglicht, daß die im C8 oder D1 vom Auswerter abgefahrenen Höhenprofile (nach Lacmanns Vorschlag) gleichzeitig registriert werden konnten. Dies geschah zunächst durch Einritzen auf beschichtete Glasplatten. Heute ist die Registrierung digitaler Werte auf Magnetband zweckmäßiger.

Die Profildaten konnten im Off-Line-Betrieb von einem Lesegerät abgegriffen werden. Sie steuerten die Projektionshöhe des Orthoprojektors während der Belichtung im Profil, welches der Registrierung entsprach.

Der Orthoprojektor GZ-1 war mit einem Projektor vom Typ des Stereoplanigraphen C8 ausgerüstet, der eine Bauersfeldsche Steuerungseinrichtung für die Scharfabbildung in beliebigem Abstand besitzt. Die Profilsteuerung des Schlitzes erfolgte, wie das Abfahren der Profile im Auswertegerät, durch Servomotoren (siehe Abb. 7.17).

Die Abtastung und die Orthogonalprojektion des Stereomodells erzeugt Klaffungen an den Schlitzrändern benachbarter Profile (siehe Abb. 7.18).

Die Profile s_i, s_j, s_k und s_l werden mit konstanter Schlitzbreite S abgefahren. Bei geneigtem Gelände werden aber die Geländeteile s_i', s_j', s_k' und s_l' auf den Schlitz abgebildet.

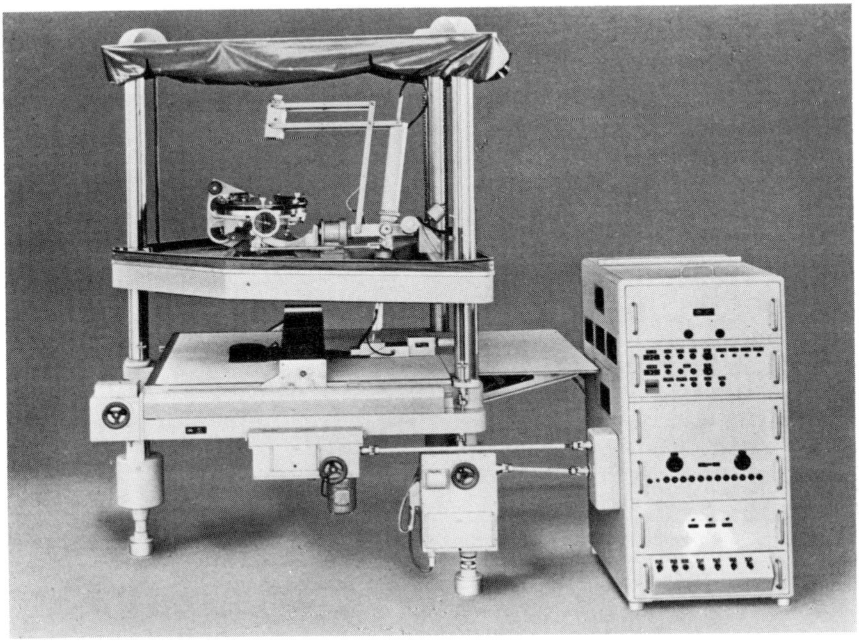

Abb. 7.17: Orthoprojektor GZ1 von Zeiss

An den Schlitzrändern entstehen deshalb Doppelabbildungen oder Lücken. Einem Höhenunterschied Δz_{ij} zweier benachbarter Profile s_i und s_j entspricht deshalb ein von der Geländeneigung ε_{ij} abhängiger Klaffungsfehler Δr_{ij}:

$$\Delta r_{ij} = \Delta r'_{ij} \cdot m_K = \frac{r'_i}{c} \cdot \frac{\Delta z_{ij}}{2},$$

$$\frac{\Delta z_{ij}}{2} = \frac{s}{2} \cdot tg\ \varepsilon_{ij}.$$

Mit einer Substitution des Bildwinkels τ_i wird:

$$\frac{r'_i}{c} = tg\ \tau_i$$

und somit:

$$\Delta r_{ij} = \frac{s}{2} \cdot tg\varepsilon_{ij} \cdot tg\tau_i$$

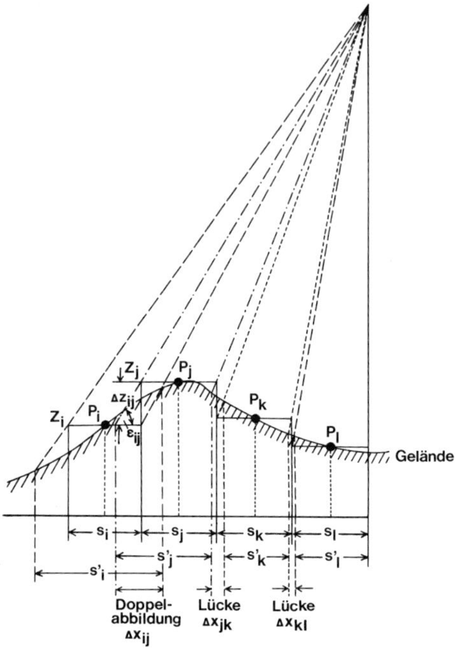

Abb. 7.18: Klaffungen an den Schlitzrändern bei der Orthoprojektion für Profilmitte

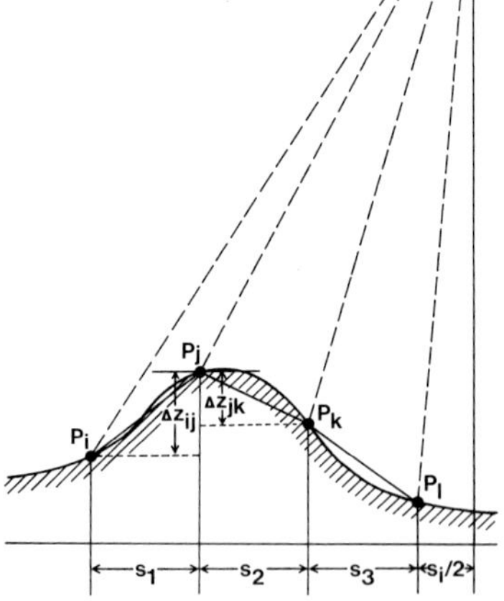

Abb. 7.19: Kompensation der Klaffungsfehler an den Schlitzrändern bei der Orthoprojektion

oder

$$\Delta x_{ij} = \frac{s}{2} \cdot tg\varepsilon_{ij} \cdot tg\tau_{x_i},$$

$$\Delta y_{ij} = \frac{s}{2} \cdot tg\varepsilon_{ij} \cdot tg\tau_{y_i}.$$

Der Klaffungsfehler Δx_{ij} benachbarter Profile P_i und P_j kann nach Abb. 7.19 kompensiert werden, wenn das dem Schlitz zugeführte Bild so projiziert wird, daß die Abbildung zwischen den registrierten Profilen (um $s/2$ versetzt) erfolgt; dabei muß der Projektionsmaßstab durch die Länge der Strekke P_iP_j bestimmt werden; außerdem muß man das dem Schlitz zugeführte Bild um den Winkel θ'_{ij} verkanten.

Nach Abb. 7.18 berechnet sich der Faktor der Maßstabsveränderung dm aus:

$$\frac{s'_i}{2} = \frac{s}{2} + \Delta x_{ij},$$

$$dm = \frac{s}{2\left(\frac{s'_i}{2} + \Delta x_{ij}\right)} = \frac{s}{2\left(\frac{s'_i}{2} + \frac{S}{2}\; tg\;\varepsilon_{ij} \cdot tg\tau_{x_i}\right)}$$

und wegen $s \approx s'_i$:

$$dm \approx \frac{1}{1 - tg\;\varepsilon_{ij} \cdot tg\;\tau x_i}.$$

Der Kantungswinkel wird:

$$tg\theta'_{ij} = \frac{2 \cdot \Delta y_{ij}}{S} = tg\varepsilon_{ij} \cdot tg\tau_{y_i}.$$

Die Werte ε_{ij}, τ_{x_i} und τ_{y_i} können im GZ-1 jeweils bestimmt und auf die Drehung eines auf den Schlitz aufgesetzten Faseroptikringes übertragen werden. Dieser verformt das auf den Schlitz fallende Bild mit dm und θ'_{ij}.

Mit dem GZ-1 können auch die Höhenverhältnisse optisch festgehalten werden. Dies geschieht mit Hilfe von Zusatzeinrichtungen zur Ausgabe von Profilschraffen oder von Schichtlinien.

Bei der Profilschraffenzusatzeinrichtung wird das Bild einer in den Strahlengang eingebrachten Signalscheibe auf die Projektionsfläche geworfen. Die

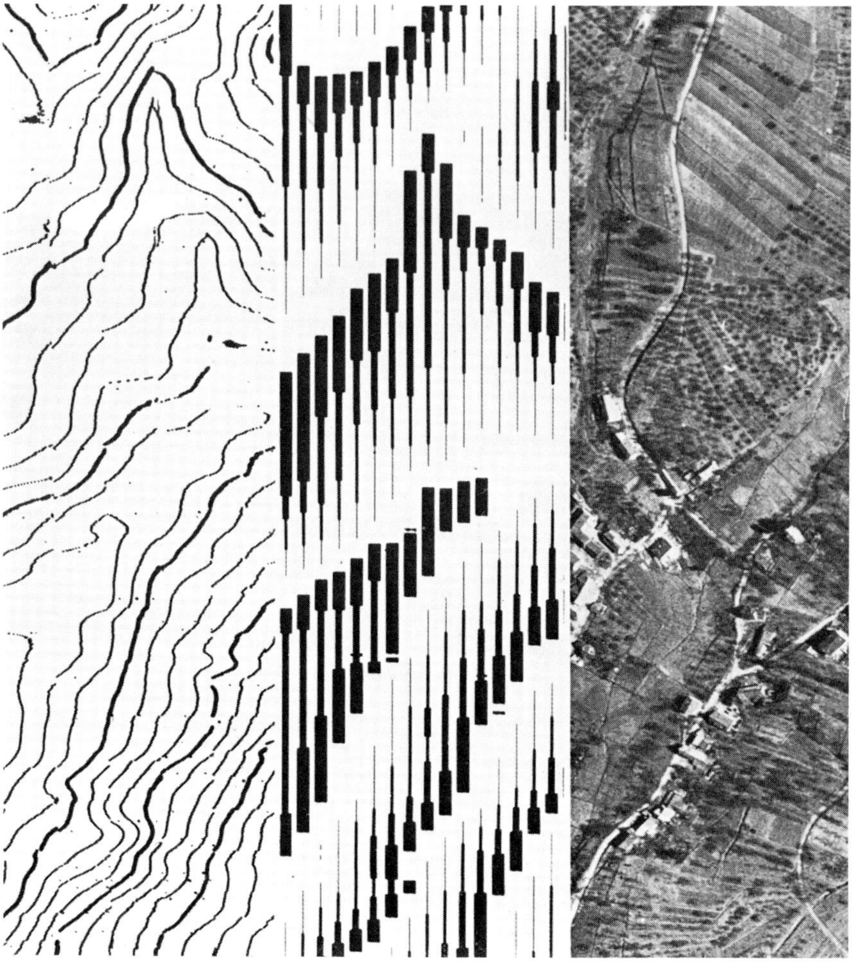

Abb. 7.20: Höhenlinien oder Profilschraffen als Zusatzabbildungen bei der Orthophotoherstellung am GZ

Signalscheibe enthält in Abhängigkeit des Drehwinkels, gesteuert durch die *z*-Spindel des Orthoprojektors, stufenweise in der Breite veränderliche Strichdicken.

Damit kann ein Profilschraffenbild gewonnen werden, in welchem jedes Schichtlinienintervall mit unterschiedlicher Strichweite gekennzeichnet wird (siehe Abb. 7.20. Die Profilschraffendarstellung hat sich allerdings kaum durchgesetzt.

Eine weitere Möglichkeit besteht in der Abbildung von Schichtlinien. Höhen benachbarter Profilpunkte werden jeweils zur linearen Interpolation von Schichtlinienkreuzungspunkten herangezogen. Diese werden auf einer linienförmigen Kathodenstrahlröhre abgebildet und auf den Projektionsschlitz projiziert. Beim profilmäßigen Abfahren entsteht ein Schichtlinienbild.

Literatur zu 7.2.3.
Hobbie, D., 1971, 1974; Jochmann, H., 1965

7.2.4 On-Line Orthophotogeräte mit frontaler Projektion

Verschiedene Hersteller mechanischer Auswertegeräte haben für diese Zusatzeinrichtungen zur On-Line Herstellung von Orthophotos konstruiert. Dabei wird ein Bild im Auswertegerät frontal auf eine Projektionsfläche (z. B. eine drehbare Trommel) geworfen, auf welcher sich ein Schlitz profilmäßig über die aufgespannte Filmfläche bewegt. Die Veränderung des Maßstabsverhältnisses zwischen Bild und Orthophoto wird in Abhängigkeit von der abgetasteten Profilhöhe z_i gesteuert. Dabei muß gleichzeitig die Linsengleichung zur Scharfabbildung erfüllt werden.

Das *Orthophot C von Jenoptik* führt diese Steuerungen durch mechanische Inversoren aus. Es ist mit dem Auswertegerät Topocart C gekoppelt.

Im *Orthophotozusatzgerät PPO-8 von Wild* zum Wild A-8 erfolgt diese Steuerung durch elektrische Analogrechner (siehe Abb. 7.21).

Auch *Galileo* hat zum Stereosimplex II C einen Orthophotozusatz geschaffen, welcher frontal auf eine ebene Projektionsfläche abbildet.

7.2.5 Rechnergesteuerte Off-Line Orthophotogeräte

Das erste rechnergesteuerte Orthophotogerät war 1968 der OP/C von *O. M. I.* als Zusatz zum Analytischen Plotter AP/C. Der Betrieb erfolgte zunächst noch on-line. Ab 1972 wurde im *OP/C-2* eine Off-Line-Lösung verwirklicht.

Die Profilabtastung in x, y steuert den Prozeß. Die zugehörigen Einstellungen der Bildkoordinaten $x'y'$, des Maßstabsverhältnisses dm zwischen Bild und Orthophoto, welches durch ein Zoomsystem geregelt wird, und der

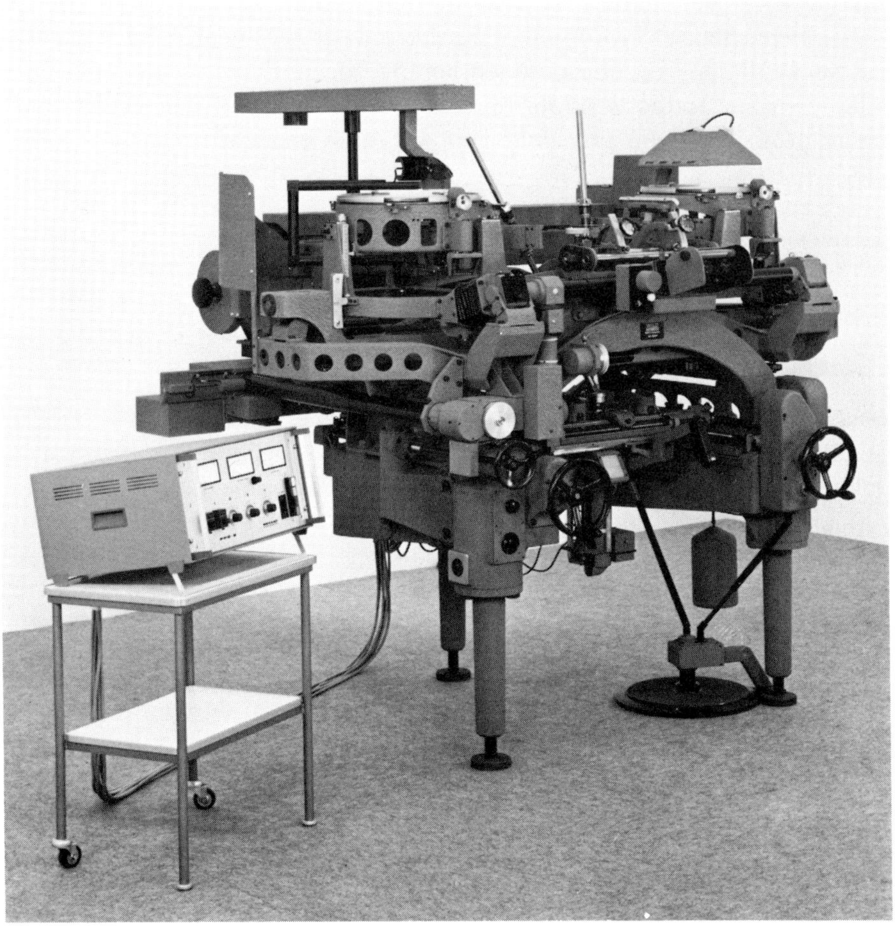

Abb. 7.21: Orthophotozusatzgerät PPO-8 zum Wild A-8

Bilddrehung θ' werden durch Mikroprozessoren in Abhängigkeit von z gesteuert.

Beim *Avioplan OR-1 von Wild* aus dem Jahre 1972 wird y durch Drehung der Orthophototrommel und durch profilweise Verschiebung von Spaltbreite zu Spaltbreite in x mechanisch verändert. Die Steuerdaten für die Zoomeinstellung des Maßstabsverhältnisses dm und die Bilddrehung θ' werden aus abgespeicherten Bildkoordinaten $x_i' y_i'$ gewonnen. Diese Bildkoordinaten wurden vorher für regelmäßige Profilpunkte x_i, y_i als Funktion der Orientie-

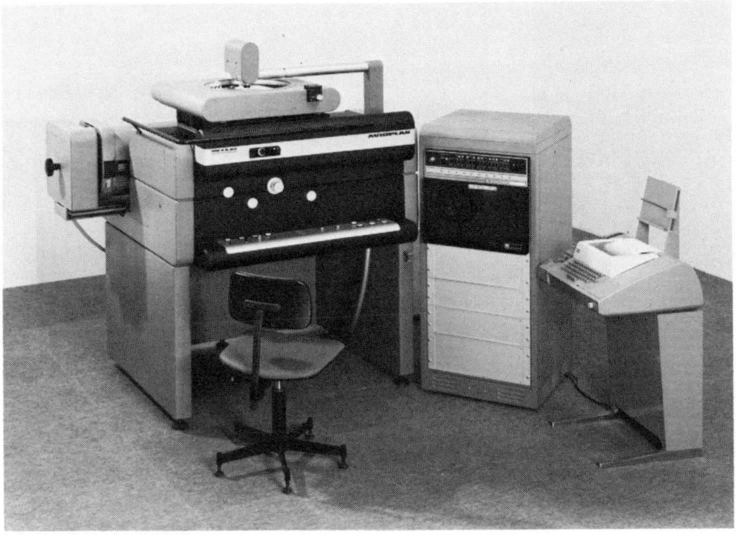

Abb. 7.22: Orthophotogerät Avioplan OR-1 von Wild

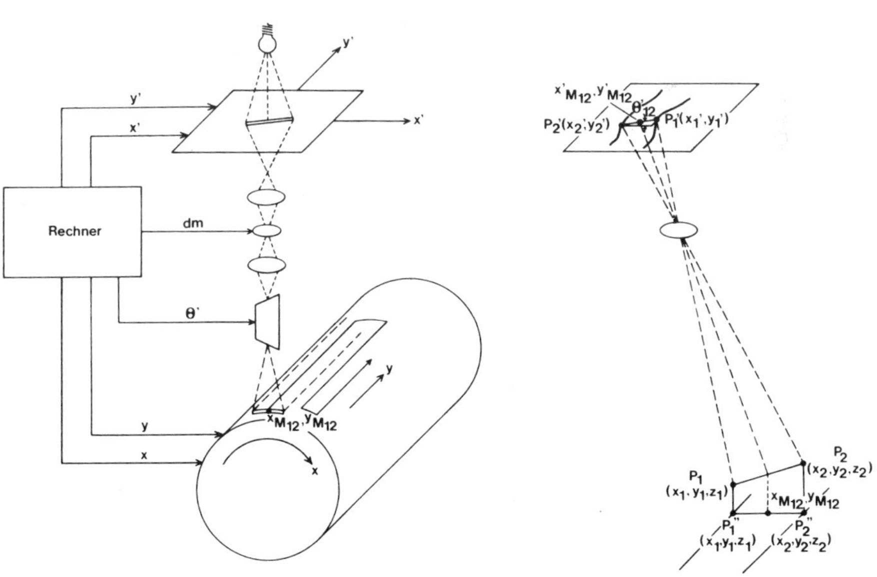

Abb. 7.23: Prinzipskizze eines analytischen Orthophotogeräts

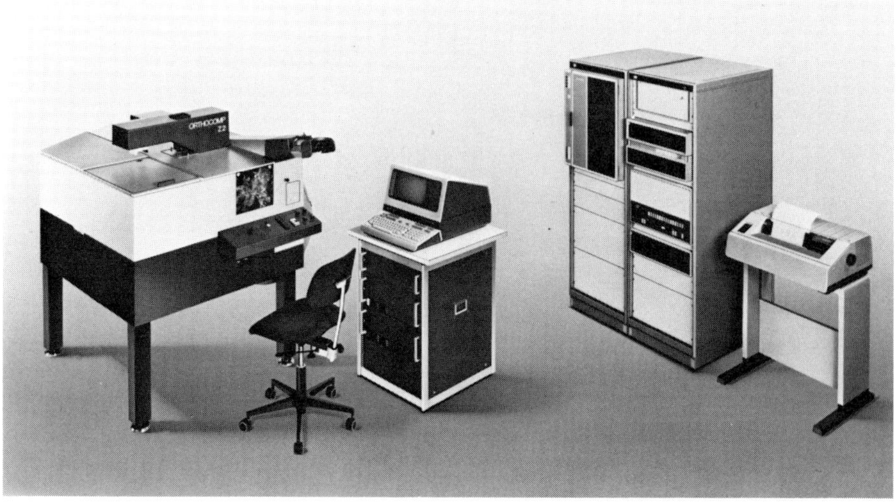

Abb. 7.24: Orthocomp Z-2 von Zeiss

rungselemente und der gemessenen Höhe z_i registriert. Dies geschah entweder direkt für x_i' y_i' bei der Profilmessung im Auswertegerät (z. B. Wild B-8) oder die in Regelprofilen gemessenen Punkte x_i, y_i, z_i wurden in einem Off-Line Rechenprogramm (SORA-OP) in $x_i' y_i'$ Werte umgerechnet (siehe Abb. 7.22). Für ein analytisches Orthophotogerät erfolgt die Berechnung der Steuerdaten nach Abb. 7.23. Für den OR-1 brauchen lediglich x_{M12}', y_{M12}', *dm* und θ' berechnet und eingestellt zu werden.

Der *Orthocomp Z-2 von Zeiss* regelt alle notwendigen Größen $x, y, x', y', dm, \theta'$ durch den Rechner (für die Verstellung der Zoomoptik werden zwei Größen berechnet); zusätzlich wird die Ausleuchtung in Abhängigkeit von *dm* und vom Bildwinkel τ gesteuert. Insgesamt sind 8 Servosysteme in Betrieb (siehe Abb. 7.24).
Die geometrischen Größen werden wie folgt berechnet:

$$x_1' = -c\frac{a_{11}(x_1 - x_0') + a_{12}(y_1 - y_0') + a_{13}(z_i - z_0')}{a_{31}(x_1 - x_0') + a_{32}(y_1 - y_0') + a_{33}(z_1 - z_0')},$$

$$y_1' = -c\frac{a_{21}(x_1 - x_0') + a_{22}(y_1 - y_0') + a_{23}(z_1 - z_0')}{a_{31}(x_1 - x_0') + a_{32}(y_1 - y_0') + a_{33}(z_1 - z_0')},$$

$$x_2' = -c\frac{a_{11}(x_2 - x_0') + a_{12}(y_2 - y_0') + a_{13}(z_2 - z_0')}{a_{31}(x_2 - x_0') + a_{32}(y_2 - y_0') + a_{33}(z_2 - z_0')},$$

$$y_2' = -c\frac{a_{21}(x_2 - x_0') + a_{22}(y_2 - y_0') + a_{23}(z_2 - z_0')}{a_{31}(x_2 - x_0') + a_{32}(y_2 - y_0') + a_{33}(z_2 - z_0')},$$

$$x'_{M12} = \frac{x_1' + x_2'}{2}, \quad y'_{M12} = \frac{y_1' + y_2'}{2},$$

$$x_{M12} = \frac{x_1 + x_2}{2} \cdot \frac{1}{m_K}, \quad y_M = \frac{y_1 + y_2}{2} \cdot \frac{1}{m_K},$$

$tg\ \theta'_{M12} = \dfrac{y_2' - y_1'}{x_2' - x_1'}$, wobei das Prisma um $\theta'_{M12}/2$ gedreht werden muß, um das Bild um θ'_{M12} zu rotieren

$$dm_{M12} = \frac{1}{m_K} \cdot \frac{\sqrt{(x_2 - x_1)^2 + (y_2 - y_1)^2}}{\sqrt{(x_2' - x_1')^2 + (y_2' - y_1')^2}}.$$

Der Wert $\dfrac{1}{m_K} \sqrt{(x_2 - x_1)^2 + (y_2 - y_1)^2} = S$

entspricht dabei der gewählten Schlitzbreite.

Literatur zu 7.2.5.
Faust, H. W., 1980; Vozikis, E., 1979

7.2.6 Stereoorthophotos

Der Nachteil, daß man ein Orthophoto gewöhnlich nur monokular betrachten kann, wird dadurch aufgehoben, daß einige Typen von Orthophotogeräten (insbesondere die analytischen) in der Lage sind, zum Orthophoto einen Stereopartner zu erstellen. Die Betrachtung dieser Stereoorthophotos unter dem Spiegelstereoskop erlaubt die geometrisch richtige Festlegung eines Punktes im Orthophoto bei gleichzeitiger Interpretation oder Höhenmessung des Geländereliefs mit Hilfe des Stereopartners.

Die Herstellung des Stereopartners erfolgt durch eine schiefe Parallelprojektion (siehe Abb. 7.25).

Das Orthophoto braucht zur Umwandlung in einen Stereopartner lediglich um den jeweiligen differentiellen Betrag

$$\Delta x_i = -tg\alpha \cdot \Delta z_i = -k \cdot \Delta z_i$$

in x-Richtung verschoben zu werden. Dadurch entstehen zwischen Orthophoto und Stereopartner künstliche Horizontalparallaxen. Die Blickrich-

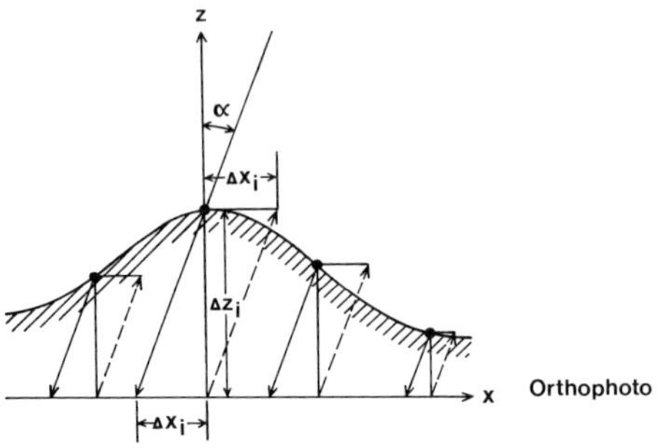

Abb. 7.25: Herstellung von Stereoorthophotos

tung α ist frei wählbar und sollte eine günstige stereoskopische Betrachtung nach Kap. 3.2 zulassen.

Soll ein Stereopartner in einem analytischem Orthophotogerät hergestellt werden, dann muß der zu projizierende Bildschlitz berechnet werden zu:

$$x_1'' = -c\frac{a_{11}(x_1 - k\cdot\Delta z_1 - x) + a_{12}(y_1 - y_0') + a_{13}(z_1 - z_0')}{a_{31}(x_1 - k\cdot\Delta z_1 - x_0') + a_{32}(y_1 - y_0') + a_{33}(z_1 - z_0')},$$

$$y_1'' = -c\frac{a_{21}(x_1 - k\cdot\Delta z_1 - x_0') + a_{22}(y_1 - y_0') + a_{23}(z_1 - z_0')}{a_{31}(x_1 - k\cdot\Delta z_1 - x_0') + a_{32}(y_1 - y_0') + a_{33}(z_1 - z_0')},$$

$$x_2'' = -c\frac{a_{11}(x_2 - k\cdot\Delta z_2 - x_0') + a_{12}(y_2 - y_0') + a_{13}(z_2 - z_0')}{a_{31}(x_2 - k\cdot\Delta z_2 - x_0') + a_{32}(y_2 - y_0') + a_{33}(z_2 - z_0')},$$

$$y_2'' = -c\frac{a_{21}(x_2 - k\cdot\Delta z_2 - x_0') + a_{22}(y_2 - y_0') + a_{23}(z_2 - z_0')}{a_{31}(x_2 - k\cdot\Delta z_2 - x_0') + a_{32}(y_2 - y_0') + a_{33}(z_2 - z_0')}.$$

Daraus kann berechnet werden:

$$x_{M12}'' = \frac{x_1'' + x_2''}{2}, \quad y_{M12}'' = \frac{y_1'' + y_2''}{2},$$

$$tg\theta_{M12}'' = \frac{y_2'' - y_1''}{x_2'' - x_1''},$$

$$dm = \frac{S}{\sqrt{(x_2'' - x_1'')^2 + (y_2'' - y_1'')^2}},$$

$$x_{M12} = \frac{x_1 + x_2}{2}, \quad y_{M12} = \frac{y_1 + y_2}{2}.$$

Orthophotos und Stereoorthophotos können auch auf elektronischem Weg hergestellt werden. Dabei wird ein Bild im x_i, y_i'-System mit einer elektronisch abgelenkten Kathodenstrahlröhre abgetastet und mit einer in x_i, y_i abgelenkten zweiten Kathodenstrahlröhre als Orthophoto wiedergegeben. Die Anwendung dieses Verfahrens ist allerdings nur dann sinnvoll, wenn mit der Bildabtastung ein automatisches Verfahren der Bildkorrelation verbunden ist.

Literatur zu 7.2.6.
Blachut, T. J., 1971; Finsterwalder, Rü., 1981; Kraus, K., Otepka, G., Loitsch, J., Haitzmann, H., 1979; Kraus, K., 1981

7.3 Automatische Bildkorrelation

Die elektronische Bildkorrelation geht auf eine Entwicklung von G. Hobrough aus dem Jahre 1957 zurück.

7.3.1 Stereomat

Im Stereomat von Hobrough wurden erstmals mit Erfolg Höhen automatisch aus Stereobildern abgeleitet (siehe Abb. 7.26).

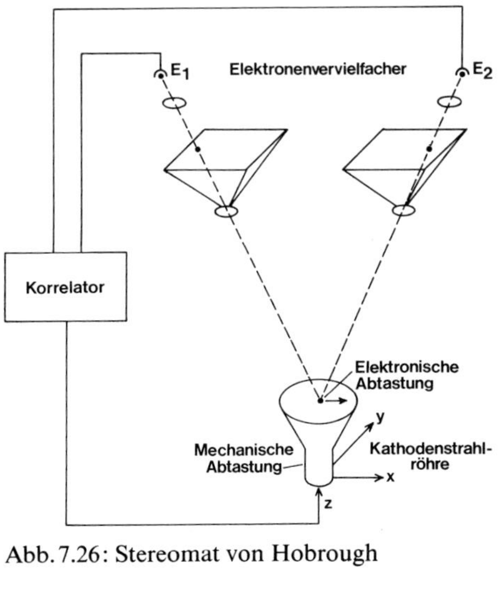

Abb. 7.26: Stereomat von Hobrough

Er bestand aus einem Kelsh Plotter, in welchem ein Stereomodell wie üblich gegenseitig und absolut orientiert werden konnte. Zur automatischen Ableitung der Höhen wurde das Tischchen durch eine Kathodenstrahlröhre ersetzt. Auf ihr wurde ein Lichtpunkt generiert, welcher auf das linke und rechte Bild projiziert wurde. Das Licht wurde dort durch die vorhandene Schwärzung intensitätsmoduliert und auf je einen Elektronenvervielfacher projiziert. Die dort generierte Stromstärke ist umgekehrt proportional zur Schwärzung des Bildes.

Wird der Bildpunkt auf der Oberfläche der Kathodenstrahlröhre durch elektronische Abtastung bewegt, dann werden unterschiedliche Bildpunkte beleuchtet. Es entsteht in den Elektronenvervielfachern ein Stromfluß, welcher umgekehrt proportional zu den abgetasteten Schwärzungen ist.

Sitzt der Kathodenstrahllichtpunkt direkt auf ebenem Gelände auf, dann geben beide Elektronenvervielfacher zeitgleiche identische Signalfolgen $A(t) = B(t)$. Befindet sich der Lichtpunkt über oder unter dem Gelände, und erfolgt die elektronische Abtastung in x-Richtung (in Richtung der Basis), dann ergeben die Elektronenvervielfacher Signalfolgen, welche gegenseitig um ein Zeitintervall τ verzögert sind, z. B. $A(t)$ und $B(t+\tau)$. Die Verzögerung ist proportional zur vorhandenen x-Parallaxe und zur Höhendifferenz Δz zwischen Gelände und dem abgelenkten Kathodenstrahlenlichtpunkt.

Die beiden Signale können einem Korrelator zugeführt werden. Dieser vergleicht die Signalfolgen bei unterschiedlichen zeitlichen Verschiebungen $\Delta\tau_i$ durch einen Korrelationsalgorithmus (siehe Abb. 7.27).

$$R(\tau+\Delta\tau_i) = \int_{t_0}^{t_n} A(t)\cdot B(t+\tau+\Delta\tau_i)dt.$$

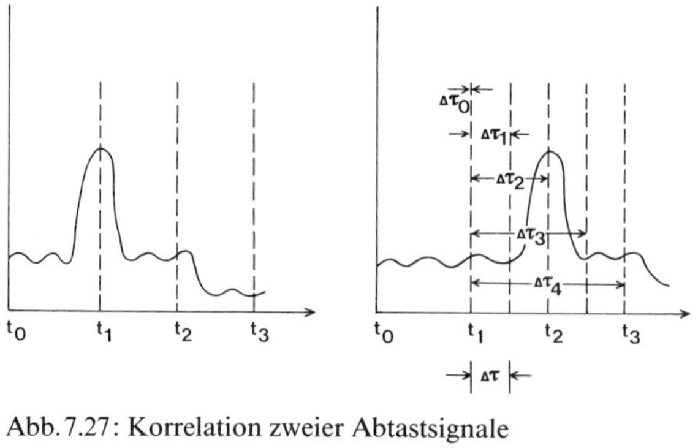

Abb. 7.27: Korrelation zweier Abtastsignale

Für die Signale der Abb. 7.27 entsteht ein maximales Korrelationsintegral $R(\tau+\Delta\tau_i)_{\max}$ im Falle der Verschiebung $\Delta\tau_2 = 2\Delta\tau$.

Die maximale Korrelation entspricht der zeitlichen Verschiebung, welche auf die Höhendifferenz zurückzuführen ist.

Die Korrelationsberechnung kann auch so durchgeführt werden, daß für eine gegebene zeitliche Verschiebung der Signale $\Delta\tau$ die Korrelation verbessert oder verschlechtert wird. Aus dem Vorzeichen der Verbesserung wird ein Steuersignal zur Hebung oder Senkung der Höhe der Kathodenstrahlröhre abgeleitet.

$$\Delta R(\Delta\tau) = R_1(\Delta\tau) - R_2(\Delta\tau),$$

$$R_1(\Delta\tau) = \int_{t_0}^{t_n} A(t+\Delta\tau)\cdot B(t+\tau)dt,$$

$$R_2(\Delta\tau) = \int_{t_0}^{t_n} A(t)\cdot B(t+\tau+\Delta\tau)dt.$$

Bei fortlaufender Berechnung kann somit die Höhe des Geländes mit dem Lichtpunkt der Kathodenstrahlröhre automatisch eingestellt werden indem $\Delta R(\Delta\tau)$ zu null gemacht wird.

Sollen mehrere Punkte des Geländes gemessen werden, dann wird der (raschen) elektronischen Abtastung eine (langsame) mechanische Abtastung der Kathodenstrahlröhre überlagert.

Diese kann z. B. nach Profilen (wie bei der Orthophotoabtastung) erfolgen. Geschieht die elektronische Abtastung nicht nur in x, sondern auch in y, so können zugehörige Abtastfolgen in x und y getrennt werden. Aus ihnen kann die Geländeneigung im mechanisch eingestellten Punkt und ihre Richtung ermittelt werden. Dies ergibt die Möglichkeit, die mechanische Bewegung senkrecht zur Geländeneigung, also entlang einer Schichtlinie zu steuern.

Ist die Beseitigung der y-Parallaxen durch eine gegenseitige Orientierung noch nicht vollzogen, so kann die elektronische Bildkorrelation für die in x und in y getrennt zusammengefaßten Signalfolgen durchgeführt werden. Eine y-Parallaxe gemessen an einem bestimmten Von Gruber-Orientierungspunkt kann das entsprechende Orientierungselement durch ein Servosignal steuern, bis sie beseitigt ist.

Für die elektronische Abtastung wurde im Stereomat ein zufällig veränderliches Raster gewählt, welches den Lichtpunkt der Kathodenstrahlröhre nach

Abb. 7.28: Stereomat Wild B 8

einer Wahrscheinlichkeitskurve in x und in y ablenkt. Dies ermöglicht nicht nur eine Trennung der x- und y-Signale; es bevorzugt die Messung der Höhe im mechanisch eingestellten Punkt.

Spätere Stereomattypen, hergestellt von Raytheon, adaptierten das Korrelationsprinzip an einen Wild B-8. Hierzu wurden zwei Kathodenstrahlröhren für die beiden Bildträger verwendet, welche synchron abgelenkt wurden (siehe Abb. 7.28 und 7.29).

Dieses Gerät war außerdem mit einer Bildübertragung für elektronische Ausgabe von Orthophotos versehen. Es war in den USA, in Mexiko und in Frankreich im Einsatz. Eine Weiterentwicklung zum Raytheon-Wild A 2000 führte wegen der hohen Kosten jedoch nicht über den Prototyp hinaus.

Literatur zu 7.3.1.

Hobrough, G. L., 1959; Löscher, W., 1964

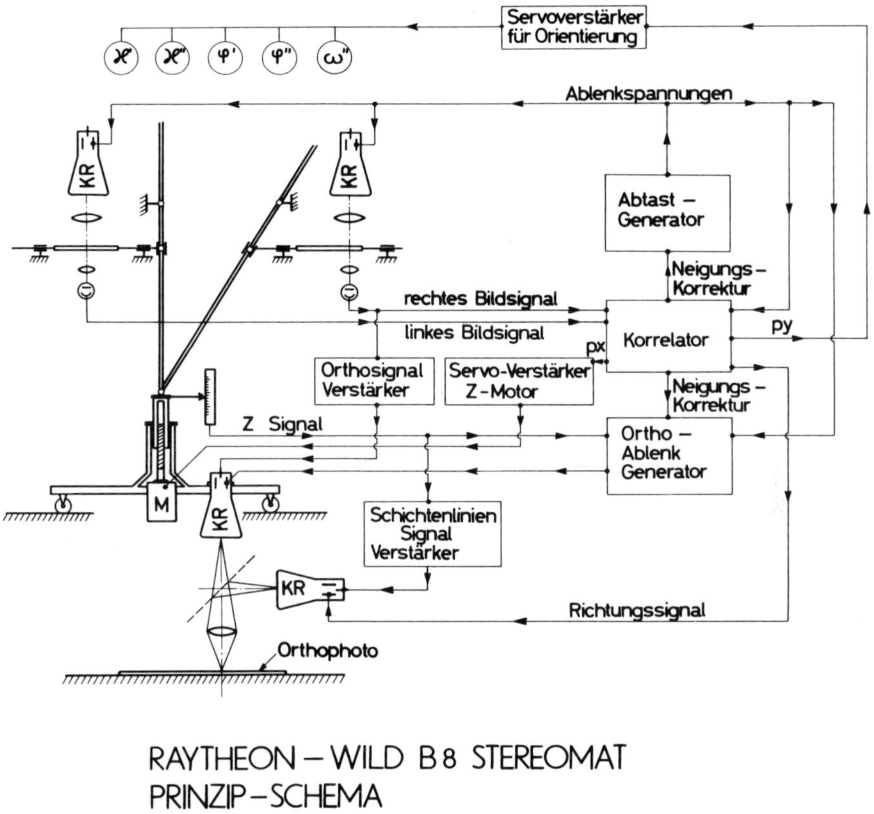

Abb. 7.29: Raytheon-Wild B8 Stereomat, Prinzip-Schema

7.3.2 Elektronische Bildkorrelatoren für mechanische Auswertegeräte

Ein spezieller Bildkorrelator wurde von der Firma Itek (USA) für den Zeiss-Planimat entwickelt. Damit können Höhenprofile automatisch registriert werden, welche für die Off-Line Orthophotoherstellung auf optischem Weg benötigt werden.

Auch in der DDR wurde von Jenoptik ein Bildkorrelator (Oromat) als Zusatz zum Topocart C und zum Orthophot C als Gesamtsystem Topomat entwickelt (siehe Abb. 7.30).

Die elektronischen Bildkorrelatoren für mechanische Auswertegeräte, einschließlich der Weiterentwicklungen des Stereomat, besitzen iterative Ver-

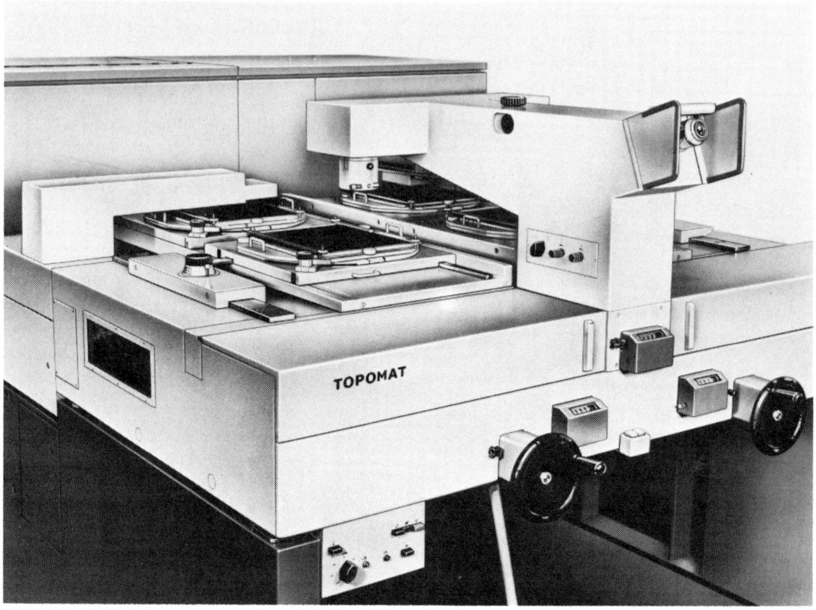

Abb. 7.30: Topomat von Jenoptik

besserungen, um die Abtastraster mit den ermittelten Geländeneigungen linear zu deformieren. Dadurch wird eine verbesserte Korrelation erreicht.

7.3.3 Elektronische Bildkorrelatoren nach dem Analytischen Plotterprinzip

Das 1963 von S. Bertram bei Bunker-Ramo-Wooldridge für die U. S.-Armee entwickelte Universal Automatic Map Compilation Equipment (UNAMACE) nutzte die Vorteile eines analytischen Plotterprinzips (siehe Abb. 7.31).

Die Werte x,y können vom Rechner variiert werden. Hierfür werden die Werte x',y' und x'',y'' berechnet und eingestellt. Die Kathodenstrahlröhren für Bild 1 und 2 ermöglichen die Abtastung der Schwärzungswerte d_1 und d_2, welche an den Korrelator (und an die Orthophotokathodenstrahlröhre) weitergegeben werden.

Der Korrelator berechnet z als Funktion der Werte d_1 und d_2, welches wiederum in die Berechnung von x',y' und x'',y'' eingeht.

Die Bildbetrachtung erfolgt auf zwei weiteren Kathodenstrahlröhren des Sichtgeräts. Ihre Bilder werden durch x,y und d_1 sowie durch $x+px,\ y,\ d_1$

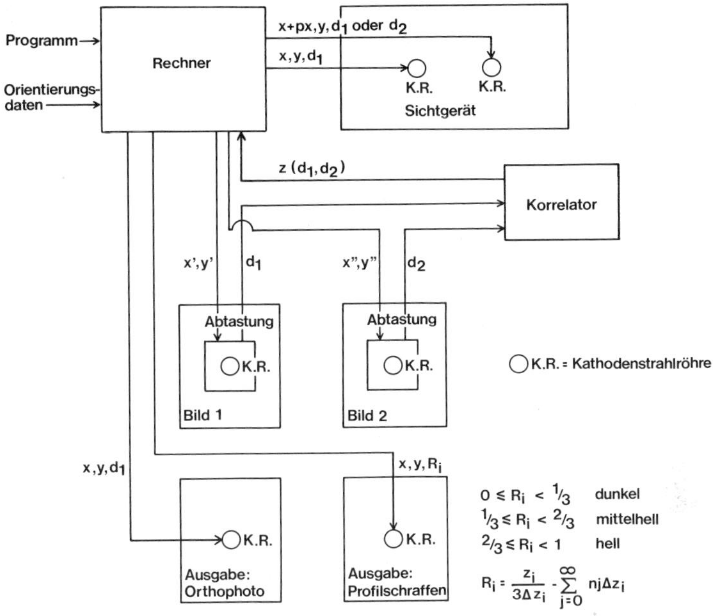

Abb. 7.31: UNAMACE-Prinzip

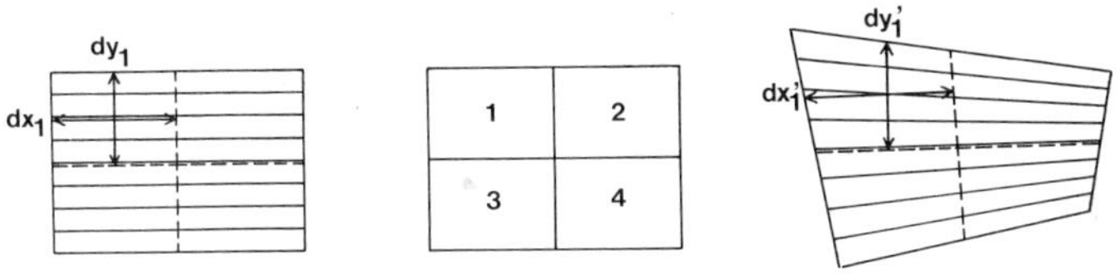

Abb. 7.32: Verformung des UNAMACE-Abtastrasters

oder d_2 generiert und über Polarisationsfilter und Polarisationsbrillen betrachtet.
Schichtlinienintervalle können durch unterschiedliche Schwärzung an einer weiteren Kathodenstrahlröhre ausgegeben werden.

Die Orthophotoausgabe *(x,y)* erfolgt wahlweise mit dem Schwärzungssignal eines Bildes (d_1 oder d_2). Statt der Profilschraffen kann auf der zweiten Ausgabekathodenstrahlröhre (ebenfalls mit d_1 oder d_2) ein Stereopartner *(x+ dx,y)* ausgegeben werden.

Die elektronische Abtastung der Bilder erfolgt in einem Rechteck paralleler Abtastlinien. Dieses Rechteck wird zu einem beliebigen Viereck verformt.

Die Verformung wird für vier Rechteckteile im analytischen Plotter berechnet (siehe Abb. 7.32).

Mit $x_i' = f_1\,(x_i, y_i, z_i)$ und $y_i' = f_2\,(x_i, y_i, z_i)$ können die dx_i', dy_i' aus den dx_i, dy_i für die vier Rechteckteile bestimmt werden.

$$dx_i' = \left(\frac{\partial x_i'}{\partial x_i}\right) dx_i + \left(\frac{\partial x_i'}{\partial y_i}\right) dy_i + \left(\frac{\partial x_i'}{\partial z_i}\right) \cdot \left(\frac{\partial z_i}{\partial x_i} dx_i + \frac{\partial z_i}{\partial y_i} dy_i\right),$$

$$dy_i' = \left(\frac{\partial y_i'}{\partial x_i}\right) dx_i + \left(\frac{\partial y_i'}{\partial y_i}\right) dy_i + \left(\frac{\partial y_i'}{\partial z_i}\right) \cdot \left(\frac{\partial z_i}{\partial x_i} dx_i + \frac{\partial z_i}{\partial y_i} dy_i\right).$$

Die Werte $\frac{\partial z_i}{\partial x_i}$ und $\frac{\partial z_i}{\partial y_i}$ sind ein Maß für die Geländeneigung ε_x, ε_y in x_i oder y_i. Nach Abb. 7.33 ergibt sich hierfür:

$$tg\varepsilon_x = \frac{\partial z_i}{\partial x_i} = \frac{\partial z_i}{\partial(t_1 - t_0)} \cdot \frac{\partial(t_1 - t_0)}{\partial x_i},$$

$$tg\varepsilon_y = \frac{\partial z_i}{\partial y_i} = \frac{\partial z_i}{\partial(t_3 - t_1)} \cdot \frac{\partial(t_3 - t_1)}{\partial y_i}.$$

Die Größe der Geländeneigung ε und ihre Richtung α lautet:

$$\varepsilon = \sqrt{\varepsilon_x^2 + \varepsilon_y^2},$$

$$tg\alpha = \frac{\partial x_i}{\partial y_i} = \frac{\left(\frac{\partial z_i}{\partial y_i}\right)}{\left(\frac{\partial z_i}{\partial x_i}\right)}.$$

Der *Gestalt Photomapper* von Hobrough aus dem Jahre 1972 verbessert das im UNAMACE angewandte Prinzip, indem die Abtastraster nicht nur linear, sondern nach Funktionen höherer Ordnung verformt werden können. Hierzu wird das Stereomodell in Rechtecke von 9×8 mm (bezogen auf den genäherten Bildmaßstab) zerlegt. In jedem Rechteck wird ein Punktgitter von 52×47 Punkten durch die Bildkorrelation höhenmäßig zugeordnet. Dabei werden nur die Punkte als Beobachtungen verwendet, welche eine maximale Korrelationsgüte aufweisen; alle übrigen Punkthöhen im Gitter werden durch Glättung der guten Beobachtungen interpoliert. Die Rechteckspunkte stellen nun ein digitales Geländemodell x, y, z dar.
Mit Hilfe der Kollinearitätsgleichungen können für jeden Punkt die zugehörigen Bildpunkte x', y' errechnet und mit dem Kathodenstrahl abgetastet

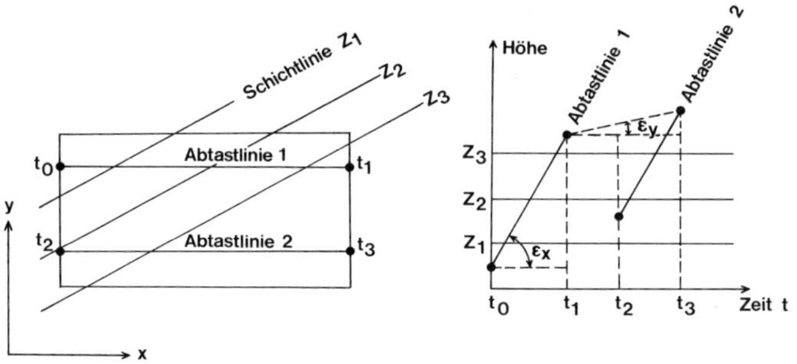

Abb. 7.33: Bestimmung der Geländeneigung und ihrer Richtung aus Abtastsignalen

werden. Damit ergibt sich eine wesentliche Verbesserung der Bildkorrelation. Mit dem Gestalt Photomapper kann ein aus 700000 Höhenpunkten bestehendes Stereomodell mit einer Genauigkeit von $\sigma_h = \pm 0{,}22‰ \cdot h$ in etwa einer Stunde ausgemessen werden.

Gleichzeitig entsteht dabei ein Orthophoto. Ist an bestimmten Modellstellen die Korrelationsgüte nicht ausreichend, so unterbricht der Rechner die Auswertung. Der Operateur hat dann Gelegenheit, die Parallaxe im Sichtgerät durch eine Rollkugel wegzustellen und die automatische Auswertung fortzusetzen. Das DGM der gemessenen Höhenpunkte wird auf Magnetband registriert. Wegen seiner hohen Punktdichte ist die Off-Line-Interpolation von Schichtlinien und ihre graphische Ausgabe mit einfachen Verfahren möglich.

U. Helava hat bei der Firma Bendix (USA) seit 1966 Bildkorrelatoren zum Analytischen Plotter AS-11-A gebaut (Gesamtsysteme AS-11-B zur DGM-Herstellung und AS-11-C zur Orthophotoausgabe). Im Bendixgerät von 1978, dem AS-11-BX, wurde ein neues Prinzip angewandt:

Literatur zu 7.3.3.
Bertram, S., 1965

7.3.4 Digitale On-Line-Korrelatoren nach Kernstrahlen

Der *Bendix AS-11-BX* verwendet die in Kap. 3.3 (und Abb. 3.6) dargestellte Eigenschaft stereoskopischer Bilder, daß die gesamte Höheninformation aller in einer Kernebene liegenden Punkte in den entsprechenden Kernstrahlen beider Bilder zu finden ist.

Die Richtung der Kernstrahlen im Bild kann für eine parallel zur Aufnahmebasis liegende Strecke mit den Endpunkten P_1 (x_1,y_1) und P_2 (x_2,y_2) mit Hilfe der Kollinearitätsgleichungen der Echtzeitlösung eines analytischen Plotters, welche x_1',y_1' und x_2',y_2' berechnen, bestimmt werden:

$$tg\theta_{12}' = \frac{y_2' - y_1'}{x_2' - x_1'}.$$

Die Berechnung ist mit den in Kap. 4.5.1 abgeleiteten Größen auch explizit möglich:

$$tg\theta_{12}' = \frac{\partial y'}{\partial x'} = \frac{\partial y'}{\partial x} \cdot \frac{\partial x}{\partial x'},$$

$$\frac{\partial y'}{\partial x} = -\frac{1}{\mathbf{a}_3^{\mathrm{T}}\mathbf{b}}(y_i' a_{31} = c\, a_{21}).$$

Nach Kap. 4.3 gilt:

$$\mathbf{x}_i = \mathbf{x}_0' + \lambda_i' \mathbf{A}^{T'} \mathbf{p}_i'.$$

Dies führt zu Kollinearitätsgleichungen der Form:

$$x_i = (z_i - z_0') \cdot \frac{a_{11}x_i' + a_{21}y_i' - a_{31}c}{a_{13}x_i' + a_{23}y_i' - a_{33}c} + x_0',$$

$$y_i = (z_i - z_0') \cdot \frac{a_{12}x_i' + a_{22}y_i' - a_{32}c}{a_{13}x_i' + a_{23}y_i' - a_{33}c} + y_0'$$

oder linearisiert:

$$dx_i = \frac{\partial x_i}{\partial x_i'} dx_i' + \frac{\partial x_i}{\partial y_i'} dy_i' + \frac{\partial x_i}{\partial c} dc + \ldots,$$

$$dy_i = \frac{\partial y_i}{\partial x_i'} dx_i' + \frac{\partial y_i}{\partial y_i'} dy_i' + \frac{\partial y_i}{\partial c} dc + \ldots$$

Entsprechend den Ableitungen in Kap. 4.4 wird:

$$\frac{\partial x}{\partial x'} = \frac{a_{13}(x_i - x_0') - a_{11}(z_i - z_0')}{a_{13}x_i' + a_{23}y_i' - a_{33}c}.$$

Somit folgt:

$$tg\theta_{12}' = -\frac{(a_{31}y_i' + a_{21}c)}{[a_{31}(x_i - x_0') + a_{32}(y_i - y_0') + a_{33}(z_i - z_0')]}\cdot$$

$$\frac{[a_{13}(x_i - x_0') - a_{11}(z_i - z_0')]}{[a_{13}x_i' + a_{23}y_i' - a_{33}c]}$$

Die Abtastung entlang der beiden Kernstrahlen erfolgt mit Laserlicht. Hierzu wird der 10 μm breite Laserstrahl durch rotierende Prismen über einen Bereich von 25,6 mm in x' abgelenkt. In y' schließt sich das nächste Abtastprofil im Abstand von 320 μm an. Die Lasersignale werden entlang der Abtastung etwa alle 20 μm in Digitalwerte umgewandelt. Nach Berechnung der Höhen entlang der Abtastung erfolgt eine geometrische Adressenmodifizierung in Abhängigkeit von Bildneigung und Geländeneigung.

Die Bildkorrelation wird eindimensional mit den Signalen entsprechender Kernstrahlen durchgeführt. Die dadurch verringerte Datenmenge erlaubt die Lösung des Korrelationsalgorithmus mit einem digitalen Parallelprozessor, welcher gleichzeitig die 4 Kombinationen zweier benachbarter Kernstrahlen in zwei Bildern auswerten kann.

Der Nachteil der Abtastung nach Kernstrahlen besteht darin, daß die ermittelten Höhenpunkte x_i, y_i, z_i nachher mit Hilfe eines räumlichen Vorwärtsschnitts berechnet werden müssen.

Während die Bildpunkte auf Geraden (den Kernstrahlen) liegen, beschreibt die Orthogonalprojektion der berechneten Strahlenschnitte einen Polygonzug.

Immerhin können 25 000 DGM-Punkte pro Minute digital registriert werden.

Auch der an der Universität Hannover gebaute *„Rastar-Korrelator“* ist ein digitaler On-Line-Korrelator für analytische Auswertegeräte. Die Kernstrahlenabtastung erfolgt mit Diodenzeilen von 1728 Elementen (13 μm breit × 17 μm hoch, 5 μm Abstand).

Literatur zu 7.3.4.

Helava, U. V., 1978; Hobrough, G. L., 1978

7.3.5 Digitale Off-Line Bildkorrelation

Bereits im Jahre 1962 hat I. B. M. (USA) nachgewiesen, daß die Bildkorrelation im Allzweckrechner möglich ist. Hierzu müssen die sich überdeckenden Bilder durch Abtastung (z. B. mit einem Optronics-Trommelabtaster) in quadratische digitale Bildelemente zerlegt werden (siehe Kap. 7.4.1).

In einem Orientierungsvorgang werden die Elemente der inneren, der gegenseitigen und der absoluten Orientierung bestimmt. Danach folgt eine digitale Entzerrung der Bilder nach Kap. 7.4.3.

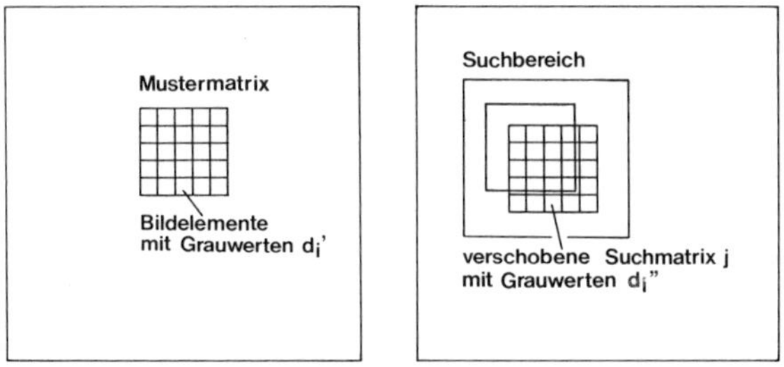

Abb. 7.34: Digitale Bildkorrelation

Im linken entzerrten Bild kann nun zur Bildkorrelation eine Mustermatrix festgelegt werden.

Im rechten entzerrten Bild kann ein Suchbereich definiert werden, in welchem eine der Mustermatrix in den Dimensionen gleiche Suchmatrix verschoben werden kann. Es wird durch Verschieben der Suchmatrix in x und y gesucht, bis eine Matrix gefunden ist, welche ein optimales Korrelationsergebnis liefert (siehe Abb. 7.34).

Dies ist z. B. durch die Berechnung des maximalen Korrelationskoeffizienten $r_{j\max}$ gegeben:

$$\operatorname{cov} r_j = \frac{1}{n} \sum_1^n d_i' \cdot d_{ij}'', \quad (\operatorname{cov} = \text{Kovarianz})$$

$$\sigma' = \pm \sqrt{\frac{1}{n} \sum (d_i' - d')}, \quad d' = \frac{1}{n} \sum_1^n d_i',$$

$$\sigma_j'' = \pm \sqrt{\frac{1}{n} \sum (d_{ij}'' - d_j'')}, \quad d_j'' = \frac{1}{n} \sum_1^n d_{ij}'',$$

$$r_j = \frac{\operatorname{cov} r_j}{\sigma' \cdot \sigma_j''}.$$

Für $r_{j\max}$ ist eigentlich nur der Verschiebungsbetrag in x zu bestimmen, da der Verschiebungsbetrag in y bereits durch die gegenseitige Orientierung und die nachfolgende Entzerrung beseitigt wurde.

Keating (USA, 1975) und Kreiling (Karlsruhe, 1976) haben die Korrelationsaufgabe auf die Behandlung von Kernstrahlen reduziert und für Bildelemente von 40 µm × 40 µm eine Höhengenauigkeit von $\sigma_h = \pm 0{,}4‰ \cdot h$ bei

70 Minuten Rechenzeit auf einem Großrechner erhalten. Erst der Einsatz von Parallel- und Pipelineprozessoren verspricht ein rationelleres Verfahren.

Literatur zu 7.3.5.
Wrobel, B., Ehlers, M., 1980

7.4 Digitale Bildverarbeitung

Die digitale Bildkorrelation ist ein Bestandteil der digitalen Bildverarbeitung. Trotz des derzeit hohen Aufwandes durch die Berechnung gewinnt die digitale Bildverarbeitung zunehmend an Bedeutung. Dies gilt insbesondere für die Verarbeitung nicht-photographischer Sensordaten, welche zumeist bereits in digitaler Form vorliegen.

7.4.1 Digitalisierung von Bildern und digitale Bildausgabe

Die Digitalisierung in quadratische Bildelemente ist mit einem in Abb. 7.35 dargestellten Trommelabtaster von *Optronics* möglich. Auf eine Lesetrommel wird das zu digitalisierende Filmnegativ oder Filmdiapositiv bis zum Format von 23 × 23 cm aufgespannt. Eine Lampe beleuchtet den Film in der Bildapertur, welche wahlweise Quadrate mit Seitenlängen von 12,5 µm, 25 µm, 50 µm oder 100 µm ausleuchtet. Das durch die Apertur hindurchgehende Licht wird durch die Filmschwärzung intensitätsmoduliert und von einem Elektronenvervielfacher empfangen. Nach Verstärkung wird das analoge elektrische Signal in digitalen Werten von 8 bit (256 Graustufen) codiert und zum Rechner (und zum Magnetband) weitergeleitet.

Die Bewegung der Lesetrommel erfolgt durch einen Motor in y'-Richtung. Ein Drehimpulsgeber bestimmt die Taktzeiten der Digitalisierung während der Drehung.

In x'-Richtung sorgt ein Schrittschaltmotor über eine Spindel für die Einstellung der nächsten Abtastzeile.

Das Gerät P1700 von Optronics erlaubt außerdem die Wiedergabe digitaler Bildinformationen im Raster mit Seitenlängen von wahlweise 12,5 µm, 25 µm, 50 µm und 100 µm. Dabei können 64 Grauwerte wiedergegeben werden. Die digitalen Grauwerte werden einem Modulator zugeführt, auf welchen eine Laserdiode mit entsprechend starken Lichtblitzen anspricht. Diese

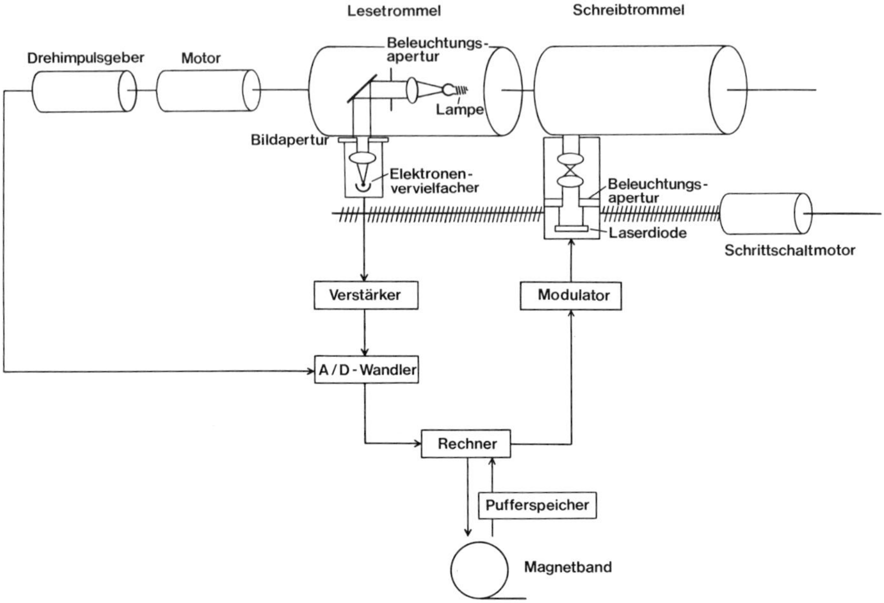

Abb. 7.35: Digitales Lese- und Schreibgerät Optronics P1700

werden durch eine Apertur optisch auf die Schreibtrommel projiziert, auf welcher ein lichtempfindlicher Film aufgespannt ist. Bei Drehung der Trommel in y' wird die Impulsfrequenz durch den Drehgeber gesteuert. Mit dem Schrittschaltmotor wird das nächste Profil in x' eingestellt.

Die Abtastung eines Farbbildes kann hintereinander in drei Farben erfolgen. Hierzu werden jeweils Filter eingeschaltet, welche nur den Blauanteil, den Grünanteil oder den Rotanteil des Bildes hindurchlassen.

Zur Farbwiedergabe können gleichfalls drei Farbauszüge umgerechnet für gelb, magenta und cyan ausgegeben werden, welche nach genauer Einpassung auf einen Negativfarbfilm kopiert (oder vergrößert) werden können. Das Farbwiedergabegerät von Optronics projiziert die digitalen Farbwerte in blau, grün und rot hintereinander direkt auf Umkehrfarbfilm.

Andere Möglichkeiten zur Umwandlung von Bilddaten in Digitalwerte bieten elektronische Abtaster, bei welchen der Kathodenstrahl (oder der Laserstrahl) wie bei den Bildkorrelatoren in Kap. 7.3 beschrieben abgelenkt, durch das Bild moduliert und auf einen Elektronenvervielfacher abgebildet wird. Es können auch Zeilendioden, wie beim Rastarkorrelator Anwendung finden.

Zur Wiedergabe digitaler Bilddaten reicht im einfachsten Fall bereits der Zeilendrucker eines Rechners aus. Durch Übereinanderdruck mehrerer Symbole kann ein schwarz-weißbildähnlicher Ausdruck mit bis zu 16 unterscheidbaren Graustufen generiert werden.

7.4.2 Digitale Grauwertveränderung

Die digital gespeicherten Grauwerte der Bildelemente können durch Rechnung so verändert werden, daß die Interpretationsfähigkeit des Bildes gesteigert wird.

(a) *Einschichtig punktbezogene Bildoperationen* verändern jedes einzelne Bildelement nach einer bestimmten Funktion ohne Nachbarschaftszugriff. Beispiele hierfür sind die in Abb. 7.36 dargestellten Grauwertver-

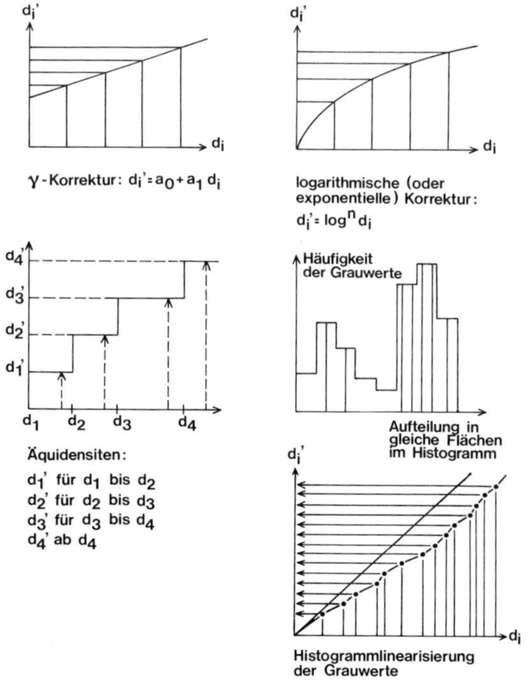

Abb. 7.36: Einschichtig punktbezogene Bildoperationen

änderungen. Dabei bedeutet d_i den Originalgrauwert und d_i' den veränderten Grauwert. Die relativ einfach zu berechnenden linearen, logarithmischen und histogramm-linearisierten Veränderungen der γ-Kurve, oder die Wiedergabe der Grauwerte mit Äquidensiten sind in der Lage, den Kontrast in kontrastarmen Bildbereichen zu verstärken.

(b) *Einschichtig lokale Bildoperationen* berücksichtigen bei der Grauwertveränderung eines Bildelementes seine lokale Umgebung.

Für homogene, lineare Bildoperationen geschieht dies durch eine Faltung der Bildmatrix $D(x,y)$ mit der Gewichtsmatrix $G(x,y)$.

$$D'(x,y) = G(x,y) * D(x,y).$$

$G(x,y)$ wirkt somit als Filter.

Eine Filterung kann auch im Frequenzbereich durchgeführt werden. Dann muß für $G(x,y)$ und für $D(x,y)$ eine Fouriertransformation durchgeführt werden:

$$\text{Fou } G(u,v) = \int_{-\infty}^{\infty} \int_{-\infty}^{\infty} e^{2m\sqrt{-1}(ux+vy)} \cdot G(x,y)dx,dy,$$

$$\text{Fou } D(u,v) = \int_{-\infty}^{\infty} \int_{-\infty}^{\infty} e^{2m\sqrt{-1}(ux+vy)} \cdot D(x,y)dx,dy,$$

$$\text{Fou } D'(u,v) = \text{Fou } G(u,v) \cdot \text{Fou } D(u,v).$$

$D'(x,y)$ kann aus der inversen Fouriertransformation gewonnen werden:

$$D'(x,y) = \text{Fou}^{-1} D'(u,v) = \int_{-\infty}^{\infty} \int_{-\infty}^{\infty} e^{-2\pi\sqrt{-i}(ux+vy)} \text{ Fou } D'(u,v)du,dv.$$

Der Frequenzraum u,v hat den Vorteil, daß in ihm Frequenzen durch radiale Abstände und ihre Richtungen durch Winkel ausgedrückt werden können. Wählt man nur einen Sektor des Frequenzbildes aus, so bedeutet dies eine Richtungsfilterung. Die Auswahl der durch einen Kreis begrenzten Bildmitte bedeutet eine Tiefpaßfilterung, die Auswahl des durch einen Kreis begrenzten Frequenzbildrandes eine Hochpaßfilterung. Die Auswahl eines Kreisringes um die Frequenzbildmitte ist eine Bandpaßfilterung.

Bei kleineren Filtermatrizen ist jedoch wegen des Rechenaufwandes die Faltung vorzuziehen.

$d_{i-1,j-1}$	$d_{i,j-1}$	$d_{i+1,j-1}$
$d_{i-1,j}$	$d_{i,j}$	$d_{i+1,j}$
$d_{i-1,j+1}$	$d_{i,j+1}$	$d_{i+1,j+1}$

Bildmatrix D(x,y)

$\frac{1}{9}$	$\frac{1}{9}$	$\frac{1}{9}$
$\frac{1}{9}$	$\frac{1}{9}$	$\frac{1}{9}$
$\frac{1}{9}$	$\frac{1}{9}$	$\frac{1}{9}$

Filtermatrix G_1 (x,y)
Tiefpaßfilter

$+\frac{1}{3}$	$+\frac{1}{3}$	$+\frac{1}{3}$
0	0	0
$-\frac{1}{3}$	$-\frac{1}{3}$	$-\frac{1}{3}$

Filtermatrix G_2 (x,y)
zur Verstärkung eines
Richtungskontrastes in y

0	-1	0
-1	4	-1
0	-1	0

Filtermatrix G_3 (x,y)
zur Kantenverstärkung
mit dem Laplace-Operator

Abb. 7.37: Einschichtig lokale Bildoperationen an einer 3 × 3 Bildmatrix

Abb. 7.37 stellt einige gebräuchliche Faltungsoperatoren dar.

Eine *Tiefpaßfilterung* kann durch die Faltung $D'(x,y) = G_1(x,y) * D(x,y)$ erreicht werden:

$$d'_{1_{i,j}} = \frac{1}{9}\,(d_{i-1,j-1} + d_{i,j-1} + d_{i+1,j-1} + d_{i-1,j} + d_{i,j} + d_{i+1,j} + d_{i-1,j+1} + d_{i,j+1} + d_{i+1,j+1}).$$

Ein *Richtungskontrast* in *y*

$$\Delta d_j = |d_{i,j-1} - d_{i,j+1}|$$

kann mit $G_2(x,y)$ erhalten werden zu:

$$d'_{2_{i,j}} = \frac{1}{3}\,(|d_{i-1,j-1} - d_{i-1,j+1}| + |d_{i,j-1} - d_{i,j+1}| + |d_{i+1,j-1} - d_{i+1,j+1}|).$$

Eine *Kantenverstärkung* kann durch den Laplace-Operator erreicht werden:

$$\nabla d(x,y) = \frac{\partial^2 d}{\partial x^2} + \frac{\partial^2 d}{\partial y^2}.$$

Seine Näherung lautet:

$$d'_{3_{i,j}} = 4d_{i,j} - (d_{i-1,j} + d_{i,j-1} + d_{i+1,j} + d_{i,j+1}).$$

Weil aber die Kantenverstärkung gleichzeitig die Störsignale verstärkt, können *Tiefpaßfilter und Laplaceoperator* gemeinsam angewandt werden:

$$d'_{4_{i,j}} = \frac{1}{2}\,(d'_{1_{i,j}} + d'_{3_{i,j}}).$$

Ein *Hochpaßfilter* wird auch durch Substraktion eines Tiefpaßfilters vom Signal erreicht:

$$d'_{5_{i,j}} = 2d_{i,j} - d'_{1_{i,j}}.$$

Bildstörungen bekannter Ursachen (Verrisse, Defokussierungen) werden am günstigsten durch Filterung im Frequenzraum beseitigt. Hierfür muß man für die Bildstörung eine Modulationsübertragungsfunktion $M(u,v)$ aufstellen und deren inversen Filter $I(u,v) = \frac{1}{M(u,v)}$ bilden.

Das gestörte Bild $D(x,y)$ und dessen Fouriertransformation Fou $D(u,v)$ ist aus dem zu rekonstruierenden, ungestörten Bild $D'(x,y)$ und dessen Fouriertransformation Fou $D(u,v)$ entstanden nach:

$$\text{Fou } D(u,v) = \text{Fou } D'(u,v) \cdot M(u,v).$$

Die Rekonstruktion ist demnach möglich mit:

$$\text{Fou } D'(u,v) = \text{Fou } D(u,v) \cdot I(u,v).$$

Damit wird:

$$D'(x,y) = \text{Fou}^{-1} D'(u,v).$$

(c) *Mehrschichtig punktbezogene Bildoperationen* betreffen Vergleiche eindeutig geometrisch definierter (entzerrter) Bildelemente unterschiedlicher Farbauszüge oder Bilder.

Mit diesen Operationen lassen sich zwei Bilder z. B. addieren, subtrahieren, multiplizieren und dividieren. Eine Bildsubtraktion kann Veränderungen aufzeigen, eine Bilddivision zweier Farbauszüge beseitigt radiometrische Störeinflüsse.
Bei multispektralen, multitemporalen und multisensoralen Bildern gleicher (entzerrter) Bildgeometrie sind sie insbesondere zur automatischen Klassifizierung des Bildinhalts nach Kap. 7.4.4 geeignet.

Literatur zu 7.4.2.
Bähr, H. P., 1979a; Dennert-Möller, E., Ehlers, M., Kolouch, D., Lohmann, P., 1982; Dehn, M., 1981; Ehlers, M., 1982; Holdermann, F., 1976; Rosenfeld, A., 1969; Schulz, B. S., 1982

7.4.3 Digitale Entzerrung

Die digitale Entzerrung beinhaltet die differentielle geometrische Verschiebung der Bildelemente einer Aufnahme, so daß ein digitales Orthophoto zustandekommt. Dabei müssen die geometrischen Verschiebungen jedes Bildelements punktweise für dessen Mittelpunkt berechnet werden. Hierfür gibt es zwei Möglichkeiten:

(1) *Direkte und indirekte Methode*
Bei der *direkten Methode* wird der Bildpunkt der Aufnahme umgerechnet in einen entsprechenden Bildpunkt im Orthophoto:

$$x_i = f_1(x_i', y_i', z_i),$$

$$y_i = f_2(x_i', y_i', z_i).$$

Bei der *indirekten Methode* wählt man zur Umrechnung den Mittelpunkt eines gewünschten Ausgabebildelementes im Orthophoto und errechnet sich den zugehörigen Aufnahmepunkt:

$$x_i' = f_3(x_i, y_i, z_i),$$

$$y_i' = f_4(x_i, y_i, z_i)$$

(siehe Abb. 7.38).

(2) *Grauwertzuordnung*
Bei der direkten Methode werden die Eingabebildelemente zeilenweise abgearbeitet. Für jeden Mittelpunkt eines Eingabebildelementes werden die Koordinaten des Ausgabebildpunktes berechnet. Ihnen wird der Grauwert des Eingabebildelementes zugeordnet. Die gespeicherten

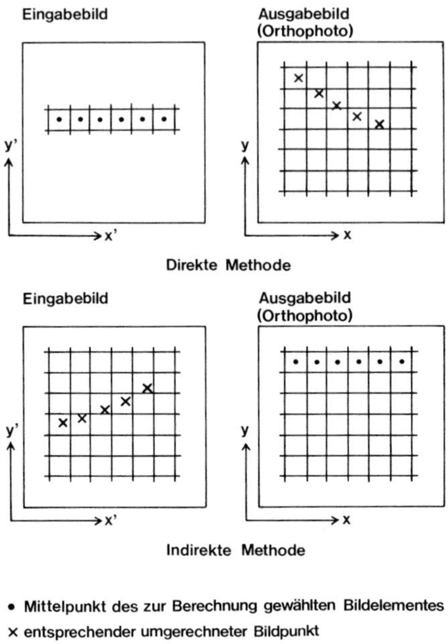

Abb. 7.38: Digitale Entzerrung

Grauwerte mit ihren Ausgabebildkoordinaten werden anschließend zur Interpolation der Grauwerte für die Mittelpunkte aller Ausgabebildelemente verwendet.

Bei der indirekten Methode werden die Mittelpunkte eines gewählten Ausgabebildelementrasters zur Umrechnung in entsprechende Eingabebildkoordinaten verwendet. Diese fallen in ein durch die Transformationsparameter bestimmtes Eingabebildelement. Die Grauwertzuordnung ist dann besonders einfach, wenn der Grauwert dieses Eingabebildelementes auf das Ausgabebildelement übertragen wird *(nächste Nachbarschaftszuordnung)*. Der zu übertragende Grauwert kann aber auch aus den benachbarten Eingabebildelementen durch eine Filteroperation bestimmt werden: Bei der *bilinearen Interpolation* werden die Grauwerte d_1', d_2', d_3', d_4' der vier am nächsten liegenden Eingabebildpunkte zur Interpolation des zu übertragenden Grauwertes d_i gewählt:

$$d_i = (p_1 d_1' + p_2 d_2' + p_3 d_3' + p_4 d_4') \cdot \frac{1}{\sum_{k=1}^{4} p_k},$$

wobei die Gewichte p_k umgekehrt proportional zur Entfernung des jeweiligen Eingabebildelementmittelpunktes zum umgerechneten Punkt sind:

$$p_k = \frac{1}{S_k}; \quad S_k = \sqrt{(x'_k - x'_i)^2 + (y'_k - y'_i)^2}.$$

Eine weitere Interpolationsmöglichkeit bietet die *kubische Faltung;* dabei werden die Mittelpunkte der 16 nächsten Eingabebildelemente analog zur bilinearen Interpolation berücksichtigt. Bilineare Interpolation und kubische Faltung ergeben Ausgabebilder mit weicheren Übergängen der Grauwerte als bei der nächsten Nachbarschaftszuordnung.

(3) *Transformationsgleichungen für Meßbilder*
Die Transformationsgleichungen sind für *photographische Meßbilder* bereits bekannt.

Sie entsprechen für die indirekte Methode den in 4.4 abgeleiteten Kollinearitätsgleichungen. Sie erlauben die Einbeziehung eines im Ausgaberaster gespeicherten digitalen Geländemodells $z_i(x_i, y_i)$. Für die direkte Methode gelten die in 4.3 abgeleiteten und in 5.2.2 verwendeten inversen Beziehungen:

$$(x_i - x'_0) = (z_i - z'_0)\,\frac{a_{11}x'_i + a_{21}y'_i - a_{31}c}{a_{13}x'_i + a_{23}y'_i - a_{33}c},$$

$$(y_i - y'_0) = (z_i - z'_0)\,\frac{a_{12}x'_i + a_{22}y'_i - a_{32}c}{a_{13}x'_i + a_{23}y'_i - a_{33}c}.$$

Zur Anwendung der direkten Methode muß deshalb entweder z_i für das Eingabebildraster gegeben sein (dies ist auch für ebenes Gelände erfüllt), oder die Lösung ist nur iterativ anwendbar.

Die Durchführung der digitalen Entzerrung setzt voraus, daß die in den Transformationsgleichungen vorkommenden Parameter durch Messung oder durch einen Orientierungsvorgang bekannt sind und als Konstante berücksichtigt werden können.

(4) *Transformationsgleichungen für dynamische Aufnahmesysteme*
Das photogrammetrische Meßbild entsteht als eine perspektivische Abbildung gleichzeitig. Dagegen registrieren digitale Bildaufnahmen der Fernerkundung jeweils nur ein Bildelement oder eine Bildzeile zur gleichen Zeit. Das Bild wird durch kontinuierliche Abtastung während der

Bewegung des Sensors über das Objekt von Zeile zu Zeile zusammengesetzt. Die dynamischen Sensorbewegungen gehen dabei voll in die Bildgeometrie als Funktion der Zeit t_j ein.

Beim *optisch-mechanischen Spiegelabtaster* gelten die Kollinearitätsgleichungen deshalb jeweils nur für einen Bildpunkt, dessen lokale Bildkoordinaten als Koordinatenursprung festgelegt werden können:

$$\begin{pmatrix} 0 \\ 0 \\ -c \end{pmatrix} = \frac{1}{\lambda_i'} \mathbf{C}\,\mathbf{B}_j\,\mathbf{A}_j \begin{pmatrix} x_i - x_{0j}' \\ y_i - y_{0j}' \\ z_i - z_{0j}' \end{pmatrix} = \frac{1}{\lambda_i'} \mathbf{D}_j \begin{pmatrix} x_i - x_{0j}' \\ y_i - y_{0j}' \\ z_i - z_{0j}' \end{pmatrix}.$$

Darin bedeuten:

$\mathbf{A}_j$ die zeitabhängige Orientierungsmatrix mit ω_j, φ_j, κ_j;

$$\mathbf{B}_j = \begin{pmatrix} 1 & 0 & 0 \\ 0 & \cos\Theta_j & \sin\Theta_j \\ 0 & -\sin\Theta_j & \cos\Theta_j \end{pmatrix}$$

$\equiv$ die Abtastmatrix um den Winkel Θ_j,

$$\mathbf{C} = \begin{pmatrix} \cos\overline{\varphi} & 0 & \sin\overline{\varphi} \\ 0 & 1 & 0 \\ -\sin\overline{\varphi} & 0 & \cos\overline{\varphi} \end{pmatrix};$$

$\overline{\varphi}$ bedeutet die Schiefe des Spiegels; diese Kalibrierungsungenauigkeit bewirkt, daß die Abtastung nicht in einer Ebene, sondern entlang eines Kegels erfolgt.

Die Bildkoordinate y_i' eines Bildpunktes ist eine Funktion des Abtastwinkels Θ_j:

$$y_i' = -c \cdot \Theta_j.$$

Die Kollinearitätsgleichungen zusammengefaßt für eine Bildzeile lauten demnach:

$$0 = -c\frac{d_{11j}(x_i - x_{0j}') + d_{12j}(y_i - y_{0j}') + d_{13j}(z_i - z_{0j}')}{d_{31j}(x_i - x_{0j}') + d_{32j}(y_i - y_{0j}') + d_{33j}(z_i - z_{0j}')},$$

$$-c \cdot tg\Theta_j = -c\frac{d_{21j}(x_i - x_{0j}') + d_{22j}(y_i - y_{0j}') + d_{23j}(z - z_{0j}')}{d_{31j}(x_i - x_{0j}') + d_{32j}(y_i - y_{0j}') + d_{33j}(z_i - z_{0j}')}.$$

Die inversen Beziehungen sind:

$$x_i - x'_{0j} = (z_i - z'_{0j}) \cdot \frac{[a_{21j}\sin\Theta_j + a_{31j}\cos\Theta_j]\,\cos\overline{\varphi} - a_{11j}\sin\overline{\varphi}}{[a_{23j}\sin\Theta_j + a_{33j}\cos\Theta_j]\,\cos\overline{\varphi} - a_{13j}\sin\overline{\varphi}},$$

$$y_i - y'_{0j} = (z_i - z'_{0j}) \cdot \frac{[a_{22j}\sin\Theta_j + a_{32j}\cos\Theta_j]\,\cos\overline{\varphi} - a_{12j}\sin\overline{\varphi}}{[a_{23j}\sin\Theta_j + a_{33j}\cos\Theta_j]\,\cos\overline{\varphi} - a_{13j}\sin\overline{\varphi}}.$$

Für *opto-elektronische Linearzeilenabtaster* gelten die Kollinearitätsgleichungen für eine gesamte Bildzeile für welche die lokale Bildkoordinate $\overline{x}' = 0$ gewählt werden kann:

$$\begin{pmatrix} 0 \\ y'_i \\ -c \end{pmatrix} = \frac{1}{\lambda'_i} \cdot \mathbf{A}_j \begin{pmatrix} x_i - x'_{0j} \\ y_i - y'_{0j} \\ z_i - z'_{0j} \end{pmatrix}.$$

Somit wird:

$$0 = -c\frac{a_{11j}(x_i - x'_{0j}) + a_{12j}(y_i - y'_{0j}) + a_{13j}(z_i - z'_{0j})}{a_{31j}(x_i - x'_{0j}) + a_{32j}(y_i - y'_{0j}) + a_{33j}(z_i - z'_{0j})},$$

$$y'_i = -c\frac{a_{21j}(x_i - x'_{0j}) + a_{22j}(y_i - y'_{0j}) + a_{23j}(z_i - z'_{0j})}{a_{31j}(x_i - x'_{0j}) + a_{32j}(y_i - y'_{0j}) + a_{33j}(z_i - z'_{0j})}.$$

Die inversen Beziehungen lauten:

$$(x_i - x'_{0j}) = (z_i - z'_{0j}) \cdot \frac{a_{21j} \cdot y'_i - a_{31j} \cdot c}{a_{23j} \cdot y'_i - a_{33j} \cdot c},$$

$$(y_i - y'_{0j}) = (z_i - z'_{0j}) \cdot \frac{a_{22j} \cdot y'_i - a_{32j} \cdot c}{a_{23j} \cdot y'_i - a_{33j} \cdot c}.$$

Für das *Seitwärtsradar* wird die y'_i-Koordinate als Entfernungsbeobachtung registriert:

$$y'_i = \frac{m_0 \cdot v_0 \cdot \Delta t_i}{2} = m_0 \sqrt{(x'_{0j} - x_i)^2 + (y'_{0j} - y_i)^2 + (z'_{0j} - z_i)^2},$$

worin bedeuten:

m_0, ein Maßstabsfaktor;

v_0, die Ausbreitungsgeschwindigkeit der Radarimpulse;

Δt_i das Zeitintervall zwischen Aussendung und Empfang eines Radarimpulses am (mittleren) Sende- und Empfangsort P'_{0j} $(x'_{0j}, y'_{0j}, z'_{0j})$, reflektiert vom Objektpunkt $P_i(x_i, y_i, z_i)$.

Deshalb gilt neben der Entfernungsgleichung nur die erste der beiden Kollinearitätsbeziehungen; sie lautet bei Berücksichtigung der Sensorschiefe:

$$0 = -c\frac{d_{11j}(x_i - x'_{0j}) + d_{12j}(y_i - y'_{0j}) + d_{13j}(z_i - z'_{0j})}{d_{31j}(x_i - x'_{0j}) + d_{32j}(y_i - y'_{0j}) + d_{33j}(z_i - z'_{0j})}.$$

Die inversen Beziehungen werden aus den beiden Bedingungen am zweckmäßigsten numerisch gebildet.

Bei Streifenbildern aller 3 behandelten Sensortypen ist die x'_i-Koordinate direkt proportional zur Zeit:

$$x'_i = v'(t_j - t_0);$$

v' bedeutet die Filmgeschwindigkeit und t_0 den Beginn der Registrierung. Während der Abbildung verändern sich die 6 Orientierungsparameter x'_{0j}, y'_{0j}, z'_{0j}, ω_j, φ_j, κ_j mit der Zeit t_j. Die Veränderungen müssen nun durch geeignete Funktionen (Polynome, Fourierreihen, Interpolation stochastisch variable Orientierungsveränderungen) modelliert werden, z. B.:

$$x'_{0j} = a_0 + a_1 x'_i + a_2 x'^2_i + \ldots,$$

$$y'_{0j} = b_0 + b_1 x'_i + b_2 x'^2_i + \ldots,$$

$$z'_{0j} = c_0 + c_1 x'_i + c_2 x'^2_i + \ldots,$$

$$\omega_j = d_0 + d_1 x'_i + d_2 x'^2_i + \ldots,$$

$$\varphi_j = e_0 + e_1 x'_i + e_2 x'^2_i + \ldots,$$

$$\kappa_j = f_0 + f_1 x'_i + f_2 x'^2_i + \ldots.$$

Sind die Orientierungsparameter als Funktion der Zeit bekannt, dann können die angegebenen Gleichungen als Transformationsgrundlage für die Entzerrung benutzt werden. Da die Orientierungsparameter dann in direktem Zusammenhang mit x'_i stehen, ist sowohl bei der direkten als auch bei der indirekten Entzerrungsmethode ein Iterativverfahren notwendig. Bei der direkten Methode müssen x_i und y_i in Abhängigkeit von z_i iteriert werden, bei der indirekten Methode müssen die x'_i und y'_i-Koordinaten in Abhängigkeit von den Orientierungselementen iterativ verbessert werden.

Sind die Orientierungselemente nicht bekannt, so muß ihre Bestimmung durch eine Ausgleichung mit Paßpunkten erfolgen. Die in Lage und

Höhe bekannten Paßpunkte werden im Bild mit einem Komparator oder auf einem Bildschirm mit dem Cursor zur Bestimmung ihrer Bildkoordinaten eingestellt. Die Beobachtungen können mit Hilfe der angegebenen Gleichungen in die Ausgleichung eingeführt werden.

Bestehen zwischen den gewählten Unbekannten hohe Korrelationen, so kann der Defekt durch Einführung fiktiver Beobachtungsgleichungen mit entsprechend hohem Gewicht beseitigt werden.

Eine Vereinfachung des Ansatzes ist möglich, indem diese Gleichungen linearisiert und nach Potenzen von x_i', y_i' (bzw. x_i, y_i) zusammengefaßt werden. Dann ergeben sich Korrekturpolynome für die Lösung der Entzerrung. Eine vereinfachte Ableitung der linearisierten Gleichungen für Zeilenabtaster ist nach Kap. 5.3 für $x_i = 0$ möglich:

$$dx_i = dx_0 + (z_0 - z_i)\, d\varphi + y_i\, d\kappa,$$

$$dy_i = dy_0 + \frac{y_i}{z_0 - z_i} dz_0 + (z_0 - z_i) \left[1 + \frac{y_i^2}{(z_0 - z_i)^2}\right] d\omega.$$

Mit z. B.

$$dx_0 = a_0 + a_1 x_i' + a_2 x_i'^2,$$

$$dy_0 = b_0 + b_1 x_i' + b_2 x_i'^2,$$

$$dz_0 = c_0 + c_1 x_i' + c_2 x_i'^2,$$

$$d\omega = d_0 + d_1 x_i' + d_2 x_i'^2,$$

$$d\varphi = e_0 + e_1 x_i' + e_2 x_i'^2,$$

$$d\kappa = f_0 + f_1 x_i' + f_2 x_i'^2$$

wird:

$$dx_i = [a_0 + (z_0 - z_i) e_0] + [a_1 + (z_0 - z_i) e_1] x_i' + [a_2 + (z_0 - z_i) e_2] x_i'^2$$
$$+ [f_0] y_i + [f_1] y_i x_i' + [f_2] y_i x_i'^2,$$

$$dy_i = [b_0 + (z_0 - z_i) d_0] + [b_1 + (z_0 - z_i) d_1] x_i' + [b_2 + (z_0 - z_i) d_2] x_i'^2$$
$$+ \left[\frac{c_0}{z_0 - z_i}\right] y_i + \left[\frac{c_1}{z_0 - z_1}\right] y_i x_i' + \left[\frac{c_2}{z_0 - z_1}\right] y_i x_i'^2$$
$$+ \left[\frac{d_0}{z_0 - z_i}\right] y_i^2 + \left[\frac{d_1}{z_0 - z_i}\right] y_i^2 x_i' + \left[\frac{d_2}{z_0 - z_1}\right] y_i^2 x_i'^2.$$

Für elektro-optische Linearzeilenabtaster gilt:

$$y_i = y_i' \left[\frac{z_0 - z_i}{c}\right] = c \cdot tg\Theta_i \left[\frac{z_0 - z_i}{c}\right] = c\left(\Theta_i + \frac{\Theta_i^3}{3} + \ldots\right)\left[\frac{z_0 - z_i}{c}\right].$$

Für optisch-mechanische Spiegelabtaster gilt wegen $y_i' = c \cdot \Theta_j$:

$$y_i = y_i' \left[\frac{z_0 - z_i}{c}\right] + y_i'^3 \left[\frac{z_0 - z_i}{c^3}\right] + \ldots$$

Vereinfacht lauten die Korrekturpolynome deshalb für elektro-optische Linienabtaster:

$$dx_i = a_0' + a_1' x_i' + a_2' x_i'^2 + a_3' y_i' + a_4' x_i' y_i' + a_5' x_i'^2 y_i',$$

$$dy_i = b_0' + b_1' x_i' + b_2' x_i'^2 + b_3' y_i' + b_4' x_i' y_i' + b_5' x_i'^2 y_i' + b_6' y_i'^2 + b_7' x_i' y_i'^2 + b_8' x_i'^2 y_i'^2$$

und für optisch-mechanische Spiegelabtaster:

$$dx_i = c_0' + c_1' x_i' + c_2' x_i'^2 + c_3' y_i' + c_4' x_i' y_i' + c_5' x_i'^2 y_i' + c_6' y_i'^3 + c_7' x_i' y_i'^3 + c_8' x_i'^2 y_i'^3,$$

$$dy_i = d_0' + d_1' x_i' + d_2' x_i'^2 + d_3' y_i' + d_4' x_i' y_i' + d_5' x_i'^2 y_i' + d_6' y_i'^2 + d_7' x_i' y_i'^2 + d_8' x_i'^2 y_i'^2 + d_9' y_i'^3 + d_{10}' x_i' y_i'^3 + d_{11}' x_i'^2 y_i'^3.$$

Die Koeffizienten werden aus Paßpunkten berechnet. Die Korrekturpolynome erlauben allerdings keine strenge Berücksichtigung der Höhenverzerrungen.

(5) *Berechnung von Ankerpunkten*

Die digitale Entzerrung setzt voraus, daß die entzerrte Lage nach den Transformationsgleichungen für jedes einzelne Bildelement berechnet wird. Um Rechenaufwand zu sparen, kann die Berechnung eines Gitters von Ankerpunkten mit möglichst strengen Transformationsgleichungen erfolgen. Zwischen den Ankerpunkten kann die Verschiebung jedes einzelnen Bildelements durch möglichst einfache Interpolation berechnet werden. Die Auswahl des Ankerpunktrasters richtet sich einerseits nach der zu erwartenden Genauigkeit der Interpolation und andererseits nach der vorhandenen Hauptspeicherkapazität des Rechners. So kann ein Block von Ausgabebildelementen vorgegeben werden; dessen vier Eckpunkte stellen die Ankerpunkte dar. Ihre Positionen im Eingabebild werden mit der indirekten Methode berechnet. Dieser Block der Ausgabe-

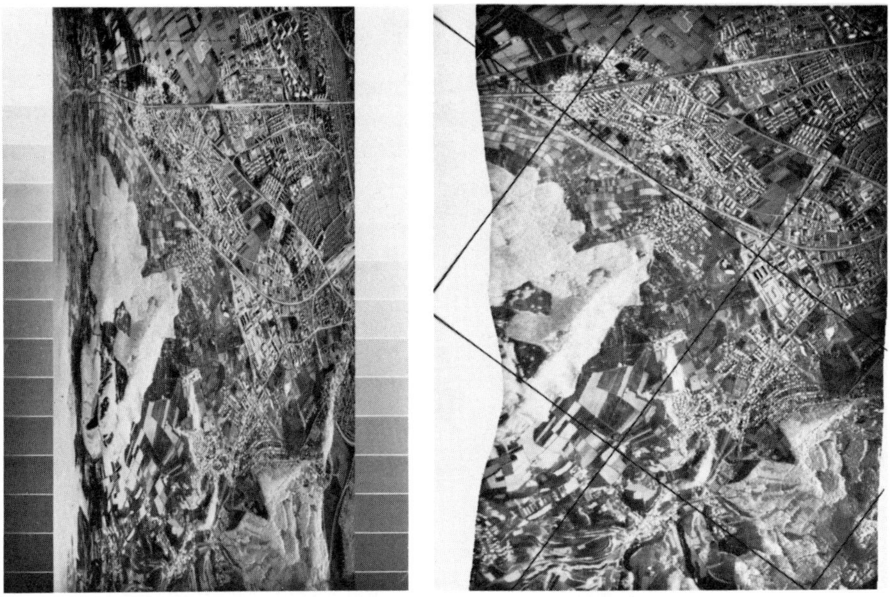

Abb. 7.39: Entzerrung einer Abtasteraufnahme (original links, Entzerrung rechts) mit Hilfe von Kollinearitätsgleichungen (Gitterweite 2 km in Gauß-Krüger-Koordinaten) Freiburg i. Br.

bildelemente muß so dimensioniert sein, daß der zugehörige Block von Eingabedaten vom Externspeicher (Platte, Magnetband) in den Kernspeicher geladen werden kann. Innerhalb des berechneten Vierecks kann dann die direkte Methode zur (linearen) Interpolation der Positionen der dazwischenliegenden Bildelemente und zur Übertragung der Grauwerte angewandt werden. Nur solche Vereinfachungen erlauben es gegenwärtig, den Rechenaufwand bei der digitalen Entzerrung wirtschaftlich vertretbar zu machen.

Literatur zu 7.4.3.

Bähr, H. P., 1975, 1976 a, b; Case, J. B., 1966; Derenyi, E., Konecny, G., 1964; Göpfert, W., 1981; Konecny, G., 1971, 1972, 1975, 1976; Konecny, G., Schuhr, W., 1975; Lebert, F., 1971, 1972; Schuhr, W., 1976

7.4.4 Automatisierte Bildinterpretation

Mit Hilfe der digitalen Bildverarbeitung ist auch eine automatisierte Interpretation des Bildinhalts möglich. Dabei werden Bildteile nach ihren Merkmalen (Grauwerten, Grauwertkombinationen oder Grauwertfolgen) in Ob-

Abb. 7.40: Ausschnitt eines Landsat-Satellitenbildes der Jade

jektklassen eingeteilt; bestimmte Grauwertbereiche, Farbtönungen oder Texturen legen dann Merkmalsräume fest, welche heuristisch bestimmten Klassen (Wald, Weizenfeld, Siedlung) entsprechen. Jedes Bildelement kann dann nach seinen Merkmalseigenschaften einer der festgelegten Klassen zugeordnet werden und erhält eine entsprechende Kodierung. Die kodierten Bildelemente können in Bildform als Klassifizierungsergebnis ausgegeben werden.

Ein einfaches Beispiel ist die Klassifizierung eines Landsat-Satellitenbildausschnitts nach Äquidensiten. Abb. 7.40 zeigt das Originalbild, Abb. 7.41 das Histogramm der Grauwertverteilung. Dem Histogramm entsprechend wurden 3 Klassen gewählt: Wasser, Watt, Land. Sie wurden in Abb. 7.42 als Klassifizierungsergebnis ausgegeben.

Abb. 7.42 zeigt insbesondere für die Landflächen, daß die Grauwertverteilung für die gewählten Objektklassen nicht völlig deterministisch bestimmt

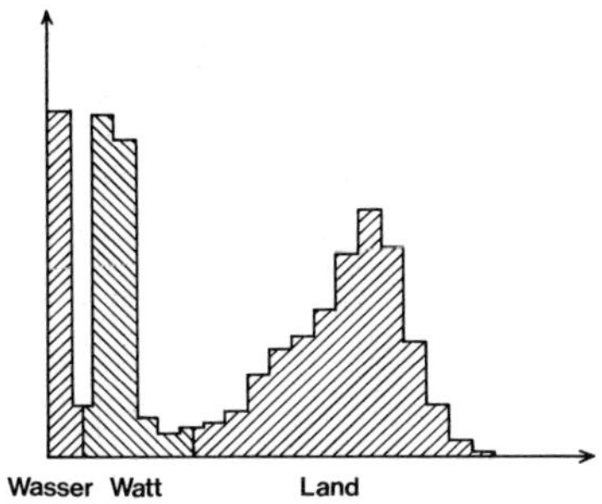

Abb. 7.41: Histogramm der Grauwertverteilung für den Landsat-Satellitenbildausschnitt der Jade

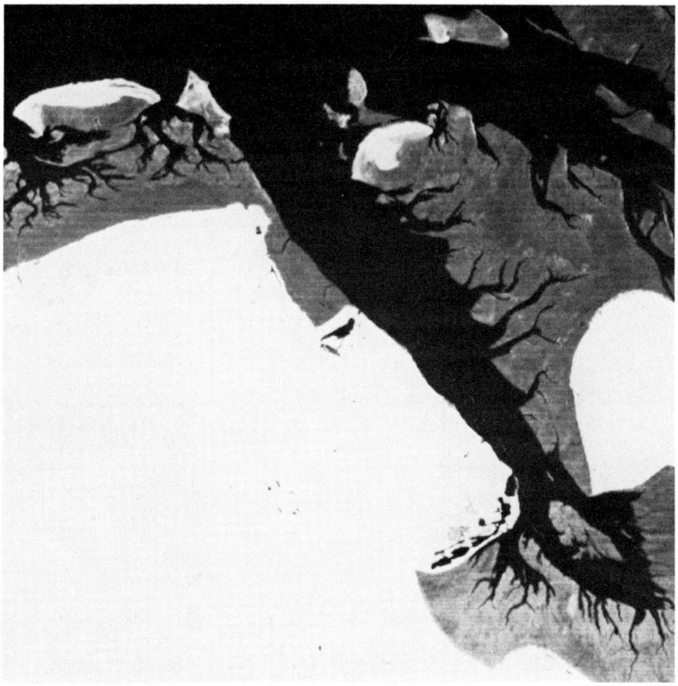

Abb. 7.42: Klassifizierung der Bildelemente nach Äquidensiten für den Landsat-Satellitenbildausschnitt der Jade

werden kann, sondern daß sie als stochastische Größe um ein Klassenmittel angenommen werden muß.

(1) Multispektrale Klassifizierung

Die Klassifizierung kann in ihrem Potential durch Verwendung der Grauwerte in mehreren Spektralbereichen erweitert werden. Tab. 7/1 gibt eine Zusammenstellung über die vorhandenen multispektralen Sensoren. Abtaster liefern digitale Daten geometrisch identischer Bildelemente für mehrere Kanäle direkt. Die Multispektralphotographie erlaubt eine nachträgliche Digitalisierung der spektralen Grauwerte für geometrisch entsprechende Bildelemente.

Tab. 7/1: Multispektrale Sensoren

Typ	Gerät	Hersteller	Plattform	Anzahl der Kanäle	Spektralbereich	Bodenelement
Spiegelabtaster (opt.-mechanisch)	M^2S	Bendix, USA	Flugzeug (h wählbar)	11	0,4–1,1 μm (10) &8–14 μm (1)	2,5 mrad
	DS-1250	Daedalus, USA	Flugzeug (h wählbar)	11	0,4–1,1 μm (10) & 8–14 μm (1)	2,5 mrad
	MSS	NASA, USA	Landsat 1&2 (3&4), USA h = 915 km	4 (5)	0,5–0,6 μm (1) 0,6–0,7 μm (1) 0,7–0,8 μm (1) 0,8–1,1 μm (1) (10,4–12,6 μm) (1)	79 m (240 m)
	TM	NASA, USA	Landsat 4, USA h = 705 km	7	0,45–0,52 μm (1) 0,52–0,60 μm (1) 0,63–0,69 μm (1) 0,76–0,90 μm (1) 1,55–1,75 μm (1) 2,08–2,35 μm (1) 10,4–12,6 μm (1)	30 m (120 m)
Linearzeilenabtaster (elektro-opt.)	MOMS	MBB, BR-Deutschl.	SPAS, USA h = 250 km	2	0,57–0,62 μm (1) 0,76–0,95 μm (2)	20 m
	SPOT	CNES, Frankr.	SPOT, Frankr. h = 822 km	3 (1)	0,50–0,59 μm (1) 0,61–0,69 μm (1) 0,79–0,90 μm (1) (oder 0,50–0,90 μm) (1)	20 m (10 m)
Multispektralkamera (photogr.)	MKF-6	Jenoptik, DDR	Sojuz-Soljut, UdSSR h = 250 km	6	0,48 ± 0,02 μm (1) 0,54 ± 0,02 μm (1) 0,60 ± 0,02 μm (1) 0,66 ± 0,02 μm (1) 0,72 ± 0,02 μm (1) 0,84 ± 0,02 μm (1)	6 m Äquivalent

Hinzuzurechnen sind auch Aufnahmen auf Farbfilm, welche z. B. im Optronics-Trommelabtaster für 3 Farben gefiltert und für geometrisch identische Bildelemente digitalisiert werden können.

Bei der *multispektralen Klassifizierung* vereinigt der mehrdimensionale Merkmalsraum die Grauwerte aller Bildelemente in allen Spektralbereichen (Kanälen).

Zusätzliche Kanäle können gewonnen werden durch Mehrfachbefliegungen zu unterschiedlichen Zeiten, in welchen sich die Objektmerkmale (z. B. in den Wachstumsperioden der Vegetation) verändert haben. Diese *multitemporale Klassifizierung* setzt voraus, daß die zu unterschiedlichen Zeiten beflogenen Bilder absolut (durch bekannte Orientierungsdaten oder durch Paßpunkte) oder relativ (durch punktweise Bildkorrelation) durch Entzerrung auf geometrisch identische Bildelemente bezogen werden können. Ferner ist es nach einer Entzerrung auf diese Weise möglich, Bilder von Sensoren unterschiedlicher Geometrie (z. B. X-Band-Radar, L-Band-Radar oder C-Band-Radar unterschiedlicher Polarisation) in den Prozeß der Klassifizierung optischer Daten einzubeziehen.

Schließlich bilden auch *Texturmerkmale* der unmittelbaren Nachbarschaft der Bildelemente Informationen für die Klassifizierung, welche als zusätzliche Kanäle verwendet werden können. Diese Texturmerkmale können in einer Vorverarbeitung bestimmt werden und charakterisieren z. B. Betrag oder Richtung von Grauwertgradienten oder andere Grauwertabhängigkeiten.

Abb. 7.43 zeigt das Beispiel eines zweidimensionalen Merkmalsraumes, welcher nach der Grauwertverteilung in den zwei Kanälen (grün, infrarot) in drei Klassen aufgeteilt werden kann (z. B. Wasser, Wald, Acker).

Innerhalb des Merkmalsraumes können die Klassengrenzen beliebig gewählt werden. Zur Bearbeitung im Rechner empfiehlt sich jedoch ein zweckmäßiger mathematischer Ansatz.

Rechentechnisch am einfachsten ist die Zuweisung eines Rechtecks (oder *Quaders* im dreidimensionalen Raum) an eine bestimmte Klasse.

Eine andere Methode besteht darin, daß bestimmte für eine Klasse zutreffende Grauwertkombinationen im Merkmalsraum zu Punkthaufen zusammengefaßt werden, deren Schwerpunktswert bestimmt werden

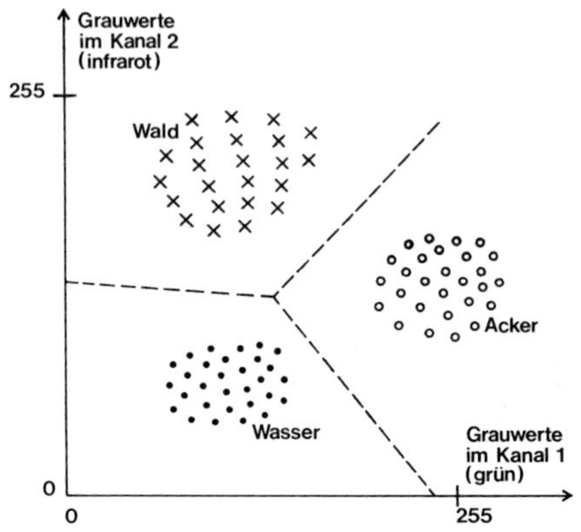

Abb. 7.43: Zweidimensionaler Merkmalsraum

kann. Die kürzeste *euklidische Entfernung* zwischen den Schwerpunktwerten der gewählten Klassen bestimmt die Klassenzugehörigkeit.

Wird der Punkthaufen jeder Klasse als Gaußsche Häufigkeitsverteilung betrachtet, so liefert die Methode der maximalen Wahrscheinlichkeit *(Maximum Likelihood)* eine Klassifizierung, welche die Klassengrenzen für die Schnitte der Häufigkeitsverteilungen bestimmt; dadurch werden Fehlklassifizierungen in ihrer Wahrscheinlichkeit minimiert.

(2) Überwachte Klassifizierung
Die Klassifizierung ist in ihrer Interpretationsfähigkeit am zuverlässigsten, wenn sie überwacht erfolgt. Hierzu werden auf dem Bildschirm oder im Datensatz bestimmte Trainingsgebiete für Objektklassen, die aufgrund von Bodenuntersuchungen oder Unterfliegungen bekannt sind, ausgewählt und geometrisch festgelegt. Für die Trainingsgebiete einer Objektklasse wird dadurch ein Punkthaufen von Grauwertkombinationen festgelegt. Seine Häufigkeitsverteilung bestimmt die Klassifizierungsgrenzen für die nachfolgende Klassifizierung aller Bildelemente.

(3) Unüberwachte Klassifizierung
Können im Bild keine Trainingsgebiete vorgegeben werden, dann müssen die Objektklassen und ihre zugehörigen Punkthaufen empirisch ermittelt und statistisch analysiert werden. Als Ausgangspunkte für eine Punkthaufenbildung für verschiedene Klassen wählt man z. B. symmetrisch verteilte Punkte, denen die nächsten Grauwertkombinationen rechnerisch zugeordnet werden. Diese Zuordnungen zu einem Klassen-

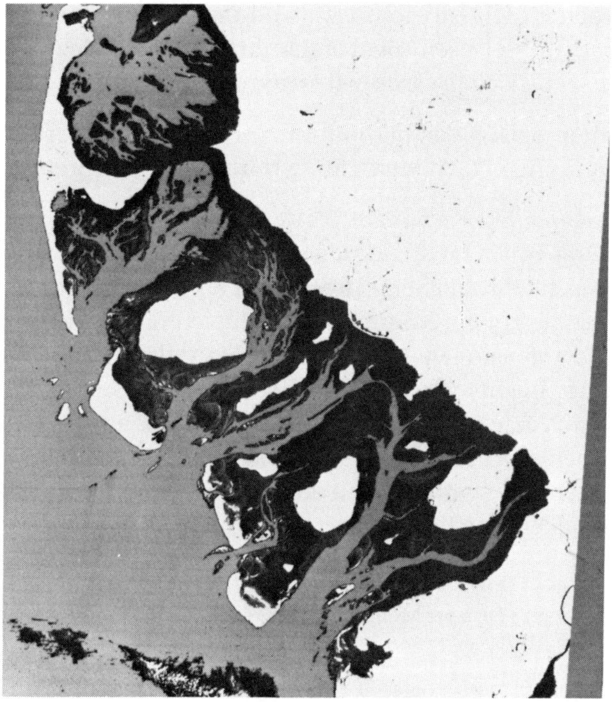

Abb. 7.44: Beispiel für eine überwachte Klassifizierung aus einer Landsatz-Szene für das nordfriesische Watt (Sedimenttypen)

punkthaufen erlauben die Berechnung des Schwerpunktes für jede Klasse, welcher iterativ neue Klassengrenzen formt und neue Klassifizierungen erlaubt. Die Divergenz der Mittelwerte oder die Divergenz der Kovarianzmatrizen zweier Punkthaufen ergeben Maße für die Beurteilung der Trennbarkeit in zwei Klassen.

Als Ausgangspunkte für die Punkthaufenbildung können auch durch Erfahrung bekannte Strahlungswertkombinationen der im Bild vermuteten Objektklassen herangezogen werden.

Abb. 7.44 zeigt ein Beispiel für eine überwachte Klassifizierung.

Wegen der stochastischen Verteilung der Grauwertkombinationen treten insbesondere bei der überwachten Klassifizierung für die gewählten Klassen Fehlklassifizierungen auf. Sie können zum Teil durch eine Nachbearbeitung als Störungen beseitigt werden.

Bei unüberwachten Klassifizierungen sind die Störungen weniger sichtbar, dafür sind die Klassen nicht nach ihrer tatsächlichen Bedeutung, sondern nach statistischen Gruppierungen gewählt.

In beiden Fällen bedarf das bildhafte Ergebnis einer Klassifizierung einer kartographischen Nachbearbeitung durch den Interpreten.

(4) *Hauptkomponententransformation*
Die Bearbeitung von Klassifizierungen mit einer Vielzahl von Kanälen stößt auf Kapazitätsprobleme im Rechner. Deshalb ist man bestrebt, die Anzahl der Kanäle auf ein Minimum zu reduzieren. Die in Kap. 4.1.2 unter (10) für 3 Dimensionen beschriebene Hauptkomponententransformation, welche Eigenvektoren und Eigenwerte bestimmt, ergibt die Möglichkeit, sich nach der Größe der Eigenwerte auf die wichtigsten Hauptkomponenten entlang ihrer Eigenvektoren zu beschränken. In den so erzeugten wenigen synthetischen Kanälen ist die wesentliche spektrale Information aller Kanäle enthalten.

Literatur zu 7.4.4.
Baumgart, J., Quiel, F., 1981; Dennert-Möller, E., Ehlers, M., 1982; Dennert-Möller, E., 1982; Kraus, K., 1979; Quiel, F., 1976, 1979

7.4.5 Anwendungen der digitalen Bildverarbeitung in der Photogrammetrie

Bislang liegen die wesentlichen Aktivitäten der digitalen Bildverarbeitung in der Photogrammetrie im Bereich der Forschung. Die Anwendungen erstreckten sich vor allem auf digitale Daten von Satelliten- und Flugzeugabtastern. Insbesondere hat die weltweite Verbreitung von Bilddaten der amerikanischen Satelliten Landsat 1 bis 4 zur Entwicklung von Auswerteverfahren geführt, welche prinzipiell auch auf allgemeine photogrammetrische Aufgaben anwendbar sind.

Ein Multispektralbild vom Typ Landsat 1 bis 3 enthält je 3314 Bildelemente pro Bildzeile mit 56 m Breite. Ein Bild von $185{,}2 \times 185{,}2$ km setzt sich aus 2344 Bildzeilen mit je 79 m Ausdehnung zusammen. Es können 128 Grauwerte für jedes Bildelement in jedem der 4 Kanäle registriert werden. Somit besteht ein Multispektralbild aus $3{,}107 \cdot 10^7$ Bildelementen oder aus einer Datenmenge von $2{,}18 \cdot 10^8$ Bit (7 Bit pro Bildelement im byte Format).

Ein Farbluftbild des Formats 23×23 cm mit einer photographischen Auflösung von 30 lp/mm enthält ein digitales Äquivalent von $19516 \times 19516 \times$

$3 = 1{,}143 \cdot 10^9$ Bildelementen oder eine Datenmenge von $8{,}001 \cdot 10^9$ Bit (7 Bit pro Bildelement). Dabei wurde für die Relation photographische Auflösung zu digitalem Bildelement die Beziehung zugrundegelegt:

$$\mathrm{Lp/mm} = 2 \cdot \sqrt{2}\ \text{Bildelemente/mm (siehe Kap. 2.3)}$$

Wegen der um 1 bis 2 Größenordnungen höheren Datenmenge bei Luftbildern ist die digitale Bildverarbeitung in der Photogrammetrie derzeit mit den analogen oder analytischen Auswerteverfahren für Punkte und Linien sowie mit der optischen Differentialentzerrung aus Kostengründen nicht konkurrenzfähig. Allerdings ist in Zukunft durch die Entwicklung von Parallel- und Pipelineprozessoren eine Verbesserung der Konkurrenzfähigkeit zu erwarten.

Literatur zu 7.4.5.

Bähr, H. P., 1979b, 1980; Kazmierozak, H. u. a., 1980; Konecny, G., Kazmierczak, H., Gemmar, P., 1978

8. Anwendungen des Luftbildwesens

8.1 Verfahrensübersicht

Für die Anwendung photogrammetrischer Aufnahmen aus der Luft für Meßzwecke steht eine Vielzahl von Verfahren zur Verfügung, welche je nach der Art des gewünschten Endresultats kombiniert eingesetzt werden können. Eine Verfahrensübersicht ist in Abb. 8.1 gegeben.

Der Einsatz dieser Verfahren ist abhängig von den Zielvorgaben für die Endprodukte. Das klassische Endprodukt ist ein Kartenmanuskript für eine topographische Strichkarte. Die Entzerrung dient zur Herstellung eines Bildplanes, welcher vielfach rascher und kostengünstiger hergestellt werden kann als eine Strichkarte. Demzufolge dient der Bildplan als Kartenersatz oder Kartenergänzung, in welchem wesentlich mehr interpretierbare Details enthalten sind, in welchem die topographisch wesentlichen Details aber nicht eindeutig interpretiert und durch Symbole dargestellt worden sind. Das Koordinatenverzeichnis ist das Ziel numerischer Vermessungen für eindeutig definierte Punkte (Kataster, Ingenieurvermessungen, Festpunkte). Da digitale geometrische Daten allgemein vorzugsweise in Punktform registriert und gespeichert werden, ist ein Koordinatenverzeichnis ein integraler Bestandteil einer digitalen Datenbank geometrischer Daten.

Liegen die Zielvorgaben fest, so ist der Einsatz eines entsprechenden Auswerteverfahrens abhängig von den technischen Vorbedingungen (Vorhandensein, Beschaffungsmöglichkeit und Wartung des Instrumentariums), den personellen Voraussetzungen (Vorhandensein technischen Personals) und von Gesichtspunkten der Wirtschaftlichkeit (Kosten, Arbeitsleistung, Erfüllung der Genauigkeitsanforderungen).

Eine Analyse dieser Faktoren ist für jedes einzelne Auswerteprojekt erforderlich.

Literatur zu 8.1.
Jerie, H. G., 1973

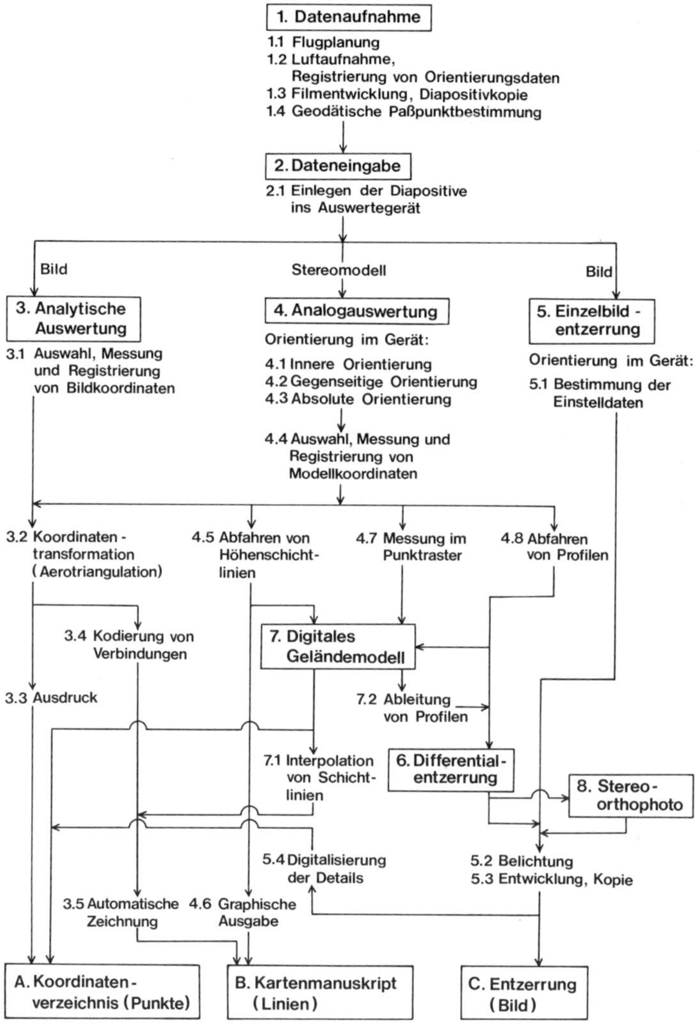

Abb. 8.1: Photogrammetrische Auswerteverfahren

8.2 Kostenvergleiche

Wegen der technischen und der personellen Vorbedingungen werden wirtschaftliche Angaben nur selten publiziert, weil sie nur relativ vergleichbar sind. Unter diesem Vorbehalt seien hier einige Kostenangaben zusammengefaßt (Stand 1983):

(1) *Bildflug*

Die Bildflugkosten betragen in der Bundesrepublik etwa 3 000 DM/h. In diesen Wert geht die Flugzeugbeschaffung und Flugzeugunterhaltung als wesentlichster Kostenfaktor ein. Die Kameraanschaffungskosten von etwa DM 200 000 sind dabei weniger ausschlaggebend. In Schönwetterländern mit technischer Infrastruktur sind die Kosten zum Teil erheblicher niedriger und in entlegenen Gebieten höher. Hinzu kommen die Materialkosten für die Luftbilder und die benötigten Kopien von etwa 20 bis 30 DM pro Bild.

(2) *Paßpunktbestimmung*

Bei Fehlen eines geodätischen Festpunktnetzes (z. B. in den Entwicklungsländern) führt die Paßpunktbestimmung mit klassischen geodätischen Methoden (Triangulation, Polygonierung) zu hohen Kosten von 5 000 DM bis 20 000 DM pro Punkt. Erst die Positionsbestimmung mit Hilfe von Dopplersatelliten bringt eine erhebliche Kostenreduzierung.

In Gebieten mit vorhandenem geodätischen Netz niederer Ordnung beschränkt sich die Paßpunktbestimmung mit geodätischen Methoden auf etwa 500 DM pro Punkt.

Die Aerotriangulation bietet mit etwa DM 200,– pro Modell bei wenigen Punkten pro Bildpaar wesentlich niedrigere Punktbestimmungskosten. Für große Punktzahlen signalisierter Punkte (Kataster, Festpunktbestimmung) belaufen sich die Kosten auf etwa DM 20 bis 30 pro Punkt.

(3) *Auswertung*

Die Auswertekosten sind abhängig von den Anschaffungskosten der eingesetzten Geräte und deren Amortisation sowie von den Personalkosten und der erzielten Arbeitsleistung. Ein Präzisionsauswertegerät für die großmaßstäbige digitale Auswertung kostet zwischen 300 000 und 500 000 DM. Ein einfaches Analogauswertegerät für die analoge Kartierung ist bereits für DM 100 000 erhältlich. Ein digital gesteuertes Orthophotogerät kostet etwa 500 000 DM und ein Entzerrungsgerät etwa 100 000 DM.

Unter Annahme eines Zinssatzes z und eines Abschreibungszeitraumes von j Jahren können die jährlichen Gerätekosten G aus den Anschaffungskosten A nach folgender Beziehung berechnet werden:

$$G = A\left(z + \frac{1}{j}\right).$$

Diese jährlichen Gerätekosten müssen auf die Arbeitsstunde bezogen werden, welche von der Auslastung des Geräts abhängig ist.

Im Einschichtbetrieb werden in der Bundesrepublik 1600 Stunden/Jahr angesetzt. Hinzu kommen die Personalkosten pro Stunde, welche sich aus dem bezahlten Arbeitslohn und den Zuschlägen für Sozialausgaben, Urlaub und Verwaltungsausgaben zusammensetzen; somit können bis zu 60 DM pro Stunde an Personalkosten anfallen.
Die Auswerteleistung für die Aerotriangulation beträgt, je nach Punktzahl und eingesetztem Instrument 0,3 bis 2 Modelle pro Stunde. Bei der Analogauswertung ist die Auswerteleistung stark vom Detailreichtum abhängig. Für Kartenmanuskripte benötigt man zur Auswertung im Durchschnitt 25 Stunden pro Modell. Dagegen erfordert die Orthophotoherstellung im Durchschnitt nur 2 Stunden pro Modell, wenn das Orthophoto im On-Line-Verfahren erstellt wird; im Off-Line-Verfahren, wenn die Profilsteuerungsdaten aus registrierten Höhen abgeleitet werden, kann ein Orthophoto in 0,5 Stunden pro Modell gewonnen werden. Hinzu kommt der Aufwand für die Höhenerfassung und die Berechnung der Steuerungsdaten. Insgesamt ist das Off-Line-Verfahren etwa doppelt so rationell wie das On-Line-Verfahren.
Am kostengünstigsten ist das Verfahren der Einzelbildentzerrung. Die Kosten betragen nur etwa 3 bis 10% der Analogauswertung.
Bei der Kartenherstellung ist zu bedenken, daß nur ein Teil der anfallenden Kosten auf die Photogrammetrie entfällt. Bei der Herstellung einer Karte 1:25000 eines Entwicklungslandes entfallen z. B. auf:

Grundlagenvermessungen	20%
Bildflug	6%
Aerotriangulation	4%
Photogrammetrische Auswertung	34%
Feldvergleiche	14%
Kartographische Bearbeitung und Druck	22%

Zur Beurteilung der Kosten für die digitale Bildverarbeitung auf einem Allzweckrechner mit einer Multiplikationszeit von 137 nsek und einem Rechenpreis von DM 23000 pro Stunde seien folgende Erfahrungswerte genannt:

Digitale Entzerrung $5 \cdot 10^{-5}$ sek pro Bildelement,
Digitale Klassifizierung bei 2 Kanälen und 7 Klassen (quadratisch ansteigend mit der Zahl der Kanäle und linear mit der Zahl der Klassen) $1 \cdot 10^{-5}$ sek pro Bildelement.

Die Entzerrung einer Landsatzszene mit 4 Kanälen verursacht deshalb etwa DM 100 an Rechenkosten; die Rechenkosten für die Klassifizierung einer Landsatzszene mit 4 Kanälen und 10 Klassen sind etwa DM 120. Hinzu kommen die Kosten für die Datenbeschaffung auf Band von etwa DM 800,–, die interaktive Bearbeitung und die Bildausgabe von mindestens 4 Stunden. Der Anschaffungspreis für ein digitales (Ein- und) Ausgabegerät liegt bei DM 300 000.

Literatur zu 8.2.

Schwidefsky, K., Ackermann, F., 1976; Visser, J., 1961

8.3 Punktbestimmung

Nach den Ableitungen in Kap. 2.4.2 ist die photogrammetrische Punktbestimmungsgenauigkeit in der Lage direkt proportional zur Bildmaßstabszahl und in der Höhe direkt proportional zum Produkt aus Bildmaßstabszahl und Höhen-Basisverhältnis.

Die Punktbestimmungsgenauigkeit σ_x, σ_y, σ_h bezogen auf den Bildmaßstab und abgeleitet aus Vergleichsmessungen durch ein unabhängiges Meßverfahren ist deshalb allgemein vergleichbar. In sie geht die Bildqualität, die Interpretation der Punkteinstellung, die Punktmessung und die Geometrie der Auswertung, aber auch die Genauigkeit des Vergleichsmeßverfahrens ein. Eine sichere Bestimmung der Genauigkeit der Punktbestimmung ist durch Befliegung eines Testgebietes mit vielen bekannten Punkten möglich.

Handelt es sich bei der Punktbestimmung um eine praxisbezogene Aufgabe, dann können bei freien Netzen nur die Residuen an den Paßpunkten als Vergleichsmessungen herangezogen werden. Die Bestimmung von σ_x, σ_y, σ_h aus wenigen Paßpunkten ist deshalb unsicher. Andererseits gibt aber der aus einer Ausgleichung (z. B. bei der Aerotriangulation) ermittelte Gewichtseinheitsfehler für die Punktmessung (bezogen auf den Bildmaßstab) σ_0 einen Einblick über die interne Punktbestimmungsgenauigkeit, insbesondere dann, wenn es sich um ein freies Netz oder ein fast freies Netz (Paßpunkte mit sehr kleinem Gewicht) handelt.

Werden die Paßpunkte als Zwangsbedingungen (mit Gewicht ∞) in die Lösung eingeführt, dann ergibt sich bei Fehlern der geodätischen Paßpunkte eine deutliche Verschlechterung von σ_0. Sollen die Paßpunkte trotzdem als fehlerfrei betrachtet werden (weil sie z. B. legalen Charakter haben), dann können die Restfehler an den Paßpunkten mit Hilfe der Interpolation nach der Methode der kleinsten Quadrate auf die in der freien Netzausgleichung bestimmten Punkte interpoliert werden (siehe Kap. 6.2.2 (2c)).

Der aus Doppelmessungen abgeleitete Meßfehler von Bild- oder Modellkoordinaten sagt nur etwas aus über die Einstellgenauigkeit des Auswerters. Die σ_x, σ_y-Werte aus Vergleichsmessungen, bezogen auf den Bildmaßstab liegen bei Einzelmodellen und schwach mit Paßpunkten besetzten Blöcken etwa doppelt so hoch wie die erreichbaren σ_0-Werte. Bei größeren Blöcken mit Randbesetzung von Paßpunkten und einem genauen geodätischen Netz sind σ_x, σ_y nur 1,2 bis 1,5mal größer als σ_0.

σ_0 ist von der Art der Punkte abhängig:

Natürliche Punkte	± 15 μm
Künstliche Übertragungspunkte	± 10 μm
Signalisierte Punkte gemessen im Analoggerät, Modellblockausgleichung	± 8 μm
Signalisierte Punkte gemessen im analytischen Auswertegerät, Bündelblockausgleichung mit zusätzlichen Parametern	± 4–5 μm
Signalisierte Punkte gemessen im Komparator, Bündelblockausgleichung mit zusätzlichen Parametern	± 4 μm

Als Signale kommen weiße Farbmarkierungen oder weiße Scheiben in runder oder quadratischer Form auf dunklem Hintergrund in Frage, welche im Bildmaßstab einen Minimaldurchmesser von 25 μm und einen Maximaldurchmesser von 40 μm haben. Ausgelegte Hinweisstreifen von etwa 200 μm Länge und 25 μm Breite im Bildmaßstab erleichtern das Auffinden der Signale im Bild.

Nachteil der Signalisierung ist, daß die Kosten für die zentrische Anbringung der Signale und deren Überwachung 30 bis 40% der Projektkosten ausmachen können.

Die Anwendungen der photogrammetrischen Punktbestimmung liegen in der Bundesrepublik Deutschland vor allem auf dem Gebiet des *Katasters,* wenn es sich um Neuvermessungen größerer Gebiete handelt. Diese treten insbesondere bei Flurbereinigungen nach der Absteckung des neuen Wege- und Gewässernetzes auf.

Die durch die Katasterverwaltungen festgesetzten Fehlergrenzen für die Streckenmessung zwischen zwei benachbarten Punkten des Katasters können mit Bildmaßstäben 1:3000 bis 1:6000 erfüllt werden.

Im außereuropäischen Ausland wird die photogrammetrische Punktbestimmung zur *Netzverdichtung* in städtischen Gebieten und bei Neuvermessungen benutzt. Dabei können sowohl signalisierte Polygonpunkte als auch markierte Schachtdeckel für die Festlegung unterirdischer Versorgungsleitungen vermessen werden.

Eine besondere Art der Punktbestimmung ist die Messung von Punkthöhen im Ingenieurbau. Sie wird insbesondere im Straßenbau für die Massenberechnung eingesetzt. Das klassische Verfahren (in den USA entwickelt) beginnt mit der Absteckung der Straßenachse und ihrer Signalisierung. Danach erfolgt die Befliegung im Bildmaßstab 1:4000 mit Weitwinkelobjektiv. Im Auswertegerät werden Profilpunkte entlang des Verlaufs der Straßenachse und in Querprofilen alle 20 m senkrecht dazu gemessen. Die Ausdehnung der Querprofile beträgt 100 bis 150 m von der Straßenachse. Die gemessenen Höhenpunkte bilden ein digitales Höhenmodell gegen welches ein späterer terrestrisch vermessener Massenauftrag oder -abtrag verglichen und abgerechnet werden kann.

Die erreichbare Höhengenauigkeit beträgt demnach (siehe Kap. 6.1.2) ±6 cm.

Neuerdings wird die Messung eines digitalen Geländemodells in Form eines regelmäßigen Rasters oder dessen Ableitung aus registrierten oder digitalisierten Schichtlinien vorgezogen, da die Trasse dabei beliebig verschoben werden kann, ohne die Messung wiederholen zu müssen.

Bei Aerotriangulationen ist zu berücksichtigen, daß im Straßenbau häufig nur Streifen beflogen werden, welche eine sehr ungünstige Fehlerfortpflanzung in Lage und Höhe mit sich bringen. Bei Befliegungen von Einzelstreifen sollte daher fast jedes Einzelmodell durch Paßpunkte orientierbar sein.

Bei Aerotriangulationsblöcken mit 20 bis 30% Querüberdeckung nimmt die absolute Höhengenauigkeit in Abhängigkeit von Paßpunktverteilung und Blockgröße stärker ab als dies bei der Lage der Fall ist. Deshalb ist eine regelmäßige Verteilung von Höhenpaßpunkten im Block oder eine 60%ige Querüberdeckung von Vorteil.

Literatur zu 8.3.
Ackermann, F., 1975; Förstner, Ru., 1972; Heiland, K., 1975; Hvidegaard, J., 1974; Jacobsen, K., 1977; Kraus, K., Bettin, R., 1970; Kraus, K., 1973; Schwidefsky, K., Kellner, H., 1969; Wunderlich, W., 1961; Zippelius, K., 1980

8.4 Herstellung topographischer Karten

8.4.1 Bedarf

Der *Bedarf* an topographischen Karten ist abhängig von der *Wirtschaftsform* in einem bestimmten Gebiet. Dies kann sowohl historisch als auch geographisch festgestellt werden.

Eine hauptsächlich auf *landwirtschaftliche Produktion* ausgerichtete (präindustrielle) Wirtschaftsform benötigt flächendeckend lediglich eine kleinmaßstäbige Übersichtskarte (z. B. 1:200000) für das Transportwesen. Militärische Interessen haben für viele präindustrielle Gebiete der Erde trotzdem Kartenwerke 1:100000 oder 1:50000 erstehen lassen. Großmaßstäbige Karten (1:2000) werden nur dann erstellt, wenn eine Erfassung der Grundstükke in einem Steuerkataster erfolgen soll.

In einem auf *Industriegüterproduktion* ausgerichteten Wirtschaftsgebiet wird ein flächendeckendes Kartenwerk 1:50000 zur Planung der natürlichen Ressourcen benötigt. Im Zeitalter der globalen Ressourcenverknappung betrifft dies nahezu alle Landgebiete der Erde. Großmaßstäbige Karten und Pläne werden in Einzelgebieten für Bauvorhaben oder im Kataster zur Eigentumssicherung benötigt.

Erst in einem dicht besiedelten Gebiet, dessen post-industrielle Wirtschaftsform auf Dienstleistungen ausgerichtet ist, wird zur Planung des menschlichen und des natürlichen Lebensraumes ein Mehrzweckkataster benötigt, welches auf großmaßstäbigen Kartenwerken beruht. Solche Gebiete brauchen ein flächendeckendes Kartenwerk 1:5000. Städtische Bereiche haben sogar einen Bedarf für Karten 1:1000 oder 1:500.

Literatur zu 8.4.1
Jerie, H. G., 1968; Vereinte Nationen, 1976

8.4.2 Umfang der photogrammetrischen Arbeiten

Der jährliche Gesamtumsatz aller photogrammetrischen Arbeiten liegt weltweit zwischen 2 und 3 Milliarden DM. Etwa 45% des Aufwandes entfallen auf großmaßstäbige Auswertungen (im Maßstabsbereich größer 1:5000) und etwa 55% auf die amtliche Kartenherstellung in Maßstäben 1:25000 und kleiner.

Insgesamt stehen 10000 Geräte mit einem Personal von 160000 im Einsatz in der Photogrammetrie.

Bei den Auswertungen insgesamt entfallen 70% auf stereoskopische Auswertung in Lage und Höhe, 10% auf reine Lageauswertungen, 8% auf Orthophotos und 12% auf Einzelbildentzerrungen.

Literatur zu 8.4.2.
Brandenberger, A., 1972; Brindöpke, W., 1968; Kölbl, O., 1981; Krauß, G., 1970; Waldhäusl, P., 1971

8.4.3 Stand der Kartenherstellung

Der weltweite Stand der Kartenherstellung im Jahre 1980 geht aus einer in Tab. 8/1 gegebenen Zusammenstellung der Vereinten Nationen hervor.

Tab. 8/1: Weltweiter Stand der Kartenherstellung 1980

Kontinent	Maßstabsbereich			
	1:25000	1:50000	1:100000	1:250000
Afrika	2%	24%	17%	78%
Asien ohne UdSSR	11%	51%	62%	80%
Europa ohne UdSSR	91%	91%	77%	95%
Nordamerika mit Mittelamerika	34%	61%	7%	88%
Ozeanien mit Australien	13%	42%	42%	80%
Südamerika	10%	27%	42%	50%
UdSSR	5%	61%	100%	100%
Welt	13%	42%	42%	80%
jährlicher Weltfortschritt bei der Neuherstellung	0,28%	1,20%	0,28%	0%
jährliche Fortführung der bereits kartierten Fläche	3,2%	2,7%	2,7%	0%

Demnach hat nur Europa den topographischen Kartenherstellungsbedarf nahezu voll gedeckt. In der UdSSR und in der Volksrepublik China liegt eine Karte 1:100000 (oder 1:50000) vollständig vor. In Nordamerika werden gegenwärtig große Anstrengungen unternommen, die Kartenwerke 1:24000 für die USA und 1:50000 für Mexiko und Kanada zu erstellen. Die Kontinente Afrika und Südamerika haben dagegen große Schwierigkeiten im Fortschritt der Kartenherstellung.

Der jährliche Fortschritt in der Nachführung bereits kartierter Gebiete liegt in Europa für die Karte 1:50000 bei 5,3% und im Weltdurchschnitt bei 1,8%. Dies bedeutet, daß der Turnus der Kartenfortführung unbefriedigend ist.

Sowohl für die Neuherstellung als auch für die Nachführung dieser Kartenwerke werden heute ausschließlich photogrammetrische Methoden verwendet.

Für die Herstellung der amtlichen Kartenwerke sind weltweit über 250 Luftbildkammern und über 3000 Auswertegeräte in staatlichen Institutionen im Einsatz. Etwa 0,08% des Bruttosozialproduktes wird weltweit jährlich für die Kartenherstellung ausgegeben.

In der Bundesrepublik Deutschland wird die Deutsche Grundkarte 1:5000 mit photogrammetrischen Methoden hergestellt. Hierfür wird eine gezielte Befliegung im Maßstab 1:12000 (im Mittelgebirge 1:13000) durchgeführt, in welcher jeweils zwei Stereomodelle ein Kartenblatt (50 × 50 cm) ausfüllen. Die Fehlergrenzen legen eine Höhengenauigkeit von $\sigma_h = \pm(0{,}4 + 5 \cdot tg\alpha)$ fest. Sie kann durch den festgelegten Bildmaßstab leicht erfüllt werden, insbesondere, wenn in hügeligem Gelände mit Neigungen von $\geqslant 2\%$ Schichtlinien gezogen werden und wenn in flachem Gelände ein Höhenraster gemessen wird.

Der Stand der Fertigstellung der Deutschen Grundkarte geht aus Tab. 8/2 hervor.

Wegen des zeitlichen Aufwandes bei der Herstellung und insbesondere bei der Nachführung der Deutschen Grundkarte hat sich Nordrhein-Westfalen entschlossen, neben der Strichkartenform eine Bildkarte 1:5000 im Blattschnitt der Deutschen Grundkarte herzustellen. Diese Bildkarte wird in flachen Gebieten durch Einzelbildentzerrung und in hügeligen Bereichen durch die Orthophototechnik hergestellt. Sie dient als rasch nach dem Bildflug verfügbarer Strichkartenersatz und beseitigt die Engpässe bei der Kartennachführung.

Tab. 8/2: Stand der Herstellung der Deutschen Grundkarte 1:5000 im Jahre 1982

Bundesland	Fläche [km²]	Bearbeitungsstand in [%]				
		alle Strichkarten > 1:5000 Grundriß	alle Anwendungen > 1:5000 Höhen	DGK 1:5000 Grundriß	DGK 1:5000 Höhen	Luftbildkarte
Baden-Württemberg	35752	100	100	67	67	0
Bayern	70551	98	98	0	0	0
Berlin (West)	480	100	100	0	0	0
Bremen	408	100	100	100	9	100
Hamburg	755	100	100	100	100	0
Hessen	21114	31	28	15	15	45
Niedersachsen	47431	100	44	100	44	20
Nordrhein-Westfalen	34066	96	72	42	42	100
Rheinland-Pfalz	19848	19	43	19	19	0
Saarland	2571	42	97	42	42	0
Schleswig-Holstein	15720	100	61	61	61	0
Bundesrepublik Deutschland	248212	88	73	67	67	22

Literatur zu 8.4.3.

Brindöpke, W., 1976; Ellenbeck, K. H., Tönnesen, K., 1981; Heißler, V., 1954

8.4.4 Photogrammetrische Kameras aus dem Weltraum

Durch benannte Satellitenplattformen eröffnen sich zunehmend neue Möglichkeiten photogrammetrische Kameras aus dem Weltraum einzusetzen. Angestrebt wird hierbei eine effizientere Methodik für die Herstellung und die Fortführung kleinmaßstäbiger Karten und Orthophotos zu entwickeln (1:50000 bis 1:100000).

Die ersten photogrammetrischen Erfahrungen mit photographischen Weltraumaufnahmen wurden auf der Mondoberfläche gemacht. Die Lunar Orbiter Missionen lieferten 1966 und 1967 Funkbilder der Mondlandezonen, welche mit analytisch-photogrammetrischen Methoden über Reseaukreuze ausgewertet werden konnten. Die späteren Apollonissionen lieferten ab 1969 Bildmaterial mit Hilfe von photogrammetrischen Kameras.

Photographische Erdmissionen aus dem Weltraum wurden von den U.S.A. 1973 mit Skylab und von der UdSSR in den Missionen Sojuz-Saljut durchgeführt. Dabei wurden kleinformatige Kameras eingesetzt. Die Sojuz-Saljut-Missionen benutzten z. B. die von Jenoptik gebaute Multispektralkammer MKF-6.

Der erste zivile Einsatz einer photogrammetrischen Kamera mit Standardbildformat fand in der ersten europäischen Spacelab-Mission auf N.A.S.A.S Space-Shuttle im Dezember 1983 statt.

Literatur zu 8.4.4.

Doyle, F. J., 1970; Konecny, G., 1968; Konecny, G., Schuhr, W., Wu, J., 1982

9. Terrestrische Photogrammetrie

In der terrestrischen Photogrammetrie werden die Meßbilder nicht in systematischen Bildflügen vom Flugzeug, sondern in beliebiger, dem Aufnahmeobjekt am günstigsten angepaßten Aufnahmeanordnung von terrestrischen Standpunkten aus gemacht. Hierfür stehen spezielle Kameras auf Stativen und eine spezielle Auswertemethodik mit zum Teil besonderen Auswerteinstrumenten zur Verfügung.

9.1 Aufnahmegeräte

Eine Zusammenstellung der verfügbaren Aufnahmegeräte ist in Tab. 9/1 gegeben.

Tab. 9/1: Terrestrische Aufnahmegeräte

Typ	Hersteller	Name	Bildformat hoch [cm] × quer [cm]; Schicht	Brennweite [mm]	Orientierbarkeit; Basis [cm]	Bemerkung
Phototheodolit mit Objektivverschiebung	Jenoptik	Phototheo 19/1318	13 × 18 Platten	190	10 mgon	
	Galileo	Veroplast	13 × 18 Platten	150		auf Theodolit aufsetzbar
	Jenoptik	UMK 6,5/1318 10/1318 20/1318 30/1318	13 × 18 Platten & Film	64 99 200 300	2,5 mgon	UMK 10/1318 fokussierbar von ∞ bis 1,4 m

Forts. Tab. 9/1

Typ	Hersteller	Name	Bildformat hoch [cm] × quer [cm]; Schicht	Brennweite [mm]	Orientierbarkeit; Basis [cm]	Bemerkung
Phototheodolit kippbar	Wild	P 30	10 × 15 Platten	165	0,2 mgon	
	Wild	P 31	10 × 13 Platten	45 100 200	Orientierungsfernrohr für Basis	im Nahbereich fokussierbar durch Zwischenringe
	Wild	P 32	6,5 × 9 Platten oder Film	64		aufsetzbar auf Theodolit T2 oder T1
	Zeiss	TMK 6 TMK 12	12 × 9 Platten	60 120	Orientierungsfernrohr für Basis	
Stereometerkammern	Galileo	Verostat	9 × 12	100	120	
	Galileo	Veroplast	13 × 18	150	60 200	
	Jenoptik	SMK 5,5/0808	9 × 12	55	40 120	
	Wild	C 40 C 120	6,5 × 9	64 64	40 120	
	Zeiss	SMK 40 SMK 120	12 × 9	60	40 120	

Da die Aufnahme von festen Standpunkten erfolgt, werden zur Erreichung einer hohen Auflösung lichtschwache aber feinkörnige Emulsionen und Objektive mit einem geringen Öffnungsverhältnis (in der Regel 1:8 bis 1:25) verwendet werden, die eine Belichtungszeit von bis zu einigen Sekunden erfordern.

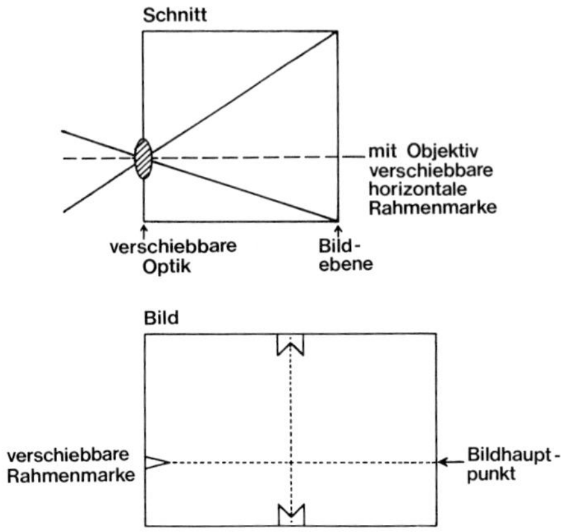

Abb. 9.1: Schema eines Phototheodoliten mit verschiebbarer Optik

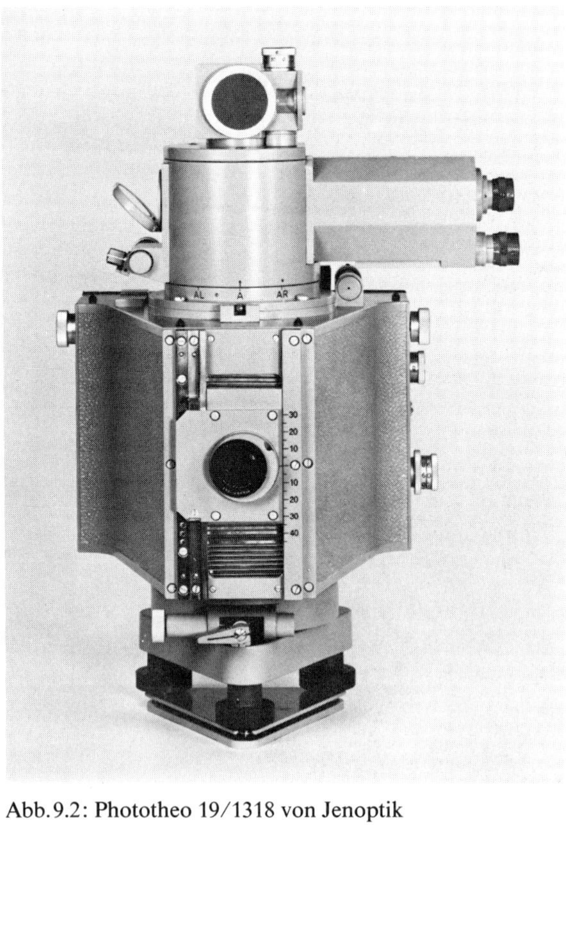

Abb. 9.2: Phototheo 19/1318 von Jenoptik

9.1.1 Phototheodolite

Ein Phototheodolit besteht aus einer Meßkammer, welche auf einem Stativ mit Hilfe von Libellen horizontiert und um eine vertikale Stehachse gedreht und orientiert werden kann. Hierzu werden Ziel- und Ablesevorrichtungen verwendet.

In Abb. 9.1 ist das Schema eines Phototheodoliten dargestellt, dessen Bildebene nicht geneigt werden kann. Der Bildbereich wird durch ein verschiebbares Objektiv festgelegt. Der einzige jetzt noch verfügbare Phototheodolit dieser Bauart ist der Phototheo 19/1318 von Jenoptik (siehe Abb. 9.2).

Die neueren Phototheodolite besitzen eine Kammer mit festen Rahmenmarken. Diese Kammer ist in festen Intervallen um die Kippachse des Phototheodoliten neigbar (siehe Abb. 9.3).

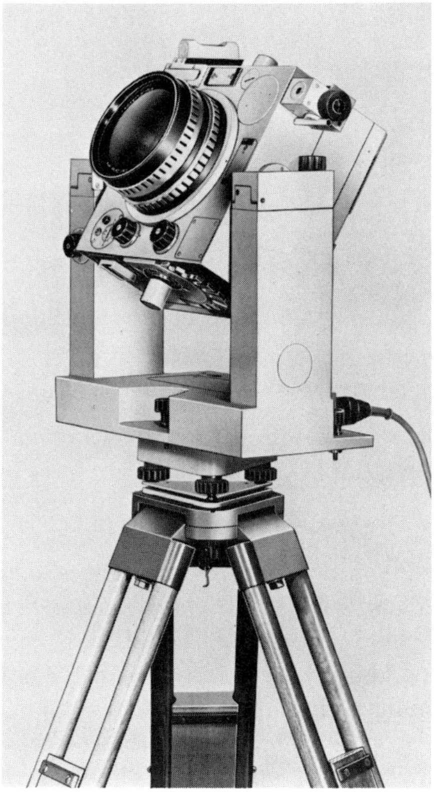

Abb. 9.3: UMK 10/1318 von Jenoptik

Abb. 9.4: P-31 von Wild

Die UMK ist auch für den Nahbereich kontinuierlich fokussierbar. Der P 31 der Firma Wild (siehe Abb. 9.4) ist durch den Einsatz von Zwischenringen für den Nahbereich fokussierbar.

Während der Phototheodolit P-30 von Wild noch die Möglichkeit besitzt, die Aufnahmeachse mit der Genauigkeit eines Theodoliten auszurichten, so ist dies bei neueren Konstruktionen nur dort möglich, wo die Kamera auf einen Theodolit aufgesetzt werden kann (z. B. P 32 von Wild). Andere Konstruktionen legen lediglich Wert auf Aufnahmen in festem Winkel zur Basis (Normalaufnahmen bei TMK von Zeiss). Dies wird durch entsprechend angeordnete Orientierungsfernrohre erreicht, welche in Richtung der Basis zielen.

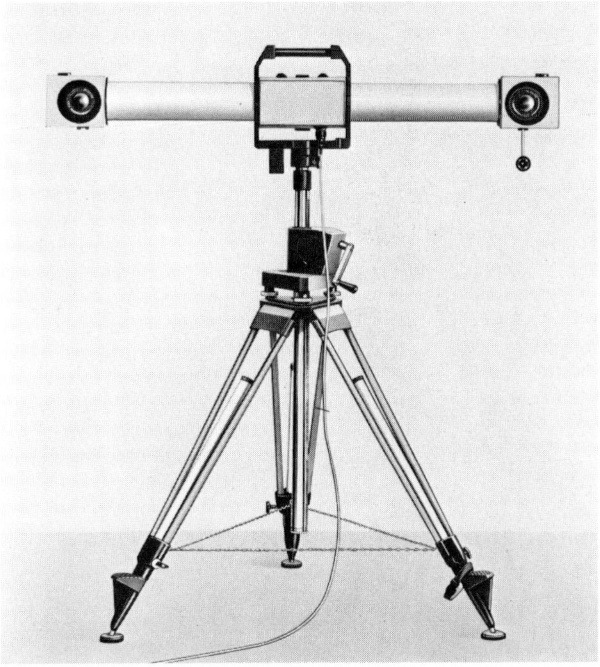

Abb. 9.5: SMK 5,5/0808 von Jenoptik mit 120 cm Basis

Um eine Planlage der Emulsion mit möglichst einfachen Mitteln zu erreichen, wird die Glasplatte als Schichtträger bevorzugt. Da beschichtete Glasplatten schwer erhältlich sind, sehen einige Phototheodolittypen auch die Verwendung von Plan- oder Rollfilmen vor. Dabei müssen aber spezielle Vorkehrungen für die Planlage des Films getroffen werden.

Im P 32 von Wild wird der Film gegen eine zwischen Objektiv und Filmebene fest eingebaute Glasplatte gepreßt. In der UMK 10/1318 von Jenoptik wird der Film durch die Zusatzeinrichtung einer Vakuumpumpe an die Andruckplatte angesaugt.

9.1.2 Stereometerkammern

Im Nahbereich kann zur Vermeidung der Ausrichtungsschwierigkeiten von Phototheodoliten eine Stereometerkammer verwendet werden. Sie besteht aus zwei identischen Meßkammern, welche auf einer festen Basis ange-

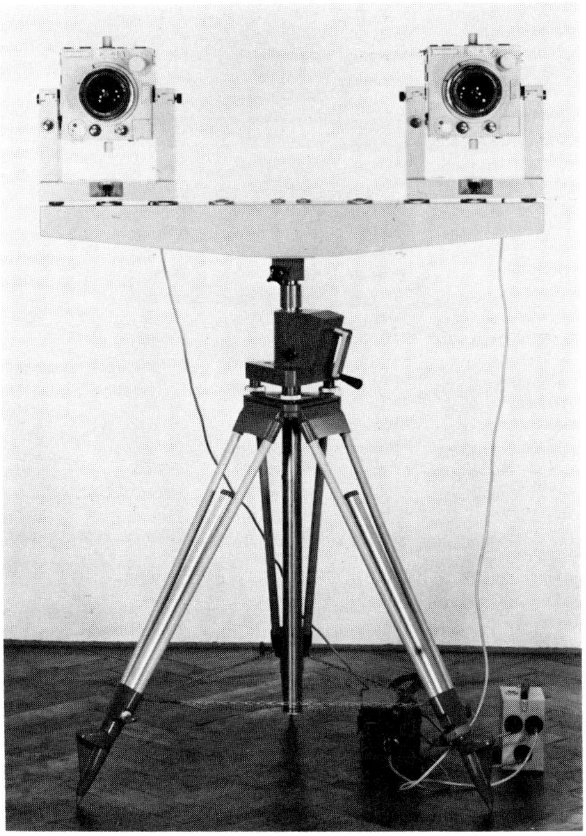

Abb. 9.6: Stereometrische Anordnung von zwei UMK für Industrieanwendungen

bracht sowie parallel zueinander und senkrecht zur Basis starr orientiert sind. Die Stereometerkammer kann auf einem Stativ horizontiert, ausgerichtet und meistens in festen Intervallen um eine horizontale Achse gekippt werden (z. B. $\pm 30^g$, $\pm 70^g$, 100^g). Abb. 9.5 zeigt die SMK von Jenoptik.

Stereometerkammern werden für verschiedene Aufnahmeentfernungen mit fester Basis von 40 cm oder 120 cm gebaut.

Abb. 9.6 zeigt eine Sonderkonstruktion für Industrieanwendungen, in welcher zwei UMK 10/1318 auf einer verstellbaren Basis angeordnet worden sind.

Stereometerkammern besitzen synchronisierte Verschlüsse. Sie eignen sich deshalb auch zur Aufnahme veränderlicher Zustände im Nahbereich.

Literatur zu 9.1.

Karara, H. M., 1967; Weimann, G., 1970

9.2 Aufnahmearten

9.2.1 Meßtischphotogrammetrie

Die Meßtischphotogrammetrie ist das älteste Auswerteverfahren der Photogrammetrie. Die photogrammetrische Aufnahme erfolgt mit einem Phototheodolit von bekannten Punkten aus. Dabei wird das Gerät horizontiert und durch terrestrische Vermessungen richtungsmäßig festgelegt.

Die Bildkoordinaten x', y' einer Aufnahme bestimmen horizontale Winkel α und vertikale Winkel β zwischen identifizierbaren Bildpunkten und der Aufnahmerichtung (siehe Abb. 9.7).

$$tg\alpha = \frac{x'}{c},$$

$$tg\beta = \frac{y'}{c} \cdot \cos\alpha.$$

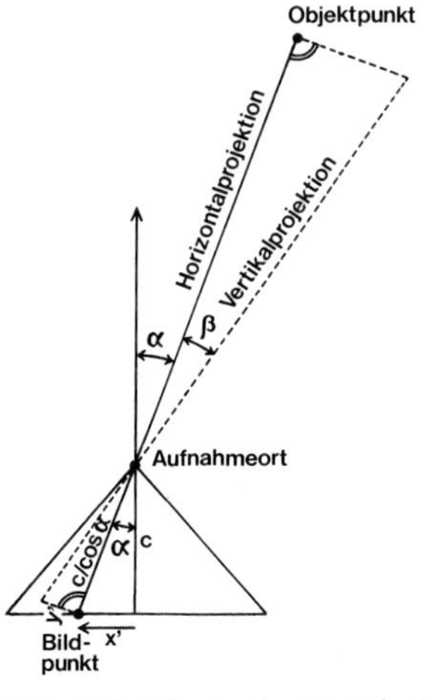

Abb. 9.7: Prinzip der Meßtischphotogrammetrie

Die weitere Berechnungsweise erfolgt bei der Meßtischphotogrammetrie nach den Verfahren der Vermessungskunde. Kann ein Objektpunkt in zwei Bildern von unterschiedlichen Standpunkten identifiziert werden, so können die Bildkoordinaten in beiden Bildern gemessen werden. Daraus werden die Bildwinkel berechnet. Durch die Kenntnis der Aufnahmerichtungen können die Bildrichtungen bestimmt werden. Die Objektpunktkoordinaten (x_i, y_i) werden durch ebenen Vorwärtsschnitt berechnet. Aus der Entfernung zwischen Aufnahmeort und Objektpunkt läßt sich mit dem Vertikalwinkel die Höhendifferenz zum Objektpunkt ermitteln.

Das Verfahren ist anwendbar, wenn die Bildpunkte einwandfrei identifizierbar sind und wenn die Schnittwinkel der Bildstrahlen 30^g nicht unterschreiten.

9.2.2 Stereophotogrammetrie

Bei der Stereophotogrammetrie werden die Aufnahmekonfigurationen zweier das Objekt erfassender Bilder so gewählt, daß eine Stereobetrachtung möglich ist. Die Geländepunkte brauchen dann nicht alle identifiziert zu werden. Es genügt, die Geländeoberfläche stereoskopisch einzustellen.

Die Aufnahmen erfolgen in der Regel parallel und senkrecht zur Basis, welche durch die beiden Aufnahmeorte definiert ist *(Normalfall).* Andererseits sind auch *verschwenkte Aufnahmen* möglich, bei welchen die Aufnahmen zwar parallel, aber nicht senkrecht zur Aufnahmebasis, sondern abgelenkt um gleiche Winkel φ erfolgen.

Sind die Winkel φ für jede Aufnahme unterschiedlich, so handelt es sich um *konvergente* (oder *divergente*) *Aufnahmen* wenn sich die Aufnahmerichtungen im Objektraum schneiden (bzw. wenn sie auseinanderstreben).

Konvergente (und divergente) Aufnahmen werden in der terrestrischen Stereophotogrammetrie i. a. vermieden, weil sie die frontale Stereobetrachtung beeinträchtigen.

In der Stereophotogrammetrie haben die in Kap. 2.4.2 für den Normalfall und die in den Kapiteln 4.2 bis 4.5 abgeleiteten Beziehungen allgemeine Gültigkeit, wenn die Koordinatenachsen entsprechend berücksichtigt werden. Bei horizontalen terrestrischen Aufnahmen verläuft z. B. die y-Richtung horizontal und senkrecht zur Basis. Dagegen ist z parallel zur y'-Koordinate. Werden z. B. y und z in den Beziehungen des Kap. 2.4.2 vertauscht, dann er-

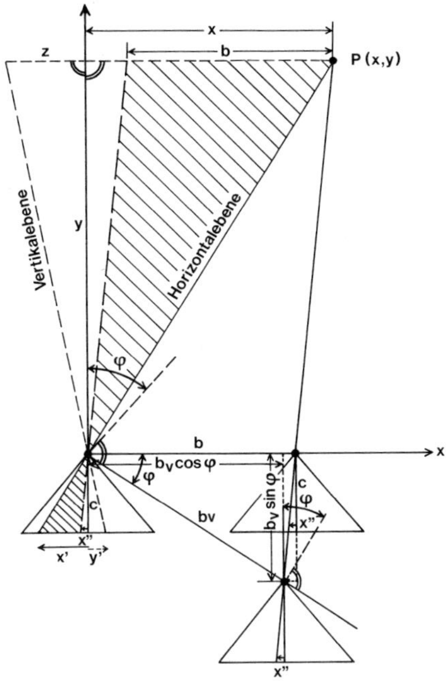

Abb. 9.8: Normalfall und Verschwenkungsfall der terrestrischen Stereophotogrammetrie

geben sich die Transformationsgleichungen für den Normalfall der terrestrischen Stereophotogrammetrie (siehe Abb. 9.8):

$$x_i = \frac{y_i}{c} \cdot x_i',$$

$$z_i = \frac{y_i}{c} \cdot y_i',$$

$$y_i = \frac{b \cdot c}{x' - x''}.$$

Der Verschwenkungsfall kann auf den Normalfall zurückgeführt werden, indem man setzt:

$$b = b_v \cdot \cos\varphi + \frac{x''}{c} \cdot b_v \cdot \sin\varphi.$$

Für Aufnahmen, welche um ω nach unten gekippt sind, muß das in Aufnahmerichtung definierte Koordinatensystem x_i, y_i, z_i transformiert werden in x_T, y_T, z_T:

$$x_T = x_i,$$

$$y_T = y_i \cos\omega + z_i \sin\omega,$$

$$z_T = -y_i \sin\omega + z_i \cos\omega.$$

9.3 Auswertung

9.3.1 Orientierung

Die bei der Luftphotogrammetrie standardisierten Orientierungsverfahren stoßen bei ihrer Anwendung für terrestrische Aufnahmen vielfach auf Schwierigkeiten, weil sich das Gelände nicht in einer Fläche senkrecht zur Aufnahmerichtung ausbreitet, sondern weil es sich entlang der terrestrischen y-Achse ausdehnt. Somit können weder symmetrisch verteilte Paßpunkte vermessen werden, noch sind sie, einschließlich eventueller Übertragungs- oder Orientierungspunkte für eine gute Orientierungslösung besonders geeignet. Deshalb wird vielfach von den durch Vermessung ermittelten Koordinaten der Aufnahmeorte und den Aufnahmerichtungen Gebrauch gemacht. Die vorhandenen Paßpunkte dienen dann weniger zur Orientierung als zu ihrer Überprüfung oder zu ihrer geringfügigen Verbesserung.

Das funktionale Modell für die Orientierungsverbesserung kann infolgedessen nur so viele Parameter zulassen wie Paßpunktskoordinaten vorhanden sind. Bei nur zwei unterschiedlich entfernten Paßpunkten P_1 und P_2 beschränkt man sich dabei auf die Veränderung der Basis und der x-Parallaxe oder der Konvergenz. Durch Differentiation von $y = \frac{b \cdot c}{px}$ wird:

$$dy = -\frac{b \cdot c}{px^2} \cdot dpx + \frac{c}{px} \cdot db = -\frac{y^2}{b \cdot c} \cdot dpx + \frac{y}{c}\, db.$$

An P_1 und P_2 kann dy_1 und dy_2 durch db und dpx beseitigt werden.

Weitere Korrekturmöglichkeiten bietet eine Analyse der in Kap. 5.3.2 und 5.3.4 behandelten Auswirkungen der Orientierungselemente auf ein für terrestrische Aufnahmen zutreffendes Koordinatensystem.

Für senkrechte Luftaufnahmen galt:

$$dx = dbx + \frac{x}{h}\,dbz + \frac{xy}{h}\,d\omega + h\,(1 + \frac{x^2}{h^2})d\varphi + y d\kappa,$$

$$dy = dby + \frac{y}{h}\,dbz + h\,(1 + \frac{y^2}{h^2})d\omega + \frac{xy}{h}\,d\varphi + x d\kappa,$$

$$dz = \frac{h}{b}\,dbx + \frac{x}{b}\,dbz + \frac{xy}{b}\,d\omega + \frac{h^2 + b^2}{b}d\varphi + \frac{hy}{b}d\kappa.$$

Für terrestrische Normalaufnahmen gilt nun:

$$dx = \frac{y}{c}\,dx' = dbx + \frac{x}{y}\,dby + \frac{xz}{y}\,d\omega + y(1 + \frac{x^2}{y^2})d\varphi + z d\kappa,$$

$$dy = \frac{y}{b}\,dbx + \frac{x}{b}\,dby + \frac{xz}{b}\,d\omega + \frac{y^2 + b^2}{b}\,d\varphi + \frac{yz}{b}\,d\kappa,$$

$$dz = \frac{y}{c}\,dy' = dbz + \frac{z}{y}\,dby + y(1 + \frac{z^2}{y^2})d\omega + \frac{xz}{y}\,d\varphi + x d\kappa.$$

Diese Beziehungen können auch dazu verwendet werden, die Genauigkeit zu analysieren, mit welcher der Phototheodolit horizontiert und ausgerichtet werden muß, und wie gut die Glasplatte am Anlegerahmen anliegen muß, damit auf Paßpunkte zur Orientierung verzichtet werden kann.

Aus der ersten Gleichung folgt für $d\varphi$ mit dx

$$d\varphi^c = \underbrace{\frac{dx'}{c} \cdot \rho^c}_{\text{konstant}} + \underbrace{\frac{c \cdot dx'}{x'^2} \cdot \rho^c}_{\text{veränderlich}},$$

für $d\omega$:

$$d\omega^c = \frac{c \cdot dx'}{x'y'} \cdot \rho^c,$$

für $d\kappa$:

$$d\kappa^c = \frac{dx'}{y'} \cdot \rho^c,$$

und für dc nach $\frac{x'}{c} = \frac{dx'}{dc}$:

$$dc = \frac{c \cdot dx'}{x'}.$$

Bei Maximalwerten von $dx' = 10\,\mu m$, $c = 60$ mm, $x' = 40$ mm und $y' = 55$ mm wird:

$$d\varphi^c = 1{,}1^c \text{ (konstant)} + 2{,}4^c \text{ (veränderlich)},$$

$$d\omega^c = 1{,}7^c,$$

$$d\kappa^c = 1{,}2^c,$$

$$dc = 15\,\mu m.$$

Mit diesen Genauigkeitswerten muß die Orientierung des Phototheodolits bzw. das Anlegen der Platten gewährleistet sein. Ansonsten ist eine analytische Orientierung erforderlich.

9.3.2 Punktweise Auswertung

Bei der punktweisen Auswertung im Stereokomparator oder im analytischen Auswertegerät werden die Bildkoordinaten stereoskopisch eingestellter Punkte registriert. Für den Normalfall oder den Verschwenkungsfall ist eine Berechnung der Geländekoordinaten mit dem Taschenrechner empfehlenswert.

Bei schlecht ausgerichteten Aufnahmen und bei unbekannten Standpunkten erfolgt die Orientierung und die Berechnung am besten durch eine strenge Bündelblockausgleichung, bei welcher z. B. die Vorgaben paralleler Aufnahmen als zusätzliche Bedingungen oder noch besser als zusätzliche Beobachtungen mit entsprechendem Gewicht eingeführt werden können.

9.3.3 Linienweise Auswertung

Die linienweise Auswertung geschieht mit einem Stereoauswertegerät. Jedes Auswertegerät, welches für das Abfahren von Schichtlinien in der x-z-Ebene für Luftbilder geeignet ist, kann dazu verwendet werden.

Unter den optischen Geräten besitzt der Stereoplanigraph C8 von Zeiss z. B. eine Umschaltvorrichtung des rechten Handradgetriebes mit dem der Fußscheibe. Bei den mechanischen Geräten ist diese Möglichkeit z. B. gegeben bei den Autographen A7 und A10 von Wild, beim Stereometrographen und beim Topocart von Jenoptik und beim Planimat von Zeiss.

Bei den analytischen Auswertegeräten ist die Veränderung der Antriebe ohnedies nur eine Frage der Software, welche beliebig verändert werden kann.

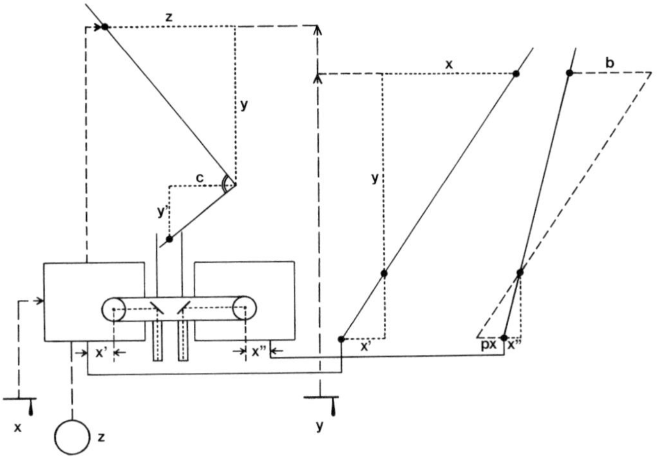

Abb. 9.9: Schema des Stereoautographen von Orel-Zeiss

Auch mit Kartiergeräten ohne diese Umschaltmöglichkeit können Aufrisse oder Profile aus terrestrischen Aufnahmen kartiert werden, wenn die Gerätebereiche hierzu ausreichen. Bei optischen Geräten ist zusätzlich erforderlich, daß bestimmte Projektoren (oder Verkleinerungen der Bilder) zur Auswertung verwendet werden, welche den Aufnahmebildweiten entsprechen.

Analytische Geräte machen heute den Bau spezieller terrestrischer Auswertegeräte überflüssig. Dagegen haben die Bildweiten- und Bereichsbeschränkungen bei einfachen Kartiergeräten früher zur Herstellung besonderer Auswertegeräte für die terrestrische Photogrammetrie geführt.

(a) Das älteste bekannte Auswertegerät ist der Stereoautograph von Orel-Zeiss aus dem Jahre 1911 (siehe Abb. 9.9).
Die Handräder verändern die Linealstellungen so, daß sich x und y verändern. x und y sind direkt mit einem Zeichentisch verbunden. Die Lineale verändern wiederum die beiden Bildwagen so, daß die Gleichungen für den Normalfall für die Bildkoordinaten x' und x'' (bzw. px) erfüllt werden. Die Fußscheibe bedient das z-Lineal, welches wiederum über einen rechten Winkel die Verschiebung der Optik in y' nach den Beziehungen des Normalfalls steuert.
Spätere Versionen des Geräts ermöglichten die Auswertung verschwenkter Aufnahmen durch Einführung einer Basiskomponente by am Basiswagen. Auch konvergente Aufnahmen konnten ausgewertet werden, in-

Abb. 9.10: Terragraph von Zeiss

dem das x''-Lineal im Bildbereich um das Aufnahmezentrum geknickt werden konnte.

(b) Jenoptik hat dieses Gerät im *Stereoautographen 1318* aus dem Jahre 1954 um eine Steuerung durch ein weiteres Höhenlineal mit rechtem Winkel verbessert, welches anstelle von z und y die Werte $z+bz$ und $y+by$ einführt und über c den Wert y'' nachsteuert. Damit braucht bei verschwenkten oder konvergenten Aufnahmen die y-Parallaxe von Punkt zu Punkt nicht mehr von Hand weggestellt werden; dies erfolgt nun automatisch.

(c) Ein von Zeiss gebautes Gerät für die Auswertung von TMK und SMK-Aufnahmen ist der *Terragraph* aus dem Jahre 1960 (siehe Abb. 9.10). Er wurde für die Kartierung geneigter Aufnahmen mit einem Rechner für die entsprechende Koordinatentransformation ausgerüstet. Verschwenkte und konvergente Aufnahmeanordnungen sind nicht vorgesehen.

(d) Der *Autograph A40* von Wild wurde seit 1963 für das Plattenformat bis zu 10×13 cm gebaut. Es besitzt Raumlenker wie ein übliches mechanisches Auswertegerät und läßt die Auswertung normaler, verschwenkter und geneigter Aufnahmen in Grund- und Aufriß zu.

(e) Ein ähnliches Gerät für Aufnahmen (oder Verkleinerungen) des Formats 6,5 × 9 cm war der *Kleinautograph von Zeiss* aus dem Jahre 1933.

9.4 Anwendungen der Erdbildmessung

Aus Kap. 9.2.2 geht hervor, daß die Punktgenauigkeit bei der terrestrischen Photogrammetrie für jede Koordinatenrichtung einzeln betrachtet werden muß. Beim Normalfall lauten σ_x, σ_y und σ_z:

$$\sigma_x = \pm \frac{y}{c} \cdot \sigma'_x,$$

$$\sigma_y = \pm \frac{y}{b} \cdot \frac{y}{c} \cdot \sigma_{px},$$

$$\sigma_z = \pm \frac{y}{c} \cdot \sigma'_y.$$

Demnach ist der Höhenfehler vom Bildmaßstab abhängig, der sich linear mit der Aufnahmeentfernung verändert. Dies ist auch für den Lagefehler in x maßgebend. Die y-Komponente des Lagefehlers ist um das Entfernungs-Basis Verhältnis ungenauer.

y/b sollte demnach möglichst klein und b möglichst groß sein. Dagegen muß auch die in Kap. 3.2 erwähnte Bedingung für das stereoskopische Sehen im Gesichtsfeld von $d \leqslant 70'$ eingehalten werden.

Bei einer optischen Vergrößerung des Geräts von $n = 4$ sollte deshalb für die terrestrische Photogrammetrie die Basis nach folgender Bedingung gewählt werden:

$$\frac{y_{\min}}{4} \geqslant b \geqslant \frac{y_{\max}}{20}.$$

$y_{\min}$ ist die kürzeste und $y_{\max}$ die weiteste Aufnahmeentfernung.

9.4.1 Topographische Aufnahmen

Die terrestrische Photogrammetrie eignet sich mit Phototheodoliten für die topographische Aufnahme kleiner Gebiete in gebirgigem, von terrestrischen Standpunkten aus einsehbarem Gelände.

Der Auswahl und der Vermessung der Aufnahmeorte einer Basis (= Standlinie) muß nach den topographischen Bedingungen des Geländes besondere Mühe gewidmet werden. Zur möglichst lückenlosen Erfassung des Geländes mit möglichst wenigen Standlinien werden Normalaufnahmen auch um 30^g links und um 30^g rechts verschwenkte Aufnahmen eingeplant. Diese können horizontal, und falls erforderlich zusätzlich auch jeweils mit Neigung nach oben und unten gemacht werden. Auf diese Weise ist die terrestrische Photogrammetrie seit dem ersten Weltkrieg bei der Alpenvereinskartographie eingesetzt worden. Ebenso wurde sie bei Expeditionen im Pamir, im Himalaya und in den Anden für die Hochgebirgskartographie verwendet. Auch heute noch dient sie in Hochgebirgen (Alpen, Himalaya, Kanada, Alaska) zur periodischen topographischen Aufnahme von Gletschern.

Sie ist gleichfalls geeignet im Bergbau für Aufnahmen des Abbauzustandes im Tagebau.

Bei Gletschern und im Tagebau können die Auswertungen zweier Zustände verglichen werden. Aus den Schichtliniendifferenzen oder aus dem ermittelten digitalen Geländemodell können die Differenzvolumina bestimmt werden.

9.4.2 Anwendungen in der Denkmalspflege

Die terrestrische Photogrammetrie hat ein breites Anwendungsgebiet in der Denkmalspflege. Bereits 1885 wurde in Berlin eine Kgl. Preußische Meßbildanstalt errichtet. Seit 1970 besteht das Comité International de la Photogrammétrie Architecturale (CIPA) der U.N.E.S.C.O. Diese Institutionen haben die systematische Erfassung aller Kulturdenkmäler durch terrestrische Photogrammetrie als Maßnahme des Kulturgüterschutzes empfohlen. Nach dem zweiten Weltkrieg konnten z.B. zerstörte Gebäude nach Aufnahmen der späteren Staatlichen Meßbildanstalt Berlin rekonstruiert werden.

In zunehmendem Maße werden in Österreich, in der Schweiz aber auch in der Bundesrepublik terrestrische Aufnahmen für die Bauplanung zur Erneuerung alter Stadtkerne verwendet. Auch die Innenräume von Kirchen und Schlössern können so vermessen werden. Dabei kommen sowohl Phototheodolite als auch Stereometerkammern zum Einsatz. Am kostengünstigsten sind Verfahren, bei welchen die Häuserfassaden von bereits vermessenen Standpunkten aus nur noch aufgenommen werden müssen (siehe Abb. 9.11).

Abb. 9.11: Photogrammetrische Aufnahme von Häuserfassaden (Hameln)

Die Einzelaufnahmen können ohne Aufwand zu sogenannten Leporellos zusammenkopiert werden. Oder bestimmte Einzelbilder von ebenen Fassaden können auf eine Paßpunktgrundlage entzerrt werden.

Erfolgt die Aufnahme von ganzen Häuserfronten von Hebebühnen aus, so ist es möglich, die Aufnahmeorte und Aufnahmerichtungen zusammen mit den Paßpunkten in einer Bündelblockausgleichung zu bestimmen.

Die Paßpunkte dienen dann auch für die aufwendigste Art der Auswertung, die Stereokartierung, welche bei Objekten mit räumlicher Ausdehnung notwendig ist (siehe Abb. 9.12).

Literatur zu 9.4.2.
Foramitti, H., 1964; Grün, A., 1975

9.4.3 Ingenieuranwendungen

Die terrestrische Photogrammetrie ist auch im Bereich des Ingenieurwesens nützlich. Im Nahbereich können z. B. Baumodelle von Fahrzeugkarosserien mit Stereometerkammern aufgenommen und für den Nachbau mit photogrammetrischen Methoden vermessen werden.

Eine weitere Anwendung stellt die Bauwerksüberwachung von Industriebauten dar. Je nach Größe und Zugänglichkeit des Objekts können die Auf-

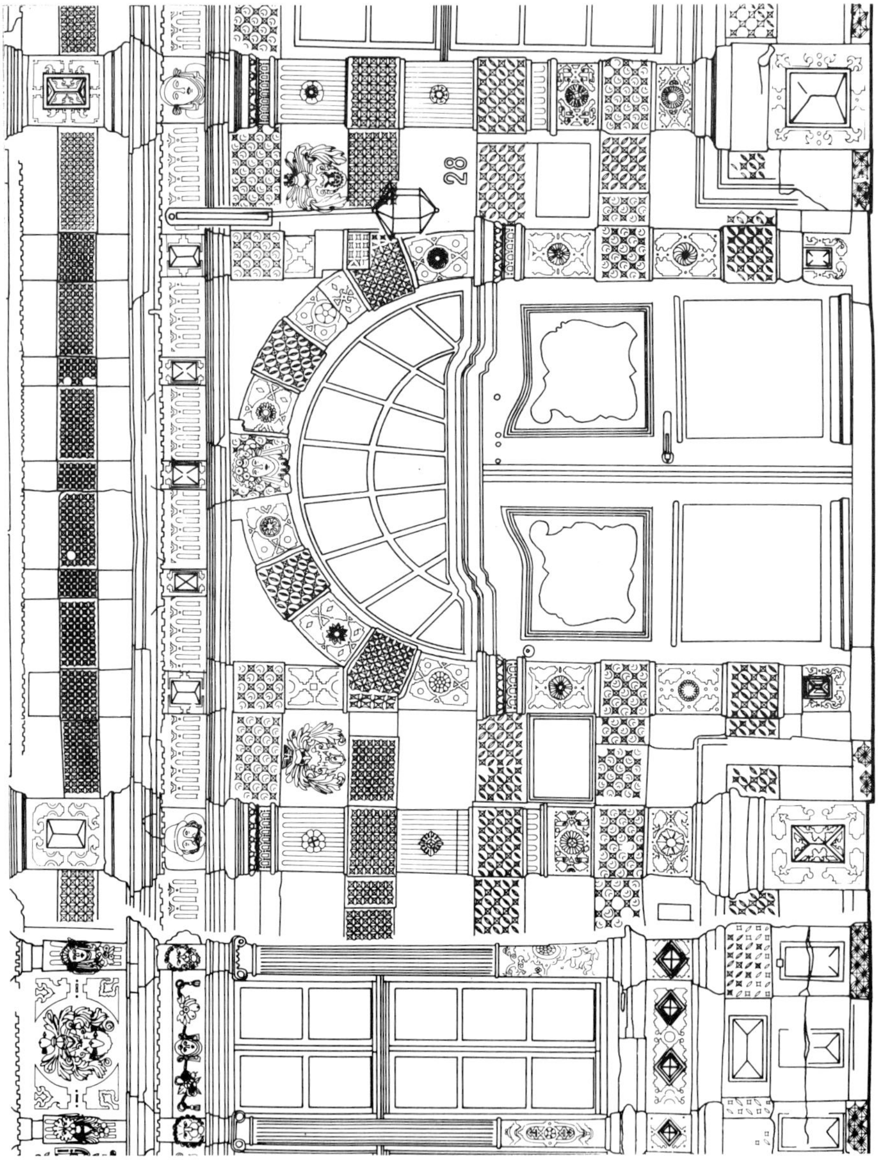

Abb. 9.12: Ausschnitt einer stereoskopischen Auswertung der Fassade des Rattenfängerhauses in Hameln (Originalmaßstab 1:20)

Abb. 9.13: Photogrammetrische Aufnahme eines Kühlturms mit dem Hubschrauber
Freigabe Nr. Brg. 51228/363

nahmen mit dem Phototheodolit entweder horizontal von terrestrischen Standpunkten aus oder schräg zur Seite gerichtet vom Hubschrauber aus, gemacht werden. Abb. 9.13 zeigt die Aufnahme zur Vermessung eines Kühlturms von 162 m Höhe. Die Form des Turmes konnte so mit einer Genauigkeit von $\pm 0{,}5$ cm bestimmt werden. Die Aufnahmeorte, die Aufnahmerichtungen und die zur Auswertung erforderlichen Paßpunkte wurden dabei durch eine Aerotriangulation bestimmt. Sie ist möglich, wenn man Aufnahmeanordnungen mit ausreichender Überdeckung von allen Seiten des Turmes und aus mehreren Höhen vorsieht.

Literatur zu 9.4.3.
Grün, A., Stephani, M., 1974; Hubeny, K., 1957; Kasper, H., Blaschke, W., 1960; Ternryd, C. O., 1964; Torlegård, K., 1966, 1976; Wester-Ebbinghaus, W., 1978

9.4.4 Tatbestandsaufnahmen

Die Stereometerkammern mit einer Basis von 120 cm oder von 40 cm und die zugehörigen Auswertegeräte wurden für den Polizeieinsatz entwickelt.

Die Stereometerkammer mit einer Basis von 120 cm eignet sich gut für die rasche Aufnahme von Verkehrsunfällen. Kombiwagen der Polizei sind speziell mit solchen Kameras ausgerüstet worden, welche nach Öffnen des Schiebedachs auf einem Stativ hochgeschraubt und aus etwa 12 m Entfernung auf das Objekt gerichtet werden.

Die Stereokammer mit einer Basis von 40 cm dient der Kriminalpolizei bei Tatbestandsaufnahmen bei verschiedenartigen Verbrechen.

Mit den Mitteln der analytischen Photogrammetrie lassen sich auch Amateuraufnahmen mit beschränkter Genauigkeit für Tatbestandserfassungen auswerten. Solche Aufnahmen setzt die Polizei z. B. bei Unfällen und bei der Verkehrsüberwachung ein.

Literatur zu 9.4.
Döhler, M., 1971; Kraus, K., 1982; Wrobel, B., Ellenbeck, K. H., 1977

10. Geschichtliche Entwicklung

Die geschichtliche Entwicklung der Photogrammetrie läßt sich in 4 Phasen verfolgen. Von etwa 1850 bis um 1900 dominierte die terrestrische *Meßtischphotogrammetrie.*

Ab 1901 kennen wir die Stereophotogrammetrie; sie kommt mit Analogauswertegeräten als *Analogphotogrammetrie* im terrestrischen Bereich und vor allem von der Luft aus zum Einsatz.

Mit dem Jahre 1953 beginnt der Einsatz von digitalen Rechnern in der photogrammetrischen Auswertung; damit erhält die *analytische Photogrammetrie* zunehmende Bedeutung. Die digitale Berechnungsweise beschränkt sich dabei auf Punkte und Linien. Durch den Einsatz digitaler Aufnahmesysteme in der Fernerkundung seit dem Jahre 1972 wird auch das Interesse an der *digitalen Photogrammetrie* geweckt, welche Bildelemente durch digitale Bildverarbeitung auswertet. Ihre praktische Bedeutung ist einer zukünftigen preisgünstigen Entwicklung der Sensor- und der Rechnertechnologie vorbehalten.

10.1 Meßtischphotogrammetrie

Der Gebrauch der *Perspektive* bei Raumkonstruktionen geht auf die italienische Renaissance zurück (Brunnelleschi um 1420). Die Perspektive wurde von Piero della Francesca (um 1470) erläutert und von Leonardo da Vinci (1481) und von Albrecht Dürer (1525) als Zeichenverfahren studiert und angewandt.

Die Umkehrung der perspektivischen Zeichnung benutzte M. A. Cappeler zum ersten Mal 1725 bei der Kartierung des Pilatusmassivs bei Luzern.

Voraussetzung für die Anwendung perspektiver Prinzipien in der photogrammetrischen Auswertung war die Erfindung durch Nièpce und L. Daguerre im Jahre 1839.

A. Laussedat, ein französischer Oberst, benutzte erstmals im Jahre 1851 photographische Bilder für Meßzwecke. 1859 entstand seine erste photogrammetrische Meßkammer, mit welcher er Aufnahmen von den Dächern auf die Stadt Paris machte und 1861 einen daraus entstandenen Plan vorlegte.

Unabhängig davon setzte A. Meydenbauer, angeregt durch einen Unfall bei Bauaufnahmen des Wetzlarer Domes, im Jahre 1858 die Photographie bei der Vermessung von Kunstdenkmälern ein. 1864 wurde seine erste photogrammetrische Kamera gebaut.

W. Jordan verwendete 1874 die terrestrische Photogrammetrie bei der topographischen Aufnahme der Oase Dachel in der Sahara. Laussedat, Meydenbauer und Jordan benutzten die Meßtischphotogrammetrie vor allem graphisch. Die konstruierten Bildwinkel wurden auf das Meßtischblatt übertragen.

Durch J. Porro (1865) in Italien und unabhängig davon durch C. Koppe (1896) in Braunschweig wurde der Bildmeßtheodolit entwickelt, welcher es erlaubte, Bildwinkel zwischen Punkten einer Aufnahme zu messen. Damit wurde die Anwendung einfacher analytischer Berechnungsmethoden möglich. S. Finsterwalder setzte sie 1889 zur Aufnahme des Vernagtferners im Ötztal ein.

Im gleichen Zeitraum erfolgte die Entwicklung der Luftphotographie. 1783 wurde von Montgolfier der Heißluftballon erfunden. 1858 wurde er von Tournachon (genannt Nadar) erstmals als photographische Aufnahmeplattform benutzt. 1859 diente Nadars Methode zur Vorbereitung der Schlacht von Solferino für Napoleon III.

In den USA wurden Ballonaufnahmen 1860 erstmals über Boston gemacht. 1893 patentierte C. B. Adams in den USA ein graphisches Verfahren, mit welchem Geländepunkte durch Vorwärtsschnitt von zwei Ballonaufnahmeorten bestimmt werden konnten. S. Finsterwalder gelang 1899 die analytische Lösung des Verfahrens mit zwei Ballonaufnahmen über Gars am Inn. In seinem Beitrag von 1903 an die Bayerische Akademie der Wissenschaften legte er die Lösung analytischer Orientierungsverfahren dar und zeigte deren zukünftige Möglichkeiten für die analytische Aerotriangulation auf.

Literatur zu 10.1.
Finsterwalder, S., 1897; Meydenbauer, A., 1894; Möbius, A. F., 1885

10.2 Analogphotogrammetrie

Ein Vorläufer der Geräteentwicklung war T. Scheimpflug in Wien, der 1897 die theoretischen Grundlagen für die optische Entzerrung von Ballonaufnahmen legte. Auch die Ideen zum Doppelprojektor und zur Radialtriangulation stammen von ihm. Ein weiterer Vorläufer war Meydenbauers Mitarbeiter F. Stolze, welcher 1893 das Prinzip der stereoskopischen Messung durch zwei Raumgitter erfand. 1894 entwarf G. Hauck in Berlin ein stereoskopisches Auswertegerät. Auch E. Deville konzipierte (1895) und publizierte (1902) den Entwurf eines photogrammetrischen Kartiergeräts.

Als Einführung der Stereophotogrammetrie gilt aber allgemein der von C. Pulfrich bei Zeiss in Jena durchgeführte Bau des Stereokomparators im Jahre 1901. H. Fourcade baute gleichzeitig im Jahre 1901 einen Stereokomparator in Südafrika. Die Weiterentwicklung des Pulfrichschen Geräts in ein mechanisches Auswertegerät für terrestrische Aufnahmen geschah 1907 durch E. von Orel.

Es war 1909 im Einsatz. 1911 entstand daraus der durch Mitarbeiter von Zeiss verbesserte Stereoautograph Von Orel-Zeiss. 1908 entwarf F. Vivian Thompson in England unabhängig davon ein ähnliches Instrument, welches aber nicht gebaut wurde. Die Stereoautographen erlaubten erstmals das direkte Zeichnen von Höhenschichtlinien durch den Auswerter. Sie sind Vorläufer der späteren Entwicklung mechanischer Auswertegeräte für Luftaufnahmen.

1900 gelang der erste Flug des Luftschiffs von Graf Zeppelin und 1903 wurde durch die Gebrüder Wright in den USA der Motorflug eingeführt. Im ersten Weltkrieg entwickelte O. Meßter (1915) bei Zeiss die erste Reihenbildkammer, welche eine systematische Befliegung ermöglichte und die Luftphotogrammetrie begründete.

Max Gasser konstruierte und patentierte 1915 einen optischen Doppelprojektor, welcher 1933 von Zeiss modifiziert unter dem Namen Multiplex verfügbar wurde. In den USA wurde der Multiplex ab 1940 von der Firma Bausch & Lomb in verbesserter Form gebaut. U. Nistri stellte bei Ottico Meccanica Italiana (O. M. I.) ab 1920 einen Doppelprojektor her.

1919 baute R. Hugershoff in Dresden bei der Fa. Heyde nach dem Prinzip zweier mit Raumlenkern verbundener Bildtheodolite ein optisch-mechanisches Stereoauswertegerät für Luftaufnahmen. Diese Konstruktionsprinzipien wurden 1926 von der Firma Wild, Heerbrugg, für den Autographen A2 modifiziert. Auch G. Poivilliers baute 1923 ein optisch-mechanisches Auswertegerät bei Société d'Optique et de Mécanique de haute Précision (S. O. M.) in Paris und ebenso U. Nistri bei O. M. I. in Rom.

Die Firma Zeiss hielt in ihren Entwicklungen zunächst am optischen Analogprinzip fest und entwickelte 1921 den Stereoplanigraphen von Bauersfeld, welcher bis zum Modell C8 (1952) weitergebaut wurde.

Die Konstruktion rein mechanischer Auswertegeräte mit Raumlenkern betrieb E. Santoni bei der Fa. Galileo in Florenz. 1921 entstand sein Stereocartograph, welcher bis zum Modell V (1963) weiterentwickelt wurde. Die Firma Wild begann mit dem Autographen A5 im Jahre 1936 das mechanische Konstruktionsprinzip einzuführen, welches sich bei Analoggeräten bis heute bewährt hat.

Der zweite Weltkrieg beeinträchtigte die instrumentelle Entwicklung, führte aber insbesondere in den USA, aber auch in der UdSSR, zur Ausbreitung der Photogrammetrie.

Nach dem Krieg entstand bei Bausch & Lomb und bei Kelsh in den USA eine neue photogrammetrische Industrie. In Europa wurde das Erbe der Firma Zeiss aufgeteilt. Auf Veranlassung der sich aus Thüringen zurückziehenden amerikanischen Besatzungsmacht entstand Carl Zeiss, Oberkochen in der Bundesrepublik. In der DDR wurde der Betrieb unter dem in westlichen Ländern gebräuchlichen Namen Jenoptik wiedererrichtet. Seit dem Nachbau des Stereoplanigraphen in Oberkochen im Jahre 1952 und in Jena im Jahre 1955 findet in beiden Betrieben eine getrennte Entwicklung statt. Jenoptik hat sich seit 1960 mit dem Stereometrographen vornehmlich mechanischen räumlichen Konstruktionsprinzipien zugewandt. Zeiss Oberkochen vollzog die Wende 1967 mit dem Planimat. Allerdings wurde dort bereits ab 1952 das Stereotop mit mechanischen Analogrechnern hergestellt.

In der Schweiz wurde die mechanische Tradition fortgesetzt. Wurden schon vor dem zweiten Weltkrieg durch die Einführung von Weitwinkelobjektiven neben den vorher üblichen Normalwinkelobjektiven neue Geräte mit größeren Auswertebereichen notwendig (z. B. Wild A5), so verstärkte sich dieser Trend mit dem Übergang vom Bildformat 18 × 18 cm auf das nun zum Standard werdende Bildformat 23 × 23 cm nach Kriegsende (z. B. Wild A7 oder A8). Schließlich erforderten die neuen Möglichkeiten der Überweitwinkelaufnahme neue Geräte mit noch größeren Auswertebereichen (z. B. Wild A10). Die Überweitwinkelaufnahme siegte eindeutig über die in den fünfziger Jahren propagierte Konvergentaufnahmetechnik. Der geodätische Gerätehersteller Kern entschloß sich ab 1960 ebenfalls zur Herstellung mechanischer photogrammetrischer Auswertegeräte. Auch in Frankreich und Italien fanden bei S. O. M., Galileo und O. M. I. weitere Geräteentwicklungen statt. In England entstand der optisch-mechanische Thompson-Watts-Plotter.

Auch in der UdSSR entstand eine eigenständige photogrammetrische Industrie. Neben Zeichenstereometern wurden ab 1955 Geräte gebaut, welche für die affine Auswertung der von Russinow eingeführten Überweitwinkelaufnahmen eingesetzt werden konnten.

Die Herstellung verbesserter Auswertegeräte ging mit der theoretischen Entwicklung der Auswerteverfahren einher. Nachdem Gasser ein empirisches Orientierungsverfahren angegeben hatte, entwickelte Otto von Gruber das Verfahren der gegenseitigen Orientierung in einer systematischen Weise im Jahre 1924, unter Aufstellung der Parallaxengleichung. Hallert (1944), Stockholm und Bachmann (1945), Lausanne, entwickelten später daraus die numerische Orientierungsmethode. Insbesondere führte Hallert dabei die Ausgleichung nach der Methode der kleinsten Quadrate in die Photogrammetrie ein.

Die Aerotriangulation konzentrierte sich in ihrer Entwicklung zunächst auf die zweidimensionale Radialtriangulation. Sie basiert auf einem U. S. Patent von C. B. Adams aus dem Jahre 1893. Dabei wurden in den Nadirpunkten vertikaler Bilder die Richtungen zu anderen Bildpunkten festgelegt. Die Radialstrahlen eines Bildes konnten mit den entsprechenden Radialstrahlen eines zweiten Bildes zum Schnitt gebracht werden. Damit wurde die Lage der übertragenen Punkte zunächst graphisch bestimmt. In Europa wurde die Radialtriangulation numerisch mit gemessenen Bildkoordinaten und später mit gemessenen Bildrichtungen (im Radialtriangulator) durchgeführt. In den USA entwickelte C. W. Colliers das entsprechende mechanische Verfahren, bei welchem die Bildrichtungen in Schablonen aus Karton gestanzt wurden.

Die räumliche Aerotriangulation in Bildstreifen wurde hauptsächlich durch von Gruber eingeführt, welcher bereits eine Interpolation der Restfehler durchführte.

Schermerhorn führte die räumliche Aerotriangulation bei der Vermessung ehemaliger niederländischer Gebiete in Neuguinea in den dreißiger Jahren in die Praxis ein. In Finnland wurde eine andere Möglichkeit gesehen, die

Orientierung der Aufnahmestandorte zu bestimmen: Väisälä (1929) entwikkelte das Statoskop und Nenonen (1928) die Horizontkammer.

Neben der relativ umständlichen Stereoauswertung verwendete man die Entzerrung in ebenem Gelände. 1896 erfand T. Scheimpflug den Photoperspektographen, welcher bereits die Linsengleichung und die Fluchtpunktbedingung berücksichtigen konnte. Die Verbreitung von Entzerrungsgeräten mit automatischer Scharfabbildung erfolgte nach dem Bau des von Odencrants (Schweden) entworfenen Entzerrungsgeräts E1 von Wild im Jahre 1934 und nach dem Bau des SEG (selbstfokussierendes Entzerrungsgerät) I von Zeiss im Jahre 1934.

Scheimpflug schlug bereits 1903 die zonenweise Entzerrung der Bilder in bergigem Gelände vor, ein Verfahren, welches Pavlov 1952 in der UdSSR einführte.

1924 erhielt L. Vietoris, Innsbruck, ein Patent zur optischen Differentialentzerrung entlang von Schichtlinien. Das erste praktische Gerät war der Orthoprojektor von Lacman, Berlin aus dem Jahre 1929, bei welchem das Bild in Profilen abgetastet wurde. 1933 ergänzte Ferber in Frankreich seinen Doppelprojektor mit einer Abtastvorrichtung entlang von Profilen. Diese Entwicklung wurde durch R. K. Bean im Jahre 1953 beim U. S. Geological Survey zu einem in der Praxis einsetzbaren Orthophotogerät weitergeführt. 1954 bauten G. P. Zhukov und von S. I. Kalantarov in der UdSSR einen Orthoprojektor. In der Bundesrepublik entstand der Orthoprojektor Gigas-Zeiss im Jahre 1964.

Auch bei SFOM in Paris (1968) und bei anderen europäischen oder amerikanischen Firmen wurden analoge Orthophotogeräte hergestellt.

Literatur zu 10.2.

Albrecht, G., 1938; Albertz, J., 1963; Atkinson, K. B., 1980; Fagerholm, P. O., 1952; Finsterwalder, Ri., 1937; Hugershoff, R., 1930; Zeller, M., 1947

10.3 Analytische Photogrammetrie

Die analytische Verarbeitung von Bilddaten war seit S. Finsterwalder bekannt, aber wegen des hohen Aufwandes verpönt. Auch in den USA widmete sich bereits Earl Church 1945 der analytischen Lösung photogrammetrischer Aufgaben als Einzelkämpfer.

Mit der Verwendung des 1941 von Zuse (Deutschland) und 1943 von Aitken (USA) erfundenen Elektronenrechners änderte sich die Einstellung zur analytischen Photogrammetrie. H. Schmid, der bei den Ballistic Research Laboratories der U.S. Armee in Aberdeen, Md., USA als einer der ersten Photogrammeter einen Rechner benutzen konnte, formulierte 1953 die analytische Lösung photogrammetrischer Grundaufgaben mit Hilfe der Matrizenrechnung. Als Beobachtungsgleichung verwendete er die seit Gast (Lehrbuch 1930, Hannover) bekannten Kollinearitätsgleichungen. In Kanada widmete sich G. Schut (1957) der analytischen Behandlung photogrammetrischer Aufgaben mit kleineren, im zivilen Bereich verfügbar werdenden Rechnern.

Die Orientierung erfolgte nicht, wie bei Schmid, in einem Guß, sondern sie vollzog das an Analoggeräten übliche Verfahren nach. Weitere theoretische Beiträge zur Orientierung stammen von Rinner, Graz (1956) und E. Thompson, London (1959).

Das Interesse an analytischen Methoden in der Photogrammetrie führte mit sich, daß neue Stereokomparatoren oder Monokomparatoren gebaut wurden; so z. B. folgende Stereokomparatoren: der TA3 bei O. M. I. (1957), der Wild STK 1 (1956), der Zeiss PSK (1960), der Stereokomparator nach E. Thompson bei Hilger und Watts (1960) und das Stecometer von Jenoptik (1964) und folgende Monokomparatoren: der Ascorecord von Jenoptik (1960), der TA 1P von O. M. I., der MK 1 von Kern und der Komparator von Mann (USA).

In den USA entstanden große Bündelblockausgleichungsprogramme für die Ausgleichung analytischer Aerotriangulationen (U. S. Coast and Geodetic Survey 1962, D. Brown 1967, Raytheon/Autometric 1967).

Da die Anzahl der Komparatoren noch relativ gering war, und da man damals deshalb bevorzugte, Aerotriangulationen mit Analoggeräten durchzuführen, entwickelte F. Ackermann, Stuttgart, seit 1964 die Ausgleichung von Aerotriangulationen mit unabhängigen Modellen. Im OEEPE-Testversuch Oberschwaben konnte er zum erstenmal die unerwartet hohe Genauigkeit von Aerotriangulationen mit signalisierten Punkten nachweisen (1973; Programmpaket PAT-M Stuttgart). Die Einführung zusätzlicher Parameter für systematische Bildfehler brachte eine weitere unerwartete Genauigkeitssteigerung (Bauer und Müller, Hannover 1973). Damit war auch in der Bundesrepublik der Weg zur Bündelblockausgleichung geebnet (Programmsystem BLUH Hannover, PAT-B Stuttgart).

Ein weiterer Trend zur analytischen Berechnung vollzog sich in der Geräteentwicklung. 1957 entwarf der aus Finnland stammende U. Helava am NRC Kanada den Analytischen Plotter. Er wurde zunächst von Bendix, USA und O. M. I., Rom für die U. S. Luftwaffe zur Auswertung von militärischen Panoramakammeraufnahmen gebaut. Daneben entstand ein ziviles Modell, der AP/C. Seit 1976 hat sich der Bau von analytischen Auswertegeräten allgemein durchgesetzt; so z. B. der Planicomp C100 (Zeiss 1976), der Traster (Matra, Frankreich 1977), der DSR-1 (Kern 1980), der Aviolyt von Wild (AC-1 von 1980, BC-1 von 1982), der US-2 (Helava 1980).

Auch die Orthophotogeräte wurden auf die analytische Berechnungsweise umgestellt (Wild Avioplan OR-1 von 1976, Zeiss Z2 von 1980).

Im Jahre 1957 wurde von G. Hobrough in Kanada der erste funktionierende Bildkorrelator zur automatischen Höhenauswertung (der Stereomat) entwikkelt.

Zunächst waren die Kunden für solche teuren automatischen Auswertesysteme nur die militärischen Organisationen in den USA (der Stereomat wurde von Raytheon/Autometric für die U. S. Armee gebaut; daneben stellte Bunker-Ramo die UNAMACE für die U. S. Armee her; Bendix fertigte Korrelatoren für die U. S.-Luftwaffe). 1972 baute Hobrough in Kanada einen Korrelator für den zivilen Gebrauch, das Gestalt-System.

Bereits im Jahre 1970 beschäftigte sich M. McLeod am Ontario Department of Highways in Kanada mit der Digitalisierung photogrammetrischer Linieninformationen für die automatische Reinzeichnung. Die ersten weiteren Versuche zum praktischen Einsatz fanden statt bei der Hansa Luftbild GmbH in Münster, bei Hunting Survey Corp. in England, im topographischen Dienst der kanadischen Regierung und bei der australischen Armee. Die Gerätehersteller Kern, Wild und Zeiss leiteten den Trend zur digitalen Datenerfassung durch den Bau digitaler Zeichentische ein. Das erste fertig angebotene interaktive graphische System für die Photogrammetrie wurde auf dem 14. Kongreß der Internationalen Gesellschaft für Photogrammetrie in Hamburg 1980 gemeinsam von Wild und Synercom (USA) vorgestellt.

Literatur zu 10.3.

Church, E., 1941, 1945, 1949; Créhange, A., 1964; Finsterwalder, S., 1899, 1900, 1903; Gotthardt, E., 1974; Merritt, E. L., 1958; Moffitt, F. H., Mikhail, E. M., 1980; Rüger, W., Pietschner, J., Regensburger, K., 1978; Wolf, P. R., 1974

10.4 Digitale Photogrammetrie

Der Bau satellitengetragener Sensoren, welche die Bildinformationen nur durch Aussendung in Bildelementen zur Erde übertragen können, hat die Anwendung der digitalen Bildverarbeitung auf Fernerkundungsdaten herbeigeführt. Die Entwicklung begann im Marinerprogramm der NASA. 1965 wurden die ersten Aufnahmen der Marsoberfläche, welche mit einer Fernsehröhre gemacht und in digitale Werte umgewandelt wurden, auf der Erde empfangen. Das Jet Propulsion Laboratory der NASA widmete sich intensiv den Fragen der digitalen Kontrastverstärkung und der Bildverbesserung unter Einbeziehung von geometrischen Transformationen.

Nach dem Start des amerikanischen Erderkundungssatelliten Landsat-1 im Jahre 1972, dessen Bilddaten bald auf rechnerkompatiblen Magnetbändern bezogen werden konnten, wuchs das internationale Interesse an der Bildverarbeitung in der Fernerkundung.

Begünstigt wurde diese Entwicklung außerdem durch den Einsatz multispektraler Abtaster im visuellen und im thermalen Bereich sowie durch die Benutzung des seitwärtsgerichteten Radars. Diese Sensoren sind in den fünfziger und sechziger Jahren im militärischen Bereich in den USA entwikkelt worden. Ihre Bilder konnten mit analogen Mitteln kaum entzerrt werden, da das entsprechende Instrumentarium fehlte. Dagegen bot die digitale Bildverarbeitung die gewünschte Flexibilität.

Mit digitalen Methoden wurden nicht nur digitale Orthophotos hergestellt. Es wurde auch die digitale Bildkorrelation zur Ableitung der Entzerrungsparameter verwendet. Schließlich breiteten sich (von der Purdue University ausgehend) auch die Verfahren der multispektralen Bildklassifizierung aus.

Mit dem Einsatz neuer hochauflösender Satellitensensoren wird die Aufgabe der digitalen Bildverarbeitung in Zukunft dann operationell lösbar sein, wenn hierfür neuartige Prozeßrechner zur Verfügung stehen werden. Die Entwicklung der Methoden der digitalen Photogrammetrie, welche in den Grundzügen bereits vorgezeichnet ist, stellt eine Herausforderung für die Photogrammetrie der kommenden Generation dar.

10.5 Sonderanwendungen

Seit Meydenbauer hat sich die Photogrammetrie auch auf nichttopographischen Gebieten entwickelt. Dabei ist die Vielfalt der Anwendungen außerordentlich groß.

Neben den Anwendungen in der Denkmalspflege, im Ingenieurwesen und im Polizeieinsatz sind z. B. folgende Entwicklungen interessant:

(1) Die Entwicklung der Röntgenphotogrammetrie durch L. Drüner (1905) und A. Hasselwander (1916).

(2) Die Einführung photogrammetrischer Methoden im mikroskopischen und im elektronenmikroskopischen Bereich durch Hubeny, Gotthardt, Helmcke und Burkhardt in den vierziger und fünfziger Jahren.

(3) Die Lösung der Aufgaben der Zweimedien- und der Unterwasserphotographie durch Rinner (1948).

(4) Die Anwendung der Photogrammetrie im Forstwesen, vor allem propagiert durch Hugershoff (1930), z. B. zur Bestimmung des Holzvorrats.

(5) Die Berechnung eines geodätischen Weltnetzes durch photographische Aufnahme von Satellitenspuren gegen den Sternhimmel mit ballistischen Kameras des U.S. Coast & Geodetic Survey, durchgeführt von H. Schmid (1966).

(6) Die Verwendung von photographischen Lichtschnittverfahren im Tunnelbau durch Hubeny (1954).

Auch in den Sonderanwendungen ist eine weitere technische Entwicklung zu erwarten.

Literatur zu 10.5.

Berchefeld, P., 1970; Berling, D., 1963; Drüner, L., 1906; Hallert, B., 1958; Hasselwander, A., 1916; Hildebrandt, G., 1969; Höhle, J., 1971; Hugershoff, R., 1933; Lacmann, O., 1950; Leupui, M., 1972; Mikhail, E. M., 1974; Okamoto, A., Höhle, J., 1972; Przybilla, H. J., Wester-Ebbinghaus, W., 1979; Rinner, K., 1948; Schmid, H., 1965 a, 1973; Schwidefsky, K., 1970; Wester-Ebbinghaus, W., 1983

11. Literaturverzeichnis

Abkürzungen

BuL	„Bildmessung und Luftbildwesen“, Herbert Wichmann Verlag, Karlsruhe
Can. Surv.	„Canadian Surveyor“, Canadian Institute of Surveying, Ottawa, Ont., Kanada
DGK	Deutsche Geodätische Kommission bei der Bayerischen Akademie der Wissenschaften, München
Kart Nachr	„Kartographische Nachrichten“, Kirschbaum Verlag, Bonn-Bad Godesberg
NaKaVerm	„Nachrichten aus dem Karten- und Vermessungswesen“, Institut für Angewandte Geodäsie, Frankfurt/M
Ö. Z. f. Verm.	„Österreichische Zeitschrift für Vermessungswesen“, Österr. Verein für Vermessungswesen, Wien, Österreich
Pha.	„Photogrammetria“, Elsevier Publ. Co., Amsterdam
Phot. Eng.	„Photogrammetric Engineering and Remote Sensing“, American Society of Photogrammetry, Falls Church, Va., USA
PhotRec	Photogrammetric Record, The Photogrammetric Society, London, England
Schw. Z. f. V.	„Schweizerische Zeitschrift für Vermessungswesen“, Schweizerische Gesellschaft f. Photogrammetrie, Wabern, Schweiz
W. A. Han.	„Wissenschaftliche Arbeiten der Fachrichtung Vermessungswesen der Universität Hannover“
ZfV	„Zeitschrift für Vermessungswesen“, Deutscher Verein für Vermessungswesen, Wittwer Verlag, Stuttgart
*	Handbuch
**	Lehrbuch

Ackermann, F., 1961: „Ein Verfahren zur programmgesteuerten Ausgleichung von Triangulationsstreifen“ BuL (108–123)

Ackermann, F., 1965: „Fehlertheoretische Untersuchungen über die Genauigkeit photogrammetrischer Streifentriangulationen“, DGK, Reihe C 87

Ackermann, F., 1966: „Photogrammetrische Lagegenauigkeit streifenartiger Modellverbände“ BuL (119–124; 178–184)

Ackermann, F., 1967: „Theoretische Beispiele zur Lagegenauigkeit ausgeglichener Blöcke“ BuL (112–114)

Ackermann, F., 1968: „Gesetzmäßigkeiten der absoluten Lagegenauigkeit von Blöcken“ BuL 1968 (3–15)

Ackermann, F., H. Ebner, H. Klein, 1970: „Ein Programm-Paket für die Aerotriangulation mit unabhängigen Modellen“ BuL (218–224)

Ackermann, F., H. Ebner, H. Klein, 1970: „Ein Rechenprogramm für die Streifentriangulation mit unabhängigen Modellen“ BuL (206–217)

Ackermann, F., 1973: „Numerische Photogrammetrie, Gegenwärtiger Stand und Weiterentwicklung“ Samml. Wichmann Neue Folge Band 5

Ackermann, F., H. Ebner, H. Klein, 1972: „Combined Block Adjustment of APR Data and Independent Photogrammetric Models“, Can. Surv. (384–396)

Ackermann, F., 1975: „Photogrammetric Densification of Trigonometric Networks“, DGK 13214 (43–48)

Ackermann, F., W. Schneider, 1983: „Neue Ergebnisse zur Aerotriangulation mit Statoskopdaten“, BuL (21–37)

Ahrend, M., 1957: „Zur Wahl des Schichtträgers bei Luftbildaufnahmen“. DGK Reihe C, Nr. 23

Ahrend, M., 1967: „Der Planimat, ein neues photogrammetrisches Gerät II. Ordnung“ BuL (193–205)

Ahrend, M. & Dreyer, G., 1968: „Der Doppelprojektor DP1, ein Stereokartiergerät der Ordnung II b“ BuL (16–22)

Albertz, J., 1963: „Deutsches Schrifttum über Bildmessung und Luftbildwesen (1938–1960)“, NaKaVerm IV/1

Albertz, J., 1966: „Blocktriangulation mit Einzelbildern“, DGK Reihe C 92

Albertz, J., 1972: „Blocktriangulation ohne Punktübertragung“ BuL (38–40)

Albertz, J., W. Kreiling, 1980: „Photogrammetrisches Taschenbuch“, 3. Aufl., Herbert Wichmann Verlag, Karlsruhe, ISBN 3-87907-105-5*

Albrecht, G., 1938: „Deutsches Schrifttum über Bildmessung und Luftbildwesen“

Amer, F., 1962: „Digital Block Adjustment“ Phot. Rec. (34–47)

American Society of Photogrammetry, 1968: „Manual of Color Aerial Photography“ Hg.: J. I. Smith Jr., A. Anson, Falls Church, Va., USA, Library of Congress C. Cd. No. 67-31748*

American Society of Photogrammetry, 1980: „Manual of Photogrammetry“, 4. Aufl., Hg.: C. C. Slama, C. Theurer, S. W. Henriksen, Falls Church, Va., USA, ISBN 0-937294-01-2,*

American Society of Photogrammetry, 1983: „Manual of Remote Sensing“, Bd. 1 und 2, Hg.: R. N. Colwell, Falls Church, Va., USA, ISBN 0-937294-41-1, ISBN 0-937294-42-X,*

Atkinson, K. B., 1980: „Vivian Thompson (1880–1917): Not only an Officer of the Royal Engineers“, Phot. Rec. (5–38)

Bähr, H. P., 1975: „Interpolation and Filtering of ERTS-Imagery“ BuL (28–29)

Bähr, H. P., 1976: „Geometrische Modelle für Abtasteraufzeichnungen von Erderkundungssatelliten“, BuL (198–202)

Bähr, H. P., 1976: „Analyse der auf Photodetektoren abgetasteter Aufnahmen von Erderkundungssatelliten“ WA Han Nr. 71

Bähr, H. P., 1979: „Wechselwirkung von Photogrammetrie und Fernerkundung durch Anwendung digitaler Bildverarbeitung“ W. A. Han. Nr. 97

Bähr, H. P., 1979: „Analytische Bestimmung und digitale Korrektur des Lichtabfalls in Bildern eines Hochleistungsobjektivs“, BuL (81–87)

Bähr, H. P., 1980: „Einsatz digitaler Bildverarbeitung in der klassischen Photogrammetrie am Beispiel eines Architekturobjekts“, BuL (85–93)

Bauer, H., Müller, J., 1972: „Height Accuracy of Blocks and Bundle Adjustment with Additional Parameters“, Int. Archiv f. Photogrammetrie, Ottawa, Komm. III

Bauer, H., 1972: „Bundle Adjustment with Additional Parameters – Practical Experiences“, BuL (220–223)

Bauer, H., J. Müller, 1972: „Höhengenauigkeit bei der Blockausgleichung und Bündelausgleichung mit zusätzlichen Parametern“ Festschrift für G. Lehmann, Hannover (7–44)

Baumgart, J. & F. Quiel, 1981: „Einfluß verschiedenartiger Klassifizierungsparameter auf die Landnutzungskartierung mit Landsat-Daten“, BuL (29–41)

Bean, R. K., 1955: „Development of the Orthophotoscope“, PhotEng 4 (529–535)

v. Berckefeldt, P., 1970: „Versuche zur Herstellung, Rekonstruktion und Ausmessung von Hologrammen“, Dissertation, W. A. Han. Nr. 44

Berling, D., 1963: „Zur photogrammetrischen Tatbestandsaufnahme bei Verkehrsunfällen“, Polizei, Technik, Verkehr 5, Wiesbaden

Bertram, S., 1965: „The Universal Automatic Map Compilation Equipment“, Phot. Eng. 2 (244ff.)
Bertram, S., 1966: „Atmospheric Refraction“, Phot Eng (76–84)
Blachut, T.J., 1971: „Stereo-Orthophoto System“, BuL (25–28)
Bonneval, H., 1972: „Photogrammétrie Générale“, Bd. 1–4, Editions Eyrolles, Paris
Brandenberger, A., 1947: „Theorie und Praxis der gegenseitigen Orientierung von Steilaufnahmen“, Schw. Zf. V. (195–211)
Brandenberger, A., 1951: „Zur Praxis der räumlichen Lufttriangulation“, Photogr. Institut, ETH Zürich
Brandenberger, A., 1972: „Macro Economic Investigations into Photogrammetric Activities“, ISP Symp. Ottawa, Comm. IV
Brindöpcke, W., 1968: „Photogrammetrische Höhenauswertung für die Herstellung der Deutschen Grundkarte 1:5000 im Flachland“, ZfV (226–230)
Brindöpcke, W., 1976: „Photogrammetrische Kartenproduktion und Kapazität in der Bundesrepublik Deutschland“ BuL (110–112)
Brock, G.C., 1960: „The Quality of the Photographic Image“, Pha. (131–157)
Brown, D.C., 1955: „A Matrix Treatment of the General Problem of Least Squares Considering Correlated Observations“, Ballistic Research Laboratory No. 960, Aberdeen, Md., USA
Brown, D.C., 1958: „A Solution to the General Problem of Multiple Station Analytical Stereotriangulation“, RCA Data Reduction Techn. Rep. No. 43
Brown, D.C., 1966: „Decentering Distortion of Lenses“, Phot. Eng. (444–462)
Brown, D.C., 1968: „A Unified Lunar Control Network“ Phot. Eng. (1272–1292)
Brown, D.C., 1974: „Bundle Adjustment with Strip- and Blockinvariant Parameters“, BuL (210–220)
Brown, D.C., 1974: „Evolution, Application and Potential of the Bundle Method of photogrammetric Triangulation, IGP Symp., Comm. III, Stuttgart
Brucklacher, W., 1959: „Zur räumlichen Aerotriangulation von Bildstreifen“, DGK Reihe A 34
Burkhardt, R. u.a., 1969: „Standard-Tests für photogrammetrische Auswertegeräte“, Int. Archiv f. Photogrammetrie XVII, 3., Lausanne (16–19)
Case, J.B., 1961: „The Utilization of Constraints in Analytical Photogrammetry“, Phot. Eng. (766–778)

Case, J. B., 1966: „The Analytical Reduction of Panoramic and Strip Photography, Pha.
Church, E., 1941: „Analytical Compensations in Aerial Photogrammetry" Phot. Eng. (212–252)
Church, E., 1945: „Revised Geometry of the Aerial Photograph", Syracuse University Bulletin No. 15
Church, E., 1949: „Theory of Photogrammetry", Syracuse University Bulletin No. 19
Colwell, R. N. u. a., 1963: „Basic Matter and Energy Relationships Involved in Remote Reconnaissance", Phot. Eng. (761–799)
Corten, F. L., 1959/60: „An Exact Linear Solution for the Problem of Absolute Orientation" Pha. (251–281)
Corten, F. L., 1983: „Das Leistungsvermögen von Bildflugnavigations- und Sensororientierungssystemen" BuL (81–102)
Créhauge, A., 1964: „Théorie de l'Aerotriangulation Analytique", Min. de Tr. Publ., Paris
Dehn, M., 1981: „Multispektrale Texturanalyse", BuL (101–110)
Deker, H., 1956: „Theorie und Praxis des Stereotop", BuL (56–76)
Dennert-Möller, E., Ehlers, M. 1982: „Auswertung von Reihenmeßkammer- und Flugzeugabtasteraufnahmen aus Wattgebieten" BuL (59–67)
Dennert-Möller, E., Ehlers, M., Kolouch, D., Lohmann, P., 1982: „Das digitale Bildverarbeitungssystem MOBI-DIVAH" BuL 201–203
Dennert-Möller, E., 1982: „Erstellung einer Sedimentkarte der nordfriesischen Wattgebiete aus Landsat-Bilddaten" BuL (204–206)
Derenyi, E., G. Konecny, 1964: „Geometry of Infrared Imagery", Can. Surv. (279–290)
Dietrich, A., 1981: „Das System „Cogra" zur rechnerunterstützten digitalen photogrammetrischen Auswertung", BuL (9–18)
Döhler, M., K. Wolferts, 1968: „Neue Prüfverfahren für Anlagen zur digitalen Datenausgabe" BuL (23–29, 87–99)
Döhler, M., 1971: „Nahbildmessung mit Nichtmeßkammern", BuL (67–76)
Dorrer, E., 1974: „Ein neuer gefährlicher Ort beim räumlichen Rückwärtseinschnitt" BuL (34 ff.)
Dorrer, E., 1981: „Elementardrehwinkel einer Orthogonalmatrix", BuL (50–54)
Dowideit, G., 1977: „Eine Blockausgleichung für Aufzeichnungen des Seitwärts-Radar (SLAR)", BuL (17–23)
Doyle, F. J., 1970: „Photographic Systems for Apollo", Phot. Eng. (1039–1044)

Drobyschew, F.W., 1963: „ОСНОВЫ АЭ РОФОТОСЬМКИ ФОТОГРАММЕТРИИ (Osnovy Aerofotosiomki i Fotogrammetrii)“, Geodesisdat Moskau**

Drüner, L., 1906: „Über Stereoskopie und stereoskopische Messung in der Röntgentechnik“, Fortschr. Röntgenstr. (225, 309)

Ebner, H., 1970: „Die theoretische Lagegenauigkeit ausgeglichener Blöcke mit bis zu 10000 unabhängigen Modellen“ BuL (225–231)

Ebner, H., 1971: „Methoden der räumlichen Blockausgleichung und ihr numerischer Aufwand“ Ö. Z. f. Verm. (129–139)

Ebner, H., 1971: „Die Überprüfung der theoretischen Anblockgenauigkeit mit Hilfe eines allgemeineren stochastischen Modells“ BuL (118–125)

Ebner, H., 1972: „Theoretical Accuracy Models for Block Triangulation“, BuL (214–221)

Ebner, H., C. de Vegt, 1972: „Block Adjustment Methods in Photographic Astrometry“ Astron. Astroph. (276–285)

Ebner, H., W. Schneider, 1975: „Simultaneous Compensation of Systematic Errors with Block Adjustment by Independent Models“, DGK B214 (90–96)

Ebner, H., 1976: „Self Calibrating Block Adjustment“, BuL (128–139)

Ebner, H., 1979: „Zwei neue Interpolationsverfahren und Beispiele für ihre Anwendung“ BuL (15–27)

Ebner, H., Hofmann-Wellenhof, B., Reiß, P., Steidler, F., 1980: „HIFI – Ein Minicomputer-Programmsystem für Höheninterpolation mit finiten Elementen“ ZfV (215–225)

Ebner, H., 1983: „Berücksichtigung der lokalen Geländeform bei der Höheninterpolation mit finiten Elementen“, BuL (3–9)

Eckhart, D., 1967: „Die Anblock-Methode“ BuL (135–142)

Ehlers, M., 1982: „Entzerrung von Seasat-Radar auf Landsat-MSS mit Hilfe digitaler Bildkorrelation, BuL (210–212)

El Assal, A. A., 1969: „Algorithm for the General Analytical Solution“ Phot. Eng. (1268–1277)

Ellenbeck, K. H. & Tönnessen, K., 1981: „Datengewinnung für die analytische Orthoprojektion durch Digitalumsetzung der GZ-1 Speicherplatten“, BuL (1–7)

Fagerholm, P.O., 1952: „A Study of Mechanical Radial Triangulation“, KTH Stockholm

Faust, H.W., 1980: „Orthocomp Z2, The Analytical Orthoprojector from Carl Zeiss“, BuL (110–119)

Ferber, R., 1933: „Obtention Photographique de la Projection Orthogonale d'un Objet“, Bulletin Photogrammétrique, (45–53)

Fereday, D. L., 1973: „Perspective Center Co-Ordinates: A Study of Calculation Methods“ Phot. Rec. (582–586)

Finsterwalder, Ri., 1937: „Die Gletscher des Nanga Parbat“, Zeitschr. f. Gletscherkunde, Bd. 25 (57–108)

Finsterwalder, Ri., 1957: „Photogrammetrische Höhenschichtlinien“, ZfV 7 (203–209, 275)

Finsterwalder, Ri., W. Hofmann, 1968: „Photogrammetrie“, Walter de Gruyter, Berlin, Archiv-Nr. 1210681 **

Finsterwalder, Rü., 1961: „Auswertung von Luftaufnahmen mit geänderter Bildweite,“ DGK Reihe C 45

Finsterwalder, Rü, 1962: „Erfahrungen mit der Stereokartierung bei affin verzerrten Strahlenbündeln“, DGK C 45; BuL 1963 (179–186)

Finsterwalder, Rü., 1981: „Zur Höhenmessung mit Stereoorthophotos“ BuL (111–116)

Finsterwalder, S., 1897: „Der Vernagtferner, seine Geschichte und seine Vermessung in den Jahren 1888 und 1889“, Wiss. Ergänzungshefte z. Zeitschr. d. deutschen u. österr. Alpenvereins, 1/1, Graz

Finsterwalder, S., 1899: „Die geometrischen Grundlagen der Photogrammetrie“, Jahresbericht d. Deutschen Math. Vereinigung VI 2

Finsterwalder, S., 1900: „Über die Konstruktion von Höhenkarten aus Ballonaufnahmen“, Bayer. Akad. d. Wiss. München, Sitzungsber. d. math.-phys. Klasse (149–164)

Finsterwalder, S., 1903: „Eine Grundaufgabe der Photogrammetrie und ihre Anwendung auf Ballonaufnahmen“, Kgl. Bayer. Akad. d. Wiss., II. Kl. Bd. 22, München

Förstner, R., 1972: „Das Versuchsfeld Reichenbach der OEEPE“ NaKAVerm, Heft D7

Förstner, R., 1978: „Prüfung auf grobe Bildkoordinatenfehler bei der relativen Orientierung?“, BuL (205–211)

Foramitti, H., 1964: „Photogrammetrische Verfahren in der praktischen Denkmalspflege“, Ö. Z. f. Verm., (81–87)

Fritz, L. W. & Schmid, H. H., 1974: „Stellar Calibration of the Orbigon Lens“ Phot. Eng. (101–115)

Gast, P., 1930: „Vorlesungen über Photogrammetrie“, Verl. J. A. Barth, Leipzig **

Gibbons, G., 1982: „Digital Techniques for 1:50000 Scale Mapping and Revision“, Phot. Rec. (645–652)

Göpfert, W., 1981: „Ein Entzerrungsverfahren zur Herstellung digitaler Orthophotos“, BuL (117–126)

Gotthardt, E., 1940: „Beiträge zur Frage der Genauigkeit der gegenseitigen Ortung von Senkrechtbildpaaren“ BuL (2–34)

Gotthardt, E., 1944: „Der Einfluß unregelmäßiger Fehler auf die Lufttriangulation“, ZfV (73–96)

Gotthardt, E., 1959: „Erfahrungen mit analytischer Einpassung von Luftbildpaaren“ BuL (109–121)

Gotthardt, E., 1974: „Gegenwärtiger Stand und Tendenzen der Digitalisierung in der Photogrammetrie“ BuL (6–8)

Gotthardt, E., 1975: „Zusatzglieder bei der Aerotriangulation mit Bündeln“ BuL (218–221)

v. Gruber, O., 1930: „Ferienkurs in Photogrammetrie“, Verlag K. Wittwer, Stuttgart **

v. Gruber, O., 1935: „Beitrag zur Theorie und Praxis von Aeropolygonierung und Aeronivellement“, BuL (127–141, 167–190)

Grün, A., M. Stephani, 1974: „Photogrammetrische Vermessung der Brennkammer des Atomreaktors Garching/München“, BuL (12–18)

Grün, A., 1975: „Photogrammetrische Rekonstruktion von Rotationsflächen auf Einzelbildern“, DGK Reihe C 212

Hake, G., 1976: „Kartographie II“, 2. Aufl., Sammlung Göschen 2166, Walter de Gruyter, Berlin, ISBN 3-11-006739-0 **

Hake, G., 1982: „Kartographie I“, 6. Aufl., Sammlung Göschen 2165, Walter de Gruyter, Berlin, ISBN 3-11-008455-4 **

Hakkarainen, J., 1978: „Determination of Radial and Tangential Distortion of Reseau Cameras with the Helsinki University of Technology Horizontal Goniometer“, Pha. (133–145)

Hallert, B., 1944: „Über die Herstellung photographischer Pläne“, Stockholm, Diss. KTH

Hallert, B., 1958: „Die grundlegenden Beziehungen in der Röntgenstereophotogrammetrie“, KTH Veröff. Nr. 123

Hallert, B., 1960: „Photogrammetry“, Basic Principles and General Survey, McGraw Hill Book Co, New York, Library of Congress C.Cd. No. 59–11932 **

Halonen, R. S., 1971: „Theory, Practice and Results of the Applications of the Finnish Analytical Block Triangulation“, Phot. J. Finland (9–28)

Harris, D., G. C. Tewinkel, C. A. Whitten, 1962: „Analytic Aerotriangulation in the Coast and Geodetic Survey“, Phot. Eng. (44–49)

Hasselwander, A., 1916: „Stereoröntgenogrammetrie“, Fortschr. Röntgenstr. (345)

Heiland, K., 1975: „Photogrammetrische Katastervermessungen im Rahmen der Flurbereinigung“, Bull. Francais de Photogrammétrie (36–46)

Heißler, V. 1954: „Untersuchungen über den wirtschaftlich zweckmäßigsten Bildmaßstab bei Bildflügen mit Hochleistungsobjektiven", BuL (37–45, 67–79, 126–137)
Helava, U. V., 1957: „New Principle for Photogrammetric Plotters", Pha. 2 (89–96)
Helava, U. V., 1958: „Analytical Plotter in Photogrammetric Production Line" Phot. Eng. (794–797)
Helava, U. V., 1978: „Digitale Komponenten in der Photogrammetrie", BuL (67–78)
Hildebrandt, G., 1969: „Bibliographie des Schrifttums auf dem Gebiete der forstlichen Luftbildauswertung 1887–1968", Universität Freiburg
Hobbie, D., 1971: „Höhenauswertung in Orthoprojektoren" BuL (29–36)
Hobbie, D., 1974: „Zur Verfahrensdisposition bei differentieller Entzerrung von photogrammetrischen Luftbildern", DGK Reihe C 197
Hobrough, G. L., 1959: „Automatic Stereo Plotting", Phot. Eng. (763–769)
Hobrough, G., 1978: „Digital On-Line Correlation", BuL (79–86)
Höhle, J., 1971: „Zur Theorie und Praxis der Unterwasserphotogrammetrie", Dissertation, Karlsruhe 1971; BuL (59)
Höhle, J., 1979: „Ein photogrammetrischer Digitalzeichentisch mit Rechensteuerung", BuL (75–80)
Hofmann, O., 1975: „Geometrisches Auflösungsvermögen und Modulationsübertragung von Photosensoren, BuL (174–181)
Hofmann, O., 1978: „Mikroprozessoren im kartographischen und photogrammetrischen Instrumentenbau", BuL (87–98)
Hofmann, O., Seige, P., 1979: „Erste Erprobungsergebnisse mit der experimentellen optoelektronischen Kamera von MBB", BuL (33–40)
Hofmann, O., 1982: „Digitale Aufnahmetechnik" BuL (16–32)
Hofmann, O., 1983: „Bildgüte aktiver und passiver Abtaster" BuL (103–117)
Hofmann, W., 1953: „Das Problem der gefährlichen Flächen in Theorie und Praxis", DGK Reihe C, Nr. 3
Höpcke, W., 1980: „Fehlerlehre und Ausgleichsrechnung", Walter de Gruyter ISBN 3-11-007514-8 ** (insbes. S. 29–40)
Holdermann, E., 1976: „Methoden zur Bildverbesserung", BuL (53–61)
Hothmer, J., Morgenfeldt, O., 1973: „Die neue Generation der Vermessungsflugzeuge" NaKaVerm, Reihe I Nr. 63, Frankfurt/M
van den Hout, C. M. A., 1966: „The Anblock Method of Planimetric Block Adjustment: Mathematical Foundation and Organization of its Practical Application"
Hubeny, K., 1957: „Tunnelprofile durch Lichtschnitte", ZfV (145–149)

Hugershoff, R., 1930: „Photogrammetrie und Luftbildwesen", Handb. d. wiss. u. angew. Geodäsie, Band VII, Springer Verlag, Wien **

Hugershoff, R., 1933: „Die photogrammetrische Vorratsermittlung", Tharandter forstl. Jahrbuch (159–166)

Hvidegaard, J., 1974: „Densification of Trigonometric Nets – Practical Experiences with Bundle Adjustment", BuL 6

Inghilleri, G., 1961: „The Introduction of Solar Data into the Analytical Aerial Triangulation", Veröff. Nr. 126 des Istituto di Geodesia, Topografia e Fotogrammetria, Politecnico di Milano

Jacobsen, K., 1977: „Festpunktverdichtung durch Aerotriangulation – Test Königshügel" BuL (14–17)

Jacobsen, K., 1980: „Vorschläge zur Konzeption und zur Bearbeitung von Bündelblockausgleichungen", W. A. Hann. Nr. 102

Jacobsen, K., 1982: „Attempt at Obtaining the Best Possible Accuracy in Bundle Block Adjustment", Pha. (219–235)

Jacobsen, K., 1982: „Programmgesteuerte Auswahl zusätzlicher Parameter", BuL (213–217)

Jaksic, Z., 1974: „On-Line Computational Photogrammetry in Surveying and Mapping", FIG Congress, Comm. 5, Washington D. C.

Jerie, H. G., 1953: „Beitrag zu numerischen Orientierungsverfahren für gebirgiges Gelände", Pha. (22–30)

Jerie, H. G., 1957/8: „Block Adjustment by Means of Analogue Computers" Pha. (161–176)

Jerie, H. G., 1967: „Eine Methode für die Höhenblockausgleichung von Aerotriangulationen unter Einbeziehung von Hilfsdaten", BuL (9–15, 48–52)

Jerie, H. G., 1968: „Operational Concepts of Topographic Mapping in Developing Countries", Comm. IV

Jerie, H. G., 1973: „PPP – An Operations Research Programme for Project Planning", ITC-J. (349–378), (547–561)

Jochmann, H., 1965: „Abbildungsfehler der Differentialentzerrung" BuL (167–172)

Jordan/Eggert/Kneissl, 1958/9: „Handbuch der Vermessungskunde", 10. Aufl., Band IV/1 bis 2 „Mathematische Geodäsie (Landesvermessung)" Autor: M. Kneissl, J. B. Metzlersche Verlagsbuchhandlung, Stuttgart aus/2: § 145 (1107–1110) *

Jordan/Eggert/Kneissl, 1972: „Handbuch der Vermessungskunde", 10. Aufl., Band III a/1 bis 3 „Photogrammetrie", Hg.: K. Rinner & R. Burkhardt, J. B. Metzlersche Verlagsbuchhandlung, Stuttgart, ISBN 3476400115 *

Karara, H.M., 1967: „Universal Stereometric Systems“, Phot. Eng. (1303–1313)

Kasper, H., 1956: „Graphic Determination of the Over Correction Factor for Use“, Phot. Eng. (239–244)

Kasper, H., Blaschke, W., 1960: „Luftbildmessung und Straßenbau“, Brücke u. Straße 1 (9–17), 2 (51–63), 3 (89–90, 115–124)

Kautzleben, H., v. Kroitsch, H. Wirth, 1977: „Die Fernerkundung der Erde mit Hilfe der Multispektralphotographie“, Vermessungstechnik (78–81)

Kazmierczak, H. u.a., 1980: „Erfassung und maschinelle Verarbeitung von Bilddaten“, Springer-Verlag, Wien, ISBN 3-211-81555-4 **

Keller, 1967: „Block Adjustment Operation at C&GS“ Phot. Eng. (1266–1275)

Kilpelä, E., 1971: „Paßpunktanordnungen bei der Bündelausgleichung der analytischen Photogrammetrie“, The Programmetric Journal of Finland (29–80)

Kilpelä, E., A. Savolainen, 1972: Phot. J. Finland (31–54)

Kilpelä, E., Helkilä, J., Inkelä, K., 1982: „Compensation of Systematic Errors in Bundle Adjustment“ Pha. (1–12)

Kölbl, O., 1972: „Selbstkalibrierung von Aufnahmekammern“, BuL (31–37)

Kölbl, O., 1981: „Die Rolle der Photogrammetrie in einem Landinformationssystem“ BuL (65–75)

Konecny, G., 1968: „Some Problems in the Evaluation of Lunar Orbiter Photography“, Can. Surv. (394–412)

Konecny, G., 1971: „Metric Problems in Remote Sensing“, ITC Veröff. A50 (152–177), Delft, Niederlande

Konecny, G., 1972: „Geometrische Probleme der Fernerkundung“, BvL (162 ff.)

Konecny, G., 1975: „Approach and Status of Geometric Restitution for Remote Sensing Imager, BuL (2–11)

Konecny, G., Schuhr, W., 1975: „Digitale Entzerrung der Daten von Zeilen-Abtastern“ BuL (135–143

Konecny, G., 1976: „Der Analytische Plotter und seine anwendungsbezogene Programmierung“ BuL (65–76)

Konecny, G., 1976: „Mathematische Modelle und Verfahren zur geometrischen Auswertung von Zeilenabtaster-Aufnahmen“, BuL (188–197)

Konecny, G., 1977: „Gesichtspunkte zur Programmierung von Analytischen Plottern“, BuL (2 ff.)

Konecny, G., Kazmierczak, H., P. Gemmar, 1978: „Digitale Prozessoren für Differentialentzerrung“, BuL (99–112)

Konecny, G., Schuhr, W., Wu, J., 1982: „Untersuchungen über die Interpretierbarkeit von Bildern unterschiedlicher Sensoren und Plattformen für die kleinmaßstäbige Kartierung“ BuL (167–200)

Kratky, V., 1982: „Present Status of the On-line Triangulation“, Pha. (1–12)

Kraus, K., R. Bettin, 1970: „Kombinierte photogrammetrisch-terrestrische Katastervermessung“ BuL (241–248)

Kraus, K., 1972: „Interpolation nach kleinsten Quadraten in der Photogrammetrie“, BuL (7–12)

Kraus, K., E. Stark, 1973: „Flächenhafte Verzeichnungskorrektur in der numerischen Photogrammetrie“ BuL (50–56)

Kraus, K., 1973: „Die Katasterphotogrammetrie im praktischen Einsatz“ Sammlung Wichmann Neue Folge, Band 5 (45–79)

Kraus, K., G. Otepka, J. Loitsch, H. Haitzmann, 1979: „Digitally Controlled Production of Orthophotos and Stereo-Orthophotos“, Phot. Eng. (1353–1362)

Kraus, K., 1979: „Zur Theorie der Klassifizierung multispektraler Bilder“, BuL (119–128)

Kraus, K., 1981: „Recent Trends in the Production of Orthophotos and Stereoorthophotos“, Pha. (1–10)

Kraus, K., 1982: „Photogrammetrie“, Bd. 1, Grundlagen und Standardverfahren, Ferd. Dümmler Verlag, Bonn, ISBN 3-427-78641-2

Krauß, G., 1970: „Die Laufendhaltung der amtlichen topographischen Kartenwerke in der Bundesrepublik Deutschland“, Kart. Nachr. (59–68)

Kreiling, W., Hasler, A., 1980: „Wild Aviolyt AC1/Aviotab TA2: ein rechnergesteuertes photogrammetrisches Auswertesystem“, BuL (167–176)

Kröll, F. S., 1983: „Arbeitsphysiologie und Zweckmäßigkeit verschiedener Strategien zur rechnergestützten Gebäudeauswertung“, BuL (57–68)

Kruck, E., 1982: „Optimierte Numerierung der Unbekannten in photogrammetrischen Blöcken“ BuL (218–223)

Kruse, I., 1979: „TASH – ein System zur EDV-gestützten Herstellung topographischer Grunddaten. NaKaVerm I, Heft 79 (95–107)

Kubik, K., 1967: „A Procedure for Analytical Block Triangulation“ ITC Publ. A40

Kubik, K., 1971: „The Effect of Systematic Image Errors in Block Triangulation“, ITC Publ. A49

Kupfer, G., 1960: „Aerotriangulation an Stereoauswertegeräten mit Einzelmodellen“, DGK Reihe C40

Kupfer, G., 1971: „Zur Geometrie des Luftbildes“, DGK Reihe C170

Kupfer, G., 1972: „Zur Geometrie des Luftbildes“, BuL (153)

Lacmann, O., 1931: „Entzerrungsgerät für nicht-ebenes Gelände“, BuL (10–12)
Lacmann, O., 1950: „Die Photogrammetrie in ihrer Anwendung auf nicht-topographischen Gebieten“, S. Hirzel Verlag, Leipzig **
Leatherdale, J. D., K. M. Keir, 1979: „Digital Methods of Map Production“, Phot. Rec. (757–778)
Leberl, F., 1971: „Metric Properties of Imagery Produced by Sidelooking Airborne Radar and Infrared Line Scan“ ITC Veröff. A50 (125–151)
Leberl, F., 1972: „On Model Formation with Remote Sensing Imagery“, ÖZfV (43–61)
Leberl, F., 1975: „Radargrammetric Point Determination „PRORADAM““, BuL (11–17)
Lehmann, G., 1963: „Die Verwendung von Bildpaaren und Bildtripeln bei der Aerotriangulation von Bildstreifen“, ZfV (485–492)
Leupin, M., 1972: „Genauigkeitsuntersuchungen an Stern- und Satellitenpositionsbestimmungen mit einer Schmidt-Kamera“ BuL (234–270)
Leyonhufvud, A., 1953: „On Photogrammetric Refraction“, Pha. (93–113)
Löfström, K. G., 1932: „Entzerrung von Luftbildern durch Horizontalbildvermessung und Verfahren zur Herstellung von Luftbildplänen“, BuL (98–109)
Löfström, K. G., 1936: „Das Statoskop von Dr. Väisälä als Aeronivellier“, BuL (112–116)
Löscher, W., 1964: „The B8-Stereomat“ PhotRec (476–482)
Maarek, A., 1973: „New Math Model for Independent-Model Triangulation“ Phot. Eng. (1077–1086)
Makarovic, B., 1974: „From Digital Components to Integrated Systems in Photogrammetry“, ITC Journal No. 5
Masson d'Autume, G. de, 1961: „Compensation d'un Bloc de Plusieurs Bandes“, Bull. Geod. Science Aff. (529–539)
Meier, H. K., 1962: „Über die Benutzung von Infrarotemulsionen in der Photogrammetrie“, BuL (27–37)
Meier, H. K., 1964: „Erfahrungen bei Entwicklung und Bau von Luftbildgeräten“, BuL (19–28)
Meier, H. K., 1964: „Untersuchungen zur Wahl des Bildwinkels und Bildformats von Luftbildkammern“, BuL (83–92)
Meier, H. K., 1972: „Belichtungsautomatik für Luftbildkammern“, BuL (134 ff.)
Meier, H. K., 1980: „Über den gegenwärtigen Stand aerophotogrammetrischer Aufnahmesysteme“, BuL (103–110)

Meixner, H., 1972: „A Universal Computer Program for Analytical Aerotriangulation", AVN (281–289)

Melykuti, G., 1982: „Flächenbestimmung mit der Methode der Finiten Elemente" BuL (49–58)

Merritt, E. L., 1958: Analyt. Photogr., Pitman, New York**

Meydenbauer, A., 1894: „Ein deutsches Denkmäler-Archiv", Deutsche Bauzeitung (629–631)

Mikhail, E. M., 1962: „Use of Triplets for Analytical Aerotriangulation", Phot. Eng. (625–632)

Mikhail, E. M., 1974: „Hologrammetry: Concepts and Applications", Phot. Eng. (140–142)

Miller, C. L., R. A. Laflamme, 1958: „The Digital Terrain Model – Theory and Application", Phot. Eng. (433–442)

Möbius, A. F., 1885: „Die geometrischen Netze", Ges. Werke, Bd. 16, Leipzig

Moffitt, F. H., Mikhail, E. M., 1980: „Photogrammetry", 3. Aufl., Harper & Row Publishers, New York, ISBN 0-700-22517-X **

Mohl, H., 1982: „Das Stereocord G3" BuL (7–15)

Müller, J., 1968: „Blockausgleichungen mit Modellen in der großmaßstäbigen Photogrammetrie", WA Han. 38

Müller, J., 1971: „Blocktriangulation mit Verbesserung der inneren Orientierung", BuL (107–112)

Okamoto, A. & Höhle, J., 1972: „Allgemeines Orientierungsverfahren in der Zwei- und Mehrmedien-Photogrammetrie und seine Erprobung", BuL (103 ff.)

Parenti, G., 1956: „Experiments on the Gyroscopic Recording of Nadir Point According to the Nistri Method", Int. Archiv f. Phot. XII 1, (146–148)

Proctor, D. W., 1962: „The Adjustment of Aerial Triangulation by Electronic Digital Computers", PhotRec (24–33)

Przybilla, H. J., Wester-Ebbinghaus, W., 1979: „Bildflug mit ferngelenktem Kleinflugzeug", BuL (137–142)

Quiel, F., 1976: „Zur Vorverarbeitung multispektraler Daten" BuL (42–44, 61–65)

Quiel, F. 1979: „Luftbildinterpretation und multispektrale Klassifizierung zur Gewinnung von Landnutzungsdaten", BuL (107–118)

Rinner, K., 1942: „Studie über eine rechnerische Lösung für die gegenseitige Orientierung photogrammetrischer Aufnahmen", Pha. (41–54)

Rinner, K., 1948: „Abbildungsgesetz und Orientierungsaufgaben in der zweimedienphotogrammetrie", Ö. Z. f. Verm. 5

Rinner, K., 1956: „Zur analytischen Behandlung photogrammetrischer Aufgaben“, BuL (1–10, 44–56)
Rinner, K., 1957: „Analytische photogrammetrische Triangulation mit formtreuen Bündeln“, DGK A25; BuL 1956 (1–10, 44–56)
Rosenfeld, A., 1969: „Picture Processing by Computer“, Academic Press, New York, Library of Congress C. Cd. No. 78–84255 **
Rüdenauer, H., 1980: „Zur photogrammetrischen Erfassung von Geländedaten und deren digitalen Verarbeitung unter Berücksichtigung straßenbaulicher Forderungen“, W. A. Hann. Nr. 101
Rüger, W., J. Pietschner, K. Regensburger, 1978: „Photogrammetrie“, Verfahren und Geräte, 4. Aufl., VEB Verlag für Bauwesen, Berlin, DDR, VLN 152.905/27/78 **
Salmenperä, H., J. M. Anderson, A. Savolainen, 1975: „Efficiency of the Extended Mathematical Model in Bundle Adjustment“, DGK B214, (66–75)
Schenk, A., 1972: Mitt. d. Inst. f. Geod. u. Phot., ETH Zürich 16
Schermerhorn, W., 1940: „Einleitung zur Fehlertheorie der räumlichen Aerotriangulation“, Pha. (129–138)
Schmid, H. H., 1953: „An Analytical Treatment of the Orientation of a Photogrammetric Camera“, Ballistic Research Laboratory Report No. 880, Aberdeen, Md., USA
Schmid, H., 1958/9: „Eine allgemeine analytische Lösung für die Aufgabe der Photogrammetrie“, BuL (103–113, 1–12)
Schmid, H., 1965: „Accuracy Aspects of a Worldwide Passive Satellite Triangulation System“, Phot. Eng. No. 1
Schmid, H., 1965: „Ein allgemeiner Ausgleichsalgorithmus zur Auswertung von hybriden Meßanordnungen“, BuL (93–102, 173–176)
Schmid, H., 1973: „Analyse der Resultate des geometrischen Satelliten-Weltnetzes“ BuL (170–185)
Schmidt-Falkenberg, H., 1965: „Maßhaltigkeit und Kontrastwiedergabe von Cronar. Commercial-S-Film und Cronopaque Print Film“, NaKaVerm (33–44)
Schneider, S., 1974: „Luftbild und Luftbildinterpretation“, Springer Verlag Berlin-New York
Schuhr, W., 1976: „Digitale Entzerrung multispektraler Bilder“, BuL (202–208)
Schulz, B. S., 1982: „Ein Verfahren zur interaktiven Verfolgung von Kanten und Linien mit den Mitteln der Digitalen Bildverarbeitung“, BuL (69–79)
Schut, G., 1956: „Analytical Aerial Triangulation and Comparison between it and Instrumental Aerial Triangulation“, Pha. (311–318)

Schut, G., 1957: „Analysis of Methods and Results in Analytical Aerial Triangulation", Pha. (16–32)
Schut, G., 1959: „Remarks on the Theory of Analytical Aerial Triangulation", Pha. (57–66)
Schut, G., 1960–61: „On Exact Linear Equations for the Computation of the Rotational Elements of Absolute Orientation", Pha. (34–37)
Schut, G. H., 1964: „Development of Programs for Strip and Block Adjustment at the National Research Council", Phot. Eng. (283–291)
Schut, G. H., 1967: „Block Adjustment by Polynomial Transformations", Phot. Eng. (1042–1053)
Schut, G. H., 1969: „Photogrammetrie Refraction", Phot. Eng. (79–86)
Schut, G., 1975: „On Correction Terms for Systematic Errors in Bundle Adjustment", DGK B214 (76–82)
Schwebel, R., 1972: „Planicart E-2 – ein neues Stereokartiergerät", BuL (41–46); 1973, BuL (234–270)
Schwidefsky, K., 1935: „Das Entzerrungsgerät", Berlin-Bad Liebenwerda
Schwidefsky, K., 1960: „Kontrastübertragungsfunktionen zur Bewertung der Bildgüte in der Photogrammetrie", BuL (86 ff.)
Schwidefsky, K., 1965: „Die Orthophotokarte und die Entzerrungsverfahren für unebenes Gelände", BuL (143–156)
Schwidefsky, K., 1966: „Zur metrischen Reproduzierbarkeit von Diapositivplatten", BuL (99–103)
Schwidefsky, K., 1967: „Überblick über optische und mechanische Fehlerquellen in photogrammetrischen Präzisionsgeräten", BuL (215–224)
Schwidefsky, K., Kellner, H., 1969: „Beiträge zur Punktsignalisierung für Luftaufnahmen", BuL (97–106)
Schwidefsky, K., 1970: „Precision Photogrammetry at Close Ranges with Simple Cameras", PhotRec (567–589)
Schwidefsky, K., F. Ackermann, 1976: „Photogrammetrie", Grundlagen, Verfahren, Anwendungen, 7. Aufl., B. G. Teubner, Stuttgart, ISBN 3-519-13401-2 **
Slevogt, H., 1974: „Technische Optik", Walter de Gruyter, Berlin, Sammlung Göschen 9002, ISBN 3-11-004287-8 **
Stark, E., 1973: „Die Genauigkeitsstruktur im photogrammetrischen Einzelmodell", DGK C1983
Szangolies, K., 1976: „Zur Definition der Genauigkeit von Stereoauswertegeräten", Kompendium Photogrammetrie, Bd. XII, Verlag Geest & Portig, Leipzig (258–264)
Ternryd, C. O., 1964: „The Use of Modern Methods in Highway Planning in Sweden", Svensk Landmäteritidskrift 3

Thompson, E. H., 1958/59: „Survey Navigation and Determination of Camera Orientation Elements“, Pha. (163–179)

Thompson, E. H., 1959: „A Rational Algebraic Formulation of the Problem of Relative Orientation“, PhotRec No. 14

Thompson, E. H., 1968: „The Projective Theory of Relative Orientation“, Pha. (67–75)

Togliatti, G., 1964: „Experimental Research on Several Types of Analytical Bridging“, Boll. Geod. Sci aff. (483–514)

Torge, W., 1975: „Geodäsie“, Walter de Gruyter, Berlin, Sammlung Göschen 2163, ISBN 3110043947 **

Torlegård, K., 1966: „Bestimmung der inneren Orientierung einer Nahaufnahmekammer mit Hilfe eines dreidimensionalen Gitternetzes“, Schweiz. Z. f. Verm. (304–311)

Torlegård, A. K., 1976: „State of the Art of Close Range Photogrammetry“, Phot. Eng. (71–79)

Vereinte Nationen, 1976: „Status of World Mapping“ World Cartography Vol. XIV (3–70)

Visser, J., 1961: „Cost of Aerial Surveys“, Pha. (6–12)

Vozikis, E., 1979: „Differential Rectification of Oblique Photographs of Plane Objects“, Pha. (81–91)

Waldhäusl, P., 1971: „Besondere Bildflugbedingungen für Photokarten“, Ö. Z. f. Verm. (6–11)

Wassef, A. M., 1953/4: „Some Recent Developments in Analytical Photgrammetry: The Use of Eulerian Angles and Computational Procedure“, Pha. (76–82)

Weimann, G., 1970: „Bildmessung mit Präzisionstheodoliten“, DGK, Reihe C, Nr. 159

Welch, R. & Halliday, J., 1975: „Image Quality Control for Aerial Photography“, Phot. Rec. (317–325)

Wester-Ebbinghaus, W., 1978: „Photogrammetrische Punktbestimmung durch Bündelblockausgleichung zur allseitigen Erfassung eines räumlichen Objektes“, BuL (198–204)

Wester-Ebbinghaus, W., 1983: „Ein photogrammetrisches System für Sonderanwendungen“, BuL (118–127)

Winkelmann, G., 1969: „Electronic Navigation of Survey Flights“, Int. Arch. f. Phot. XVII 5

Winkelmann, G., 1980: „Aufnahme- und Bildflugtechnik in der Bundesrepublik“, BuL (98–102)

Wolf, P. R., 1974: „Elements of Photogrammetry“ with Air Photo Interpreta-

tion and Remote Sensing, McGraw Hill Book Co, New York, ISBN 0-07-071337-5 **
Wong, K. W., 1972: „Aerotriangulation by SAPGO“, Phot. Eng. (779–790)
Wong, K. W., G. M. Elphingstone, 1973: „Recursive Partitioning by Direct Random Access“, Phot. Eng. (267–274)
Wrobel, B., Ellenbeck, K. H., 1977: „Zur Leistungssteigerung der terrestrisch-photogrammetrischen Punktbestimmung“, BuL (69–77)
Wrobel, B., M. Ehlers, 1980: „Digitale Korrelation von Fernerkundungsbildern aus Wattgebieten“, BuL (67–78)
Wunderlich, W., 1961: „Zur Leistungssteigerung großmaßstäbiger Luftbildauswertungen“, W. A. Hann. No. 15
Wunderlich, W., 1964: „CRONAR in der großmaßstäbigen Auswertepraxis“, B&L (209–215)
Zarzycki, J., 1949: „Graphische Interpolationsausgleichung eines Doppelstreifens“, Schweiz. Z. Verm. u. Kulturtechn. (177–184)
Zarzycki, J. M., 1963: „New Aerial Triangulation Techniques Employed on a Mapping Project in Nigeria“, Phot. Eng. (692–701)
Zarzycki, J. M., 1964: „The Use of Horizon Camera, Doppler Navigator and Statoscope in Aerial Triangulation“, Pha. (356–359)
Zarzycki, J. M., 1978: „An Integrated Digital Mapping System“, Can. Surv. (443–452)
Zeller, M., 1947: „Lehrbuch der Photogrammetrie“, Orell Füssli Verlag, Zürich **
Ziemann, H., 1967: „Untersuchungen an Reseauaufnahmen“, BuL (30–32)
Ziemann, H., 1969: „Untersuchungen an Reseauaufnahmen“, DGK C104
Zippelius, K., 1980: „Kombiniertes photogrammetrisch-terrestrisches Verfahren zur Festlegung der Grundstücksgrenzen im Flurbereinigungsverfahren“, BuL (79–83)
Zsilinszky, V. G., 1964: „The practice of photo interpretation for a forest inventory“, Pha. No. 5

Namen- und Sachregister

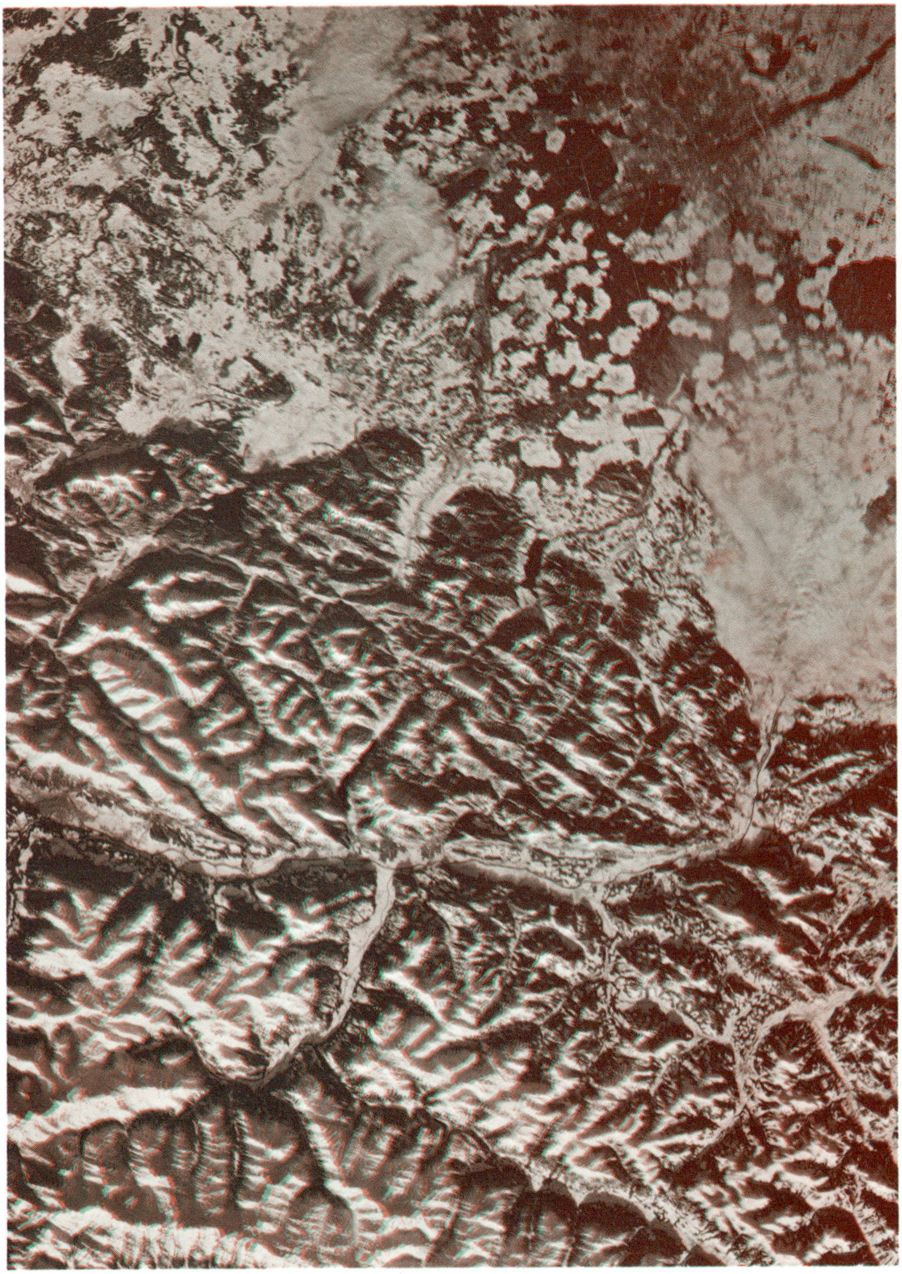

1. Bildflug: Spacelab I, Oberbayern mit München und den Alpen. Aufnahmedatum: 5. 12. 1983, 12.00 MEZ. Bildmaßstab: 1 : 820 000

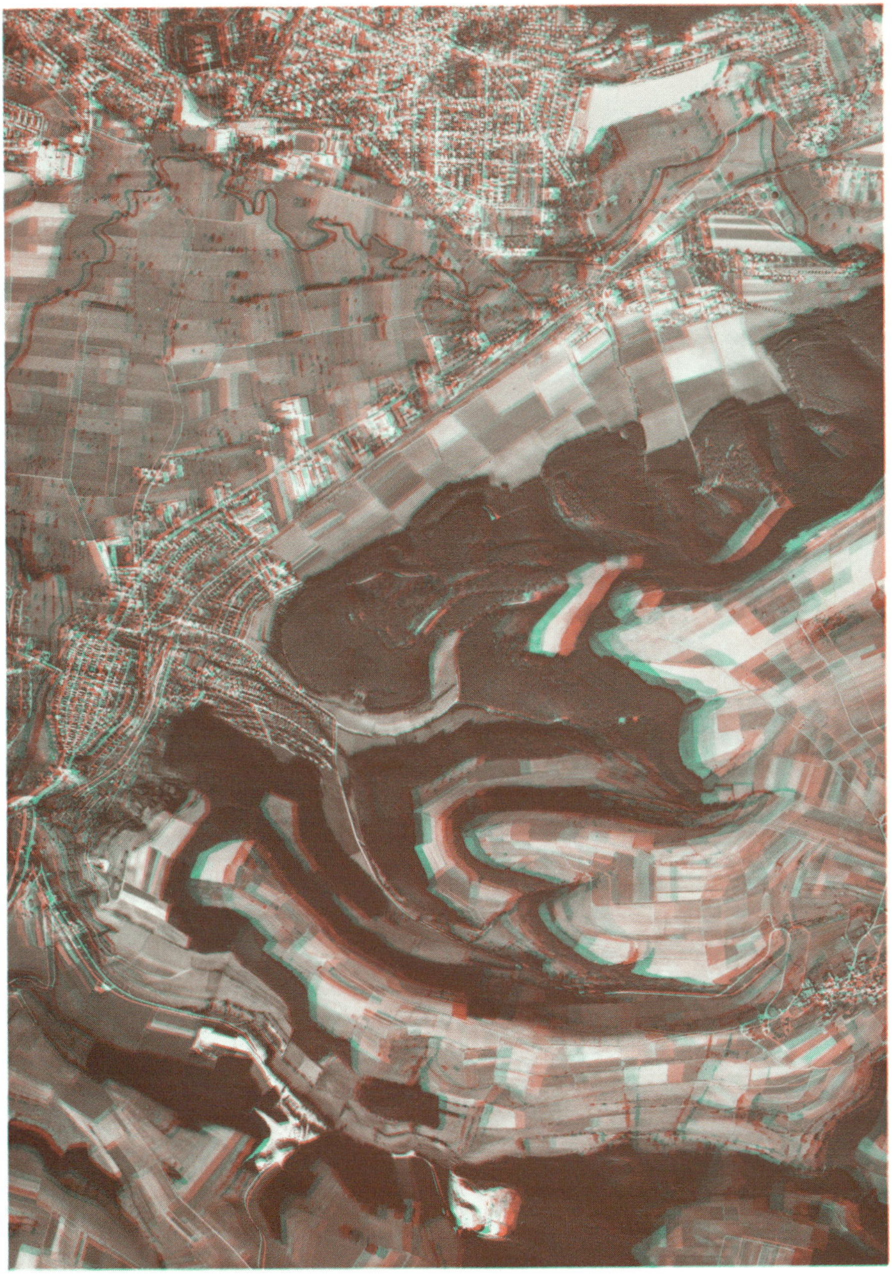

2. Bildflug: Grenzgebiet N.-W., oben im Bild Bad Pyrmont. Aufnahmedatum: 30.9. 1975. Bildmaßstab: 1:32000. Aufgenommen durch: Fa. Aerowest, Dortmund. Freigabe durch das Niedersächsische Landesverwaltungsamt – Landesvermessung – Hannover am 20. 11. 1975 Nr. 117/75/1229

3. Bildflug: Hannover, Warmbüchenkamp. Aufnahmedatum: 15.5.1975. Bildmaßstab: 1:1700. Aufgenommen durch: Fa. Hansa Luftbild GmbH, Münster/W. Freigabe durch das Niedersächsische Landesverwaltungsamt – Landesvermessung – Hannover am 20. 5. 1975 Nr. 77/75/1189

4. Terrestrische Aufnahme: Hameln, Baustraße 7. Aufgenommen mit einer Zeiss SMK 120. Aufgenommen durch: Institut für Photogrammetrie und Ingenieurvermessungen, Hannover